生物多様性保全と環境政策

先進国の政策と事例に学ぶ

畠山武道・柿澤宏昭 編著

北海道大学出版会

序

　本書は，先進国における自然資源管理の最新の動向を分析し，日本の自然資源管理政策についていくつかの示唆を得ようとするものである。先進国の最近の自然資源管理政策を紹介する業績は少なくないが，本研究は，以下のような特色をもっている。

　第1は，本研究が，優れた原生的自然や希少な野生動植物保護のあり方よりは，都市近郊に広く見られる農地，牧草地，里山，森林，さらに身近な動植物種を含め，多様な生物相の保護に，諸外国がどのように取り組んでいるのかを分析したことである。こうした対象の設定は，日本の環境基本法(14条)が，生態系の多様性その他の生物の多様性の確保や，森林，農地，水辺地等の多様な自然環境の保全を謳い，さらに，世界的に種の減少が進む中で生物多様性保全が地球規模で取り組むべき最優先の課題のひとつとされていることから，時宜を得たものと思われる。

　第2に，生物多様性保全のための施策が，人間居住区に普通に見られる種の保存を含め，人間活動との接触を避けて通ることができず，とりわけ農林漁業等と密接な関連を有することにかんがみ，先進諸外国の農業政策，林業政策，河川管理などの最近の展開状況に研究の焦点をあてたことである。そのため，環境法学研究者のみならず，森林科学，農村計画・土地利用計画，環境社会学に精通する研究者の参加を求め研究組織を形成した。

　第3に，対象地域として，アメリカ合衆国，フランス，スウェーデン，フィンランド，ニュージーランドを選択した。これら先進国における最近の自然資源管理政策は，生物多様性保全を基調としながら，それに農林業政策，土地利用政策などを高次元で組み合わせ，さらに政策実施過程に住民，農林業者，事業者団体，環境保護団体などを加え，全く新しいボトムアップ型の合意形成過程の構築をめざす点において，今日，最も先進的なものといって

も過言ではない。これら先進諸国の自然資源管理政策の動向は，日本においても多くの注目を集めながら，その詳しい紹介がなかっただけに，本研究が有益な情報を提供できる意義は大きい。

　本書の基礎になっているのは，本書の執筆者が参加して組織した「生態系管理を可能にする法制度および社会的枠組み構築に関する国際比較研究」(文部省科学研究費・基盤B海外学術調査・1999-2001年度・研究代表者　畠山)による成果報告書である。すでに参加者全員が海外調査や海外留学を経験しているが，今回の研究にあたっては，過去の研究成果に満足することなく，その研究内容や調査方法を再検討し，さらに多くの調査地を追加し，行政機関，大学，研究所，農業団体，森林組合，林業会社，商工会，環境保護団体はもとより，農業・林業者，環境運動家の自宅まで訪問し，インタビューや資料の収集を行った。今回の研究を可能にしていただいた多数の方々，とりわけ時間を惜しまず，ご自身の管理する牧場や森林を熱心に案内していただいた地元の人々のご厚情に感謝申し上げたい。

　また，本書の出版にあたっては，出版の企画，出版助成の申請から刊行に至るまで，北海道大学出版会のお世話になった。とりわけ本書は，専門用語や執筆スタイルを異にする筆者がそれぞれの分野を担当していることから，訳語や記述・引用方法の統一などに慎重な配慮を要したが，同出版会の今中智佳子氏および円子幸男氏による綿密な校閲によって，本書を均質で統一のとれたモノグラフィーとすることができた。両氏に深甚の謝意を表したい。

　なお，本書の出版は，2005年度科学研究費補助金(研究成果公開促進費)を得ることで可能となった。関係各位に感謝申し上げる。

　　2005年12月8日

　　　　　　　　　　　　　　　　　　　　　　　　　　　編　　者

目　　次

序

1. 総　論
　——先進国における自然資源管理政策の動向と課題——

1.1. はじめに …………………………………………………………… 1
1.2.「自然環境」とは何か，「保全」とは何か ……………………… 2
1.3. 近代的自然資源管理制度の確立 ………………………………… 4
1.3.1. 自然保護法制の形成　4
　　1.3.1.1. 自然保護の始まり　5
　　1.3.1.2. 自然保護の方法(国立公園を例に)　7
　　1.3.1.3. 自然環境保全の理念——生態学的知見の未発達　10
1.4. 近代的自然資源管理制度の特徴 ………………………………… 11
1.4.1. 地理的・場所的な分割による管理　11
1.4.2. 自然資源管理機関の専門化・細分化　12
1.4.3. 行政機関ごとに分断された顧客，利害関係者　13
1.4.4. 異なる学問分野，相互交流のない技術専門家　14
1.4.5. 管理されない自然資源　14
1.5. 近代的自然資源管理制度の転換 ………………………………… 15
1.5.1. 規制的手法の限界　15
　　1.5.1.1. 公害規制の進展と拡充　15
　　1.5.1.2. 規制的手法の限界　15
1.5.2. 生態学的知見の発達　18
　　1.5.2.1. 萌芽期における生態学とその役割　18
　　1.5.2.2. 新しい生態学の発展　19
1.6. 新しい自然資源管理制度の模索 ………………………………… 21
1.7. 本書の概略 ………………………………………………………… 24

2. エコシステムマネジメントの進展と課題
　——アメリカ合衆国における多様な取り組み——

2.1. クリントン政権による未完の実験——連邦行政機関の取り組み ……… 33
2.1.1. エコシステムマネジメントの歴史　33
　　2.1.1.1. アメリカにおける自然資源管理機関　33
　　2.1.1.2. 国立公園における生態系管理　33
　　2.1.1.3. 国有林におけるエコシステムマネジメントの導入　34
　　2.1.1.4. 内務省土地管理局の取り組み　38
　　2.1.1.5. その他の連邦行政機関の取り組み　38

2.1.2. エコシステムマネジメントの理論　40
　　　　2.1.2.1. エコシステムマネジメントの定義　40
　　　　2.1.2.2. 伝統的自然資源管理とエコシステムマネジメントの違い　42
　　　　2.1.2.3. エコシステムマネジメントの科学的基礎　44
　　　　2.1.2.4. エコシステムマネジメントの諸原則　45
　　　　2.1.2.5. アダプティブマネジメント　47
　　　　2.1.2.6. 権力参加モデルから協働モデルへ　49
　　　2.1.3. エコシステムマネジメントに対する批判と反論　50
　　　　2.1.3.1. エコシステムの定義等をめぐる議論　50
　　　　2.1.3.2. エコシステムマネジメントの実施を妨げる現実的要因　51
　　　　2.1.3.3. アメリカ生態学会報告書の指摘する問題　53
　　　2.1.4. エコシステムマネジメントから流域管理へ　54
　　　　2.1.4.1. エコシステムマネジメントをめぐる政治状況　54
　　　　2.1.4.2. よりソフトな方策の模索　55
　2.2. 西海岸における流域保全の展開 …………………………………… 56
　　　2.2.1. ワシントン州の流域保全の取り組み　58
　　　　2.2.1.1. ワシントン州の政策展開　58
　　　　2.2.1.2. 流域保全をめぐる政策実施の現状　64
　　　　2.2.1.3. 流域における取り組みの現状　74
　　　2.2.2. オレゴン州の流域保全の取り組み　80
　　　　2.2.2.1. オレゴン州の政策展開　80
　　　　2.2.2.2. オレゴンプランのもとでの流域保全活動の展開状況　85
　　　　2.2.2.3. 流域活動の実態　92
　　　2.2.3. アダプティブマネジメントの実行に向けて　96
　　　2.2.4. 小　括　100
　2.3. アメリカ東海岸における流域保全――コミュニティをベースと
　　　する流域管理の実践 ……………………………………………… 103
　　　2.3.1. はじめに　103
　　　2.3.2. ニューイングランドにおけるエコシステム
　　　　　　マネジメントの条件　105
　　　　2.3.2.1. 森林，林業の特徴　105
　　　　2.3.2.2. コミュニティの基盤　106
　　　　2.3.2.3. 多様な NGO の存在　106
　　　2.3.3. マサチューセッツ州における流域管理の展開　107
　　　　2.3.3.1. マサチューセッツ州の流域管理政策　107
　　　　2.3.3.2. 流域協会を中心とする流域管理――ナシュア川流域　108
　　　　2.3.3.3. ランドトラストを中心とする流域管理――スアスコ3川
　　　　　　　　流域　111
　　　　2.3.3.4. 州政府主導の流域管理――ウェストフィールド川流域　113
　　　2.3.4. むすびに代えて　116

3. EU自然保護政策とナチュラ2000 ……………………………… 133
――生態域保護指令の実施過程におけるEUとフランス――

3.1. はじめに――ナチュラ2000とは？ ………………………………… 133
3.2. 保存特別区(ZSC)指定の考え方 ……………………………… 134
  3.2.1. 保存特別区の指定および保護方法に関する考え方　134
  3.2.2. ナチュラ2000により保護される区域　135
  3.2.3. ナチュラ2000構築のタイムテーブル　136
3.3. 加盟各国による候補地リストの提案――「EUにとって重要な
　　生態域」リストの策定 ………………………………………… 136
  3.3.1. リスト提案までの国内手続　136
  3.3.2. 候補地選定の実体的基準　137
  3.3.3. 候補地選定に関するフランス国内手続　140
3.4. EU委員会による候補地リストの確定 ……………………… 142
  3.4.1. 候補地リスト確定手続　142
  3.4.2. 候補地確定の基準　143
3.5. 優先的保護を受ける自然生態域類型および動植物種 ……… 144
  3.5.1. 加盟各国による優先保護候補地の選定　144
  3.5.2.「優先保護生態域」に関するEUの追加指定権
　　　　（生態域保護指令5条1-4項）　145
3.6. ZSC指定の法効果――加盟各国にはどのような義務が生じるか ……… 146
  3.6.1. 保存措置　147
  3.6.2. 劣悪化や支障要因に対する適切な回避措置　147
  3.6.3. 指定区域に対し顕著な影響を及ぼす計画や事業に対する
　　　　諸制約　148
3.7. 候補地選定の遅延とEU・加盟国間関係 …………………… 149
  3.7.1. 候補地リスト提出の遅延　149
  3.7.2. EU委員会・フランス間訴訟　150
3.8. 保護実施局面における協議手法と契約手法 ………………… 152
  3.8.1. EU農業政策における生態系保護の取り組み　152
  3.8.2. 協議手法の重要性　153
  3.8.3. 環境農業推進のための契約手法　154
3.9. むすび ………………………………………………………… 156

4．スウェーデンにおける総合的環境法制の形成 159
　──歴史と現状──

4.1．はじめに ………………………………………………………… 159
4.2．アレマンスレット──スウェーデン社会における人間と自然の関係…… 160
4.3．自然保護の理念──史的素描 ……………………………………… 162
　4.3.1．科学主義の高揚　162
　　4.3.1.1．19世紀以前と19世紀　162
　　4.3.1.2．プロイセンモデルの導入　163
　　4.3.1.3．20世紀初頭の思潮　164
　4.3.2．科学から実践へ　165
　　4.3.2.1．野外生活への関心の高まり　165
　　4.3.2.2．自然観の変化　166
　　4.3.2.3．自然の代弁者の交代　167
　4.3.3．国際的協働の時代　168

4.4．自然保護法制の変遷 ………………………………………………… 168
　4.4.1．自然保全法　169
　4.4.2．環境保護法　170
　4.4.3．自然資源管理法　171
　　4.4.3.1．基本的管理規定　171
　　4.4.3.2．環境影響記載制度の導入　172
　4.4.4．計画・建築法　173

4.5．持続可能な発展と環境目標 ………………………………………… 173
　4.5.1．持続可能な発展をめざして　173
　4.5.2．健全な森林　174
　4.5.3．変化に富んだ農業景観　176

4.6．持続可能な発展と環境法典 ………………………………………… 179
　4.6.1．環境法典化の潮流の中で　179
　4.6.2．一般的配慮規定　180
　4.6.3．事業の許容性の全国的見地からの審査　180
　4.6.4．環境裁判所　181

4.7．自然保護の担い手 …………………………………………………… 182
　4.7.1．行政機関　182
　　4.7.1.1．自然保全庁　182
　　4.7.1.2．県域執行機関　183
　　4.7.1.3．コミューン　185
　4.7.2．財　団　186

        4.7.2.1. ウップランド財団　187
        4.7.2.2. テュレスタの森財団　191
        4.7.2.3. 多島海財団　191
    4.8. 自然保護区による自然保護 ………………………………………… 192
      4.8.1. 国 立 公 園　192
        4.8.1.1. 制度の概要　192
        4.8.1.2. テュレスタ国立公園について　193
      4.8.2. 自然保護地域　194
        4.8.2.1. 制度の概要　194
        4.8.2.2. 行為規制のあり方　196
        4.8.2.3. 契約的手法による草原生態系の保全　197
      4.8.3. 沿岸保護区域　198
        4.8.3.1. 制度の概要　198
        4.8.3.2. 禁止の解除をめぐる問題　199
      4.8.4. その他の保護区　200
    4.9. 法解釈上の問題 ……………………………………………………… 201
      4.9.1. 利益衡量の要請　201
      4.9.2. 損失補償についての考え方　203
        4.9.2.1. 法律の規定　203
        4.9.2.2. 法律の解釈　205
        4.9.2.3. 環境法典の一般的配慮規定との関係　206
    4.10. 総合的考察 …………………………………………………………… 207
      4.10.1. 自然好きの意味　207
      4.10.2. スウェーデンの自然保護法制の特色　208
      4.10.3. 専門知識の吸収と結合　209

5. 北欧における生物多様性保全と農業・林業 ……………………… 219
    5.1. スウェーデンの農業環境政策 …………………………………… 220
      5.1.1. はじめに　220
      5.1.2. スウェーデン農業の概況　222
      5.1.3. 農業環境政策の経過　225
        5.1.3.1. 1994年以前　225
        5.1.3.2. EU加盟と農業環境プログラム　227
        5.1.3.3. アジェンダ2000　227
        5.1.3.4. 新しい農業環境プログラム(環境・農村振興計画)の
                策定と実施　228
        5.1.3.5. 環境・農村振興計画案に対する利害関係者の意見　229
      5.1.4. 旧農業環境プログラム(1995-99年)の内容と実績　232

目　　次　ix

   5.1.4.1. プログラムの内容　232
   5.1.4.2. 本プログラムによる助成の実績　235
   5.1.4.3. 本プログラムの評価　236
  5.1.5. 環境・農村振興計画(2000-06年)の内容と実績　239
   5.1.5.1. 概　　要　239
   5.1.5.2. 前プログラムとの違い　240
   5.1.5.3. 計画の内容　240
  5.1.6. スウェーデンの農業環境政策の成果と課題　254
   5.1.6.1. 農業環境政策の手法　254
   5.1.6.2. 農業環境政策の成果とその要因　255
   5.1.6.3. 農業環境政策の課題　256
  5.1.7. 小　　　括——日本の農業環境政策が学ぶべきこと　257
 5.2. スウェーデンにおける生物多様性保全と森林管理……………… 259
  5.2.1. はじめに　259
  5.2.2. 森林政策の変化　260
   5.2.2.1. 規制と助長の林政から自己責任と普及の林政へ　260
   5.2.2.2. 普及事業の展開　262
   5.2.2.3. 森林政策における生物多様性保全　264
  5.2.3. 森林認証をめぐるスウェーデンの動き　267
   5.2.3.1. スウェーデンの森林認証運動の状況　267
   5.2.3.2. 行政のスタンス　267
   5.2.3.3. 自然保護グループの立場　269
   5.2.3.4. 森林組合グループの立場　270
   5.2.3.5. 「ストックダブ」の試み　271
  5.2.4. ソドラ(森林組合)管内の事例　272
   5.2.4.1. ソドラの位置づけ　272
   5.2.4.2. ソドラによる森林経営計画策定支援事業　273
   5.2.4.3. ソドラによる森林認証　274
  5.2.5. 森林セクターにおける生物多様性保全の特徴
       ——まとめにかえて　275
 5.3. フィンランドにおける森林政策の転換と地域森林認証制度 …… 277
  5.3.1. フィンランドの森林と林業・林産業の現状　278
  5.3.2. 森林政策の展開と生態系保全政策の強化　285
   5.3.2.1. 1960年代までの森林政策の展開　285
   5.3.2.2. 森林政策の転換過程とその要因　286
   5.3.2.3. 森林政策に関わる枠組み　288
   5.3.2.4. 全国レベルにおける森林政策実行の状況　290
  5.3.3. 森林政策を担う組織体制および自然環境保全行政一般
       との関係　294
   5.3.3.1. 林政を担う組織　294

5.3.3.2. 林業センターの実態　297
5.3.3.3. ほかの自然資源管理政策と森林政策の関係　300
5.3.4. 地域森林認証制度が成立する条件とその限界　304
5.3.4.1. フィンランド森林認証の現状　305
5.3.4.2. 地域森林認証を成立させる条件　309
5.3.4.3. 基準に対する環境保護団体からの批判点　311
5.3.4.4. フィンランド型認証の限界　313

6. 地方分権・新自由主義のもとでの総合的資源管理　321
――ニュージーランドにおける資源管理制度の現状と課題――

6.1. はじめに　321
6.2. ニュージーランドにおける環境政策の改革と
RMA 実行の現状　322
6.2.1. ニュージーランドにおける環境政策の改革　322
6.2.1.1. 第4次労働党政権下における行財政改革　322
6.2.1.2. 環境行政改革の展開　324
6.2.1.3. 改革後の環境行政組織　326
6.2.1.4. 地方制度改革　328
6.2.1.5. RMA の制定に向けて　330
6.2.1.6. RMA の内容　332
6.2.2. 地方自治体の概況と RMA 実行の状況　338
6.2.2.1. 地方自治体の機能　338
6.2.2.2. 地方自治体の組織・財政構造　340
6.2.2.3. 地方自治体における RMA 業務の位置　342
6.2.2.4. 自治体による RMA 実行状況　344
6.3. ディストリクトプランにみる生物多様性と農業景観の保全　349
6.3.1. 農業地域における生物多様性と農業景観　350
6.3.2. 旧都市農村計画との違い　352
6.3.3. ワイマカリリ・ディストリクトにおける DP 策定の実際　353
6.3.3.1. 概　説　353
6.3.3.2. DP の策定経過　353
6.3.3.3. DP の構成と内容　357
6.3.3.4. 計画実現手法　359
6.3.3.5. ゾーニング　361
6.3.3.6. コンセント　363
6.3.3.7. 利害関係者への影響　368
6.3.3.8. 移行計画　371
6.3.4. ワイタケレ市における DP の実際　371
6.3.4.1. 概　説　371
6.3.4.2. DP の策定　372

         6.3.4.3. リソースコンセントの実績　375
　　6.3.5. その他の事例　376
         6.3.5.1. バンクスペニンスラ・ディストリクト　376
         6.3.5.2. マッケンジー・ディストリクト　376
　　6.3.6. 小　　括　378
　6.4. RMA のもとでの資源管理の評価 ……………………………………… 379
　　6.4.1. 地方自治体による計画策定　379
　　6.4.2. 資源管理の手法　380
　　6.4.3. 中央政府の活動　383
　　6.4.4. 資源管理の総合性確保　385
　　6.4.5. RMA 改正作業の動向　387

7. ま　と　め ……………………………………………………………… 395

　近代的自然資源管理政策の限界　395
　エコシステムマネジメントの登場　396
　総合的な資源管理　397
　分権的な資源管理　399
　国境の枠を越えた取り組み　401
　協働関係の構築　402
　新しい資源管理──啓発的手法，自発的アプローチ　403
　科学的な管理──アダプティブマネジメント　406
　分権化の態様と資源管理システム　407

　執筆者紹介

　索　　引

1. 総　　論
——先進国における自然資源管理政策の動向と課題——

1.1. はじめに

　本章では，先進国における自然保護・自然資源管理の経緯を19世紀・20世紀初頭にまで遡って概観し，先進国が今日，共通にかかえている自然資源管理政策上の問題の性質を，一般的に指摘することにする。結論を要約すると，先進諸国は，19世紀末から20世紀における居住環境の悪化，自然環境の消滅，野生物の減少等に対応してさまざまの形の自然保護制度，文化財保護制度，あるいは自然保護との調和をめざした森林制度，農業制度を発展させてきたが，今日，その理念，手法，意思決定手続，住民参加のあり方などをめぐって多くの問題が提起されている。

　第1は，保護対象の飛躍的な拡大である。先進諸国は，これまで国家的に誇りうる自然景観や学術的に貴重な動植物の保護に力を注いできたが，今日，保護の対象を身近な自然を含む多様な生態系その他の生物多様性にまで広げることが求められている。同時に，生産物の増大や効率化を基本目標としてきた森林政策，農業政策についても，生物多様性保護と調和し，自然の生産力を破壊しない範囲で持続的な収穫を図ることが必要とされている。

　第2に，自然資源管理政策の形成過程に多様な利害を反映することである。自然保護の関係者は，従来，農林漁業従事者，業界関連の団体，狩猟者団体，それに一部の選ばれた自然保護団体などであった。しかし，今日，その範囲を，生産者はもとより，農林地近郊の住民，レクリエーション愛好者，さらには自然保護に関心をもつ都市住民にまで拡大し，政策形成過程に多様な利害を反映させることが強く求められている。

他方で，自然保護に対する多様な要求の高まりは，古典的な「開発か保護か」という問題をさらに先鋭なものとする。とくに農林地は，農林業生産者の生活維持のための経済的基盤でもあり，自然保護を進めるとともに，それを農林業者の経済的要求と両立させることが，先進国では不可欠の課題となりつつある。

第3に，行政組織のあり方にも大きな変化が求められている。従来の行政組織は，伝統的な縦割り行政の中で，自己に課せられた任務の達成のみをもっぱら追求してきたが，自然資源を総合的に管理するため，中央省庁間あるいは国・地方にまたがる連携組織を考える必要がある。さらに，生物多様性保護にとっての問題は，伝統的に自然資源を管理してきた行政機関には，最新の生物学・生態学等の知見を取り入れ，それを自然資源管理に生かすのに必要なデータや人材が決定的に不足していることである。行政組織は，最終的な決定権限を独占してきた従来の意思決定手続(行政手続)のあり方を大幅に改め，住民や専門家と協力し，問題意識の共有から合意形成までをめざす，新しい住民参加型・協働型の自然資源管理システムを模索しなければならない。

1.2.「自然環境」とは何か，「保全」とは何か

ところで，自然保護については，従来，「自然保護」「環境保全」「自然環境保全」など，さまざまの言葉が用いられてきた。ここでは，「自然」「自然環境」「保護」「保全」「保存」などの言葉を整理する中で，これまでの自然保護の意味合いの変化を跡づけることにしよう。

さて，「自然(nature)」という言葉は多義的であるが，一般に，樹木，草本，コケ，藻類，地衣類などの植物相とそこに生息する動物相をさし，あるいはそれらと水，大気，地形・地質などが一体となった山岳，森林，河川，湖沼，海岸，湿地，草地，海中など，いわゆる人為の影響の少ない独立した生態系をさす。しかし，最近は，これらの豊かな自然・豊かな生態系に限らず，農村地域・都市郊外の集落を取り巻く人工林・二次林と，そこに混在する田畑，休耕田，採草地，溜池，用水路，草原，そこに生息する野生動物な

ども，その重要さが見直されつつある。

また，都市部の河川(河畔林)，樹林地(斜面林，社寺林，屋敷林)，台地，低地，段丘崖，水辺地なども，人為の影響を強く受けてはいるが，管理の仕方によっては，生物の生息生育地として多様な働きが期待できる。したがって，今後は，これらの自然が連続的に，あるいは混在して構成されていることを前提に，貴重な自然・豊かな自然だけではなく，里地里山や都市部の自然を総体としてとらえ，その保護のあり方を考える必要があるといえるだろう。

本書でいう「自然」「自然環境」とは，従来の「自然」という言葉がもつ核心部分を維持しつつ，その外延を広く身近の自然にまで拡張したものであり，日常的・一般的に用いられる自然の意義に一致するとともに，生物多様性保護という今日的課題に対応した用語法ともいえるだろう[1]。

次に「保全(conservation)」とは，自然環境を公共的な利益に基づき管理することを意味し，20世紀初頭より，アメリカで広く用いられてきた言葉である。合衆国農務省森林局に初代長官として君臨したピンショー(Gifford Pinchot)は，彼の自伝の中でconservationという言葉の誕生したいきさつを詳しく語っているが，それによれば，革新主義的自然資源保全運動の標語となった「長期的にみて，最大多数の人の最大の利益のための自然資源の利用」という新しい政策は民俗学者マギー(W J McGee)の発案になるものである[2]。その新政策に対し，プライス(Overton Price)が，conservancyやconservatorをヒントにconservationと命名することを提案し，彼はその提案に対し即座にOKを出したとされている。ピンショーによればconservationとは，現世代のための資源の開発と利用，資源の浪費の防止，多数の福祉のための資源の利用を意味したのであり，「われわれの森林政策の目標は，それが美しいから，あるいは原生という野生の創造物の棲みかであるからという理由で森林を保存することにあるのではなく，裕福なわが家(home)をつくることにある。他のすべての考慮は二次的である」という有名な発言に，彼の自然保護哲学の本質が凝縮されている[3]。

しかし，自然保護におけるconservationの用語に改めて重要な意義づけを与えたのは，オーストラリアの哲学者パスモア(John Passmore)である。

彼によれば,「保存(preservation)」とは,「生物の種や原生自然を損傷や破壊の危険から保護する」ことを意味するのに対し,「保全」とは「将来の消費・利用にそなえて,節約する」ことを意味する[4]。わかりやすくいうと,後者が人の恒常的な管理を前提とするのに対して,前者はむしろ人の管理を排除するものといえる。したがって,「保存」と「保全」は対立する理念であって,両者を混同することは許されない道理である。しかし,本書ではその違いを承知しつつ,とりあえず「保存」をその中に含めて「保全」の言葉を用いることにしたい。というのは,確かに両者の究極の目的は異なるが,自然環境の保存は人為的活動の影響の排除という手段を通してもなされるのであって,「保存」が自然環境の管理の一方法であることには疑いがないからである。本書では,自然環境保全のあり方を,原生自然の保存から身近の自然の保全まで広く含めて議論することにする[5]。

　最後に,本書では,「自然」に代えて「自然資源(natural resource)」ないし「資源」という言葉を用いることがある。「自然資源」は,自然を一般に人間に有用な財として対象化し,管理するための用語であり,元来,自然に存在する原材料をさす言葉として,木材資源,水産資源,鉱物資源(地下資源),水資源,さらにエネルギー資源,再生資源,循環資源などとして用いられてきた。さらに最近は,「自然資源」にいう「資源」の意味を,原材料としての利用をさすだけではなく,レクリエーション資源,景観資源などのように,金銭的な交換価値に直接換算できない精神的・美的効用にまで広げて用いられることもある。本書にいう「自然資源」とは,伝統的な農林水産業に寄与する資源だけではなく,さらに広く,その動植物の生息生育地,さらにはそれを包摂する景観・景域を含め,有限な財を一定目的のために管理する場合に,その管理の対象を表す言葉である。

1.3. 近代的自然資源管理制度の確立

1.3.1. 自然保護法制の形成

　世界の先進各国は,これまでさまざまの自然資源管理制度を発達させてきた。そこには,それぞれの国の歴史的・文化的・社会的な背景の違いを反映

して，異なる法制度・行政制度をとりつつ，共通する特徴がみられる。それらは，19世紀末から20世紀にかけての自然保護運動に始まり，20世紀前半に徐々に形成されたものであって，その基本構造は，公害規制・環境保護が著しく進んだ1960年代，70年代においても大きく変わることなく，今日にまで続いているものと思われる。以下，諸外国に共通にみられる自然保護法制，自然資源管理制度の形成過程と基本構造を概観しよう。

1.3.1.1. 自然保護の始まり

近代的な自然保護の萌芽は，18世紀前後のヨーロッパにさまざまの形でみられる[6]。しかし，それが本格化するのは，19世紀後半から20世紀初頭にかけて，自然資源の枯渇や自然環境の悪化が現実のものとなってからである。当時の自然保護の目的は，次の2つに要約することができる。

第1は，人間生活にとって有用な，あるいは商品価値のある財や資源の保護である。たとえば，森林は，造船用木材やマスト，燃料などを産出する場として古くから保護の対象とされたが，さらに近代になると，そのもつ水源維持，災害防止，レクリエーションなどの機能が注目され，引き続き保護の対象とされた。

森林保護の歴史は古く，イギリスでは，11世紀から12世紀にかけて何度かフォーレスト・ローが制定されている。造船用木材の枯渇に悩むベニスは，1470年，オーク・モミの保護林を設定し，1568年から1660年まで国有林を中心に積極的な育林を試みた。フランスでは，1669年，森林勅令が発せられ，すべての森林について巨木や種木の保存などが義務づけられた。ドイツでは，七年戦争(1756-63年)以後，燃料確保を主目的に，官房学の一部として林学が発達し，1757年，林学史上著名なモーゼル(Gottfried von Moser)の森林経済原論が刊行されている。その後，ドイツ国内の多くの林科大学や林学科で，林学，林業経営(学)が講義され，森林の保続培養を目的とする学問として林学が世界に先駆け発達した。これらの技術が19世紀末にはアメリカ，フランス，オーストラリア，インド，イギリス(植民地インドを含む)，日本などに導入された[7]。森林は，20世紀になると，保続培養，多目的利用などの名目のもとに，木材生産以外に，水源保護，景観保護，樹木の遺伝子保護，野生生物保護などのためにも管理され，その管理技術について，一定

の体系化をみていたということができる。

　野生動物の保護も，事情は同じであって，古くは王室や領主のため，後にはスポーツハンターのために，有用鳥獣(水鳥，バイソン，ムース，シカ，アフリカゾウ，サイ，トラなど)を乱獲から防止することに主たる目標がおかれた。

　とりわけイギリスでは，食料や衣類のために狩猟がきわめて広範囲に行われ，クロクマが900年頃に，ビーバーも1188年に目撃されたのを最後に絶滅した。イギリスで現存する最も古い自然保護区は，1079年，王室の狩猟のために設けられたニュー・フォーレストである。これはノルマン征服王が，貴重な狩猟資源であるアカシカを独占するために設置したもので，実際には「森」というよりは狩猟にしか使い道のない開墾地であった。しかし，フォーレストでは，オオカミやイノシシなどの捕食者を除き狩猟が禁止され，立入りも規制されたために，そこは野生動物の避難所となった。イギリスで最も好まれたのはウサギ狩りとアカシカ狩りであるが，キツネ狩りが次第に好まれるようになり，18世紀にはキツネがウサギを抜いて，最も好まれる狩猟獣となった。タカ狩りも古くから行われ，ジョン王は，その減少を防ぐため，狩猟期間を制限したほどであった。12世紀から17世紀までは，タカの餌となる鳥類の狩猟や卵の採取なども規制された。しかし，17世紀になって狩猟の関心がタカから水鳥に移ると，これらの規制も解除され，森林の農地化の進行とも相まって，野鳥は著しくその数を減らした[8]。

　アメリカ合衆国における野生動物保護の歴史は，銃の進歩によって南北戦争以後急速に進んだ密猟や乱獲から大型狩猟獣や鳥類を守ることに始まった[9]。今日，自然保護団体として著名な，Audubon Societyは，鳥を愛好するスポーツハンターによって設立され，1903年，フロリダ州ペリカン島にアメリカ最初の国立野生生物保護区が設置される際の大きな推進力となった[10]。初期の自然保護においては，スポーツハンター，スポーツフィシュマンなどの果たした役割がきわめて大きかったことが知られている[11]。サケ，その他の魚類の漁獲規制の目的が，商業漁業とならんでスポーツフィシュのための資源保護にあったことはいうまでもない。

　第2に，初期の自然保護においても，商品的価値のある資源のみではなく，

公共公園(コモン)，散策路，歴史的建造物や遺跡のように，国民・市民に安寧，休養を提供するもの，文化的・学術的価値のあるものなども保護の対象とされた。これらは，人々に金銭的な恩恵をもたらすものではないが，市民の日常生活に欠くことのできないものと考えられたからである[12]。

こうした実利主義・功利主義的な動機とは別に，動物保護運動や動物虐待防止運動においては，道徳や倫理が大きな役割を果たした。人道主義的動物保護運動の歴史は古く，1596年には，イギリスのチェスター地方で熊攻めを禁じる法令が制定されたといわれる。19世紀になると，イギリス議会には，ブル・バイティング(牛攻め)や家畜動物に対する残虐行為を禁止する法案がたびたび提出され，1822年には，史上有名な「家畜の処遇に関する第3法」(マーティン法)が制定されている。イギリスにおける運動は，1876年のイギリス動物虐待防止法の成立によって頂点に達した[13]。

また，19世紀末から世界各国で設けられた国立公園においては，国を代表する大自然や大風景地を無秩序な破壊から防止し，国が管理することで，その価値を永遠に保護することが目標とされた。ただし，その対象は，鉱工業開発に適さない地域や，人が容易に到達できない奥地未開の(資源として無価値な)大自然が選択されたのであって[14]，利用価値の高い地域が国立公園に指定され，開発を凍結されるような事例は(アフリカの一部の国などを除き)まれであった。

1.3.1.2. 自然保護の方法(国立公園を例に)

自然保護の方法も単純であって，たとえば，森林保護区を指定し伐採地域や面積を規制する，自然保護区を指定し開発行為や立入りを厳しく規制する，数の減少した貴重な動物を指定し，狩猟・捕獲・保持・流通などを規制する，などの方法が主なものであった。これらの方法は，すべて行政機関が，法律に基づき規制基準を作成し，事前に届出等の義務を課し，特定の者には開発行為や捕獲行為を認め，違反者を取り締まり，処罰するという典型的な規制的手法である。規制的手法は，「警察」「Polizei」などと称せられ，行政機関が公の秩序を維持し，公衆の安全を保護するため，高権的に国民の権利自由を規制するものである。公安，犯罪防止，交通規制，衛生維持，経済活動規制などの分野では基本的に用いられる手法であるが，自然保護においても，

まず取り締まりを基本とする警察国家的な手法が採用され，それが今日まで基本的に変わることなく続いているのである。

ここでは，まず，自然保護区の代表例である国立公園の沿革を簡単にたどることにしよう。国立公園が世界各国に設置された経緯やその目的については，多くを語る必要がないだろう。世界最初の国立公園は，イエローストーン（アメリカ合衆国，1872年）であるが，その後，成立の事情・背景は異なるものの，ロイヤル（オーストラリア，1879年），バンフ（カナダ，1885年），トンガリロ（ニュージーランド，1894年）などの国立公園が世界各国に設置された[15]。ただし，その後の国立公園の制度化や管理が順調になされたわけではない。アメリカにおいても，国立公園の管理原則や組織を定める国立公園法が制定されたのは1916年であり，それまでは陸軍工兵隊が，公園内の密猟や盗伐をときおり取り締まる程度であった[16]。

ヨーロッパでは，北欧スウェーデンの国立公園が最も歴史が古く，1907年，9地域が一挙に国立公園に指定されている。しかしその後は断続的な指定がなされたにとどまり（1963年当時で19地域），1964年に自然保全法が制定され，ようやく体系的な調査・指定の手続が定まった[17]。

イギリスではナショナルトラスト（1895年創設。1907年より政府支援），その他の民間団体が，歴史的建造物，風景地，史蹟，野鳥生息地などの買い取りを積極的に進め，地方自治体が農村景観の保護に熱心であった一方で，中央政府の自然保護への取り組みには大きな進展がなかった。1930年代になってようやく国立公園の設置をめぐる議論が始まったが，国立公園をアクセスを制限する保護区とすべきだとの案と，レクリエーションのための自由なアクセスを認めるべきだとの案が対立し決着がつかず，国立公園を制度化する「国立公園およびカントリーサイドアクセス法」の制定は，1949年にまでずれ込んだ（対象地域は，イングランドとウエールズのみ）。1951年，湖水地方など4カ所が最初の国立公園に指定された。国立公園を管理するための組織として各地に国立公園委員会が設置されているが，委員の3分の2は自治体任命の委員からなり（3分の1はSecretary of Stateが任命），住宅建設や雇用拡大を望む地元自治体の意向が強く反映される。唯一の国の機関である国立公園コミッションは，勧告的意見をする権限しか有せず，その意

見も実際の管理計画作成の過程では，しばしば無視される。英国の国立公園は，実際には地方公園であり，コミッションは予算や執行権限をほとんど有せず，公園の管理やアクセスの保護も不十分であるとされている[18]。

ドイツでは，中世の頃より各地に小規模の森林保護区や狩猟鳥獣保護区が設けられた。現在のベルヒッテスガルテン（Berchtesgarden）国立公園も，19世紀にバイエルン王の猟区として保護されたものである。公式的に設置された保護区は，1852年のクェドリンブルグ近郊トゥフェルスマウアー（Teufelsmauer）が最初といわれ，1904年には天然記念物制度が創設された。一般にいわれるように，ドイツは，アメリカ型の国立公園よりは，学術的価値を有する自然物を保護する天然記念物制度を選択したのである。1935年，ようやくライヒ自然保護法が制定され，それが現在の連邦自然保護法（1976年）に受け継がれている。連邦自然保護法4条は，自然保護区，国立公園，景観保護区，自然公園，天然記念物，部分的景観保護区の6種類の自然保護区を定め，その指定権者を定める。国立公園と自然公園はラントが，自然保護区と景観保護区はカウンティが指定権限を有するが，例外的に，地区が小規模の保護区を指定することも認められている。しかし，連邦自然保護法は制度の大枠を定める準則法であり，自然保護区ごとの指定要件，指定手続等は，ラントごとに法律によって定められる。

このように，ドイツにおいて，国立公園はラントが指定し，管理する自然保護区のひとつにすぎず（連邦行政機関が自然保護区を直に管理することはない），景観計画（景域計画）の中に組み込まれ運用されているのである[19]。したがって，ドイツにおける国立公園の指定は遅く，1969年に指定されたバイエルンの森が最初の国立公園である。現在までに12地域が国立公園に指定されている[20]。

フランスも，有名なフォンテンブローの森のように，林産品確保や狩猟を目的として森林保護や鳥獣生息地の保護に努めてきたが，統一的な自然保護制度が初めて定められたのは，1913年の歴史的記念物保護法が最初であり，ついで1930年，それをさらに拡大して「天然記念物と美的・歴史的・科学的・文学的記念物等を保護するための法」（1930年5月2日の法）が制定された。その大枠は1957年6月1日の法に引き継がれている。実際に，国立公

園の指定要件，地種区分，禁止行為等を定めるのが，「国立公園の設置に関する法律」(1960年)と関連の施行令である。自然保護区（県の指定もしくは任意の申し出による）の指定要件・指定手続については，自然保全法(1976年)と関連のデクレが，レジョン自然公園（より規制がゆるく地域経済との調和を図る目的で設置される）については，現在，2000年のオルドナンス(Ordonnance No.2000-914)により法典化された環境法典の中で規定されている（環境法典3編「自然空間」3部「自然公園及び自然保護区」）[21]。

なお，旧宗主国が設置した一部の国立公園を例外視すると，アフリカや東南アジアに国立公園が設置されるようになったのは，1960年代以降である。

国立公園の概念は国によって異なるが，一般的な理念は，動植物相からなる大風景地，生態的に貴重な原生地域，科学的・教育的価値のある地形・地質などの保護であって，人為の影響を強く受けていない土地を国（あるいは州）が所有し，その劣化・破壊を防止するとともに，国民に利用の機会を提供し，保護と利用の両立を図るものである[22]。ただし，ヨーロッパ諸国の公園は，一般に公有地や私有地の土地利用を規制するゾーニング型公園である。

公園地域は，保護地区や利用地区などに区分され，それぞれの地区ごとに利用の形態が定められる。利用施設や観光・商業施設の設置も厳しく規制され，最小限のものに制限される。したがって，国立公園などの自然保護区は，規制的手法を用いた最も古典的な自然保護制度といえる。そこで，国立公園の内部の自然資源は，相当に厳格な保存が図られるが，周辺地域の開発行為までは規制できず，世界各地の国立公園が，上流部における森林伐採・ダム建設等による生態系の変化，コリドー部分の分断と保護区の孤立，周辺工業地帯からの煤煙・煤じん・酸性降下物の飛来，公園ゲート周辺における観光施設の乱立など，外部からの影響による環境の質の劣化を十分にコントロールできないという共通の問題をかかえている。また，多数の国立公園が，利用者の増加による喧騒，車による大気汚染，植物の踏みつけ，野生動物との遭遇，ゴミ・し尿，外来種の持ち込みなどによる自然資源の質の劣化に悩まされている[23]。

1.3.1.3. 自然環境保全の理念——生態学的知見の未発達

ヘンリー・ソローなどの直感的・神学的生態学を別とすると，今日にいう

生態学や生態学的思考が登場し次第に体系化されたのは，1930年代以降のこととされている[24]。したがって，それ以前には，当然のことながら，生態的連鎖や自然の収容力などの考えはなかった。森林，野生生物，魚類などの自然は無尽蔵であり，それが枯渇したり絶滅したりするはずはないと考えられていた。初期の自然資源管理においては，人間生活を豊かにするために自然環境を改良し，自然資源から最大限の効用を引き出すことには異論がなく，ただ一部の者による資源の独占や，行きすぎた資源の乱獲・浪費などだけが問題とされたのである。たとえば，特定の動物(主に大型の狩猟鳥獣)の激減が顕著なものとなった場合にも，保護区を設置し，特定の動物の狩猟を規制するなどして，自然と人間を隔離し，自然に対する人間の干渉を排除すれば，自然は自らの力で元の姿に戻るものと素朴に考えられたのである。

1.4. 近代的自然資源管理制度の特徴

こうして，世界各国において，人間生活を豊かにするため，自然の効用・価値を最大限に引き出しつつ，その極端な乱獲や枯渇を防止するという功利主義的な自然保護が主流となった。以下，議論の拡散を防ぐため，日本の現行制度を例に論を進めるが，ここに指摘する近代的自然資源管理制度の特徴は，世界各国に共通のものと思われる[25]。

1.4.1. 地理的・場所的な分割による管理

自然資源は，地理的区分，効用，機能，要素などによって細かく分解され，最大限の効果を引き出すために，さまざまの法律，さまざまの自然資源管理機関によって，個別に管理された。

まず，自然資源は，その地理的・場所的違いにより，都市地域，農村地域，森林地域，自然公園地域などに大まかに区分され，それぞれ別の法律が適用される。さらに同じ流域，同じ地域内にある自然資源であっても，その機能ごとに，農林業，防災，治山治水，レクリエーション，野生生物保護などに細かく区分され，それぞれ別個の法律によって別個の行政機関により管理される。たとえば自然公園であっても，自然公園として一体的に管理されるの

ではなく，自然公園の中において，林野庁が森林施業を実施し，砂防ダムを建設し，緑資源機構が大規模林道(大規模林業圏基幹林道)を建設し，国土交通省が国道を整備し，国土交通省・水資源機構がダムを建設し，都道府県が狩猟を管理し，あるいは水産庁・都道府県が河川における漁業を管理するがごとしである。

　また，次にみるように，河川も生態系として一体的に管理されるのではなく，治水，利水，居住空間，商工業区域，交通，レクリエーション，水質保全，漁業(水産資源)，鳥獣保護など，河川が有する機能ごとに細かく区分され，それぞれ別個の行政機関によって管理される[26]。後にみるように，ある地域の自然資源は，景域や流域ごとに，まとまりをもって一体的に管理されるべきであるが，現在のところ，そうした管理体制を推進するための法制度は存在しない。

1.4.2.　自然資源管理機関の専門化・細分化

　ひとつの法律は，通常，ひとつの管理目標を定め，ひとつの行政機関(の中の一部局)に法律を独占的に執行する権限を与える。したがって，法律を執行する権限を与えられた行政機関(の一部局)は，与えられた法律の指令，管理目標に従って管理することがその任務(使命)とされるのであり，他省庁・他部門との政策の調整などもその任務の遂行に必要な範囲内で行われる。

　たとえば，日本の河川を例にとると，治水は河川法によって国土交通省(都道府県であれば土木部。以下，都道府県を省略)が，利水・水利権は同じく河川法によって国土交通省・農林水産省(土木部・農政部)が管理し，水質は水質汚濁防止法によって環境省(生活環境部・保健所)が，河川周辺の開発は都市計画法等によって国土交通省(都市建設部)が，河川砂利の採掘は砂利採取法によって経済産業省・国土交通省(商工部・土木部等)が，河川の魚類は水産資源保護法等により農林水産省(農政部・水産部等)がそれぞれ管理し，さらに河川が自然公園内にあれば，自然公園法によって環境省(保健環境部等)が関与するという具合である。さらに河川に設置されるダムをみても，管理者の異なるダムが乱立し，その実数さえ把握できない状態である[27]。

　自然環境保全の体系も，同様に完全な縦割りであり，森林には森林法が，

海岸には海岸法が，山奥の風景地には自然環境保全法等が，都市部や都市周辺の自然には都市緑地法が，狩猟鳥獣には鳥獣保護狩猟法が，魚類には漁業法や水産資源保護法が適用される。自然保護区も乱立ぎみで，たとえば屋久島を例にとると，それぞれ異なる法令・通達等を根拠に，原生自然環境保全地域，国立公園区域，鳥獣保護区，特別天然記念物（屋久島スギ原始林），世界遺産地域，保安林，森林生態系保護地域などが重複指定され，その指定区域が微妙にずれているために，省庁間の調整に膨大な時間を要している。

1.4.3. 行政機関ごとに分断された顧客，利害関係者

　これらの行政機関は，事業計画，事業予算などは当然に別立てであり，異なる法律を根拠に，異なる行政手続によって，異なる基本計画や事業計画を策定するが，問題は住民参加についても生じる。すなわち，それぞれの行政機関は，法律の目的ごとに定められた固有の顧客（利害関係者）を有しており，法律の執行を通して規制する側と規制される側の間に一種の連携（サークル）ができあがる。その結果，行政機関には，特定の利害関係者にのみ必要な情報を提供したり，説明会を開催し，意見を聴取すればよいという閉鎖的な法律執行体制ができあがる。

　たとえば，河川管理については，地元市町村，水利組合，建設業者，河川族・ダム族の議員が強固な顧客であり，森林管理については，林業者・林業組合，製材業者，地元市町村の林務課が，海岸・港湾については，市町村，漁協，港湾業者，運送業者が固有の顧客である。鳥獣保護についてさえ，地元市町村のほかに，猟友会，獣医師会，農協などが優先的に意見を聴くべき利害関係者とされている。確かに，最近は地域住民，環境団体などにも意見表明の機会が与えられつつあるが，法律によっては，利害関係者ではない部外の第三者扱いになっており，正式の行政手続にはのらない非公式の手続によって資料配付や意見聴取がされるにすぎない場合がみられる。

　また，ブラックバス，ブルーギルなどの外来種の放流が社会問題化し，外来生物法（特定外来生物による生態系等に係る被害の防止に関する法律）によって規制を受けることになったが，これまでは外来種の放流を直接に取り締まる法律がないために，水産資源保護法や都道府県の内水面漁業調整規則

で取り締まるという変則状態が続いていた。そのため，利害関係者として，漁協，遊漁組合，釣りグループなどが強い発言権を有し，自然保護を主張する研究者や団体は発言の場が限られるという結果を招いていた[28]。

1.4.4. 異なる学問分野，相互交流のない技術専門家

自然環境に関係する学問分野は，農学，工学，理学，獣医学，法学，経済学などに細分されており，それぞれが独特のデシプリンと学問方法を築いているために，相互の交流はない。さらに自然資源を直に管理する分野に限っても，林学，農業土木，土木工学，衛生工学，獣医学などに分かれ，それぞれが独自の教育カリキュラムで独自の教育を実施し，技術官僚，民間技術者，研究者などを輩出している。出身者は，省庁の部局ごと，大学ごとに強固な縦社会構造の集団をつくり，あるいは省庁と学界が結びつき，外部からの批判には強く反発する。自然資源を扱う行政機関であっても，生物学の専門家は，一部の環境部門，文化部門を除いてほとんどおらず，生物学・生態学的な知見が反映されないままに，各種の計画が作成され，事業が実施されている。

1990年代になって各地で環境影響評価条例が制定され，1997年に環境影響評価法が制定されたことによって，一定規模以上の公共事業については環境影響調査や環境影響緩和措置の検討が義務づけられることになったが，それも事業実施の直前に，コンサルタントに依頼していわゆる事業アセスメントが実施されるだけであり，計画策定段階から自然環境に配慮し事業を構想する仕組みは存在しない。また，現場を有する行政機関に，自前で生物学，造園学，景観計画学などの専門家を育成するほどの余裕はなく，その気配もない。

1.4.5. 管理されない自然資源

さて，商品的価値のある自然資源，自然の大風景地，学問的価値の高い動植物・地形地質等は，森林法，水産資源保護法，自然公園法，文化財保護法によって，伐採や捕獲の規制，開発行為の禁止，保護区の設置などの措置がとられるようになったが，大気，水，海洋などの一般的な自然資源はもとよ

り，小河川，湖沼，海岸や都市近郊の自然，里地里山，その他ごく普通にみられる動植物，二次林等の自然資源については，とりたてて管理の手がさしのべられなかった。すなわち，商品的価値のある自然や貴重な自然以外の保護の及ばない自然には関心が払われず，あるいは保護がなくても，その資源的価値が失われることはないと考えられたのである。

1.5. 近代的自然資源管理制度の転換

1.5.1. 規制的手法の限界
1.5.1.1. 公害規制の進展と拡充
　1960年代，70年代には，世界的に公害問題に対する関心が高まり，公害対策が著しく伸展することになった。その際中心となった手法が，伝統的に自然環境保全において用いられてきた手法，すなわち規制的手法であった[29]。そこでは自然資源が，大気，水，土壌などの構成要素に区分され，あるいは，大気汚染，水質汚染，騒音，悪臭，土壌汚染，地盤沈下などの公害の発現形態ごとに区分され，ついで，個別の達成目標の提示→基準の設定→規制の実施→年度成果の測定→見直し・再検討→実施という手法が繰り返し実施される。

　自然保護においても，伝統的な規制的手法には変更が加えられなかった。日本における自然資源管理を例にとると，自然保護の対象は，文化財保護法，自然公園法，自然環境保全法，都市緑地法，種の保存法などの制定によって拡大しはしたが，その手法は，行政機関による保護対象種の指定，保護区の設置，捕獲・所持売買等の規制という画一的なもので，手法の点ではさしたる進歩はなかったのである[30]。

1.5.1.2. 規制的手法の限界
　各行政機関に規制権限を集中させ，定まった基準に基づき対象行為を規制する規制的手法は，急迫目前の激甚型公害に対処する手段としては有効であり，とくに公害被害が集中した地域において，著しい効果をあげた。しかし，他方で，公害対策・環境保全対策が一段落した現在，規制的手法の限界が明らかになりつつあることも否定できない。ここでは，自然環境保全に視点を

あてながら，規制的手法の問題点を指摘する[31]。

第1は，規制の対象となる行為は，大雑把に類型化されたうえ，悪影響が顕著な活動に限られる。その結果，カテゴリーに含まれない活動や，地域のデリケートな生態系に悪影響を与えるような行為(とくに小規模の行為)は，規制の対象外とされることになる。これらすべての行為を規制することはできず，規制的手法によって，きめ細かな対策を講じることには，最初から限界がある。

また規制は，すでに指摘したように，そのつど制定された相互に有機的な関連のない法律によって，特定の対象ごとになされる。その結果，個別の施策の効果は測定できても，行政機関の実施する施策全体が地域の生態系保全や生物多様性保護に寄与しているのかどうかを測定することができない。

第2に，規制的手法は，個人・企業の財産権，営業の自由等の基本的人権に規制を加えるものであり，予測可能性の確保(基準の明確化，事前の告知)，全国的に画一的で公正な執行が求められる。そのため規制基準は，一律で柔軟性を欠き，地域の個別性・特殊性に応じた対応を困難にする。こうした柔軟性の欠如は，公害対策などではあまり問題視されないが，地域ごとに特性の異なる生態系を扱う自然環境保全においては致命的な欠陥となる。現状では，都道府県・市町村が，各種の自然環境保全条例や指導要綱によって対応しているが，規制の程度は，自ずと法律の規制以下になるのが現状である。

第3に，規制の実施には，財産権等の保障との関連で，確実な科学的根拠が求められる。そのため，規制の実施にあたっては，現在判明している知見や技術的水準によって，対象となる行為をカテゴリー化し，規制の基準を定め，規制を実施する。新しい知見・技術の導入にはその検証に時間や手続を要し，実験的・先端的な知見を施策に反映することが困難である。

第4は，規制のコストである。規制的手法の実施にあたっては，規制対象や基準の作成のための調査，基準策定作業，保護対象や保護区の設定，効果のモニタリングなどに，膨大な情報，費用，人員などのコストが必要である。これらのコストは，きめ細かな規制を実施するごとに増大する。とくに問題なのが，規制に必要な情報の不足である。必要な情報は，国・地方自治体の部局，大学や研究機関，民間団体，個人などに分散しており，その分類方法

や精度もまちまちである。情報が不足する場合は規制基準を定めることができず，規制が見送られることになる。

　さらに，法律執行状況の把握，違反者の取り締まり，違反行為の是正などにも大量の人員・費用が必要であるが，自然環境保全にあてることのできる資源は圧倒的に不足しているのが現状である。そのため，望ましい規制基準を策定しても，それを執行することができず，法律の執行・取り締まりに不公平が生じる。結果として，規制基準は，現実に法を適正に執行できる程度に緩和して定められることになり，保護対策の遅れや制度の形骸化を招くことになる。

　第5に，規制的手法は，基本的にトップダウンの意思決定方法であり，利害関係者や地域住民の意見を一応聴取はするが，それが最終的な決定に反映される余地はほとんどない[32]。現状では，たとえば各種保護区の設定にあたり地元市町村や関係行政機関との協議・同意の取得，利害関係者の意見聴取などがされるが，協議にかかるのは地域指定（線引き）の部分だけであり，規制の実施にあたり，当事者から提案したり，規制内容を当事者で話し合うようなシステムは存在しない。

　第6に，規制的手法は，個人・企業の私有財産，営業活動の自由等に規制を加えるものであり，憲法その他の強い制約があることである。たとえば，種の絶滅を防止するために最も厳格な執行を望まれるはずの種の保存法3条の「この法律の適用に当たっては，関係者の所有権その他の財産権を尊重し，住民の生活の安定及び福祉の維持向上に配慮し，並びに国土の保全その他の公益との調整に留意しなければならない」との規定にその趣旨がうかがえる[33]。国・自治体を含め土地所有者は土地利用の規制を嫌い，その結果，保護区の面積は最小限必要なものに限定され，規制の程度も，一部の国公有林を別にすると，規制の緩やかな普通地域等が多くなる。保護区をバッファーゾーンを含め広く設定したり，保護区と保護区を結ぶ連絡部分（コリドー）を確保することは困難で，保護区の分断を防止することができない。

　第7として，これら規制的手法の限界を打破するために，とくに地価の高騰した都市部を中心に，規制的手法に代わる各種の手法が開発されてきた。たとえば，環境省の管理する特定民有地買上制度は，国立公園・国定公園の

特別保護地区と第1種特別地域，国指定鳥獣保護区の特別地区，種の保存法による生息地等保護区等の一部を都道府県が交付公債により買い上げる際に，その経費を助成するものである。しかし，対象がきわめて限定されており，都道府県の見合いの負担が必要なために，十分に活用されているとはいいがたい。また都市緑地法は緑地協定，市民緑地契約，これら緑地に対する税の減免などを定めるが，これらの協定・契約によって保護される地域は小規模で，ごく一部の多様な自然を保護しうるにすぎない[34]。

1.5.2. 生態学的知見の発達
1.5.2.1. 萌芽期における生態学とその役割

　1960年代，70年代に進展をみた自然環境保全政策は，どのような自然観に支えられていたのか。この点につき明確な議論がなされた形跡はないが，おそらく自然の浄化能力や復元力を前提にした素朴な自然観が，その根底にあったものと思われる。たとえば，大気汚染や水質汚濁の防止策は，自然には一定の自浄力，自己回復力があり，汚染物質や汚濁量を一定以下に減少させれば，あとは自然の能力で元の状態に回復するという前提に立っている。また，自然生態系について，人為の加わらない原生自然が理想とされたのも，同じ理由による。すなわち，ある地域を原生自然に戻すために開発や人の立入りなどの人間活動の影響を極力排除することが求められはしたが，その結果，どのような自然生態系がそこに出現するかについては，あまり立ち入った議論がなされなかった。あるいは，人の影響を排除すれば，在来の原生自然が蘇ると素朴に考えられたのである[35]。

　初期の公害対策・環境保全対策において，これら生態学的知見が重要な役割を果たしたことは疑いがない。たとえば，レイチェル・カーソン『沈黙の春』(1962年)は，その結実である。同書は，生態的思考をベースに，農薬が生物界全体に与える影響を明らかにし，世論や政策に大きな影響を与えたものであった。また，バリー・コモナー『The Closing Circle: Nature, Man, and Technology』(1971年)も，五大湖のひとつであるエリー湖が，工場排水によって汚染され，その影響が湖全体の生態系に影響を与えることを指摘し，長期的な生態系への影響に無知な科学技術の開発が自然界全体に深刻な

影響を与えていることを明らかにしたものであった。

しかし，これらの先駆的な業績にもかかわらず，初期の生態学的知見の蓄積には限界があった。すなわち，生態系が全体として食物連鎖や栄養循環の輪の中にあることは認識されたが，実際にある地域の生態系がどのようなものであり，どのように連携しているのかについては，ごくわずかな断片的知見しか存在しなかったのである。

また，初期の生態学のひとつの問題は，生態系の維持もしくは変化の中において人間活動の果たしてきた役割に注目しなかったことである。人間と自然はあくまでも分離され，対峙するものであって，人間は自然界の異物・異邦人であった。人間と自然界との関係は，人間が自然を改造し利用するか，全く手をつけずに保存するかの二者択一であり，後者の場合，人間は自然界にその痕跡を残さずに静かに立ち去ることが理想とされた[36]。そうすれば，人間から隔離された自然は自らの力でバランスを取り戻し，長い時間をかけて元の姿に復帰するものと解されたのである。

1.5.2.2. 新しい生態学の発展

自然環境保全制度が先進国を中心に発達したにもかかわらず，「自然が失われている」，「自然の豊かさが質的にも量的にも劣化している」という実感は，その後，一層強まることになった。その実感を裏づけたのが，国際的・国内的な生物種の減少である。地球上における種の絶滅は，これまでも繰り返されてきたことであって，それ自体は問題視するにはあたらないが，問題なのは，すでに多くの生物学者が指摘するように，現在進行中の種の絶滅の速度が，これまでのいかなる時期よりも速く，またその原因の大部分が人間活動に起因しているということである。

世界的な種の絶滅の進行については，すでに 1960 年代から問題の重大さが認識され，対策が講じられてきた。アメリカで制定された「絶滅のおそれのある種の保存法」(1966 年) は，その嚆矢といえるものであり，「絶滅のおそれのある種の保全法」(1969 年) の指示をうけてアメリカが主催した国際会議に基づき起草された「絶滅のおそれのある野生動植物の種の国際取引に関する条約」(ワシントン条約，1973 年) は，世界的な種の絶滅の進行に対する国際的取り組みの第一歩である。さらに，アメリカ合衆国の「絶滅のおそれ

のある種の法(Endangered Species Act：ESA)」は，絶滅しつつある種の保護を目標に掲げた最も先進的な法律である[37]。

こうした種の絶滅の深刻さを，生物多様性の危機という観点から分析し，警鐘を鳴らしたのが，マイアーズ[38]やエーリック[39]である。とくにエーリックの著書は，一般市民向けに生物多様性のもつ価値，生物多様性の危機的状況，その対策を説いたものとして，高い評価を得た。同書が，生物多様性のもたらす恩恵が，美学的・倫理的価値のみならず，直接的・経済的便益および間接的便益(生命維持システム)にまで及ぶという観念を普及させた意義は大きい。

これらの議論を踏まえ生物多様性保護の理念を集大成したのが「生物の多様性に関する条約」(1992年)であり，同条約が前文で，生物多様性のさまざまな価値，その危機的状況，保護に対する取り組みの重要性を格調高く謳っていることについては，とくに記すまでもないだろう。

これらの動きと並行し，生物多様性保護に取り組む実践的な学問として発達したのが，保全生物学(あるいは保全生態学)である。保全生物学は，エコシステムに関する知見が断片的にしか存在しないことや，他の農学，林学，動物学，水産学などの伝統的な自然科学ではエコシステムの全体像を把握できないことへの反省から，生物学，動物学，林学，生態学，植物学などを基礎に，地理学，地質学，経済学，社会学，法学，哲学などの諸科学を糾合して発達したもので，人間が生物多様性に与える影響を調査し，種の絶滅を防止するという目標を掲げた規範的・実践的な学問である[40]。

最近の保全生物学によれば，エコシステムの持続性における変化と遷移は本質的なものであり，エコシステムは短期的には平衡点に到達しつつも，常に非平衡状態にあり，自然の攪乱がきわめて重要な役割をもつものと考える。したがってエコシステムを特定の状態や配置に凍結させるのは，むしろ回避すべきこととされるのである。また，保全生物学は，人間を自然のまたは損傷されたエコシステムの一部とみなし，人間活動を排除するのではなく，人間活動の影響を管理計画の中に組み込むことを要求する。そして，人間活動を計画に組み込むこととは，人間活動をコントロールするだけではなく，エコシステムを大きく損傷することなく適合してきた在来農法の知見や先住民

族の文化を，エコシステム管理に積極的に生かすべきことをも意味するのである[41]。

1.6. 新しい自然資源管理制度の模索

以上，1970年代以降に一層の整備をみた公害防止・自然環境保全制度の特徴とそれをとりまく状況の変化を概観したが，上記のような動きの中で，とりわけ自然保護の目標(対象)が，学術的に貴重な種や希少な種の保存から，生物多様性保護に転換したことは，従来の自然環境保全に大きな影響を与えたものと解される。理由は，以下のとおりである。

第1に，保護の対象が，格段に広がったことである。従来は，学術的に貴重な種，希少種，雄大な景観などを構成する野生生物種や人跡未踏の原生自然を保護すれば足りた。しかし，生物多様性保護のためには，一般的に広く生息生育する種を含め，多様な自然環境をできるだけ多く保護する必要がある[42]。そのために，従来，自然公園法，自然環境保全法，鳥獣保護狩猟法，文化財保護法等で保護されていた動植物種のみならず，都市部，里地里山などに生息生育する生物種・生態系を，広範囲に保護する必要がある。また，地域個体群を保護し，多様な遺伝子を保護することが必要となる。

第2に，特定の種の保護とは異なり，多様な生物種，多様な生態系を保護するためには，さまざまのまとまった生態系を含みうる一定範囲の広さの地域の確保や，さまざまの生態系を連結・連続させるなどの工夫(ネットワーク)が必要なことである。とりわけ，水循環，物質循環を通じて密接な関係を維持している水系・流域は，一体として管理することが望まれる。その中には，多様性が豊かな重要地域のみならず，冒頭に記した，農地，牧草・採草地，都市部の河川(河畔林)，樹林地(斜面林，社寺林，屋敷林)，台地，低地，段丘崖，水辺地，季節的な湿地(雪解け水の貯留地)などの身近な自然も，当然に含まれる。

第3に，従来の自然環境保全は，自然保護のみを目的に，自然環境保全に関連する一部の官庁・部門の取り組むべき課題であったが，対象地域の拡大は，農業，漁業，河川管理，海岸管理，道路管理など，多種多様な施策との

連携を必要とする。その結果，多数の行政機関が施策の中に生物多様性保護の視点を加えることを要請されるのみならず，個々の行政機関が，従来のように個別の法律に基づき，バラバラに施策を実施するのではなく，相互に連携した施策の企画立案や実行のシステムをつくり上げることが不可欠となる。また，流域や生態系が自治体の区域を越えて広がっている場合には，自治体相互の連携も必要となる。

第4に，利害関係者の範囲も飛躍的に拡大する。利害関係者は，これまで一部の地権者(土地所有者，水利権者など)，農林漁業者，事業団体などに限られたが，とくに里地里山や都市近郊への保護管理対象地域の拡大は，住民の日常的な利害と衝突し，あるいは広い影響を及ぼすようになる。したがって，広く住民が政策・施策の立案に参加し，あるいは主体的・継続的に実施に取り組むことが必要になる。

第5に，保護対象種の拡大，保護対象地域の拡大，利害関係を有する者の拡大は，規制的手法以外のさまざまの施策を必要とする。多様な関係者に対し画一的な規制を実施することは実際上不可能であり，個別の地域，個別の関係者ごとに，さまざまの組み合わせの施策を必要とする。とくに重要なのが，規制的手法によらない非規制的(非権力的)手法，私人の自発性に依拠した任意的・契約的手法，経済的インセンティブと結びついた経済的手法である[43]。

第6が，国内的取り組みを越えた国際的取り組みの必要である。野生生物の保護を目的とした条約としては，すでにラムサール条約(1971年)，ワシントン条約(1973年)，ボン条約(1979年)，それに渡り鳥保護に関する2国間条約などが知られているが，これらの条約は締約国に一定の義務は課すものの，具体的な政策の協調や実施までをも要求するものではなかった。しかしながら，すでに上記(第3)で述べたように，国内において行政区画を越えた広域的な政策の立案や実施が要求されるのと同様，国際的にも流域ごとに，さらにはそれを越えた広域的な範囲で，共通的な環境保全を講ずべき必要は高まっているといわなければならない。

また，国際社会を通してものを流通させるいわゆる市場のグローバル化が，国内社会に対する配慮のみならず，国際世論への対応の必要性を高めたこと

も見逃せない。たとえば，林業輸出国や同国の木材産業は，これまでにもまして，自然生態系や周辺の社会に配慮した森林管理を求められるようになり，個人単位の森林管理を越えた規模の対応が求められるようになった。同様に農業輸出国は，農薬や化学肥料などを制限するだけではなく，さらに土壌や生態系に配慮した有機農業の実施を求められるようになった。また，画一的で大規模な単作農業が，伝統的な農法や文化の多様性を減少させているという批判の高まりに応じて，国家的な規模で，近代的・現代的農法の転換に取り組まざるをえなくなっている。

　第7が，学界の連携である。生物多様性保護において生物学的知見，生態学的知見が中心になるべきことは，先に述べたことから明らかであるが，さらに自然環境を扱う学問分野として，農学，林学，土木工学，衛生工学などと連携が不可欠であり，さらに，地理学，社会学，法律学，経済学，政治学，哲学など，学問の境界を越えた連携システムが必要になる。

　以上を要約すると，生物多様性保護を基調とする現代の自然環境保全は，3つの境界(壁)を越えた取り組み，すなわち，地理的境界(個別の保護区を越えた水系，流域単位の取り組み)，政治的・行政的境界(役所の管轄や行政区画，さらには国境を越える取り組み)，学問的な境界(個別学問領域を越える研究と取り組み)を越えた取り組みを目標としなければならない。専門化・細分化へと進んできた近代的な自然環境保全システムは，生物多様性保護を目的に，広範囲な視野から統合された自然環境保全システムへと変わらなければならないのである。

　しかしながら，課題は認識しえても，ほぼ1世紀にわたり築かれてきた自然資源管理システムを簡単に覆すことは困難であり，おそらく現実的でもない。また，諸外国，諸地域のこれまでの法制度・社会制度の歴史的発展形態の違いを踏まえると，各国・各地に共通の処方箋があるはずもなく，各国ごとに異なった試みが展開されて当然である。

　最後に，現実的な施策の展開は，その時期の政治的・経済的事情に大きく左右される。とくに経済が停滞する中，あるいは地方分権化が進む政治状況の中で，上記の課題をいかに達成しうるかは，大きな問題といわざるをえないだろう。以上のような状況の中で，生物多様性保護に向けた国ごと，地域

ごとの取り組みが各地で進んでいるといえるのである。

1.7. 本書の概略

　本書は，上記の共通認識を踏まえ，近時，自然資源管理の点で注目すべき政策展開をみせている先進諸外国の取り組み事例を，順次取り上げる。

　まず，第2章では，20世紀初頭に自然環境保全体制の骨格を整え，その後優れた成果をあげてきたアメリカ合衆国の取り組みを，連邦レベルと州レベルに分けて，それぞれ検討している。連邦レベルでは，1990年代の初頭に開始されたエコシステムマネジメントの原理・原則，行政組織の取り組み経過，その後の推移などを説明する。

　州レベルの取り組みとしては，ワシントン，オレゴン，マサチューセッツ各州を取り上げ，取り組み状況を明らかにした。サケ生息数の回復はワシントン・オレゴン州の最も大きな政治課題であり，そのため州政府が主導して州の政策全体を環境保全・流域保全へと大きく転換した状況が，最近の動きを含め詳細に分析されている。また，小さなコミュニティが広がり，住民自治の伝統と多様な住民団体のネットワークが強固に根を下ろした東部マサチューセッツ州では，州政府の役割が自ずと限られており，住民主導のランドトラストがまず発達し，それを州が法制度面，税制面で支える様子が描かれる。

　第3章では，EU（ヨーロッパ連合）が領域全体に及ぶ生態系・生物多様性保全のための取り組みとして定めた「ナチュラ2000ネットワーク」の内容と保護区候補地リストの選定手続，加盟諸国の候補地リスト作成の状況，さらにフランス国内において保護区候補地を選定するための手続が詳細に検討される。また，実際の保護区の管理にあたり，農業政策との連携が重要であることが指摘される。これらEUの最近の自然保護政策の動きを伝える研究は少ないだけに，有益な情報をもたらしてくれる。

　第4章は，国民の自然に対する深い愛着と科学的な自然観をベースに，早くから独自の自然保護法制を発達させてきたスウェーデンの自然保護法制の歴史と現状が，包括的かつ詳細に検討されている。また，ヨーロッパ各国で

は包括的な環境法典を制定する動きが盛んであるが，1999年に成立したスウェーデン環境法典に言及されている点も有益と思われる．従来，日本で大きな注目を得ながら本格的な研究業績のなかったスウェーデン自然保護法制に関する最も信頼に足りる業績といいうるものである．

第5章は，豊かな自然資源に恵まれる中で，早くから生物多様性保護，農村景観保護，持続的で環境配慮型の農業・林業などに独自の取り組みをしてきた北欧(スウェーデン，フィンランド)の農業・林業政策の動向を分析している．スウェーデンは，農業地域において高い価値を有する半自然放牧地と手刈り採草地の保護に早くから取り組んできたが，1995年のEU加盟，共通農業政策の改革を受け，2000年に新たな農業環境政策を発足させた経緯と現在までの成果が，詳しく分析される．農業人口が減少する中で，農村景観と生物多様性をいかに保護するのかは，日本でも共通の課題であり，EUの優等生といわれるスウェーデンの農業環境政策は，大いに参考になる．

また，スウェーデン，フィンランドは世界有数の森林国であるが，両国は，同時に生物多様性保全に配慮した森林資源管理政策をいち早く実施してきた先進地としても知られる．本章では，両国の林業構造の違いから出発し，環境保護の高まりに対応して森林政策が転換する経緯，国・民間団体・環境保護団体の役割や関与の実際が，数次の現地調査を踏まえて，それぞれ詳細かつ的確に分析される．さらに両国政府は，最近日本でも動きが加速している森林認証について対照的なアプローチをとっており，日本における森林認証の推進策を考えるにあたり，比較可能な検討素材を提供してくれる．

第6章では，1980年代以降，新自由主義に基づく規制緩和・地方分権化を積極的に推進し，世界の注目をあびたニュージーランドの環境政策を取り上げる．1991年の資源管理法は，水・大気・土地の一括的・総合的管理と自然資源管理権限の地方移譲を定める画期的な法律であり，管理計画策定にあたり広範囲の住民参加を求めている点でも注目に値する．ここでは，改革の背景分析に始まり，改革の経過，地方自治体の組織構造，資源管理法の内容，地域自然資源のモニタリング・管理計画策定の状況を分析するとともに，先進的な取り組みを示すワイマカリリ・ディストリクト，ワイタケレ市の実例を分析している．ニュージーランドの環境政策および資源管理法について

は，これまで断片的な紹介や分析があったにとどまることから，本書における本格的分析は，従来の研究の欠落を埋めるうえで大きな意義があるものと思われる。

　終章では，それぞれの章の内容を簡略に要約し，最後に全体の分析検討を踏まえて，先進国における近代的自然資源管理法制の転換の特徴と，新しい自然環境保全体制の確立に向けた課題のいくつかが提示される。

1) 環境庁編『生物多様性国家戦略・多様な生物との共生をめざして』(1996年)46-52頁が，二次林，二次草原，農耕地等に「二次的自然環境」という名称を与え，それが生物多様性確保のうえで果たす役割を強調するとともに，その保全の必要性を謳っているのも，こうした観点に立つものである。環境省編『新・生物多様性国家戦略』(2002年)46-48頁でも，同様の指摘がなされている。

2) W J McGee, *The Conservation of Natural Resources, Proceedings of the Mississippi Valley Historical Association, III (1909-1910)*, pp. 365-379, cited in Roderick Frazier Nash ed., *American Environmentalism, Readings in Conservation History*, 3d ed. (McGraw-Hill, 1990) pp. 80-83.

3) Gifford Pinchot, *Breaking New Ground* (Island Press, 1987) p. 326; id., *The Fight for Conservation* (University of Washington Press, 1967) pp. 40-52; Samuel P. Hays, *Conservation and the Gospel of Efficiency: The Progressive Conservation Movement, 1890-1920* (Harvard University Press, 1959) pp. 41-42.

4) John Passmore, *Man's Responsibility for Nature: Ecological Problems and Western Traditions* (Charles Scribner's Sons, 1974) pp. 73-74, 101(間瀬啓允訳『自然に対する人間の責任』(岩波書店，1979年)123-125頁，173頁)。

5) Max Nicholson, *The New Environmental Age* (Cambridge University Press, 1987) p. 34 は，「保存」を，物事をあるがままに保つこと，「保護」を，周囲からの干渉の外におくことと定義し，「保全」を，「人が彼の自然環境への影響を和らげるため，そして環境を健全に機能しうる状態に保ちつつ，すべての彼らの真の必要を満たすために，人が考え，行動することすべてを意味する」と定義し，保存，保護，保護区の設置，ゾーニング，隔離，その他を含む，より広い概念であるとしている。本章でも，保全の意味を，ピンショーのような功利主義一辺倒ではなく，より広い，一般的な意義で用いる。なお，その他のイギリス文献における「保全」の意義について，David Evans, *A History of Nature Conservation in Britain*, 2nd ed. (Routledge, 1997) pp. 8-11 参照。

6) 世界各国の自然保護法制の成立過程を概観できる文献は，さほど多くはない。ここでは一般的に，John McCormick, *Reclaiming Paradise: The Global Environmental Movement* (Indiana University Press, 1991) chs. 1, 2; Nicholson, supra note 5, chs.

2-6 を参照。
7) Michael Williams, *Deforesting the Earth: From Prehistory to Global Crisis* (University of Chicago Press, 2003) pp. 201-206, 273-275.
8) Evans, supra note 5, pp. 15-16.
9) Thomas R. Dunlap, *Saving America's Wildlife: Ecology and the American Mind, 1850-1990* (Princeton University Press, 1988) pp. 5-17.
10) Lisa Mighetto, *Wild Animals and American Environmental Ethics* (University of Arizona Press, 1991) p. 39.
11) John F. Reoger, *American Sportmen and the Origins of Conservation*, 3d ed. (Oregon State University Press, 2000).
12) 平松紘『イギリス 緑の庶民物語』(明石書店, 1999年) 12頁以下。
13) Roderick Frazier Nash, *The Rights of Nature: A Hsitory of Environmental Ethics* (University of Wisconsin Press, 1989) pp. 25-26(岡崎洋監修・松野弘訳『自然の権利——環境倫理の文明史』(筑摩書房, 1999年) 80-84頁); Mike Radford, *Animal Welfare Law in Britain: Regulation and Responsibility* (Oxford University Press, 2001) pp. 33-48; Mighetto, supra note 10, pp. 43-52.
14) Alfred Runte, *National Parks: The American Experience*, 3d ed. (University of Nebraska Press, 1987) pp. 48-64.
15) イエローストーン国立公園成立の経緯については, すでに多くのことが語られている。ここでは, John Ise, *National Park Policy: A Critical History* (Arno Press, 1979) pp. 13-50; Runte, supra note 14, pp. 33-47 の詳細な記述を参照。オーストラリアのロイヤル国立公園は, 1879年, 世界で2番目に古い国立公園として指定された。当初は, 単に「国立公園」という名称であったが, 1955年にエリザベス女王2世が訪問したのを記念し, ロイヤル国立公園と名称を変更した。しかし, 同公園は, もともと大都市シドニーの肺(息抜き)として創設されたこともあって, 祖国イングランドの景観に似せて徹底的な生態系の改変がなされた。干潟やマングローブは草地化され, 在来のブッシュは伐採されて約3700の観賞用樹木が植栽され, 小動物園, ボート施設, ダンスホールなど, あらゆるものが建設され今日に至っている。自然公園らしい管理はほとんどなされず, 1930年代に自然保護者がニューサウスウェルズ州政府に国立公園庁の設置を求めて運動を始めたが, 公園管理のための国立公園・野生生物局が設立されたのは, 1967年である。See http://www.nationalparks.nsw.gov.au/parks.nsf/(2005年12月5日アクセス)。同国立公園は, 国立公園とはいいながら, ニューサウスウェルズ州が管理する州立公園である。また, バンフ国立公園は, 鉄道会社の営業政策と密接不可分の関係にあり, 鉄道会社が1887年に建設したバンフ・スプリングホテルを中心に町が発達し, その後も大陸横断鉄道・大陸横断道路の整備とともに訪問客を増加させてきた。バンフ国立公園の歴史と現状について, William R. Lowry, *The Capacity for Wonder: Preserving National Parks* (Brookings Institution, 1994) pp. 179-183 参照。
16) Richard West Sellars, *Preserving Nature in the National Park: A History* (Yale

University Press, 1997) pp. 19, 24-26; 畠山武道『アメリカの環境保護法』(北海道大学図書刊行会，1992 年) 250 頁．
17) Peter Hanneberg ed., *Sweden's National Park* (Swedish Environmental Protection Agency, 1998) pp. 11-15.
18) Evans, supra note 5, pp. 60-78 に詳しい分析がある。See also Nicholson, supra note 5, pp. 37-38.
19) Hans-Joachim Koch Hrsg., *Umweltrecht* (Luchterhand, 2002) pp. 331-332; Martin Stock, Nationalpapke in Deutschland: Den Entwicklungsgedanken gesetzlich absichern und konkretisieren!, *Zeitschrift für Umweltrecht*, Vol. 11 (2000) pp. 198-200.
20) 概況を知るには，一般向けのガイドブックであるが，Werner K. Lahmann, *Die Nationalparks in Deutschland* (Drei Brunnen Verlag, 1997) p. 9 が便宜である。
21) フランスの森林法制および自然保護区制度の沿革・現状について，ここでは M. Prieur, *Droit de l'environnement*, 5ᵉ ed. (Dalloz, 2004) pp. 317-333, 428-477; R. Romi, *Droit et administration de l'environnement*, 5ᵉ ed. (L.G.D.J., 2004) pp. 393-407; J. Lamarque, avec la collaboration de B. Pacteau, F. Constantin et R. Macrez, *Droit de la protection de la nature et de l'environnement* (L.G.D.J., 1973) pp. 135-216, 429-504 などの記述を全般的に参照されたい。
22) IUCN(国際自然保護連盟)の国際自然保護モニタリングセンターは，1994 年，新たな「保護地域カテゴリー区分のためのガイドライン」を作成したが，新ガイドラインによると，管理カテゴリーは，厳正自然保護管理地域(カテゴリー Ia)，原生自然保護地域(カテゴリー Ib)，国立公園(カテゴリー II)，天然記念物(カテゴリー III)，生息地と種の管理地域(カテゴリー IV)，陸域と海域の景観保護地域(カテゴリー V)，自然資源の管理保護地域(カテゴリー VI)に区分され，国立公園には，「(a)現在および将来世代のために単数もしくは複数のエコシステムの生態的統合性を保護し，(b)地域指定の目的に反する開発もしくは占有を除去し，(c)精神的，科学的，教育的，レクリエーション的，および訪問者の機会のための基盤(これらすべては，環境的および文化的に両立しうるものでなければならない)を提供するために指定された陸域および／または海域の自然の地域」という定義が与えられている。それに対して，厳正自然保護管理地域(Ia)は，「傑出したもしくは代表的な生態系，地質学，生理学的特性および／または種を保有する陸域および／または海域の地域であって，第一義的に科学的調査および／または環境モニタリングのために利用されうるもの」と定義され，原生自然保護地域(Ib)は，「改変されていないもしくはわずかに改変された陸域および／または海域の広大な地域であって，恒久的もしくは重大な居住がなされることなくその自然的特徴および作用を維持し，その自然の状態を保存するために保護され，管理されているもの」と定義されている。
23) アメリカの国立公園の現状について，William L. Halvorson and Gary E. Davis eds., *Science and Ecosystem Management in the National Parks* (University of Arizona Press, 1996); Bob R. O'Brien, *Our National Parks and the Search for*

Sustainability (University of Texas Press, 1999); Lowry, supra note 15, pp. 165-192 を参照。また，やや古くなったが，Jeffrey A. McNeely and Kenton R. Miller eds., *National Parks, Conservation, and Development: The Role of Protected Areas in Sustaining Society* (Smithsonian Institution Press, 1984) が，世界各国の国立公園制度を網羅し，James G. Nelson and Rafal Serafin eds., *National Parks and Protected Areas: Keystones to Conservation and Sustainable Development* (Springer, 1997) が，北米・ヨーロッパ諸国の最近の国立公園管理の動向を伝えている。

24) エコロジーという造語は，ドイツの生物学者E・ヘッケルあるいはアメリカの化学者E・スワローの手になるものといわれ，早くも1915年に，アメリカ生態学会が結成されている。しかし，それがさらに明確な学問的意図と体系をもつようになったのは，1930年代以降で，クレメンツ・シェフィールド，エルトン，タンズレーなどの先駆的な著書論文によって，「生物群集」「食物連鎖」「生態系」などの用語が次第に定着した。Nash, supra note 13, pp. 56-59 (邦訳 154-158頁)。

25) 以下の記述については，Richard L. Knight and Peter B. Landres, *Stewardship Across Boundaries* (Island Press, 1998) から示唆を得た。これらさまざまの問題は，人間が自然資源管理のうえで人為的に設けた政治的・行政的な境界(boundary)に由来するというべきである。また，Kraig W. Thomas, *Bureaucratic Landscapes: Interagency Cooperation and the Preservation of Biodiversity* (MIT Press, 2003) pp. 1-23 には，自然資源管理機関が，いかに他省庁との連携や協議に消極的か，その結果，カリフォルニアの生物多様性がどの程度失われたかが，明快に語られる。

26) 河川法・森林法などの執行において，流域管理・流域保全がいわれるが，現状では自らの権限範囲内で省益の追求をめざすものにすぎず，複数の省庁・自治体の関与する流域全体の管理のための基本計画や事業計画を作成するようなものではない。中村太士『流域一貫——森と川と人のつながりを求めて』(築地書館，1999年) 2-13頁，123-132頁が，現状と課題を示している。

27) 畠山武道『自然保護法講義(第2版)』(北海道大学図書刊行会，2004年) 120-121頁参照。

28) 遊漁団体，釣り愛好団体，釣具団体などが，法律の趣旨目的とは全く異なる観点から反対論を展開したため，一時は法律の眼目であるブラックバス規制が見送られかねない事態となったことは，周知のとおりである。今回の騒動は，本来，科学的知見を基礎になされるべき外来種規制とその意思形成のあり方に，悪しき前例を残したというべきである。

29) Richard K. Stewart, A New Generation of Environmental Regulation?, *Capital University L. Rev.*, Vol. 29 (2001) pp. 21-26. また，伝統的な管理手法の特徴を列記した Hanna J. Cortner and Margaret A. Moote, *The Politics of Ecosystem Management* (Island Press, 1999) pp. 37-40 の議論も参照のこと。

30) アメリカ合衆国・絶滅のおそれのある種の法(Endangered Species Act：ESA)に関する Steven L. Yaffee, *Prohibitive Policy: Implementing the Endangered Species Act* (MIT Press, 1982) pp. 1-12 の議論を参照。See also Stewart, supra note 29, pp.

22-25.
31)「規制の限界」「規制の失敗」は，アメリカを中心とする環境法学者や環境政策論者の合言葉であり，1980年代以降多数の論稿がある。代表的なものとして，Stewart, supra note 29, pp. 27-38 の整理された議論を参照。また，Neil Gunningham and Peter Grabosky, *Smart Regulation: Designing Environmental Policy* (Oxford University Press, 1998) pp. 37-91 も示唆的である。日本における議論としては，中央環境審議会経済社会のグリーン化メカニズムの在り方検討シーム「経済社会のグリーン化メカニズムの在り方報告書」(2000年5月)が，問題を整理している。ただし，本章は，自然環境保全における規制的手法を扱うことから，同報告書の取り上げる規制的手法の市場メカニズムへの影響，より高い目標への誘因の欠如，国際的整合性確保の困難性などの論点は取り上げていない。
32) 伝統的参加手法のもつ限界について，G. K. Meffe, C. R. Carroll and Contributors, *Principles of Conservation Biology*, 2nd ed. (Sinauer Associates, 1997) pp. 374-375 参照。
33) アメリカ合衆国ESAには，日本法のような明確な規定はないが，ESAによる規制に対する土地所有者の反発は強く，財産権保護や補償規定の導入を求める法案が，たびたび合衆国議会に提出されている。Cf. Philip D. Brick and R. McGreggor Cawley eds., *A Wolf in the Garden: The Land Rights Movement and the New Environmental Debate* (Rowman & Littlefield, 1996); Jason F. Shogren, *Private Property and the Endangered Species Act: Saving Habitats Protecting Home* (University of Texas Press, 1998).
34) 都市部における生態系保全の現状については，畠山武道「都市の緑と法」環境と公害31巻3号(2002年)9-15頁で問題を概観した。
35) Meffe et al., supra note 32, pp. 16-17; S. T. A. Pickett and Richard S. Ostfeld, The Shifting Paradigm in Ecology, in Richard L. Knight and Sarah F. Bates eds., *A New Century for Natural Resources Management* (Island Press, 1995) pp. 261-266. See also A. Dan Tarlock, The Nonequilibrium Paradigm in Ecology and the Partial Unraveling of Environmental Law, *Loy. L. A. L. Rev.*, Vol. 27 (1994) pp. 1121-1128; Jonathan B. Wiener, Beyond the Balance of Nature, *Duke Envtl. L. & Pol'y F.*, Vol. 7 (1996) pp. 3-9; Timothy H. Profeta, Managing Without a Balance: Environmental Regulation in Light of Ecological Advances, *Duke Envtl. L. & Pol'y F.*, Vol. 7 (1996) pp. 71-75.
36) アメリカ合衆国・原生自然法(Wilderness Act of 1964)は，Wildenness Society，その他の環境団体が起草した法律として知られるが，その2条は「原生自然(wilderness)」を，「原生自然とは，人とその活動が景観を支配している地域との比較で，大地とその生命共同体が人によって攪乱されず，人自体がそこにとどまることのない訪問者であるような地域として認識されるべきである」と定義している。See Craig W. Allin, *The Politics of Wilderness Preservation* (Greenwood Press, 1982) p. 278.
37) Jon Hutton and Barnabas Dickson eds., *Endangered Species Threatend Conven-*

tion: The Past, Present and Future of CITES (Earthscan Publications, 2000) pp. 3-9.

38) Norman Myers, *The Sinking Ark: A New Look at the Problem of Disappearing Species* (Pergamon Press, 1979)(林雄次郎訳『沈みゆく箱船——種の絶滅についての新しい考察』(岩波書店, 1981年))。

39) Paul and Anne Ehrlich, *Extinction: The Causes and Consequences of the Disappearance of Species* (Ballantine Books, 1981)(戸田清ほか訳『絶滅のゆくえ』(新曜社, 1992年))。

40) Reed F. Noss and Allen Y. Copperrider, *Saving Nature's Legacy: Protecting and Restoring Biodiversity* (Island Press, 1994) pp. 84-86; Cortner and Moote, supra note 29, pp. 23-25.

41) Meffe et al., supra note 32, pp. 16-20; Noss and Copperrider, supra note 40, pp. 327-333. See also Norman L. Christensen et al., The Report of the Ecological Society of America Committee on the Scientific Basis for Ecosystem Management, *Ecological Application*, Vol. 6 (1996) pp. 673-676.

42) ただし，生物多様性保護の重視によって個々の種の保護の必要性がなくなるわけではない。生態系において重要性を有する種を判定し，その消滅を防止することは，生物多様性保護のきわめて重要な戦略である。Reed F. Noss, From Endangered Species to Biodiversity, in Kathryn A. Kolm ed., *Balancing on the Brink of Extinction* (Island Press, 1991) pp. 227, 230-236.

43) アメリカ合衆国 ESA の施行における任意的手法，経済的手法の利用については，畠山武道「野生生物保護における新たな手法の開発」アメリカ法 2002 年 1 号 28-42 頁で詳しく触れた。

2. エコシステムマネジメントの進展と課題
——アメリカ合衆国における多様な取り組み——

2.1. クリントン政権による未完の実験——連邦行政機関の取り組み

2.1.1. エコシステムマネジメントの歴史
2.1.1.1. アメリカにおける自然資源管理機関

　アメリカ合衆国(以下,アメリカという)において自然資源を管理する行政機関は,連邦行政機関と州行政機関(さらには,カウンティや市町村)に分かれる。しかし,秩序維持のための各種の規制(police power)は伝統的に州の権限とされており,自然環境保全に関連する土地利用をはじめ,農林水産業,狩猟,野生生物保護なども,基本的に州法や自治体の条例によって管理されている。連邦行政機関は,州内にある連邦有地についてのみ,管理権限を行使しうるにすぎない。しかし,とくに西部においては,州内に占める国立公園,国有林,国有放牧地,国立野生生物保護区,国立自然保護区,国有記念物などの割合がきわめて高く,連邦有地の管理のあり方が,州の産業,経済,社会生活などに大きな影響を与える[1]。また,連邦は,合衆国憲法1編8節3項の州際通商条項により複数の州にまたがる河川を管理するとともに,大規模なダム・灌漑事業を直接実施し,それを管理している。そこで,以下,連邦行政機関を中心に,エコシステムマネジメント導入に至る経過を説明する[2]。

2.1.1.2. 国立公園における生態系管理

　ところで,自然資源管理に関与する連邦行政機関としては,内務省国立公園局,内務省土地管理局,内務省魚類野生生物局,内務省灌漑局,農務省森林局,陸軍省陸軍工兵隊などが主なものであるが,その中で,戦後,比較的

早くから生態系保全を基調とする自然資源保護に取り組んできたのが、国立公園を管理する内務省国立公園局である。国立公園局設置法(National Park Service Organic Act of 1916)は、公園局の使命として「現在および将来の世代の楽しみのために、……公園内の自然的・歴史的対象物および野生生物」を保護することを定めており、とくに原生自然法(Wilderness Act of 1964)が制定されて以降は、原生地域を「その自然の状態を保存するために保護し、管理すること」が公園局の任務に付け加わった。その1年前のレオポルド報告書(1963年)は、公園内の野生生物管理に大きな変革をもたらしたもので、公園管理の主たる目標を、「白人が公園を最初に訪れたときに支配的であった状態」に国立公園を復元することとし、自然の攪乱、とくに火入れを積極的に実施することを提案した。しかし、白人到達前の原生状態に公園の生態系を復元させることがひとつの理想ではあっても、何が原生状態か、復元とは何か、復元が可能かなどをめぐってはさまざまの議論があり、ハイイログマ、オオカミ、クーガーなどの広範囲の地域を移動する動物にとって公園内に限定した保護対策のみでは十分な成果が期待できないことも明らかであった[3]。しかし、国立公園局は、生態系保護を基調とする公園管理の重要性を認識しつつも、レッドウッド国立公園をめぐる騒動に代表されるように、公園周辺における森林伐採、鉱工業・エネルギー開発、大気汚染問題、それに増大する利用者への対応におわれ、エコロジカルな公園管理に本格的に取り組む余裕がなかったというのが実情であろう[4]。国立公園局が、内部的にエコシステムマネジメントの検討に入ったのは、1980年代後半に入ってからである[5]。

　その後、1994年になって、国立公園局はエコシステムマネジメントに関する政策や戦略を発展させるために作業グループを設置し、コロラド平原などのように、多数の国立公園が存在する地域における生物多様性を包括的に回復するための試み(comprehensive regional ecosystem restoration and management)の検討に着手した。

2.1.1.3. 国有林におけるエコシステムマネジメントの導入

　国立公園はもともと原生自然を含む地域を保全し、かつ人々の楽しみの場として管理されており、公園の管理を自然の遷移に委ねるという国立公園局

の判断が，環境保護団体と衝突したり，地元地域との利害の対立を引き起こすようなことは少ない．それに対して，国有林の場合は，管理のあり方をめぐって，問題を先鋭化させるさまざまの要素があった．

第1に，戦後の国有林管理が，多目的利用・持続的収穫を，法律のうえでは標榜しながら，実際には戦後に急増した木材需要に対応し，木材生産に傾斜したことである．その結果は，各地で環境保護団体との対立を引き起こした．有名なのが，アラスカ・トンガス国有林の原生林伐採をめぐる対立や，モノンガエラ国有林の皆伐をめぐる論争である．とくに後者においては，環境保護団体の提起した裁判に敗北し，伐採方法の規制のみならず，国有林管理計画の策定手続に大幅な住民参加を盛り込んだ国有林管理法（National Forest Management Act of 1976：NFMA）の制定を受け入れざるをえなくなった．ただし，NFMAは1970年代に制定された多くの環境法規とは異なり，基本的には手続法であって，実体的な規制条項は含んでおらず，皆伐を一定の要件のもとで容認するのと引き替えに，森林局に対して，木材生産とならび，水源，魚類，野生生物，土壌その他の価値の考慮を求めるものであった．

その中で，とくに重要なのは，森林管理計画の作成にあたり「多目的利用の目的に適合させるために，特定地域の適応性や可能性に基づいた動植物共同体の多様性を確保する（こと）」，「すべての多目的な利用に適合するために，当該特定地域の動物・植物社会の多様性に配慮し，適切なときには，実際的な限度で，計画によってコントロールされる区域に現存する類似の樹種の多様性を保存するために必要な措置をとる（こと）」などを定めた多様性保護規定（NFMA 6条(g)(3)(B)，16 U.S.C. §1604(g)(3)(B)）である．森林局は，この法律規定を受け，森林管理計画の策定にあたり，「魚類・野生生物の生息地は，提案にかかる計画地域内に生存している天然の，および望ましい人工的な脊椎動物種の生存可能個体数を維持するよう，管理されるものとする」(36 C.F.R. §219.19)，「国有林は生態系であること，および財産や役務のために，国有林管理には，その生態系内の植物，動物，土壌，水，大気，その他環境上の要素の相互関係の認識および考慮が必要であることを念頭におくよう命じられる」(36 C.F.R. §219.1(b)(3))ことなどを定める規則を制定し

た。

　これらの規定は，当初，さほど重要な意義を有しないようにみえた。しかし，森林局にショックを与えたのは，このNFMA制定の審議の過程で，妥協の産物として取り入れられた生物多様性保護規定が，次に述べる太平洋岸北西部の古齢林伐採をめぐる論争の中で，環境保護団体に強力な訴訟上の武器を与えることとなり，ついには森林局をのっぴきならない状態に追い込んだことであった。

　太平洋岸北西部の古齢林(old growth)伐採をめぐる論争は，すでに1970年代初頭より存在したが，論争が先鋭化したのは，生息数を減らしつつあるといわれたニシヨコジマフクロウ(northern spotted owl)を「絶滅のおそれのある種の法(Endangered Species Act：ESA)」の保護対象である絶滅危惧種等に指定するかどうかをめぐる論争であった。オレゴン州の野生生物局や，ESAを所管する連邦内務省魚類野生生物局は，森林局に対して包括的な対策を講じるよう何度もシグナルを送ったが，森林局は問題や世論を過小評価し，真摯な対応をしなかった。その結果，環境保護団体が次々と起こした訴訟に敗北した。

　とくに決定的であったのが，ワシントン地区連邦地方裁判所のドワイヤー判事の下したSeattle Audubon Society v. Moseley, 798 F. Supp. 1484 (1992)とそれを控訴裁判所が支持したSeattle Audubon Society v. Espy, 998 F. 2d 699 (9th Cir. 1993)である。この2つの判決は，フクロウその他の生物に関する満足のいく環境影響調査がなされるまで，第5・6管轄地区内の国有林地の伐採を恒久的に差し止めるというもので，森林局を危機的状況に追い込んでしまった。

　他方，引き続く論争の中で，森林局内部にも，生態的な視点を取り入れた管理方法や，保全生物学の理念を実践しようとする動きが生じてきた。その中心となったのが，フランクリン(Jerry Franklin)，トーマス(Jack Ward Thomas)，サルワーサー(Hal Salwasser)などの先進的な森林生態学者である。彼らは，もともと古齢林研究のパイオニア的存在であり，その知見を深めるにつれて，研究および保護の対象として古齢林にさらに一層の関心を払うべきことを提唱した。

こうした中で1993年1月，大統領に就任したクリントンは4月2日に，ポートランド市で森林サミットを開催し，政府部内に，①北西部の国有地管理戦略の検討を任務とするグループ，②労働者・地域の支援・援助および省庁間の調整を行うグループ，③その他の周辺の問題(地域経済，サケ・漁業問題，木材輸出問題，地域への木材供給，オレゴン・ワシントン州カスケード山系東側の森林の健康の調査など)を検討するグループの，3つの作業グループの設置を指示した。上記の作業グループの中で最も重要なのが，FEMAT(Forest Ecosystem Management Assessment Team)と命名された委員会である。FEMATに課された任務は，「森林管理にエコシステム的アプローチを用い，生物多様性，とくに後期遷移林と古齢林の維持・回復，長期的な森林エコシステムの生産性の維持，すなわち，木材，それ以外の森林生産物，その他の森林価値の側面を含む再生可能自然資源の持続可能な水準の維持，および地域経済および地域共同体の維持を図ること」という複雑かつ困難なもので，森林局の生物学者トーマスが委員長に就任した。この委員会には，さらに，フクロウ生息区域内の森林局，土地管理局，国立公園局の管理のための代替的な選択方法を明示し，分析すること，生物多様性には，単一種(フクロウ)だけではなく，それ以外の種，とくにすでにESAの危急種に指定することが決まっていたマダラウミスズメ，ハイイロオオカミ，ハイイログマ，サクラメント川の冬マスノスケなどへの影響を調べることも，任務とされた。

　FEMATが，その検討結果をまとめ1993年6月に公表したのが，エコシステムマネジメントの本格的な開始を告げる歴史的な文書となったForest Ecosystem Management: An Ecological, Economic, and Social Assessment. Report of the Forest Ecosystem Management Assessment Teamである。この報告書は，国有林におけるエコシステムマネジメントの理念・方法を包括的かつ詳細に示した文書として，今日に至るまで高く評価されている。

　さらに1992年6月4日，森林局はエコシステムマネジメントのコンセプトに基づく新たな森林管理政策を発表し，皆伐による伐採量を1988年レベルから約70%減少させる計画を発表した。そのほか，エコシステムマネジ

メント実施のためのNFMA規則の改正の準備に着手した[6]。

2.1.1.4. 内務省土地管理局の取り組み

国有林におけるエコシステムマネジメントの導入を指導したのが森林局長トーマスだとすれば，内務省におけるエコシステムマネジメント導入の旗振り役となったのが，バビット(Bruce Babbitt)内務長官である。バビットは，全国の自然資源の生息・生育調査をするための全国生物調査局(National Biological Survey)の創設を提案し，連邦議会の財産権擁護派の反対でそれが阻止されると，1993年11月，内務省の予算，権限，人員をやりくりし，内務省内の合衆国地質調査局の中に同趣旨の組織を設置し，後に全国生物局(National Biological Service)と命名した[7]。

また土地管理局は，1993年12月14日，①生存可能な生態的プロセスと機能の生産性・多様性の維持，②事業提唱者がエコシステム提唱者へと変わるような土地管理に対する学際的なアプローチの適用，③長期的な展望と目標を基礎とする管理の3つを原則とするエコシステムマネジメントを正式に同局の資源管理原則とすることを宣言した。また，国有地管理に関する助言・勧告を得るため，24名の市民からなる資源諮問協議会を設置するとともに，一部は森林局その他の連邦機関と共同で，太平洋岸北西部森林計画，太平洋岸サケ・マス回復戦略，オウルマウンテン・パートナーシップ(コロラド北西部)，キャニオンカウンティ・パートナーシップ(ユタ南東部)，コーオス流域協会(オレゴン西部)，トラウトクリークマウンテン(オレゴン南東部)など，多数の具体的事業を開始した[8]。さらにバビットは，長年の課題であった「放牧地改革」に着手し，1995年には，議会や放牧業者の猛反対を押し切って，エコシステムマネジメント原則を基調とするための管理規程の改正に踏み切った[9]。1994年3月には，魚類野生生物局が，全米50州を流域別に52の区域に区分し，個別に保護すべき生態系をリストアップしたエコシステムマップに基づき，従来の種単位の保護に代わる複数種の保護政策指針を発表した[10]。

2.1.1.5. その他の連邦行政機関の取り組み

1993年9月，ゴア副大統領直属の審議会の実施した連邦業績評価(National Performance Review)は，大統領に対し，①エコシステムマネ

ジメントを通して持続的発展を強化するための国家政策を達成する指令を発するべきこと，②タスクフォースを設置し，複数の省庁の予算を資金としてエコシステム評価とエコシステムマネジメントの試験事業を選択することを勧告した。そこでこの勧告に基づき，1993 年末，ホワイトハウス環境政策局を主導行政機関として，12 の省庁の事務次官補および行政管理予算局 (Office of Management and Budget)，環境諮問委員会 (Council on Environmental Quality：CEQ)，それに科学技術局 (White House Office of Science and Technology) の代表からなる「エコシステムマネジメントに関する省庁間タスクフォース」が設置され (議長は CEQ のマギンティ (Katie McGinty))，エコシステムマネジメントを実施するにあたっての目標の設定，省庁間協力を進めるうえでの障害，大規模な実験プロジェクトの実施などの検討が開始された。このタスクフォースは，1995 年 6 月から 96 年 9 月にかけて，「エコシステムアプローチ——健全なエコシステムと持続的経済」と題する 3 巻の報告書を公表している[11]。同じく 1993 年，CEQ は，生物多様性の保全を連邦環境政策法 (National Environmental Policy Act) の定める環境影響評価手続に組み込むための一般原則を明らかにした[12]。

同年の CEQ の年次報告書は「第 6 章　管理と生物多様性に対するエコシステムアプローチ」と題する章を設け，先のタスクフォースの検討経過に言及しながら，エコシステムマネジメントの目標を「地域社会とその経済的基礎を支援しながら，エコシステムの健全性，持続性，および生物的多様性を回復し，維持すること」にあることを明確にし，さらにエコシステムマネジメントの原則と指針を 10 項目にわたり解説するとともに，環境影響評価分析に生物多様性を組み入れるための一般原則にも触れている[13]。また，先の勧告に応じて，1995 財政年度には，エコシステムマネジメント・イニシアティブに 7 億ドルが計上され，さらにその 70％ が，太平洋岸北西部原生林，アラスカ州プリンスウィリアム湾，エバーグレーズ，首都近郊のアナコスティア川流域の 4 つのパイロット事業に割り当てられた。

このタスクフォースの検討経過と並行し，多くの連邦行政機関がエコシステムマネジメントの導入に動き始めた。たとえば，1994 年 4 月 19 日の議会調査局 (Congressional Research Service) のレポートによれば，連邦議会の

要請によって議会調査局が主催した1994年3月24日開催のシンポジウムに出席した18の連邦行政機関が，自らエコシステムマネジメントに取り組んでいると事前に回答し，その内容を報告している[14]。さらに1996年にミシガン大学が行った包括的な調査によれば，程度や質の違いはあるが，全国で619のエコシステムマネジメント実施地域があるといわれる。計画の目的は，森林，草地，農地，湿地，乾燥地，沿岸域などの生態系保存・生態系回復，利害関係者の支持の獲得，経済活動の維持・促進，生態系管理のためのガイドライン作成，調査・啓発など多種多様であり，土地所有形態も，連邦有地だけではなく，州有地，私有地，公有・私有混合地域がほぼ同じ割合となっている[15]。

2.1.2. エコシステムマネジメントの理論
2.1.2.1. エコシステムマネジメントの定義

さて，以上のように，1990年代に入ると自然資源管理に関与する連邦行政機関は，一斉にエコシステムマネジメントの実施を標榜し始めたが，エコシステムマネジメントの目的や内容については，一致した意見があるわけではない。ここでは，まず，さまざまの論者や行政機関が試みているエコシステムマネジメントの定義の紹介から始め，いくつかの問題を指摘する[16]。

- エコシステムマネジメントとは，在来のエコシステムの統合性(native ecosystem integrity)を長期にわたって保護するという一般的な目標に向けて，複雑な社会政治的および価値の枠組みの中で，生態的な相互関係に関する科学的知見を統合することである(R・グルンバイン)[17]。
- 生物多様性と攪乱を含む自然のプロセスとその統合性を保護し，持続的な資源利用の基礎を確保するために，現在の人為的な境界とは関係なく，生態的，分水界的，またはその他の基準によって確定される資源システムをダイナミックな単位として管理すること(R・キーター)[18]。
- 明確な生態的地域(エコシステム)の境界を特定し，科学者の任務であるエコシステムの単なる分析ではなく，同時にそれを管理すること。エコシステムの誓約は，人々を完全に排除することなく，すべての生息・生育地のより一層の環境的保護を実現し，それが持続可能な場所において，より一

層の経済的発展を可能にすることである(J・ゴードン)[19]。
- すべての在来種の生存個体数を保護し，地域的規模の自然の攪乱を恒常化させ，数世紀の計画期間を採用し，および長期の生態的損傷を引き起こすことのないレベルで人の利用を許すことを追求するすべての土地管理システム(R・ノスとA・クーパーライダー)[20]。
- 森林の個々の部分に焦点をあてる区画化されたアプローチを越えた自然資源管理に関する全体(論)的なアプローチであり，自然資源管理における人間的・生物的・物理的側面を統合するために，林分(forest stand)から距離をとり，森林景観とより広い環境の中における森林の役割に焦点をあてるアプローチである。その目的は，すべての資源の持続性を達成することである(トーマス農務省森林局長官)[21]。
- 長期的な生態的持続性を保護するような方法で生物システムを管理するために，生態的・経済的・社会的原則を統合することである。その第1の目標は，公有地における生物的統合，生産性，および生物多様性を維持し，回復する管理戦略を開発することである(内務省土地管理局)。
- 生態系を構成するすべての種が相互に結びついていることを認識し，生態系の機能，構成を保護または回復すること(内務省魚類野生生物局)。
- すべての生きるものに敬意を払い，自然の過程とすべての種の尊厳を維持することを追求し，その共通の利益の繁栄を確保すること(内務省国立公園局)。
- 環境管理と人間の諸要求を統合し，長期における生態系の健全性を考慮し，そして経済的繁栄と環境的な快適さの間の積極的な相互関係を明らかにすること(環境保護庁)。
- 健全な生態系とその機能および諸価値を，利用できる最善の科学を用いることによって，回復し，維持するための目的志向的アプローチ(国防省)。
- エコシステムマネジメントは，健全なエコシステムとその機能および価値を回復し，維持するためのアプローチである。それは，政治的にではなく生態的に定められた管理ユニットに影響を与える生態的，経済的，および社会的諸要素を統合した望ましい将来のエコシステムの諸条件について協働的に発展せられた見解に基礎をおく(CEQ 年次報告書)[22]。

- 社会的, 経済的, 物理的および生物学的必要と価値を調合することによって, 生産的で健全なエコシステムを確保するための自然資源管理に対する生態的アプローチ(森林局エコシステムマネジメントチーム)[23]。
- エコシステムアプローチは, 自然のシステムとその機能を維持し, 回復するための方法である。それは, 目的志向的であり, 生態的, 経済的, および社会的諸要素を統合した望ましい将来の諸条件について協働的に発展せしめられた見解に基礎をおき, 生態的境界によって一義的に定められた地理的フレームワーク内に適用される。エコシステムアプローチの目的は, 社会的・経済的目的を全面的に統合した自然資源管理アプローチを通してエコシステムの健全性, 生産性, 生物的多様性, および生活の質全般を回復し, 維持することである(エコシステムマネジメントに関する省庁間タスクフォース)[24]。
- エコシステムマネジメントとは, 明確な目標によって運用され, 政策, 協定, および実務によって執行され, 生態的要素, 構造, および機能を維持するために必要な生態的相互作用とプロセスに関する最善の知見に基礎をおく調査と研究とによって適用されるマネジメントである。エコシステムマネジメントは, 商品とサービスを分与することに第一に焦点をあてるのではなく, 商品とサービスの分与に必要なエコシステムの構造とプロセスの持続性に焦点をあてるものである(アメリカ生態学会報告書)[25]。
- エコシステムマネジメントとは, 生来のもしくは人の手の加わった生態系の要素, 構造および機能を, 長期的持続性という目的のために, 維持または回復するためのアプローチである。それは, 生態的・社会経済的・制度的見解を統合した望ましい将来の状態に対する協働的に発展せしめられたビジョンに基礎をおき, 一義的に自然の生態的境界によって画定された地理的フレームワークに適用される(G・メフェほか)[26]。

2.1.2.2. 伝統的自然資源管理とエコシステムマネジメントの違い

ここでは, まず従来の自然資源管理手法との比較で, エコシステムマネジメントの特徴を摘示しておこう[27]。

第1に, 伝統的な自然資源管理が, 自然の商品的価値に重きをおき, 自然界から最大限の効用(木材, 生産物, 魚類・狩猟資源, 鉱物, 農産物)を引き

出すことを目的としたのに対し，エコシステムマネジメントは，自然から得られる利益の範囲を，アメニティ的価値，生態的プロセス，生物多様性などにまで拡大し，さらにそれらの利益を長期的に得るためには，生態系が損なわれず，機能すべきことを強調する。エコシステムマネジメントの目標は，先験的・静止的に存在するものではなく，当該地域ごとに，政治的・社会的な意思決定プロセスを経て決定されるが，その最も重要な目標のひとつが，健全な生態系とその機能の維持にあることには，すべての見解が一致する。健全な生態系の判断要素については，次にみることにするが，多様性，持続性，生産性に富む生態系の構成要素，構造，およびその相互関係を維持することが，とりあえずそれにあたる[28]。

第2の特徴は，すでに指摘したように，従来の自然資源管理が「自然のバランス」の観念に基づき，生態的な遷移は長期的に安定した状態に達するものと考え，火災，溢水などの自然の攪乱は遷移を初期状態に戻す事象であって適切な管理によって排除されるべきであると考えたのに対し，エコシステムマネジメントは，「自然の流動」を強調し，自然界は非定常で，絶えざる不均衡状態にあり，自然的攪乱は生態系の活性化にとって不可欠の要因と解する。したがって，生物界を定常的なクライマックスに維持するよりは，攪乱や変化を活性化させるため，生物界のモザイク（断片）をランドスケープの規模で変動させることが望ましく，個体群の地域的消滅や再植民地も自然のプロセスとして是認される。

第3に，伝統的な自然資源管理が，自然を還元主義的に特定の場所，特定の種に細分化し，特定の種，特定の個体を個別に保護しようとするのに対し，エコシステムマネジメントは，全体論的・長期的な視点から，広範囲の空間的な要素を統合し，複数の種や生態系全体を政治的・行政的境界を越えて保護しようとする。

第4に，伝統的な自然資源管理は，専門分野ごとに蓄積された知見（科学）と技術に基づき，個々の生態系を技術的にコントロールすることで問題を解決しようとする。それに対し，エコシステムマネジメントは，生態系には未知で不確実な部分が多く，人間による生態系のコントロールは困難であるのみならず，幻想にすぎないとの前提から出発する。したがって，事前に特定

の目標を設定し，それを単線的・直線的に実現することはできず，エコシステムマネジメントは，必然的に試行錯誤的であり，目的実現のための手段が変わりうるとともに，目標自体が新しい知見に基づいて絶えず修正される。エコシステムマネジメントは，社会的価値，生態的条件，政治的圧力，利用可能なデータや知見の変化に迅速に対応するために，柔軟でなければならず[29]，さらにマネジメントの結果は絶えずモニタリングされ，繰り返し検証され，軌道修正されることから，終わりがないのである。

　第5に，伝統的な自然資源管理では，公益を代弁する行政機関と規制される者との間の敵対的な二面関係の中で，単一の問題が議論されるのに対し，エコシステムマネジメントでは，対立よりもさまざまの利害関係者(stakeholder)を包摂した協調的な意思決定が重視され，複数の問題が同時に議論される。利害関係者は行政の敵対者としてよりは，むしろ議論を多様化し，問題解決に協力する者として歓迎される。住民参加と集合的意思決定は，意思決定を公正なものにするとともに，すべての利害を調整し，さらに必要な科学的知見を反映させるためにも欠かすことができないプロセスとされる。

2.1.2.3. エコシステムマネジメントの科学的基礎

　エコシステムマネジメントは，連邦行政機関が，自らの自然資源の管理にあたり，従来の管理原則に検討を加えつつ，つくり出したものであり，その科学的基礎が科学者によって十分に解明されて後に管理原則に取り入れられたものではない。しかし，森林局が管理する国有林伐採問題をめぐり，トーマス，フランクリンをはじめ多くの生物学者，森林科学者がエコシステムマネジメントの導入に関わったことから明らかなように，エコシステムマネジメントは，発展しつつある保全生物学的な知見に当然に一致するものと考えられている。

　たとえばアメリカ生態学会報告書は，「エコシステムマネジメントの基礎としての生態学」と題する章を設け，エコシステムの特徴として，①空間的・時間的スケールがとりわけ重要である，②エコシステムの機能はその構造，多様性および統合性に基づいている，③エコシステムは空間と時間において，ダイナミックである，④不確実性，驚嘆および知見の限界，を掲げるとともに，これらすべての認識がエコシステムマネジメントに反映されてい

るものとみている。生態学とエコシステムマネジメントは不可分のものであり，むしろ生態学を自然資源管理活動に適用するのがエコシステムマネジメントの内容そのものであるといってよい[30]。

2.1.2.4. エコシステムマネジメントの諸原則

エコシステムマネジメントにあたり考慮されるべき諸原則，諸要素については，多数の著書があり，さまざまの議論がされている。それらは相互に類似するが，微妙に異なる[31]。ここでは，それぞれ，アメリカ生態学会報告書(1995年)と前出・エコシステムマネジメントに関する省庁間タスクフォースの報告書(1995-96年)の2つを対比し検討することにする。前者は，独立した民間の学術団体が，マネジメントにおける生物学的知見の実際の利用方法を示すものとして，後者は，実際にマネジメントにあたる連邦行政機関が，施策の実施にあたり留意すべき行政上・制度上のあり方を示すものとして理解することができる。

まず，アメリカ生態学会報告書は，エコシステムマネジメントの諸要素として，以下のものをあげる[32]。

① 基礎的価値としての長期的持続性——世代にまたがる持続性が，管理のためのあと知恵ではなく前提条件であり，現世代が享受している機会と資源を将来の世代のために確保するよう管理しなければならない。

② 明確で実行可能な目的——目的は，持続性にとって必要なエコシステムの構成要素とプロセスにとって特定の〝望ましい将来の軌道〟と〝望ましい将来の行動〟という用語により明確に，かつ測定およびモニタリングが可能な用語で述べられるべきである。

③ 健全な生態的モデルと知見——健全な生態的原則を基礎とし，プロセスと相互作用の役割を強調し，形態学・生理学，群集・集団の構造とダイナミックスからエコシステム・景観のパターンとプロセスまで，すべてのレベルのエコシステム機能に関する最善・最新の研究に基づかなければならない。

④ 複雑さと相互作用の理解——生物多様性と構造の複雑性は，第一次生産・栄養循環のみならず，攪乱に対する抵抗および回復，遺伝子の長期的適応にとって重要である。複雑さゆえの不確実性と知識の限界を認め，

驚きや不確実性を排除するのではなく，十分な時間と空間の中で予想外の出来事が生じることを認めなければならない。
⑤　エコシステムのダイナミックな性質の承認——持続性は現在の状態を維持することを意味しない。変化と遷移はエコシステムの本来的特徴であり，エコシステムを特定の状態に凍結する試みは長期的には失敗する。生態的プロセスの空間的・時間的状態と管理の空間的境界・時間的スケジュールとはほとんど一致しない。
⑥　コンテクストとスケールへの留意——エコシステムのプロセスは，広範囲の空間的・時間的スケールの中で展開するがゆえに，管理のための単一の適切な空間的スケールや時間的フレームは存在しない。
⑦　人間がエコシステムの構成要素であることの承認——人間の役割は，持続性に対する最も重要な挑戦を引き起こす原因であるだけではなく，持続可能な管理目標の達成のために参画が必要な統合的エコシステムの構成要素である。自然資源のより賢明な管理にとって，管理計画における利害関係者の特定と参加が管理の鍵である。
⑧　適応性と説明可能性への関心——われわれの知識は不完全であり，変化に服さなければならない。管理目標と戦略は，調査とモニタリングによってテストされた仮説により審査されなければならない。適応性と説明可能性がエコシステムマネジメントの中心的要素である。

　この指針は，エコシステムマネジメントの中身を詳細に説明したものであるが，エコシステムの特性に応じた柔軟な管理のあり方を強調しているところに特徴があり，省庁間の連携や住民参加など，実際の意思形成手続のあり方については，さほど触れるところがない。
　次に，エコシステムマネジメントに関する省庁間タスクフォースの報告書が掲げるエコシステムマネジメント原則は，以下のようなものである[33]。
①　生態系の現在の社会的・経済的条件を考慮しつつ望ましいエコシステムの条件についての共有しうる見解（ビジョン）を発展させ，すべての当事者がそれに貢献できる方法を特定し，エコシステムの目的を達成しながら便益を得ること。
②　相互の問題に向けた州，地方，部族政府，およびその他の利害関係者

との間の継続的な基盤に基づき協働しつつ,エコシステム目標を達成するために連邦行政機関相互の協働的アプローチを創設すること。
③ 生物多様性とエコシステムの持続性を回復し,維持するために生態学的なアプローチを用いること。
④ 持続的な経済的,社会文化的,および地域的目標を統合する活動を支援すること。
⑤ 私有財産を尊重し,保障し,共有する目的を達成するために私的土地所有者と協力して活動すること。
⑥ エコシステムとその仕組みは複雑で,動的で,場所,時間ごとにその特徴において不均一であり,絶えず変化していることを承認すること。
⑦ 望ましい目的とエコシステムに関する新たな理解の両方を達成するため,管理に対するアダプティブなアプローチを用いること。
⑧ 知識の基礎を発展させるための科学的調査を継続しつつ,適用可能な最善の科学を決定過程に統合すること。
⑨ 変化を測定しうるよう,エコシステムの機能および持続性のための基準となる条件を確立すること。目標・目的が達成されたかどうかを決定するために,活動をモニタリングし,評価すること。

上記原則を一瞥してわかることは,先の生態学会の指針とは異なり,それが実際にエコシステムマネジメントに参画し実行する連邦行政機関に対する指針を示したものであることから,ダイナミックで不均衡な生態系の特徴に注意を払いつつも,他方で私有財産権の尊重,連邦・州・自治体を含む省庁間連携の必要性,それに環境からの持続的な経済的利益の獲得など,エコシステムマネジメントに対する批判や不満に種々配慮していることである。なお,連邦行政機関に与えられた使命は多様であることから,各行政機関はこれらの原則を行政機関ごとの使命と環境にあわせて達成すべきことが要請されている。

2.1.2.5. アダプティブマネジメント

エコシステムマネジメントは,エコシステムを管理ユニットとして選択しつつ,その計画策定・実施の過程でアダプティブマネジメント・モデルを用い,さらに多数の利害関係者を手続に参加させるという過程をとる。

ところで、伝統的な自然資源管理は、法律の命じる指令を忠実に執行するにあたり、法律の範囲内で規則・通達を制定し、それに従って規制や処罰をするというトップダウンの指揮命令スタイルをとる。しかし、こうした階層的で指揮命令的な方式は、複雑で、未知の領域について絶えず知見が更新されるエコシステムを扱うのには適していない。エコシステムを管理する組織は、ダイナミックに、予想外の事象に柔軟に対処することを常に求められる。しかし他方で、それが主観的で信頼のおけないものであれば、その成果を他者に正確に伝達することができない。

こうした要求に応じて開発されたのが、アダプティブマネジメント・モデルである。アダプティブマネジメント・モデルは、意思決定における試行錯誤と客観的・価値中立的な科学的実験(scientific experiment)という2つの学習方法の長所を組み合わせたもので、ホリング(C. S. Holling)とワルターズ(Carl Walters)の2名の生態学者により提唱されたものである[34]。彼らは、それを能動的(active)アダプティブマネジメントと称したが、選択しうる選択肢の特定、コンピュータモデルによる成果の測定と知見のギャップの特定、情報収集によるギャップの解消、試行の実施、成果の測定というプロセスを繰り返し、最善の選択をするというもので、広範囲に、実際の活動状況のもとで、社会経済的な要素を考慮しつつ行う点に特徴があるとされる[35]。それに対し、複雑なコンピュータモデルによる解析を省略し、あらかじめ特定された地域・箇所でなされるのが受動的(passive)アダプティブマネジメントと称されている[36]。

今日、アダプティブマネジメントが、エコシステムマネジメントを実行するための唯一の「実際的」な方法であることについては、多くの行政機関、専門家の意見の一致をみる[37]。エコシステムマネジメントに関する省庁間タスクフォース報告書および生態学会報告書も、アダプティブマネジメントを所与のものとして議論を進めている[38]。後者は、「成功しうるエコシステムマネジメントは、われわれの知見の変化のみならず、エコシステムの特徴である変動と変化に適応しうる組織に依拠する。エコシステムマネージャーは、無知と不確実性を認識しなければならず、アダプティブマネジメントがエコシステムマネジメントの実行の統合的な構成要素でなければならない」と述

べる[39]。しかし，ホリングとワルターズの先駆的な研究以降，アダプティブマネジメントの定義や方法についてさほど厳密な議論がされてきたとはいえず，資源保全活動の成果をモニタリングし，エコシステムに関する新たな知見の蓄積や，社会経済的状況に応じて絶えず活動の内容に修正を加えていくという連続的なプロセスが，広くアダプティブマネジメントと称されているともいえる。たとえば，森林局は，アダプティブマネジメントを「継続的なプロセスの一部としての意思決定を意味する自然資源管理の一類型である。活動の結果のモニタリングは，活動のコースの変更の必要性を示す情報の流れを提供する。科学的知見と社会の諸要求は，新しい情報に資源管理を適応させる必要をも示しうる」[40]と簡単に説明しているにとどまる。

2.1.2.6. 権力参加モデルから協働モデルへ

広範囲の利害関係者を管理計画の策定から実施の過程に参加させることは，エコシステムマネジメントの最も重要な要素である。とりわけ，エコシステムマネジメントにおいては，地域的範囲，計画期間，検討課題（生態的事項のみならず，社会経済的事項にまで及ぶ）が，一般の資源管理計画に比べて格段に広いだけに，利害関係者の範囲も著しく増加することが予想される。したがって，利害関係者の特定，参加の時期，参加の方法，合意の形成の判断などについては，細心の注意が要請される[41]。

ところで，欧州諸国や日本に比較し，アメリカの行政機関は，1970年代以降，情報公開や住民参加に積極的に取り組んできた経緯がある。しかし，従来の住民参加は，専門的な知識や情報を独占する行政機関が，住民や部外の科学者の意見を参照して最終的な判断を下すという伝統的なテクノクラートモデルであり，行政が最善の判断を下すことができるという前提に立っている。意思決定過程全体を統制する権限は，あくまで行政機関に留保されているのである[42]。しかし，エコシステムマネジメントの実施にあたっては，行政の側に住民を納得させるだけのエコシステムに関する情報が不足しており，むしろ外部の科学者やNGOに専門的な情報が分散している。さらに，上意下達のテクノクラートモデルは，硬直的で柔軟性に欠け，絶えず新しい知見・情報に基づく試行錯誤が繰り返されるアダプティブマネジメントには全く対応できないのである。

こうして，エコシステムマネジメントに対応する参加モデルは，決定権限が分散化され，複数の行政機関，行政区域を異にする住民・利害関係者，専門を異にする科学者・専門家がネットワークを形成し，情報を持ち寄り，共有し，平等に議論する協働モデルであるという主張が有力である[43]。

では協働とは何か。ある論者は，協働を，①認識および(または)触知できる資源(たとえば情報，資金，労働等)の共同管理，②複数またはそれ以上の利害関係者，③個別には解決できない複合的な問題の解決と定義し[44]，さらに，協力(cooperation)すなわち何人も他者の行動について指示命令する権限がない状況のもとで一致すること，複数当事者関係の自主性(とボランタリー)，直に向かい合った相互関係と相互依存，特定の目的追求，組織的結合，利益，知覚，地形，行政区域などで定義された境界を越境する関係などが，その特徴として指摘されている[45]。しかし，コラボレーション(協働)の方法は多種多様であり，それを特定の定義で区分けするよりは，これまでにされたさまざまな試みの成功例の中からイメージやノウハウを蓄積し，それを拡大することが，さしあたり必要な作業であろう[46]。

2.1.3. エコシステムマネジメントに対する批判と反論
2.1.3.1. エコシステムの定義等をめぐる議論

エコシステムマネジメントは農務省森林局や内務省における自然資源管理指針として導入され，急速に他の連邦行政機関のみならず，州・自治体・自然保護機関等にまで影響を及ぼすことになったが，他方でエコシステムマネジメントに対する批判や疑念も強いものがある。ここでは，批判の内容を，エコシステムマネジメントの原理・原則に対するものと，実際の実施・運用をめぐるものとに区分し，内容を検討する。

第1に，最も多くなされた批判は，エコシステムマネジメントの理論体系，用語，定義等があいまいで，不明確であるというものである。エコシステムマネジメントの定義が多義的で，一致がないことについてはすでに触れたが，基本的な概念である安定性，持続性についても，明確な定義や合意が存在しない[47]。持続性についても，何が持続されるべきなのかについて合意がなく，持続的開発という用語は，1980年代に明確な定義がされないままに，政治

的なスローガンとなってしまったとの批判もある[48]。

また，エコシステムマネジメントのための体系的な理論はいまだに見あたらず，空間的・地理的範囲の定め方[49]，計画期間，自然の攪乱(災害，害虫，火災など)をどこまで放置するか等についても合意はない。エコシステムマネジメントは，決定者に何らの基準も示さず，基準が明確でないことから，政策決定者がそれに従って具体的な施策を立案したり，発展させたりすることが困難であるとの批判がなされている[50]。

こうした批判に対して，保全生物学者は，エコシステムマネジメントは特定の対象地域やその管理方法を指示するものではなく，問題解決のためのアプローチを示したものであり[51]，管理すべき地域の範囲，方法なども，事例ごとに異なって当然だと反論している。たとえば対象地域は，大イエローストーン圏域のように多数の集水域，国立公園，国有林等を含むものから，集水域より小さな身近の生態系を扱うものまで，さまざまでありうるというのである[52]。

第2に，多くの者が，エコシステムマネジメントに必要な地域的データが不足し，とりわけ生態学的に有益なデータが不足していることを指摘する[53]。こうした膨大なデータを収集し，分析し，計画を作成する資金力，人的な資源も欠けている。また，こうしたデータ不足だけではなく，生態系に対する知識の限界を指摘し，そもそも管理に必要なデータを収集しうるのか，保全生物学は，保護に必要な知識や体系を十分に供給できるのかなど，知識の限界，科学者の能力の限界を指摘するものもある。

これに対し保全生物学者は，未知や不確実性はエコシステムマネジメントの当然の要素であり，未知や不確実に対し絶えず新しい知見を加えるためにこそ，アダプティブマネジメントが必要であると反論している[54]。

2.1.3.2. エコシステムマネジメントの実施を妨げる現実的要因

実際にエコシステムマネジメントを実施するにあたっては，それを担当する連邦行政機関内部にさまざまの障害や異論がある。要点は，伝統的な資源管理に固執する行政機関の仕組みや職員の意識を，いかに新しい試みであるエコシステムマネジメントの実施に適合するように転換できるのかということに尽きる。こうした行政内部の対応の遅れを詳細に指摘するのが，先のエ

コシステムマネジメントに関する省庁間タスクフォースの報告書であり，以下，7点にわたり問題を指摘している[55]。

① エコシステムマネジメントの実施には，十分に調整された包括的な計画が必要であるが，各省庁は，相変わらず法律に定められた使命に固執し，特定の問題に特化した組織の枠を抜け出せない。

② 連邦行政機関は，伝統的に特定の任務に対応するため，厳密に階層化された組織構造をとっており，省庁間にまたがる複数の問題を処理するようには構成されていない。

③ 連邦行政機関以外の州・自治体・部族，土地所有者，NPO，大学等とのパートナーシップが必要であるが，自らの計画を発展させ，多数の者を参加させるために能力を向上させる必要がある。連邦審議会法（Federal Advisory Committee Act）が，非公式に住民等と接触することを制限しており，パートナーシップを構築するうえで障害となっている。

④ 現場の行政官は住民との接触を二次的なものと考え，公衆と接し教育する技術，公衆を参画させ，議論を活発化させ，合意を形成する能力を欠いている。

⑤ 各行政機関のエコシステムマネジメントを実行する能力は，長期的目標のための予算，省庁間活動のための組織を構成し，予算を確保する能力，新しい情報に応じて事業を柔軟に変更する能力にかかっているが，省庁予算は，事業に直結する活動と直近の目標達成に限定され，目に見える成果を要求されている。

⑥ エコシステムマネジメントに必要な包括的で科学的なデータをどの官庁も収集しておらず，他の機関が所有する必要な情報にアクセスする能力もない。生態的データ，社会経済的データが，それぞれ別個の官庁にバラバラに収集され，管理されている。

⑦ アダプティブマネジメントのための柔軟さは，健全な科学的・経済的原則に基づく賢明な実験を要求し，失敗を受け入れることを求めるが，これは大部分の行政官・行政組織のリスク回避的行動様式（ことなかれ主義）と対立する。行政機関は新しい環境に適合した実践の採用を妨げ

られ，その結果，技術革新は押さえられ，新しい情報の適用も遅れる。

また，1994年8月の連邦議会会計検査局の報告書も，エコシステムマネジメントの実施に対する現実的障害として，生態学的・社会経済的データの不十分さ・相互利用の困難さ，省庁ごとの異なる使命・異なる利害関係者・異なる管理計画策定手続および計画変更の困難さ，民間当事者とのパートナーシップを妨げる法制度上の欠陥などをあげている[56]。

以上の指摘を整理すると，最大の問題は，伝統的な縦割り行政のもとでは，法律ごとに担当部局が特定され，各省・各部局は，それぞれ法律の定める使命(目的)を実現する責務を負わされてきたのであって，省庁にまたがる共通の目標の実現やそのための政策調整の必要性は認めつつも，そのために従来の伝統的な任務を変更ないし縮小することには強いためらい(抵抗)があるということになる[57]。

くわえて，上記の指摘が，自治体の役割を強調している点も見逃せない。すなわち，エコシステムマネジメントは，連邦レベルの取り組みであるため，地域レベルにおける自治体の役割が見落とされがちである。しかし，連邦や州の土地利用に関する権限は限られていることから，エコシステムマネジメントにおいては地方自治体が生態系保全に取り組むことが要請され，従来にもまして自治体の役割が重要になる[58]。しかし，地方自治体，州，連邦は，これまで同一のテーブルに座って一体的な意思決定をしたことはなく，それぞれが勝手な判断基準と優先順位で決定を下してきたのであって，これに土地所有者や住民を加え，一体的・共同的な決定ができるかどうかは疑問であるとの指摘がある[59]。くわえて，決定権限の分散(地方分権)の進行と決定権限の細分化という行政組織レベルの現象が，長期的・広域的・集中的な意思決定をさらに困難にしており，これまで以上に，政府・自治体のすべてのレベルにおける調整・協議が必要になるという厳しい状況がある。

2.1.3.3. アメリカ生態学会報告書の指摘する問題

最後に，問題を包括的に検討したアメリカ生態学会報告書を紹介する。同報告書が，エコシステムマネジメントへの導入を妨げる要因として掲げるのは，①環境の有する生物多様性に関する不十分な情報，②エコシステムの機能とダイナミックスに対する広範囲の無関心，③管理の境界を越えるスケー

ルのエコシステムの開放性と相関性，④再生可能資源の想定されうる目前の経済的・社会的価値を，将来のエコシステムの損害または代替的管理アプローチの利益より優位におく一般公衆の支配的な意識の4つである[60]。したがってエコシステムマネジメントを進めるにあたっては，①③に関する基礎的な知見を蓄積するとともに，②に対処するために，エコシステムの有するさまざまの経済的・非経済的価値を広く一般に明らかにし，④に示される意識の変化を求めることが，当面重要と考えられたのである[61]。

2.1.4. エコシステムマネジメントから流域管理へ
2.1.4.1. エコシステムマネジメントをめぐる政治状況

エコシステムマネジメントは，1990年代の初頭に連邦自然資源管理機関の管理理念・管理原則として登場し，クリントン政権の積極的な支持もあって，連邦行政機関に広く浸透した。その導入の経緯は，冒頭に示したとおりである。しかし，その後1999年頃までに，エコシステムマネジメントは連邦行政機関の政策指針からほとんど姿を消した[62]。ひとつの理由は，エコシステム概念が行政実務家にとって難解であったことにあるが，主要な理由は，もっぱら政治的なものである。すなわち，エコシステムマネジメントは，開発志向派や反環境派にとって，クリントン，バビット，トーマスの政策的シンボルとして国有地の開発と自由な利用を妨害するものにほかならず，「人間の福祉の発展よりも自然保護を優先させる国家(連邦)による土地利用計画」であり，「その視点において過度に生物中心的で，その目的を達成するために過度に私有地の管理に依拠する自然崇拝の一形式」なのであった[63]。環境保護派にとっても，エコシステムマネジメントは，環境保護を後退させながら，環境に配慮しているように見せかけるための飾りに映った[64]。結局，自らのみが連邦政府から特典を引き出すことを許す法的・政治的システムの中で，科学的知見を基礎として，さまざまの利害を調整するエコシステムマネジメントは，何人をも満足させなかったのである[65]。また，行政機関にとっても，エコシステムマネジメントの実施には組織や予算制度の変更が必要であり，経費が高くつき，個別に縦割りに分割され，権限を保障された行政機関の既得権益を侵すものであったのである[66]。

2.1.4.2. よりソフトな方策の模索

　では、クリントン政権の推進したエコシステムマネジメントの実験は失敗したのか。確かに、エコシステムマネジメントの実践を代表する2つの巨大プロジェクト、すなわち「北西部森林計画」と「内陸部コロンビア流域エコシステムマネジメント事業」は多額の予算と日時・労力を費やしながら、はかばかしい成果をあげているとはいいがたい[67]。しかし、エコシステムマネジメントを政策全般に一般的に浸透させる試みは失敗したが、その主要な原理・原則は、さまざまの形で、連邦や州の政策の中に取り入れられている。たとえば、最近広くなされている流域管理(watershed approach)、地域密着型管理(place-based management)、協働的管理(collaborative stewardship)などのパラダイムは、エコシステムマネジメントの基本的な原則を、より理解しやすく組み替えたものであり、国有地内の自然資源管理にあたり、複数の境界にまたがり州・自治体行政機関や土地所有者・利害関係者を参加させ協働的パートナーシップによって管理方法を定めることは、連邦行政機関の中でごく一般的になされるようになった[68]。ヤッフィーによれば、これらの方策は、可視的な標的や政治的シンボルとして攻撃にさらされるよりは、エコシステムアプローチの基本要素を包摂する〝隠れた〟エコシステムマネジメントを推進する方法として、より賢明なのである[69]。

　そのうち流域管理は、「流域」が、①他の区分に比較し画定が容易である、②生態的重要性を有する、③階層的に相互にシステマティックに関連し、小さなエコシステムを含む、④いくつかの水資源管理においてすでに利用されている、⑤一般州民が容易に理解できるなどの理由から、今日最も広く用いられているアプローチといってよい[70]。しかし、流域管理の内容はさまざまで、州によっては、水資源・飲料水確保のために流域単位で開発行為や汚染物質排出行為を規制し、それを流域管理と称しているものも少なくない[71]。

　最後に、ミシガン大学の調査チームは、1995年にエコシステムマネジメントの実施状況を調査し[72]、2000年に4年後の経過を追跡調査したが、それによると、1995年に研究対象として取り上げた105事例のうち75％の事業が継続中であり、住民参加・協働の推進、行政機関の支持、一般公衆・政治家の支持、利用可能な人的・物的資源などのすべての項目において顕著な

増加(前進)がみられ，他方で行政機関の反対，人的・物的資源の不足，科学的な不確実性，計画策定手続の問題などの阻害要因についての減少がみられるという[73]。したがって，ドラマティックな展開こそないものの，エコシステムマネジメントの掲げた諸要素は，自然資源を管理する連邦・州行政機関の管理計画や計画策定手続の中に，形を変えつつ着実に浸透しているといえるだろう[74]。結局のところ，エコシステムマネジメントの成功は，連邦行政機関，州行政機関，自治体，利害関係者，住民，NGO，研究機関などの参加する協働的意思決定をいかに成功させるかにかかっており，今後も多くの成功例・失敗例に学びつづけることが必要であろう[75]。

2.2. 西海岸における流域保全の展開

　アメリカ合衆国西海岸は州政府による流域保全政策の展開が進んでいる地域として知られているが[76]，本節ではその中でもワシントン州とオレゴン州を取り上げることとする。

　この地域はサケ資源が豊富なところであり，先住民にとっては重要な資源であったし，またこの地域の生態系の重要な構成要素でもあった。しかし，乱獲や流域の土地利用開発・河川環境の改変・水質水量の劣化などさまざまな要因によってサケの生息数は急激に減少してきた[77]。このため，サケ保全のための対策が少しずつとられるようになってきたが，1990年代に入ってサケ科魚類が連邦法である「絶滅のおそれのある種の法(ESA)」のもとで次々に絶滅危惧種・危急種にリストされ始めたことから，両州ともにその生息数回復に向けて流域保全政策を積極的に展開することとした。表1は2003年8月時点でのワシントン州・オレゴン州に関係するサケ科魚類のESAによる指定状況である。両州のほぼ全域が，絶滅が危惧される何らかのサケ科魚類が生息する地域となっている。

　周知のようにESAは，絶滅のおそれがあると指定された種の保護・生息数の回復に向けて厳しい措置を要求しており，それは生息地の保全・修復にまで及ぶ[78]。サケは海から河川上流部までを生息域とするため河川全体の保全が求められるだけではなく，その生息は水量・水質・水温などにも影響さ

表1 ワシントン・オレゴン両州におけるサケ科魚類のESAのもとでの指定状況

種	地　域	指定年月日	指定カテゴリー
Coho Salmon	Peuget 湾	1995年7月	指定候補
	Columbia River 下流部・ワシントン州南西部	同上	指定候補
	オレゴン州沿岸部	1998年8月	危急種
	南オレゴン	1997年5月	危急種
Chinook Salmon	Peuget 湾	1999年3月	危急種
	Columbia River 下流部	同上	危急種
	Columbia River 上流部・春期遡上	同上	絶滅危惧種
	Snake River・秋期遡上	1992年4月	危急種
	Willamette River 上流部	1999年3月	危急種
Chum Salmon	Food Canal・夏期遡上	1999年3月	危急種
	Columbia River	同上	危急種
Sockey Salmon	Lake Ozette	1999年3月	危急種
	Snake River	1991年11月	絶滅危惧種
Steelhead	Columbia River 下流部	1998年3月	危急種
	Columbia River 中流部	1999年3月	危急種
	Columbia River 上流部	1997年8月	絶滅危惧種
	Snake River	同上	危急種
	Willamette River 上流部	1999年3月	危急種

資料：連邦海洋漁業局ホームページ(http://endangered.fws.gov/wildlife.html#Species)

れ，これは流域内の水利用・土地利用に大きく関わる問題である。たとえば，河川水温の上昇を押さえるために河畔林が重要な役割を果たすが，これを保全することは林業生産活動に大きな影響を与えるし，河川に十分な水量を維持しようとすると農業灌漑や上水道の取水制限などが必要になる。すなわちサケが絶滅危惧種に指定されると，流域全体の人々の生活・経済に大きな制約が課せられる可能性が予想されたのである。

　このため，こうした制約を回避するために流域全体を視野に入れてサケ再生に取り組む必要が強く認識され始めたが，アメリカにおいては連邦政府による介入によって地域の自主性，個人の財産権を制限されることに強い抵抗があり，州政府は，州・地域の自主性を確保し，生息域保全事業の主導権を握ることを至上課題とした。また，サケが地域のシンボル的な位置にあった

ことから，州民の間でもサケ生息数の回復に向けた施策の必要性が広く認識された[79]。こうした背景のもと，州政府はESAによる指定の回避，すでに指定されたものについては速やかな生息数の回復をめざして，総合的な政策を展開することとしたのである。

州政府がサケ再生・流域保全のための政策を進めるうえで考えなければならなかったことは，流域保全は上からの指令や規制措置の押しつけで可能となるものではないことである。たとえば，河畔林の保全・修復を行うためには河畔域の土地を所有・利用しているすべての人々が協力することが必要であるし，農業活動による流域環境への負荷を軽減させようとすれば，農薬・肥料の利用や家畜糞尿の処理・灌漑用水の利用など営農活動を環境保全型へと転換する必要があり，流域に存在する個々の農家の自主的な取り組みが不可欠となる。極言すれば流域に居住するすべての人々の土地利用・水利用に関わってくる課題であり，また多様な利害対立をどう克服していくかが課題となる。すなわち，これら人々の自発的参加と協働関係の構築なしには不可能な取り組みなのである[80]。アメリカでは一般に土地所有者の財産権意識が強く，土地利用への直接的規制などに強い抵抗を示すという点からみても，自発的な取り組みを促すような取り組みが不可欠であった。さらに，それぞれの流域のおかれている自然的・社会的条件は異なり，人為的な改変の度合いも大きく異なっているため，それぞれの流域のおかれた条件を把握したうえで，それに合った活動を行っていく必要がある。地域を基礎とした自発的な取り組みとして進めていかなければサケ再生・流域保全は不可能なのである。

以下，上記のような課題への対応の仕方に焦点をあてつつ，ワシントン・オレゴン両州におけるサケ再生・流域保全の取り組みについて検討していこう。

2.2.1. ワシントン州の流域保全の取り組み
2.2.1.1. ワシントン州の政策展開
(1) 絶滅危惧種指定対応前の政策展開

ワシントン州においてサケ保全が初めて大きな政治的な課題となったのは，

ESAによる指定が問題になるよりも約20年前の1970年代のことで，先住民族の権利に関わってであった。サケは先住民族にとって生活・文化のうえできわめて重要な資源であったが，19世紀末以降その権利は無視しつづけられた。1960年代以降，先住民族の権利回復運動が活発化し始めるが，この中でサケ資源に対する先住民族の権利回復が運動のひとつの焦点となった。この中で，州政府を相手どって先住民族の権利を認めさせるための訴訟が起こされ，1974年には先住民族がサケ漁獲割当量の半分の権利をもつことを認める画期的な判決が下され，先住民族は州政府と共同でサケ資源を管理する主体として認知されるに至った。さらに生息域の破壊がサケの資源量減少に拍車をかけている状況において，生息域の保護なくして先住民族のサケに対する権利は保障されないとして，サケが生息する河川に対して河畔林伐採などの開発行為から保護措置を講じることを求めた訴訟も起こされた。この訴訟は第一審でその権利が認められたものの，最終的には先住民族側が敗訴した。しかし議論の中でサケ生息域保全の重要性が広く認知され，先住民族の権利保護が政治的に微妙な問題であるだけに，州政府・森林所有者も何らかの対応をとることを迫られるようになった。そこで，サケ生息域保全のための森林施業規制のあり方を探るため，先住民族・森林所有者・環境保護団体・州政府による交渉の場が設けられ，1986年には河畔林に関するさまざまな厳しい保護措置を講じることとした木材・魚類・野生生物協定（Timber Fish Wildlife Agreement：TFW協定）が締結されたのである。州政府はこの協定をもとに，全国的に最も厳しいといわれる森林施業規制制度を導入し，サケ生息域の保護を具体化させてきている[81]。

以上のような背景から，サケ再生・流域保全に関わって先住民族が大きな役割を果たしているのがワシントン州の特徴となっている。訴訟を通じてサケ資源管理において先住民族が州政府とならぶ管理者としての地位を獲得し，またTFW協定の当事者となったため，先住民族はサケ資源管理を行う能力を求められることとなったが，これを実現させるために連邦政府が多額の資金を補助している[82]。先住民族はこれら資金を活用し，魚類，河川生態系に関わる専門家を雇用し，サケ資源状態の日常的なモニタリングを行いつつ捕獲量の決定など資源管理に参加するほか，流域レベルでの生息域保全に積

極的に取り組んでいる。また，先住民族が共同で北西部インディアン漁業委員会（Northwest Indian Fisheries Commission）を組織して，データ・専門知識の集積を行いつつ，先住民族の結集による交渉力の強化を図っている。このように，「先住民族の権利」という倫理的・道義的な正統性が法的に認められたということだけではなく，サケ資源管理・生息域保全に関わるデータ蓄積・専門性の確保という点においても先住民族の存在がきわめて重要となっているのである。

　一方，サケの資源量の減少は州政府としても放置しえない問題であったため，上述のような森林施業規制など政策的な対応を行う一方で，市民による自発的なサケ保全活動を活発化させるための独自の取り組みを始めることとし，1990年には州議会が地域漁業改善プログラム（Regional Fisheries Enhancement Program）の開始を決めた[83]。これは全州を14地域に区分して，それぞれにサケの生息地の保全・修復活動を行うための地域漁業改善グループ（Regional Fisheries Enhancement Group：RFEG）を組織して，市民ボランティア・地域コミュニティ・土地所有者などの共同活動を推進しようとするものであった。現在でもRFEGは各流域で活発に活動を行っており，たとえば2001年には州政府から約112万ドルの財政補助を得ているほか，さまざまな組織から合計約842万ドルの資金を獲得し，延べ11万人日のボランティアを組織して生息域回復や稚魚放流の事業を行っている[84]。

　一方，流域保全政策に関しては，当初はサケ科魚類保全というよりは，水質そのもの——とくに面源汚染による——の改善を主要な課題として取り組みが始まった。ワシントン州環境局（Department of Ecology）は1985年にはニスクオーリー（Nisqually）川で水質保全をめざした流域保全パイロット事業を開始していたが，さらに1993年からは全州的に流域保全のプログラムをスタートさせた。後者のプログラムは，州全体を23の流域に区分して，それぞれを水質管理地域（Water Quality Management Areas）として職員を配置し，スコーピング・データ収集・データ分析・レポート作成・実行という5年を一単位とするサイクルを動かして，流域単位で水質改善を図ろうとしたところに特徴があった[85]。

(2) 絶滅危惧種指定に対応した政策展開

　サケの絶滅危惧種への指定対策が焦眉の課題となった1998年には，サケ再生・流域保全に関わる包括的な政策を打ち出した。まず，サケ再生については1998年にサケ資源の回復をめざした包括的な仕組みを導入したサケ再生法(Salomon Recovery Act, ESHB 2496)を成立させている。この法律は，地域の自発的な努力を基礎として，サケ生息域保全・修復を行うことをめざしている。この法律では知事直属のサケ再生事務局(Salmon Recovery Office)を設置し，サケの再生に関わる州全体の戦略を調整・作成し，地域の回復計画策定の支援を行うとともに，必要な財源の確保を行うこととしている[86]。そして，この財源を配分する機関としてサケ再生基金理事会(Salmon Recovery Funding Board：SRFB)を設置し，SRFBに資金を申請する組織として指導委員会(Lead Entity：LE)を各流域に組織することとした。LEの具体的な役割は生息域保全・修復を行う戦略を策定し，流域内のさまざまな主体が応募してきたプロジェクトを優先順位づけし，SRFBに資金援助を申請することである。その設立は各地域の自由意思に任され，LEを組織する単位はひとつまたは複数の水資源調査地域(Water Resource Inventory Area：WRIA)とされた[87]。サケ再生を所管する州政府部局は魚類野生生物局(Washington Department of Fish and Wildlife：WDFW)である。

　流域保全についてはサケ再生とは全く別の枠組みを立ち上げている。サケ再生法が成立したのと同年の1998年に流域計画法(Watershed Planning Act, ESHB 2514)を制定した。これは，河川環境改善のための地域主導の枠組みを形成しようとしたものであり，流域単位での計画の立ち上げとこれに対する州政府の支援について定めたものである。WRIAを単位として流域計画を策定・実行することとし，計画内容は水量を必須事項とし，水質，生息域，流量も含めることができるとした。計画を策定するか否かは各流域の意思に任せることとしているが，計画策定にあたってはカウンティの参加を義務づけるなど，地方行政組織の関与を求めていることが特徴となっている。また，計画策定を支援するために，州政府は予算措置を講じるほか，州政府職員による支援を行うこととした[88]。流域計画を担当している州政府の部局

は環境局である。

なお、ここで流域計画の単位とされた WRIA は、1971 年に成立した水資源法(Water Resources Act)において、水資源に関わる調査・計画を行う流域の単位として設定されたものである。全州を 62 の WRIA に区分しており、流域計画法以降、水・流域に関わるプロジェクトは基本的にこの WRIA を単位として行うこととなり、サケ再生や流域保全に関わる政策・プロジェクトもすべて WRIA を基本単位として構成されている。流域といってもどの程度の大きさを単位として政策・プロジェクトを行うのかについて決められていないと、それぞれの政策・プロジェクトで異なった流域の境界を設定するといったことが起こりうる。しかしワシントン州の場合は、WRIA を単位として設定したことからさまざまな政策・プロジェクト間を連携して行うことが可能となっているのである。

このように流域計画とサケ再生は別々の法律・組織体系によって実行されているが、これは流域については環境局、サケについては魚類野生生物局が扱ってきたというこれまでの枠組みを踏襲したためである。ただ、両政策は密接に関係するために、両者の調整を行う覚書が関係省庁の間で締結されている[89]。この覚書では地域での事業実行への対応に関わって環境局と魚類野生生物局が協調するべきとし、具体的には流域計画組織・LE の立ち上げ、これら組織によるアセスメントの実行・GIS(地理情報システム)データの共有・助成金の申請などを協調して支援するとともに、流域計画の内容に生息域を含めている場合には流域計画組織と LE が協力して生息域保全修復プロジェクトリストを作成するように働きかけることとしている。このように調整といっても緩いものであり、具体的に協力関係を構築するために義務を課すものではない。流域保全・サケ生息域修復ともに、地域主体で取り組むことを基本としているがゆえに、いかに両政策を協調させて地域の取り組みを支えるかということに力点がおかれているといえる。

州全体のサケ再生の基本方針は「サケ再生のための全州的な戦略(Statewide Strategy to Recover Salmon)」として 1999 年に自然資源特別内閣(Joint Natural Resource Cabinet：JNRC)が策定している。JNRC は 1997 年に知事と政府機関の覚書によって発足した組織であり、環境・自然資源問

題の総合調整・政策方向性を検討するために，自然資源関係部局長によって構成される特別内閣であり，サケ回復・流域保全政策の全体的な統括を行っている[90]。この戦略は「サケ科魚類の生息数を健全かつ漁獲できる水準に回復し，これら魚類の生息域の状態を改善すること」を目標とし，今後の州政府のサケ保全に関わる基本的な取り組み方向を定めたものであり，サケ再生に向けた取り組みのロードマップ，中心となる取り組み，取り組みを具体化するための手法，モニタリングとアダプティブマネジメントの4つの章から構成されている。具体的な取り組みは生息域の保全修復・漁獲量のコントロール・人工孵化・水力発電施設による稚魚への影響の4つの領域に焦点をあてて行うこととし，それぞれの領域ごとに現状・目標・とるべき手段・アダプティブマネジメントとモニタリングの方向性を示している[91]。取り組みの中では生息域保全・修復が要とされ，生息への影響が少ない農業経営への転換，生息域保全・再生のための森林施業規制の強化，土地利用コントロールによる生息域への影響の回避，水質やサケ生息域に影響を与えない雨水管理，サケの生息に十分な水量・水質の確保，魚類の遡上・遡下障害物の除去に取り組むべきとしている。

また，上述のようにサケ再生は流域・地域レベルでの取り組みを重視しているが，これはJNRCの活動にも反映されており，各流域・地域がこの戦略を具体化して流域計画や生息域の保全・修復に取り組むためのガイドブックなどを作成し，流域計画組織やLEなどの活動を支援している[92]。

なお，サケの回復に関してはアダプティブマネジメントを重視しているが，この確立に欠かせないモニタリング体制を整備するために，「ワシントン州のサケ類再生のモニタリングに関する提案(Recommendations for Monitoring Salmonid Recovery in Washington State)」を2000年に作成し，さらにこの提案も入れて2001年に「流域の健全性とサケ再生に関する法律(An Act relating Watershed Health and Salmon Recovery, SSB 5637)」を成立させている。この法律は，州政府に対してモニタリング統括委員会(Monitoring Oversight Committee：MOC)を設置し，包括的なモニタリング戦略を策定することを要求するとともに，委員会に対して具体的な提言を行うために独立科学委員会(Independent Science Panel：ISP)を設置するこ

とを定めた。MOC および ISP はモニタリング体制の総合化・改善を検討するために全体的な戦略・計画やモニタリングの基準について提案を行うこととしており，2002 年 12 月には包括的モニタリング戦略と実行計画に関する提案を議会に提出した。

2.2.1.2. 流域保全をめぐる政策実施の現状

上述のようにワシントン州におけるサケ再生を中心とした流域保全は，流域計画組織と LE という地域組織の自発的活動に基礎をおいて展開しようとしている。そこでこの 2 つの組織をめぐる政策枠組みと地域活動の現状についてみたうえで，州全体の流域保全に関わる施策についてみることとしよう。

(1) サケ再生のための LE の活動

上述のようにサケ再生活動に関わって資金配分組織として SRFB，流域単位での受け皿として LE を設置することとしたが，まずこの仕組みについて少し詳しくみておこう。

SRFB はサケ生息域保全・修復などサケ再生に関わる活動に対する資金の提供を行うことを目的としている（RCW 77.85.120）。理事会は投票権をもった 5 名，投票権をもたない 5 名の合計 10 名から構成されており，前者はサケ再生に金銭的な利害関係をもたない一般市民を知事が任命し，後者はサケ再生に関わる州政府関係部局の代表を任命することとなっている（RCW 77.85.110）。SRFB のもとには技術評価委員会が設置され，具体的なプロジェクトの選定にあたって科学的・技術的な専門性が確保できるように理事会を支援することとしている（RCW 77.85.130）。

一方，各流域で生息域保全・修復プロジェクトの候補リストを作成して SRFB にプロジェクトの申請を行うのが LE である。LE になれる組織としては，カウンティ，市町村，先住民族，保全地区などが例示されているものの，必要とされる組織要件は規定されておらず，各地域の自主性に任されている。ただし，LE の設立には当該流域のカウンティ・市町村・先住民族の 3 者の合意が必要とされている。LE には，市民委員会と技術評価委員会が設置され，前者は市民の立場から個々のプロジェクトごとに優先順位をつけたリストを作成することを任務とし，後者は市民委員会に対して専門的な立場から助言を与えることとしている。また，市民委員会は生息域保全・修復

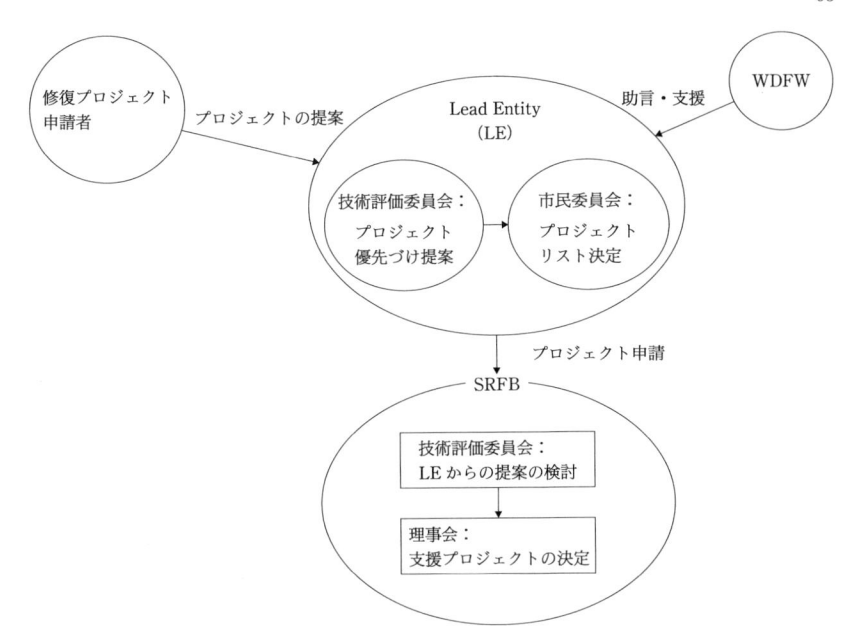

図1 ワシントン州におけるサケ再生のための事業実施・資金配分の流れ

に利害関係・関心をもつ多様な人々の代表によって構成されるべきとしている(RCW 77.85.050)。

　ここで具体的な事業実施・資金配分の流れについてみてみよう(図1)。まず，LEが流域内におけるサケ生息域の保全・修復に関する総合的な戦略を策定し，どのような場所でどのような事業が必要とされているのかを明らかにする。修復事業を計画している自治体・NPO・先住民族政府などの組織がLEに対してプロジェクトの提案を行い，LEは，策定した戦略をもとにしてこれらプロジェクトの優先順位づけを行い，SRFBに提出する[93]。SRFBはLEから提出されたリストを審査し，財源の限度内でプロジェクトを選択し資金配分を行っている。なお，この過程で，SRFBにおかれた技術評価委員会は各LEからあがってきたプロジェクトの科学・技術的な評価を行うだけではなく，LEに対して生息域修復の戦略づくりや，修復プロジェクトの優先順位づけに関わる助言を行ったり，理事会に対してプロジェクトの評価基準の設定に対する助言を行うといった機能も果たしている[94]。

表2　SRFBの財源別資金　　　　　　　　　　（単位：千ドル）

	州資金	連邦資金	合計	うちLEに配分された額	資金提供を受けたプロジェクト数
1999	5,412	19,417	24,830	24,795	262
2000	21,515	4,000	25,515	13,004	84
2001	7,067	41,907	48,975	32,946	150
2002	14,302	32,723	47,025	37,770	132

資料：SRFB, Salmon recovery Board 2002 Biennial Report (2002)

表3　SRFBによる分野別資金配分状況
（2000-02年度累計）　　　　　　　　　（単位：千ドル，件）

分野	資金額	件数
生息域保護(主として土地取得)	22,897	59
生息域保護および修復	16,476	36
アセスメントおよび研究	10,763	83
研究および生息域保護	1,552	3
生息域修復	32,178	182
特別プログラム	37,649	30
合計	121,516	393

資料：SRFB, Salmon recovery Board 2002 Biennial Report (2002)
注：特別プログラムとは正規の資金配分プロセスとは別個に配分される資金で，連邦政府や州議会から使途が明示されるものなどからなる

　SRFBが配分を受けている資金額の動向をみたのが表2である。州政府は特別会計から資金を配分しているほか，連邦政府からは太平洋サケ再生基金(Pacific Salmon Recovery Fund)[95]からSRFBに資金が配分されている。なお，各流域で行われる事業に対してSRFBが資金を配分する条件として，配分額の15%にあたる資金を他の組織・財団から獲得することを要求している。それゆえ，最低でもこの金額の15%増しの資金がサケ再生事業に投下されていることとなる。またこれら資金の事業分野別配分状況を表3に示した[96]。

　2004年末現在で活動しているLEは26あり，危急種・絶滅危惧種に指定されているサケが生息している地域のほとんどをカバーしている。こうしたLEの現状については表4にまとめた。LEによって獲得資金の額には大きな差があり，たとえばスノホーミッシュ(Snohomish)LEでは活動資金とし

て1700万ドル獲得しているのに対して，100万ドルに達していないLEも数多くあり，また，組織を維持すること自体に困難を感じているところも少なからず存在する。とくに下流部平野地帯や島嶼部において，LEの活動を困難とするところが目立つ[97]。また，LEの役割を果たしている組織はほとんどの場合カウンティや先住民族であり，独自の流域保全組織がLEの機能を果たしているところは例外的な存在であることがわかる。実際に各流域で生態系修復プロジェクトを実行している主体をみても，カウンティ・市町村などの自治体，保全地区(Conservation District)[98]，先住民族がほとんど占めており，NPOなど住民組織によるものは必ずしも多くはない[99]。このように，LEの組織運営に関しても，具体的なサケ再生プロジェクトにおいても，カウンティや先住民族の果たしている役割が大きいことが特徴となっている。

　以上のように形のうえではLEの活動は軌道に乗り始めているが，実際に活動に参加している人々はLEの活動をどのように考えているのであろうか。2002年にワシントン州魚類野生生物局は各LEが自身の活動に対してどのような評価を行っているのかについて，LEの構成メンバーに対してアンケート調査を行っているので，この結果について簡単にみてみよう[100]。この調査では，回答者はおおむね肯定的な評価を下していることが明らかになっているが，他の組織との連携に関する評価では，流域計画組織との連携が良好であるとするものは58%となっており，流域計画組織との連携について改善の余地があることがうかがえる。またLEの活動状況については，技術評価委員会に関しては地域在住の専門家が積極的に活動をしているという点で高く評価しているのに対して，市民委員会に関しては多様な利害関係者をバランスよく組織できていないとして，相対的に低い評価を下している。またLEの戦略形成に利害関係者が主体的に参加していると回答したものは4割にとどまっている。以上の結果をみると，州政府の積極的な政策展開と資金提供のもと，LEは地域におけるサケ再生のさまざまな事業を進めるうえで大きな役割を果たしつつあるが，地域における多様な主体の連携を形成するという点では多くの課題をかかえていることがうかがえる。

表4 ワシントン州におけるLEの概況

(単位：千ドル)

LEの名称	LEの性格	SRFBからの資金額	SRFB以外から獲得した資金額	外部資金の提供組織数（組織数/年）	課題
Chelan County	LG	3,014	1,624	2-8	流域協議会など他の組織・プログラムとの調整
Grays Harbor County	LG	1,962	686	10-13	外部資金の不足
Island County	LG	1,151	491	2-3	資金不足、スタッフ不足
King County (WRIA 8)	LG	2,232	6,877		都市域での保全措置をどのように講じるのか、その資金をどう獲得するか
King County (WRIA 9)	LG	3,878	2,288	1-4	流域に関する科学的知識を増大させるための資金獲得
Pierce County	LG	5,430	4,238	2-4	地域の主体が大規模なプロジェクトに取り組もうとしない・取り組めないこと
Klickitat County	LG	1,879	504	2-3	広範な地域社会の支援を得た生息域復元戦略計画を策定することの困難
Kitsap County	LG	5,954	1,886	3-15	
Snohomish County	LG	10,683	6,378	3-11	Snohomish Countyがスタッフ雇用のための支援をしているが、この資金が削減される
Thurston County	LG	1,190	227	3-8	小さな独立した流域が数多くあり、まとまって動くことが困難
Whatcom County	LG	7,571	3,381	4-6	多様な関係者の間で、長期的戦略を合意することは困難
Skagit Watershed Council	WC	8,319	2,372	7-8	成功しているが、下流地域を中心として土地所有者の協力が十分ではない
Nisqually River Salmon Recovery	(WC)	2,316	651	1-5	できる限り地域住民の参加を獲得する

組織名	性格			課題
North Olympic Peninsula LE	I	6,747	2,117	6-11	地域が広大でいくつかの流域が存在し、社会経済条件も異なる
Lower Columbia Fish Recovery Board	I	10,332	9,727	24	補助金認可の遅れ
Hood Canal Coordinating Council	I	4,704	1,176	5-12	多様な関係者を連携していくこと、ESAでの回復計画が頻繁に改定されること
Snake River LE	I	420	268	12	流域の大きさ、補助金認可の遅れ
Stillaguamish LE	I	3,522	5,602	3-9	多様な計画の間の連携の困難
Pend Oreille Salmonid Recovery Team	I	729	971	1-3	住民の関心不足、理解が得られない
WRIA 14/ Kennedy-Gouldsborough LE	I	1,865	619	1-4	社会的・経済的側面を考慮しつつ科学的根拠をもった総合的な戦略を作成することの困難
Yakima River Basin Salmon Recovery Board	I	712	177	5	多様な関係者をその組織につなぎとめること
Foster Creek Conservation District	CD				
Sa Juan Conservation District	CD	405	279	5-7	沿岸域もサケ保全上重要であることがよく理解されていない
Quinalt Indian Nation	T		792	1-4	プロジェクトの実行主体がいない
Pacific County/Conservation District	LG+CD	1,894	5,734	2-5	サケ修復に焦点をあてた事業を維持すること
Okanagan County/ Confederated Tribe	LG+T		2,498	1-13	資金獲得

資料：Washington Department of Fish and Wildlife, Lead Entity program 2002 report and Evaluation (2002)
注：「LEの性格」の略号／LG 地方自治体、WC 流域組織、CD 保全地区、T 先住民族、I その他独立した組織

(2) 流域計画をめぐる現状

　流域計画は単一の，あるいは複数のWRIAを単位としてつくることができ，対象流域に含まれるすべてのカウンティ，単位内の最大の市町村，最大の水利組織が含まれていなければならず，また単位内に居留地をもつ先住民族は必ず参加するように働きかけることとされている。このほか，水資源に関心をもつ幅広い組織・人々，政策変更や財政負担を求められる可能性のある政府・自治体・先住民族を含めることを要求している（RCW 90.82.060(2)）。このように自治体，とくにカウンティの参加が必須とされ，流域保全活動において重要な役割を与えられている[101]。

　流域計画の内容は水量を必須事項とし，第1に各WRIA内の水資源の状況を評価すること，第2に魚類のために十分な河川水量が確保されていることを含めて，競合する多様な水への要求の調整を図ることとし，このほかに水質，生息域，流量に関しても計画を行うことができるとした（RCW 90.82.060(6)）。

　計画過程は3段階に分けられ，各段階に対して州政府が資金援助を提供している。まず，第1段階は流域計画を行う組織の立ち上げであり，これに対して州政府は5万ドルの支援を行うこととしている。第2段階はアセスメントの段階で，州政府は20万ドルまでの支援を行い，また水質や流量などの計画も行う場合には30万ドルまでの支援が提供される[102]。第3段階は流域管理計画と各利害関係者がとるべき行動提案を策定し決定することであり，25万ドルを上限として支援が行われる（RCW 90.82.040(2)）。

　計画の決定プロセスは，まず流域計画組織において計画案を投票にかけ，メンバーが全員一致したとき，または行政組織メンバーが全員一致なおかつ非行政組織代表の多数が賛成したとき，流域計画組織として計画案を認めたこととされる。このあと計画案はカウンティに提出され，各カウンティは公聴会を開催したあと，議会において投票を行い，多数決によって承認を行う（RCW 90.82.130）。

　流域計画はワシントン州環境局が管轄しているが，流域ごとに環境局のスタッフを張りつけており，さまざまな支援を行っている。支援内容は，資金補助申請の援助，技術的なアドバイス，専門スタッフとの橋渡しなどであり，

地域の自主性を重んじるという観点から州の法律や規則への違反が予見される場合以外は運営に介入しないこととしている[103]。

流域計画の進展状況をみると，2004年末までに62のWRIAのうち45をカバーする37の計画組織がつくられ計画策定に取り組んでいる[104]。2004年末段階で計画が州政府から最終的に認定された組織はまだ存在しないが，12組織において計画案が策定され，2組織で策定作業がおおむね終了しているほか，11組織が2005年，2組織が2006年，3組織が2007年，3組織が2008年に策定を予定している。ただし，2組織では計画案を策定したものの投票で否決され，2組織では合意を形成することができずに計画策定を行わないこととしている[105]。計画案が否決された2つのケースはいずれも先住民族政府が反対したために，関係行政機関が一致して支持すべきという可決要件を充足できずに否決されたものである。

なお，いくつかの先住民族は流域計画法が流域保全・先住民族権利保護の観点から問題があるとして，流域計画への参加を拒んでいる。たとえば，シアトルなど大都市部を含むWRIA 8では，流域内のマックルシュート(Muckleshoot)部族が流域計画法に反対の立場であったため，本法のもとでの流域保全への取り組みは行わず，キング・カウンティなどが中心となって独自の取り組みを進めている[106]。

流域保全に関わる活動が相対的に活発なカスケード山脈以西の流域計画策定状況について表5にまとめた[107]。これをみると，まずほとんどの流域が水質，生息域について計画対象とし，流量についても計画対象としている流域が多い。これら項目はサケの保全と密接に結びついており，流域計画をサケ保全とリンクさせようとしていることがうかがえる。一方，水資源利用の調整の困難さから流量の確保が問題となっている流域が多く，また合意形成の困難さから計画に盛り込むことを回避したところもあり，この問題の取り扱いが今後の大きな焦点となると考えられる。

1998年に制定された流域計画法は計画策定過程しか規定しておらず，計画策定後の実行のあり方については言及していなかった。このため2002年に議会において第4段階実行検討委員会を設立することが決定され，各流域計画組織，カウンティ，水利組合，先住民族，州政府の代表など18名から

表5 ワシントン州カスケード西部における流域計画策定の現状

流域名（WRIA番号）	現在の計画段階	計画内容	計画策定終了（予定）年次	これまでの州政府の資金提供額（ドル）	課題　など
Nooksack (1)	3	Q, H, F	2003年	60万	流量の確保が大きな課題
San Juan (2)	3	Q, H, F	2003年	44万2000	内部でいくつかの問題をめぐって対立。流域計画自体への疑問も
Lower Skagit/Samish & Upper Skagit (3, 4)	3	F	2003年	107万5000	
Island (6)	3	未定	2005年	41万9000	
Snohomish (7)	1		未定	0	
Nisqually (11)	3	Q, H, F	2003年	40万	Nisqually部族は流域計画の中心であるとともにLEの中心でもあり、両者を統合して追求している民間ベースの流域管理組織が新たに設立されている
Chamber/Clover (12)	3	Q, H	2004年	50万	流量に関して議論あり
Deshutes (13)	3	Q, H, F	2004年	52万5000	地下水への依存度が高い半島部の計画は困難
Kennedy/Goldsborough (14)	3	Q, H, F	2005年	31万3000	WRIAが広大で、2つの政治的・社会的性格が異なる地域を含んでいること、ダムの撤去をめぐって裁判係争中であることが大きな問題
Kitsap (15)	3	Q, H, F	2005年	50万6000	
Skokomish/Dosewallips (16)	3	Q, H, F	2005年	31万8000	
Quilcene/Snow (17)	3	Q, H, F	2003年	52万5300	今後の課題は流量の合意形成、実行体制の確立
Elwha/Dungeness (18)	3	Q, H, F	2005年	80万	もともとあった流域管理組織が流域計画組織とサケ再生LEの役割も果たしている
Lyre/Hoko & Soleduck/Hoh(19, 20)	2	Q, H, F	2005年	33万4000	
Lower Chehalis & Upper Chehalis (22, 23)	3	Q, H, F	2003年	143万8300	
Grays/Elochoman & Cowlits (25, 26)	3	Q, H, F	2004年	102万	
Lewis & Salmon/Washougal (27, 28)	3	Q, H, F	2004年	102万	
Wind/White Salmon (29)	2	Q, H	2005年	25万	流量に関わる提案をつくることを回避しようとして、作業を停止
Klickitat (30)	3	Q, H	2005年	50万	流量については公式に計画に含めず、非公式な提案を行うこととした

資料：An Assessment of Watershed Planning, Washington Department of Ecology (2003)
注：「計画内容」の略号／Q 水質，H 生息域，F 流量

なる委員会が提言を作成[108]，議会に報告し，これをもとに2003年に流域計画法が改正された(ESHB 1336)。この中で第4段階——すなわち流域計画の実行が明記され，計画策定の終了・カウンティによる計画承認後，州政府はその実行のために3年間に10万ドルを上限とする資金を提供することとし，この資金を受け取った各流域組織に詳細な実行計画を立てることを義務づけた。詳細計画には農業・商工業・生活用水および河川流量を十分確保する戦略，計画実行のための責任・役割分担や必要な協定等の締結などについて記すことを義務づけている[109]。今後，流域計画はその実行に向けて動き出すこととなる。

(3) その他の州政府の活動

上述のように，ワシントン州における流域保全およびサケ再生政策の基本は，地域の自発的な活動を活発化させることに焦点をあてており，州政府の役割は地域の自発的な活動を支援することにおかれている。しかし，このことはすべてを各流域の活動に委ねるということではない。州政府の各部局は自然資源管理に関わって重要な役割を果たしており，それぞれが流域保全・サケ再生のためにさまざまな政策を展開しているほか，各流域組織やLEとの協働関係の構築を進めてきている。ここで，このすべてについて触れることは紙幅の関係から不可能なので，いくつか代表的なものについて言及しておこう。

森林政策に関してみると，上述のように1986年に，先住民・環境保護団体・州政府がTFW協定を結び，サケ保護に関して新たな森林施業規制を導入したが，サケ科魚類のESAのもとでのリスティングが本格化したことを受けて，1997年から改めてその対応策を協議することとなった。この協議には連邦海洋漁業局・連邦魚類野生生物局など連邦政府部局や自治体が新たに加わり，州内私有林内の約10万kmに及ぶサケの遡上河川に対する保全・修復方策を検討し，1999年に「森林と魚類に関するレポート(Forest and Fish Report)」として議論の結果をまとめた。同年，州議会はこのレポートの実行を州政府に義務づける法律(ESHB 2091)を制定し，これを受けて州自然資源局が森林施業規則の改定に取り組んだ。2001年には森林施業規則を改正し，より厳しい河畔林の保護，河畔域での薬剤利用の禁止強化，

林道建設・維持に関する環境配慮基準の強化,アダプティブマネジメントの本格的導入などを盛り込んでいる[110]。

また,農業分野に関しても森林と同様に,サケの再生に貢献できる営農活動のあり方を探る交渉が 1999 年から行われている。これは農業・魚類・水プロセス(Agriculture, Fish and Water Process:AFW)と呼ばれるもので,州保全委員会(Washington State Conservation Commission)[111] が事務局となり,州野生生物局・環境局などのほかに,関係連邦政府機関,自治体,環境 NGO,農業関連団体などの代表が交渉に参加している[112]。交渉は,農家へ普及指導を行う際の基本的な指針である「現場のための技術ガイド(Field Office Technical Guides:FOG)」改正と,灌漑利用ガイドライン作成の 2 つのプロセスから構成される。前者はサケ生息に負荷の少ない営農ガイドラインを FOG に組み込み,これをもとに農家への経営指導や営農計画を策定しようとするものであり,2002 年 5 月には「北西部における保全計画へのガイドライン(Guidelines for Northwest Conservation Plan)」の最終提案を策定した。また,後者はサケ再生が可能な水量・水質の確保をめざした総合的な灌漑管理を行うためのガイドラインを策定するものであり,2001 年には「灌漑地区総合計画の準備のためのガイドライン(Guidelines for Preparation of Comprehensive Irrigation District Management Plans)」を策定している。このようにサケの生息に大きな影響を与えていると考えられる農業についても,州保全委員会を中心として関係者の合意のもとで農業経営や灌漑管理の転換を図ろうとしているのである。また連邦農務省自然資源保全局(USDA Natural Resources Service)も環境保全型農業への転換に向けたさまざまなプログラムをもっており,各地域の状況に応じた農家への支援などを行っている。

以上のように,州政府自身が多様な取り組みを行っており,これが各流域の自発的な活動と相まって流域保全・サケ再生の活動が進んでいるのである。

2.2.1.3. 流域における取り組みの現状

ここで具体的な流域における取り組みの事例についてみてみよう。州政府による流域を基礎とした取り組みへの支援によって,各流域において流域組織形成・計画策定や LE のもとでのサケ生息域の保全・修復が進みつつある。

ただし，州政府が設定した内容を越えて地域独自の流域保全の取り組みを進めているところは必ずしも多くはない。流域計画の策定に関してはある程度進んでいるものの，流域内のサケ保全活動の活発度を反映すると考えられるLEの活動が両極化しているし，流域計画策定に関しても，水利権がからむ流量の扱いが大きな課題として現れており，計画実行段階である第4段階に進むにつれてさまざまな問題が生じる可能性があり，計画をどこまで実行できるのかが大きな課題となってくる。流域組織やLEの多くはカウンティ行政府や先住民族政府などの組織がそのまま主体となり，州が提示した枠組みにそのまま従って活動する場合が多く，地域の主体的な取り組みを活発に行っている流域は必ずしも多くはない。

しかし，流域保全活動が活発な地域では，独立した流域保全・サケ再生のための組織を立ち上げており，この組織が流域組織とLE双方の役割を果たすなど，地域独自の活動の中に州の政策を組み込んでいるところが存在している。こうした流域は，州政府の流域支援政策が始まる以前から流域保全に関わる取り組みを進めていたところが多く，流域内の利害関係者の合意形成を進め，流域保全・サケ保全に関わる独自の計画策定やその実行に取り組んできている。

高い評価を受けている流域としてはスカジット(Skagit)川・ダンジネス(Dungeness)川・ニスクオーリー川流域などがあげられるが，本項ではダンジネス川流域の取り組みを取り上げる。また州政府とは別個の取り組みを行っているワシントン湖流域の取り組みについてみておくこととしたい。

(1) ダンジネス川流域における保全活動[113]

ダンジネス川はオリンピック半島北部に位置する流域面積約7万haの河川であるが，1987年にこの地域一帯をおそった旱魃で河川の流量が極端に減少し，地元の先住民族でありサケ保全のために十分な流量を求めるジェームズタウン・スクララム(Jamestown S'Klallam)部族と，灌漑のための取水を行っている農業者の間の対立が表面化した。両者が議論する中で，流量の82％を灌漑のために取水していたことが明らかになり，健全な河川生態系保全のために何らかの対策が必要であることを農業者の側も認識するに至った。ここで，当時のクララム(Clallam)・カウンティコミッショナーが

問題解決のための交渉を呼びかけ，カウンティが間に入って農業者と先住民族の間の交渉を始めることとした。1991年には3者が流域水量計画を策定することを決め，具体的な作業を開始したが，この中で灌漑のために確保すべき水量およびサケ保全に必要な水量を季節ごとに明確化し，農業者と先住民族の主張のすり合わせを行い，合意を形成していった。この結果，1994年には全参加者の合意をもって流域管理計画が決定され，この中で農業者はその水利権の量にかかわらず，取水を流量の50％にまで抑えることとしたのである。ここで農業者が恐れたのは，自発的に水利権を返上する形で取水を抑えることが，水利権の削減につながるということであったが，これについては1998年に水利組合と水利権を管轄する州環境局との間で協定を締結し，取水量の実態にかかわらず灌漑組合の水利権を保障することを州環境局が公的に保障した[114]。また農業者による水利用の効率化，サケ生息域の修復作業についても今後の課題とすることが合意され，補助金を獲得するなどして取り組みを始めた。この結果，1998年にはサケ科魚類の遡上期にあたり保全上最も重要な9月期において，灌漑のための取水率を計画策定以前の82％から44％にまで低下させるという大きな効果をあげることができたのである[115]。

　流域管理計画の中では，流域内の多様な関係者が協力して流域保全に取り組むことの重要性が指摘され，流域組織を立ち上げることが提案されていた。これを受けて1995年にはダンジネス川管理チーム（Dungeness River Management Team：DRMT）を発足させた。DRMTは流域保全に関わる利害関係者の代表から構成されており，地域のコンセンサスを重んじるため，決定は全員一致を原則とした。当初のメンバーはカウンティ・市・先住民族・農業水利組合・保全地区のほかに，地元関係者として土地所有者・スポーツフィッシング団体，州政府関係者として州環境局・州魚類野生生物局，連邦政府機関として連邦森林局および野生生物局の代表によって構成されていたが，1997年にメンバーの公募を行い，地域のランドトラストと環境保護団体が新たにメンバーになる一方で，連邦森林局および野生生物局，保全地区が投票権のないアドバイザーとなった。また，先住民族や保全地区，州魚類野生生物局などの魚類・河川生態系などの専門家からなる修復作業部会

(Restoration Work Group) を組織して，サケ生息域の修復に関わる技術的な側面についての検討を行っており，1997年には詳細な修復計画の提案を策定した[116]。この提案は DRMT によって検討され，1998年には正式に計画として決定され，これをもとに修復事業が行われている。

DRMT は実行組織ではなく，その決定は強制力をもたないが，DRMT に参加している組織は決定の実現に向けてそれぞれ努力をすることとされている。すなわち DRMT は流域的な視点から課題を明らかにし，それぞれの組織がどのような活動をすることが望まれるのか，組織間の相互協力をどうするのかを提案し，この実現に向けて各々の組織が努力を行っているのである。たとえば，河口域は稚魚の生息にとって重要な地域であるが，その保全のためにカウンティが土地取得を行い，先住民族が生息域修復事業を行い，さらにそれをランドトラストが維持するなど，それぞれの特長を生かした連携を可能とさせている。

州政府の流域計画およびサケ再生事業との関係であるが，DRMT は流域計画策定組織および LE 双方の役割を果たしている。州政府の政策が展開する以前から DRMT が実質的に流域計画および流域内の修復活動の総合的調整・実行に関わっていたため，そのまま州主導の流域保全活動の実行主体として活動することができたのである。DRMT はこれまで実行してきた流域活動を，新たな州の事業を使ってさらに展開しているということができ，流域保全とサケの回復を統一的に追求しているという点で，州内でも最も進んだ活動のひとつとされている。

ところで，以上のように活動が発展してきた基盤は，上述のカウンティ・先住民族・農業者の地道な交渉過程の中にある。カウンティはコミッショナーのリーダーシップのもと，水量問題解決のために交渉の橋渡し役をしただけではなく，交渉を進めるための資金の提供を行うなど合意に向けて大きな役割を果たした。また先住民族は権利を主張するだけではなく，専門家を雇用している強みを生かして積極的にデータ収集にあたり，妥協点を見出そうとした。また農業者も，当初農業者は9つの灌漑組合が個別に動いており，まとまった対応をとれなかったが，リーダー機能を果たす人が現れ，農業者をまとめていくとともに，「犠牲を分かち合う」ことをフレーズに交渉にあ

たった。このような交渉の中で生まれた相互信頼関係が，流域保全に向けた組織形成を可能とさせたのであり，多様な人々を巻き込んでいく基盤となったのである[117]。

(2) ワシントン湖流域をめぐる流域保全の取り組み

次に流域計画法のもとでの計画策定の道を選択しなかった WRIA 8 の取り組みについて取り上げてみよう。

WRIA 8 はシアトル市に隣接するワシントン湖の流域をすべて含む地域で，ワシントン州の中でも最も人口が集中し都市化が進展している地域である。行政区域としてはそのほとんどがキング・カウンティに属し，北部の一部がスノホーミッシュ・カウンティに属している。

ワシントン湖流域においても Chinook Salmon が絶滅危惧種指定候補にあげられたため，この保全・生息数回復への取り組みを進めることとしたが，上述のように WRIA 8 流域内に保留地をもつマックルシュート部族が流域計画法に反対の立場をとっていたため，この法律のもとで流域組織の設立・流域計画の策定は行わないこととした。これに代えて，WRIA 8 ではキング・カウンティが中心となって，サケ再生をめざした独自の流域計画策定・実行に取り組むこととし，1998 年にはこの取り組みを進めるために流域内自治体，市民，環境保護団体，専門家などから構成される WRIA 8 運営委員会(WRIA 8 Steering Committee：WRIA 8 SC)を結成した。1999 年には「WRIA 8 SC の使命と目標(WRIA 8 Steering Committee: Mission, Goals, Requirements and Approach)」を定めたが，この中で使命を「Chinook Salmon およびその他の遡河性魚類の保全と回復を図るための提言を行う流域保全計画の策定」とし，さらに「当面の目標を，自然産卵を行う Chinook Salmon の持続的かつ遺伝的多様性が保持できるだけの個体数を確保することを含め，絶滅危惧種の回復をめざして生息地を保護・修復すること」とした。また，サケ再生・流域保全のために必要とする資金分担の調整を行うために，2001 年にはキング・スノホーミッシュ両カウンティおよび流域内 25 市町村が WRIA 8 フォーラムを組織している。

WRIA 8 SC は，2000 年からサケの生息域保護および修復事業を開始するとともに，総合的な保全計画の策定に向けた作業を開始した。2002 年には

当面の行動計画である「短期的な行動アジェンダ(Near Term Action Agenda)」を設定し，このアジェンダに基づいて生息域の保全・修復事業を行っている[118]。現在，流域アセスメントおよびこれに基づいた長期的な行動計画の策定を行っており，2005年には最終案をまとめる予定となっている。

WRIA 8の活動で注目されるのは，第1に市民との協働を重視していることである。WRIA 8 SCが設立されて最初に行ったことは市民の関心を喚起するとともに，サケ再生のあり方に関して市民からの意見を広く募ることであった[119]。意見聴取の結果，サケ再生に関する市民の関心は高く，計画策定の初期段階から実行過程までを市民と協働で担うことが重要であることが明らかとなり，「WRIA 8 SCの使命と目標」にも明記された。またWRIA 8 SCのもとに流域内自治体・NPOなどで活動する環境教育やコミュニケーションの専門家によって組織される市民広報・参加小委員会(Public Outreach Subcommittee)が設置され，計画策定・実行に関わる市民参加やWRIA 8 SCのウェブページやニュースレター作成などを行っている。

第2には緻密な調査と科学的な検討に基づき活動を行っていることである。WRIA 8 SCのもとには自治体・州政府および利害関係団体に所属するサケ・流域問題の専門家からなる技術委員会(Technical Committee)が組織されており，保全計画に関わる科学的な枠組み形成と技術的なアセスメントの実行に責任をもっている。この委員会はベースラインデータの提供と今後の取り組みの方向性の提案を行うために，サケ生息の現状とその生息の障害となっている人為的要因を明らかにするレポートを2001年に作成し[120]，このレポートをもとに生息域の保全・修復の方向性に関する詳細な提案を策定する作業を行っている。

また，もうひとつ重要なことは技術委員会や市民広報・参加小委員会からの提言をWRIA 8 SCに橋渡しするために統合化委員会(Synthesis Committee)が設置されていることである。この委員会はWRIA 8 SCのもとにおかれているすべての委員会の代表によって構成されており[121]，各委員会が専門的立場から行う提言を統合して，とるべき行動を具体的に提言することを任務としている。すなわち，ここで科学的・技術的側面，市民との協働，個別プロジェクトに関わる議論を統一的に行い，相互関連が確保された具体

的な保全活動を行うことが可能となるのである。さらに，統合化委員会のもとには流域内の土地利用に関わる自治体職員・利害関係者からなる土地利用小委員会(Land Use Subcommittee)が設置されており，土地利用政策にサケ再生を組み込むことをめざしている。

　以上のように，WRIA 8におけるサケ再生・流域保全活動においてキング・カウンティはきわめて大きな役割を果たしている。シアトル市周辺の都市部住民は環境保護に対する関心が高く，キング・カウンティはこれまでも積極的に環境保全に取り組んできた。土地利用に関してみれば，すでに1965年には市街化をコントロールするための総合計画(Comprehensive Plan)を策定しており，90年代半ばにはこれを農林地の保全や自然環境保護も組み入れた土地利用計画へと発展させている。また流域保全についても，1980年代中盤より流域計画策定に取り組み始め，1986年にはカウンティ内に存在する72小流域に対して水質・自然資源の予備調査を行っている。さらにこれをもとに，とくに対策が必要とされた12流域に対して，1987年以降，水質・自然資源の保全をめざした流域計画を策定し，魚類の生息域の保全も含めてさまざまな対策を講じてきた[122]。また，こうした取り組みの中で一貫して住民参加を積極的に取り入れ，市民との協働について経験を積み重ねているほか，自然環境保全・流域保全に関わる専門家を育成してきている。このような積み重ねがあったがゆえに，州政府が流域計画法・サケ再生法を制定したのとほぼ同時にキング・カウンティはサケ再生のための流域保全の取り組みをスタートさせることができたのであり，さらにこれを土地利用規制に関連させて展開することができたのである。流域保全を進めるうえで，その流域に存在する自治体が自然資源管理・流域保全に関わる総合的な政策展開を可能とさせる力量を蓄積していることがきわめて重要であることが指摘できよう。

2.2.2. オレゴン州の流域保全の取り組み
2.2.2.1. オレゴン州の政策展開
(1)　絶滅危惧種指定対応前の展開

　オレゴン州においてもワシントン州と同様，1980年代から流域保全への

取り組みが始まっている。オレゴン州の河川における水量・水質の劣化に対する関心が高まってきたことから，1987年にオレゴン州上院は法案23を可決し，知事直属の流域保全理事会(Governor's Watershed Enhancement Board：GWEB)を設立することとした。GWEBは，各流域の自主的な流域保全活動に対して資金配分，技術支援を行うこととし，州政府のさまざまな部署を横につなぐ試みを行うとともに，デモンストレーション的なファンドを主要な流域に配分したという点に意義があった。ただし配分した資金は年間25-50万ドル程度であまり大きな額ではなかった[123]。

　1992年には水資源管理に関わる州政府部局間の調整を行う戦略的水管理グループ(Strategic Water Management Group：SWMG)が，多様な利害関係者を集めて水政策の今後のあり方を議論するワークショップを開催し，この議論をもとにオレゴン州流域管理戦略案(Proposal: A Watershed Management Strategy for Oregon)を策定し，議会に提出した。この戦略は水資源管理において流域を単位としたパートナーシップ形成が重要であることを指摘し，流域協議会を組織することや流域を単位とした水資源管理を行うにあたって用いるべき手法の提案を行った[124]。これを受けて，議会は1993年に下院法2215を制定し，GWEBとSWMGに対して流域管理プログラム展開を主導することを命じるとともに，試験的な流域協議会の設立を行うこととした。さらに1995年には流域協議会設立の手続を規定した法律を成立させ(HB 3411)，協議会の設立には政府の認可を必要としないことを明確化させた。ここで流域における保全の取り組みは各流域の自主性に任せるという州の基本方針が確立されたのである。また，議会は同時にGWEBに対して流域協議会への支援を新たな任務として課するとともに，1000万ドルの予算を配分して州南部太平洋沿岸地域で流域協議会と流域修復プログラムを組織させることとした。

　以上のような流域保全政策は主として水質・水量の保全をめざしたものであったが，サケ科魚類の絶滅危惧種への指定が現実化し始めた1990年代半ば以降，その生息域保護を目的とした政策へと大きく転換していく。

(2)　オレゴンプランの策定

　1995年にオレゴン州沿岸域に生息するギンザケ(Coho Salmon)をESA

のもとで絶滅危惧種へ指定することが提案されたため，オレゴン州は地域の自発的努力によってサケの生息数の回復を図るための取り組みを行うこととした。ESA では，絶滅危惧種などへの指定にあたって，州や自治体が何らかの保全措置を講じている場合にはその内容を検討のうえ考慮に入れることとしている(4条 b 1 A)。オレゴン州ではこの規定を用いて，州独自のサケ再生計画を策定して ESA のもとでのサケ科魚類のリスティングを回避し，連邦の規制を受けることなしに州が主導権をもってサケ再生を進めようとしたのである。1995 年 10 月にはキッツハーバー(Kitzhaber)知事(当時)が沿岸域ギンザケの回復に州をあげて取り組むことを宣言し，1997 年 3 月には沿岸域サケ再生イニシアティブ(The Oregon Coastal Salmon Restoration Initiative)を議会に提出し，「サケと流域のためのオレゴンプラン(Oregon Plan for Salmon and Watersheds)」(以下，オレゴンプラン)と名称を変更したうえで承認された[125]。また，プラン実行のために最初の 2 年間で約 1500 万ドルが必要であると見込まれたため，この費用を捻出するために，伐採された木材に対して課税する法律も同時に成立した(HB 3700)[126]。1997 年 4 月にはオレゴン州政府は連邦海洋漁業局(National Marine Fishery Service：NMFS)と覚書を締結し，州政府としてオレゴンプランを継続して実行するとともに，沿岸域のギンザケについて追加的な保全・回復のための措置をとることを約束し，これを受けて NFMS は同年 5 月，沿岸域のギンザケの危急種あるいは絶滅危惧種への指定を延期する決定を下したのである。

　オレゴンプランを推進するためには安定的な財源を確保することが必要であるため，1998 年には州宝くじの純収益の一部を州立公園管理およびサケ再生のために支出するための州民投票(Ballot 66)が行われた。これまで宝くじによる収入は雇用創出に向けられてきたが，経済状況が改善される一方で，サケの保全が大きな課題となったことから，この州民投票が提起されたのである。11 月 3 日に投票が行われ，有効投票数のうち約 65％ の賛成でこの提案は可決された。この結果，州宝くじの純収益の 7.5％ がサケ再生に割り当てられることとされ，オレゴンプランの財政的基盤が強化された。

　ところが，オレゴンプランを受けて NMFS がギンザケの絶滅危惧種への指定作業を延期したことを不満とする環境保護団体が訴訟を起こし，1998

年には連邦地裁が NMFS に対して，オレゴンプランを考慮に入れずにリスティングの延期を再考すべきであるとする判決を下した。このため，NMFS は改めて検討を行い，同年8月にオレゴン沿岸域に対するギンザケの危急種指定を行った[127]。

オレゴン州政府はオレゴンプランによって絶滅危惧種への指定回避をめざしていたが，この目的が潰えてしまったため，サケ再生の取り組みにおける州政府の主導的役割を再確認するために1999年1月に知事令を出した[128]。この中で，連邦政府はサケ再生を行うための十分な資源を有しておらず，オレゴンプランの重要性に変化はないとして，サケ再生のための基幹計画であることを改めて確認するとともに，その目的をギンザケおよびスチールヘッドの絶滅危惧種への指定回避からすべてのサケ科魚類の再生へと改めた。そしてこれまでの取り組みをより一層強化するよう州政府の各省庁に対して詳細な指令を与えた。

さらに同年，オレゴンプランの枠組みをさらに強化する法律を制定した(HB 3225)。まず，サケおよび流域保全に関わる資金提供を一元化し，流域保全活動支援体制を強化するため，GWEB を廃止，知事部局からは独立したオレゴン流域理事会(Oregon Watershed Enhancement Board：OWEB)を新たに設立した。これ以降 OWEB が資金配分のみならず，オレゴンプラン実行の中核的な役割を果たすこととなる。また，流域協議会は各流域で自発的に設立されるべきであることを改めて確認したうえで，オレゴンプランの中に位置づけ，OWEB はこれら協議会を支援することとした。

(3) オレゴンプラン実行の枠組み

以上がオレゴン州におけるサケ再生政策の展開の概要であるが，ここで全体の構造をみると図2のようになる。これまでも繰り返し述べているように，その基本的な特徴は地域を主体とした活動を中心におき，これを州政府が支援するということである。なかでもオレゴンプランにおいて各流域の取り組みの中心と位置づけられているのは，流域協議会と水土保全地区(Water and Soil Conservation District)[129] である。連邦からの介入を嫌い，地域の自主性を重んじるということが州政府の基本方針であり，このことが流域単位での取り組みの重視という形で反映されている。

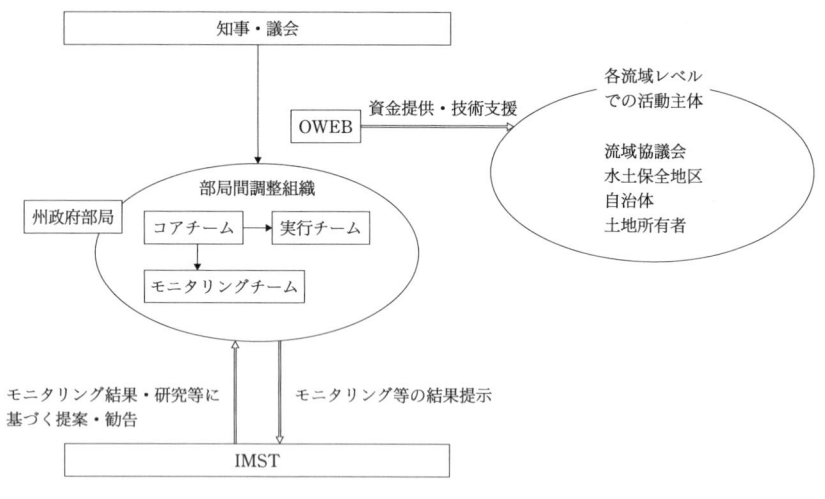

図2 オレゴンプランの実行体制

注：→は指揮系統を示す

　こうした各流域の活動を支える州政府の枠組みをみると，州知事がリーダーシップをとって全体を統括し，議会においては自然資源委員会が主として法制度に関わる側面について議論を行っている。また，各省庁の取り組みを具体的に調整するとともに，地域的な取り組みとの協働を図るために，各省庁の代表からなるコアチームを形成し，さらに具体的なプログラムの実行，州民への教育，モニタリングに関してそれぞれ実行チームが編成されている。また，上述のOWEBが主として資金配分を通して，各流域の取り組みに対する具体的な支援を行っている。

　また，オレゴンプランはプランの実行状況やサケ資源・流域の状態に関するモニタリング・分析評価を行い，アダプティブマネジメントを実行することを重視している。このため上述のように州政府部局代表者によるモニタリングチームを組織しているほか，1997年のオレゴンプランの開始時に，さまざまな分野の専門家からなる独立総合科学チーム(Independent Multidisciplinary Science Team：IMST)を設置しており，ここに各省庁がそれぞれ行うモニタリングの結果を集中し，オレゴンプラン全体のレビューを行うとともに，プラン実行のための科学的助言を行っている[130]。

2.2.2.2. オレゴンプランのもとでの流域保全活動の展開状況
(1) 流域協議会の組織・活動状況
　オレゴンプランは地域の自主的な取り組みを基礎として構築されているが，その中でも中核的な役割を果たすことが期待されているのが流域協議会である。オレゴン州の流域協議会はワシントン州と同様に，地域が自発的に設立するものとされているが，その認定要件はさらに緩い。
　まず流域協議会の設立について，地方自治体が積極的に流域協議会を組織することを奨励する旨の規定がおかれているが，流域協議会の構成メンバーに関しては，多様な関心をもつ住民がバランスよく組織されていることを要求しているのみで，必須メンバーの規定もない。また，流域協議会の設立は地方公共団体[131]の決定によって行われるとされ，州政府に関する認可などは一切必要としておらず，地方公共団体の決定が行われた時点で流域協議会が設立されたこととなる(ORS 541.388)。これまでに設立された流域協議会は90を数えるが，そのほとんどが市町村・カウンティが水土保全事務所と共同で立ち上げたものとなっている[132]。
　流域協議会の地理的な境界も法律や規則によって定められておらず，どの範囲の流域を扱うかは各地域の自主性に任されている。このため，協議会によってそのカバーする流域の面積は大きく異なっている。最も小規模の流域協議会はわずか31 km²をカバーするにすぎない一方で，大規模な流域協議会になると1万3000 km²を超えるものもあり，人口密度が希薄な東部になるとさらに大面積をカバーする流域協議会が存在している。また，ある流域協議会が対象とする流域の中にさらに小規模の流域協議会が存在する例も存在する。こうした多様性は，地域の状況を反映したものといえるが，一方で州全体の活動を統括する立場からするとコントロールが難しい状況と受け止められている[133]。
　流域協議会が行う事業に関しても一切縛りをかけていない。法律において「流域における自然資源と流域保全の維持と促進を図る」(ORS 541.350)とされているだけで，ワシントン州にみられるような必須事業の規定はおかれておらず，各協議会の自主性に任せている。ただし，これら協議会の活動に対して州政府が支援を行っているほか，活動を行う資金の多くはOWEBから

配分を受けているため，州政府・OWEB の流域保全政策・資金配分政策が実質的に流域協議会の活動に大きな影響を与えているといえる。

　以上のように，流域協議会の存在形態や活動内容は多様であり，OWEB も個々の流域協議会の活動内容を十分把握していないため，流域協議会の実態を総括的にみることはできない[134]。協議会活動については 2.2.2.3. で事例を通して検討するにとどめたい。

(2) OWEB の活動と地域主体の再生活動の現状

　OWEB の前身である GWEB は知事直属の組織であったが，OWEB は独立性をもった行政機関として組織され，理事会が議決機関となっている。理事会は，11 名の投票権をもつ理事，6 名の投票権をもたない理事から構成されており，前者は環境の質に関する委員会(Environmental Quality Commission)，魚類・野生生物委員会(Fish and Wildlife Commission)，林業委員会(Board of Forestry)，農業委員会(Board of Agriculture)，水資源委員会(Water Resources Commission)の各委員会[135]からそれぞれ 1 名が選ばれ，このほかに知事が任命し議会が承認する 6 名の市民の委員からなる。また後者はオレゴン州立大学の農業普及責任者またはその指名者，および連邦森林局，連邦土地管理局，連邦農務省自然資源保全局，連邦環境保護庁，連邦海洋魚類局の代表から構成される(ORS 541.360)。理事会を支援する事務局には 25 名のフルタイム職員が配置されている。

　OWEB は 2001 年に「オレゴンにおける健全な流域づくりの戦略(A Strategy for Achieving Healthy Watersheds in Oregon)」と称する基本戦略を公表している。これをまとめたものが表 6 であり，活動の焦点が，各流域に基盤をおいた保全活動を活性化させるための資金配分，多様な関係者のパートナーシップの形成，モニタリング・研究支援，教育機能にあてられていることがわかる。

　このうち，地域活動支援という観点から最も重要な資金配分についてみてみよう。OWEB はオレゴンプランに関わって地域が行うサケ再生・流域保全活動に対する支援資金を配分している。その資金源は州の財政からは宝くじ純益の一部，サケの絵が入った自動車ナンバープレートの登録料，そのほかに一般会計からの割り当て，また連邦政府からはワシントン州と同様に太

表6 「オレゴンにおける健全な流域づくりの戦略」の総括表

成果目標	戦　略
健全な流域をめざして効果的かつアカウンタビリティをもった投資を行う	州全体の戦略フレームワークを形成する——流域アセスメントを積極的に進め流域保全の枠組みを形成する
	地域を基礎とした計画を修復事業へとつなげ，州全体の流域戦略につないでいく
	多様な関係者の協力によって包括的なモニタリングを行い，流域の現状を把握する
	流域の状況に関する情報交換を行い，地域・州・連邦レベルの修復に貢献する
	健全な流域保全に向けた投資がどのように行われ，これが地域社会の福祉にどう関係しているのかについて定期的に公表する
流域修復を連携して進めるパートナーシップを形成する	公共委員会が連邦政府と流域保全支援を共有し，流域内での省庁間協力を実証する
	行政と市民の関係を築くため，資金提供，参加支援などを行う
	流域協議会，水土保全事務所，先住民族，その他土地所有者の修復行為を支援するものとのパートナーシップを形成する
	流域の健全性を理解し，保全を進めるための州・地域の取り組みを推進するための研究を進展させる
全州民が流域のことを知り，各自の行動がどのように流域の健全性に影響を与えるのかがわかるようにする	流域協議会・水土保全地区が地域に対する教育・支援を行うことを支援する
	市民・若齢者に対する教育機会の提供により市民の流域への理解を深める

平洋サケ再生基金から資金配分を受けている。このほかにも財団などからの資金獲得の努力も行っており，合計すると年間3500万ドルを超える資金を集めている。

　OWEBではこのうち約2000万ドルを地域ベースの活動に配分しているが，具体的に支援の対象としている活動は表7に示したとおりである。スタッフの雇用，アセスメントの実施といった基礎的な分野から，具体的な修復事業までさまざまな分野に対する補助を行っていることがわかる。また，年2回に分けて行われる資金補助への応募は，地方自治体や流域協議会だけではなく，個人やNPOなど誰でも行うことができる。州・連邦政府機関は単独ではこの資金に応募することはできず，流域協議会などと共同で申請する必要

表7　OWEBの支援対象

分野	内容	
流域協議会支援		専従スタッフの雇用など
流域修復プロジェクト	土地浸食対策	道路からの土砂流入や，植林による土地浸食防止
	牧野管理	家畜による水質汚濁の防止
	植生管理	外来種駆除，間伐等
	河畔域保全	河畔域植樹・植生回復など
	流路・堤防修復・変更	流路の修復・堤防の安定化など
	魚類の通り道の確保	魚道設置，障害物除去など
	生息域の保全修復	河川内の魚類生息域の修復など
	流量の増大	灌漑効率化による流量の増大
	河口域の保全修復	
	湿地の保全・修復	排水施設や盛土の除去など
土地・水利権購入プロジェクト	土地購入	開発防止のための開発権買い上げなど
	水利権取得	水利権移転・リースなど
アセスメント・計画プロジェクト	流域アセスメント	アセスメントを行うための専門家雇用，機具購入など
	修復行動計画	計画策定のための専門家雇用や機器購入など
流域モニタリングプロジェクト		流域の状態をさまざまな側面からモニタリング
流域教育プロジェクト		流域教育のための調整費，教材，イベント開催など

がある。

　OWEBは申請の採択基準として，申請内容が流域の実態を反映し流域の健全性確保に最適であるという基本的条件のほかに，土地所有者・省庁・その他利害関係者など地域の人々の支持と参加の獲得状況，水資源問題に関する住民の啓発状況，プロジェクトの目標の達成状況に関するモニタリング計画の有無，などをあげている。また，事業を行うにあたって，OWEBからの助成だけではなく，他の行政機関や財団などから資金を獲得することも重視している。この判断基準をみても地域の自発性や協働が重視されているこ

とが明確で，プロジェクト自体にも協働関係の助長を組み込もうとしていることがわかる．またモニタリングを組み込むことを重視していることも大きな特徴である．

OWEBの資金は誰でも応募できることとなっているが，流域保全活動を行ううえで流域協議会が中心的な役割を担うことが期待されている．とくに，流域全体のアセスメントや修復計画に関しては，流域全体を対象として活動し，流域内の関係者を組織している流域協議会なくしてはその実行は困難である．このため，OWEBは流域協議会に対してその活動を支えるコーディネーターを専従として雇用するための資金を特別枠で提供し，協議会が立ち上がったところに対してアセスメント実行などのための資金を優先的に配分することによって流域協議会活動の基礎構築を支援しようとしている．

ここで，OWEBからの資金支援を受けて地域で行われた活動の内容について簡単にみておこう．まず，地域活動を行っている主体がOWEB以外からどれだけ資金を獲得しているかであるが，表8に示したように2002年にはOWEBからの獲得した資金の2.7倍にあたる資金を獲得するなど，各地域で積極的な資金獲得活動が行われていることがわかる．

また，2001年度に行われた修復事業に関して事業タイプ別に件数と金額比をみたものが表9であるが，金額として多いのが魚類の遡行を妨げる構造物等の撤去や，灌漑水路などに稚魚が入り込むことを防ぐスクリーンの設置などであるが，件数としては河畔域の修復や浸食防止，渓流の生息地修復などが多くなっている．また，修復事業量の推移を示したのが表10であるが，コンスタントに活発な活動が行われてきていることがわかる．オレゴンプランがスタートしてからの成果で，表掲していないものをまとめると以下のようになる[136]．

表8 OWEBからの資金援助にあわせて外部から獲得した資金
(単位：OWEBからの資金額を100としたもの)

	1998年	1999年	2000年	2001年	2002年
その他政府機関	190	90	110	50	220
非政府機関	50	40	70	80	50
合　計	240	130	180	130	270

資料：OWEB, Annual report on Performance Measures (2004)

表9　OWEB の分野別資金提供状況(2001年)

分　野	件数	％
魚の遡上路改善	66	21
稚魚保護スクリーン	?	18
土地取得	6	13
河畔域改良	114	9
灌漑効率改善	35	8
渓流内生息域改善	49	7
浸食保護	58	7
湿地保全	16	5
流路変更(再蛇行化など)	35	3
牧畜経営の改善	38	3
植生管理	18	3
河口域改良	10	2
保護地域改良	46	1
水利権取得	4	1

資料：OWEB, The Oregon Plan for Salmon and Watersheds 2001-2003 Biennale Report (2003)

表10　オレゴン州におけるサケ再生・流域保全のために行われた地域主体の修復事業量

	1995年	1996年	1997年	1998年	1999年	2000年	2001年	合計
河畔域修復(マイル)	153	154	386	339	315	413	315	2,074
林道の閉鎖(マイル)	234	45	137	282	372	269	309	1,648
林道の改良(土砂の渓流流入防止など)(マイル)	322	306	565	769	798	762	568	4,089
遡上障害物除去(件数)	45	83	169	320	289	240	280	1,426
遡上を回復した河川延長(マイル)	25	52	187	507	439	325	306	1,841
取水ダム撤去(件数)	9	6	6	14	8	7	15	65

資料：OWEB

① 大小合わせて2600件の修復事業が行われ，そのうち86％は私有地で行われた。
② 6000エーカー(約2400 ha)の河畔域に保全措置がとられた。
③ サケ遡上を妨げている22カ所のダムに魚道がつくられた。

こうした修復事業は全州的に行われており，修復事業が特殊なものではなく，日常化してきていることがわかる。

(3) その他の組織の取り組み

 OWEB がオレゴンプラン推進の中核的な位置づけを与えられているが，オレゴンプランに関わる具体的な政策実施，事業やモニタリングの実行については州・連邦省庁などが大きな役割を果たしている。ここでは森林に関わる政策展開を事例としてその内容をみておくこととする。

 先に述べたサケ再生の取り組みにおける州政府の主導的役割を再確認するために出された1999年の知事令は，州森林政策や施業規制の決定を行う林業委員会に対して，サケ再生・保護の保全を進めるために必要な森林施業の転換を求めた。転換はIMSTの提言や既存のモニタリング結果に基づくこととし，施業の変更を実現するために施業規則の改正やその他の施策をとることができるとした。この決定をもとに林業委員会は施業のあり方の検討を開始し，2002年にはまず林道利用に関する施業規則の改正を行い，これに続いて河畔域の保全方法などに関して施業規制の改正が必要か否か検討している[137]。

 このような規制措置を講じる一方で，資金援助，普及指導を通じた流域保全に向けた森林経営の誘導も積極的に行っている。資金援助についてみると，ワシントン州と同様に連邦森林局など連邦政府や州独自の補助金を提供することにより，森林所有者が流域保全やサケの生息域保全に配慮した施業に転換することを支援している。また森林所有者に対する経営・技術指導にあたる森林官が，州魚類野生生物局の専門家とともに，流域保全に配慮した森林施業へと転換するための技術的な支援を行っている。

 また，オレゴンプランはモニタリングを重視していることから，各省庁に対してモニタリングのプログラムの充実と，モニタリング結果を政策へフィードバックするシステムの確立を求めている。林務局は森林施業モニタリングシステムをアダプティブマネジメントの一環であることを公式に位置づけて，施業規制に則して行われた施業が実際に環境に対してどのような影響を与えているのかをモニタリングしている。また，モニタリングの結果をもとに今後の森林施業の改善の方向性を探るとともに，この結果を普及指導に反映させ，さらには将来的な施業規則改正のための基礎データとしようとしている[138]。

こうした個別的なモニタリングプログラムを全州的に調整するために，上述のモニタリングチームが設置され，また科学性を確保するための評価機関としてIMSTが組織されているのである。

2.2.2.3. 流域活動の実態

オレゴン州における流域活動の現状について実例をあげてみてみよう。ここではサケ問題をきっかけに誕生したサウスロウ(Siuslaw)流域協議会と，地域づくりのための協働組織ともいうべきアップルゲート(Applegate)・パートナーシップから生まれたアップルゲート流域協議会について取り上げることとする。

(1) サウスロウ流域協議会[139]

サウスロウ川はオレゴン州中西部にある流域面積約20万 ha の河川で，流域のほとんどがコースト山脈に位置し，平野は少ない。この流域を対象として流域協議会が設立されたのは1996年であり，当初はサケの産卵域保全を主たる活動対象としていた。

協議会には，流域内の小流域ごとに選ばれた市民から構成された理事会がおかれ日常的な協議会の指揮をとっている。理事長は約80 ha の森林を所有する小規模森林所有者で，修復事業などにも独自に取り組んでおり，また理事会メンバーには水質保全に関心をもつ土木業者や農業者などが入っている。協議会の全般的な方針を議論するためにリーダー委員会が設置されており，理事会メンバーおよび自治体・大規模森林所有者・水利団体などのさまざまな利害団体の代表から構成されている。このように，自治体などの発言権を活動の大枠に関わる部分に限定し，基本的に市民ベースの議論を基礎として協議会活動を展開しているのである。

協議会は発足後しばらくはボランティアで運営していたが，活動の展開に限界があるため，OWEBの補助金を利用して2000年から事務局長をフルタイムで雇用している。事務局長は造園・景観保全関係のコンサルタント出身で，流域保全に関わる仕事にも従事しており，さまざまな分野の専門家やNPOとネットワークをもっていた。このため，事務局長に就任以来，こうしたネットワークを生かして，協議会の活動の幅を広げる努力を続け，産卵域保全を主たる活動とした協議会から，流域・生態系の保全や，経済活動と

の結びつきを考えた活動を行う協議会へと発展してきている。2002年春に流域アセスメントを終了し，2004年9月には，サウスロウ流域協議会戦略計画(Siuslaw Watershed Council Strategic Plan)を策定している。現在は，アセスメントや戦略計画を基礎としつつプロジェクトを行っているが，具体的な内容については，行政機関や大規模林業会社などに所属する専門家からなる技術委員会が検討し，実行を監督している。

調査時点の2002年に行っていたプロジェクトは，河畔域への植樹，モニタリング，連邦森林局と協働での河川生息域修復，修復用の資材調達プロジェクトなどである。このほか，河川の再蛇行化にも取り組もうとしており，約7kmの河畔域について連邦森林局がすでに土地を購入，ここに昔の航空写真を参考にしつつ設計した蛇行流路を掘削し，現在の流路を閉鎖しようとしている。2003年度にはOWEBと連邦森林局から36万ドルを獲得し，工事を開始している。

この協議会のもうひとつの特徴は，地域の児童・生徒などに対する教育活動を展開しており，実際にプロジェクトに巻き込んでいることである。最下流部に位置するフローレンス市に流域環境教育に熱心な教師がおり，この教師を中心として7年生に流域環境教育を正課の一環として行っている。また学校に苗畑をつくって自生種の育成を行い，河畔域の植樹を行っている。

以上のような活動の展開に伴って，事務・河口域保全・修復事業を担当する職員をそれぞれ一名ずつパートタイムで雇用するようになり，これら職員の給与も基本的にOWEBからの補助金によってまかなっている。流域協議会の活動は事務局長やスタッフによって支えられている面が強く，協議会にとって専従職員の存在，そしてまた資金援助によって専従職員の確保を可能とさせているOWEBの存在は大きいといえる。

(2) アップルゲート流域協議会とローグ流域再生技術委員会

アップルゲート川はオレゴン州南東部に位置するローグ(Rogue)川の支流で，約20万haの流域面積をもつ。カリフォルニアと州境を接する地域であり，豊かな自然が残されている地域のため，カリフォルニア州から都市生活を嫌って移住してくる者が多く，また退職者や高学歴の専門職層の移住も多い。この地域は土地面積において連邦有林の占める比率が高いが，その伐

採をめぐって主として新住民を中心とする伐採反対派と，林産業に依存する旧住民を中心とした伐採賛成派・連邦有林との間で激しい対立が生じ，1980年代の後半には連邦有林の伐採計画のほとんどすべてに異議申し立てがされるような状況となった。

　紛争が拡大する状況に懸念を抱いた両派のリーダーが，対話によって事態を打開しようと考え呼びかけを始め，これに関心をもった人が集まって対話を繰り返すようになった。この過程で相互理解が進み，共同で新しい資源管理の方向性を考えることに合意し，利害関係者の代表からなるアップルゲート・パートナーシップを1992年に組織した。パートナーシップは生態系および地域社会経済に対するアセスメントを行いつつ，地域の人々の協働を基礎とした資源管理と地域社会づくりを行うことを目標として活動を始めたが，この一環として流域を単位とした地域づくり・環境保全に焦点をあてた。流域の保全を総合的に考える中で流域という自然のつながりを基礎とした社会的なつながりをつくり出そうと考えたのであり，こうした活動を進めるために，1994年にパートナーシップの小委員会として流域協議会を設立した。アップルゲート流域においては，流域協議会の設立は州政府が設定した枠組みの中で行われたのではなく，地域における課題の解決を出発点にしており，地域独自の流域保全の取り組みの中に州政府のさまざまな支援を取り込んでいったということができる[140]。

　以上のような設立経緯を反映して，アップルゲート流域協議会が行う流域保全活動は2つの大きな特徴をもっている。それは第1に流域保全活動を他のさまざまな地域活動と密接な関係をもって行っていることであり，第2にそれゆえに流域活動の目標が単に生息域保全やサケの回復にあるのではなく，流域を単位とした人のつながり——流域社会の構築をめざしていることである。協議会で行っている流域保全活動は，流域アセスメントや生息域の修復事業など他の流域と同様であるが，たとえば流域アセスメントを地域の社会経済アセスメントと連携して行ったり，修復事業を行う際に土地所有者など多様な利害関係者との協働関係の構築を積極的に行っていることが特徴となっている。

　ローグ川流域における流域保全活動でもうひとつ触れておかなければなら

ないのは，アップルゲート川をはじめとする各支流域の取り組みをつないで，ローグ川全体で流域保全の総合的調整を行おうとしていることである。1998年にローグ川流域に存在する流域協議会の活動を調整することを目的にローグ流域調整委員会(Rogue Basin Coordinating Council)を設立し，さらに1999年には流域内での保全・修復活動の優先づけを行うためにローグ流域再生技術委員会(Rogue Basin Restoration Technical Team)を立ち上げた。前者は各流域協議会の代表が集まって，流域全体の保全をめざしたビジョンづくりや各協議会の活動の調整を行っているのに対して，後者は連邦や州政府の専門家が中心になって専門的な立場から協議会を支援している。また調整委員会のもとにはローグ流域魚類アクセスチーム(Rogue Basin Fish Access Team)も設置され，調整委員会の主要な課題である魚の遡上を阻害する構造物対策を行っている。このように協議会活動の調整を行う調整委員会，技術的側面から流域保全活動の方向づけをする技術委員会，障害物除去への取り組みに特化した委員会，という形で役割分担しつつ，流域保全を総合的に進めようとしているのである。

　こうした活動が可能となったのはローグ川流域にはアップルゲート流域協議会をはじめとして活発な活動を行っている協議会がいくつかあり，これら協議会の代表は州全体の流域保全活動においてもリーダー的な役割を果たしてきたということがあげられる。一方，州政府当局としても既存の協議会が自発的に流域の範囲を設定してきたため，効果的な流域保全事業を展開するうえで問題があることを認識しており，協議会をつないだ広域的な取り組みを支援しようとしていた。そこで，リーダーがそろっているローグ川流域においてパイロット的に事業を行うこととしたのである。今後，総合的な流域管理を実行するうえで，自発的に設定された流域協議会相互の協力が重要となってくることから，この事例は貴重な経験を提供することとなると思われる。ただし，ローグ川流域は活発な協議会活動があって初めて相互連携が可能となったのであり，個々の協議会の基盤が形成されていないと，相互協力による調整，さらには相乗効果をあげることは困難と考えられる。こうした点で，当面は既存の流域協議会の基盤強化が課題となるだろう[141]。

2.2.3. アダプティブマネジメントの実行に向けて

　これまで述べてきたように，ワシントン・オレゴン両州ともにサケ再生・流域保全政策においてアダプティブマネジメントを重視している。限られた知識・情報しかない状況下で，広大な流域を対象としてサケの生息を回復していくためにはアダプティブマネジメントの手法の導入が不可欠であり，これをどれだけ機能させることができるのかがプロジェクトの成否を握っているといっても過言ではない。日本も含めてアダプティブマネジメントの重要性が認識される中で，両州においてどのようにこの考え方を組み入れ，どのように機能しているのかを検討することは重要と考えられる。ただ，開始して日が浅く，具体的な保全・修復の取り組みも始まったばかりであり，システムやモニタリング手法の構築に力が入れられている段階で，まだアダプティブマネジメントの機能状況について評価を下せる段階にはない。そこで，ここでは両州のアダプティブマネジメント実行に向けた枠組みの形成についてみたあと，文献をもとにアダプティブマネジメントへの具体的な取り組みの状況についてみることとする。

　これまで述べてきた両州の取り組みをみて共通して指摘できるのは，第1に独立した州法によってモニタリングを行うことを義務づけ，またそのモニタリングの基本的方向性についても規定していることである。これまでの自然資源管理政策において体系的なモニタリングが行われることは少なく，環境・野生生物担当部局以外はモニタリングの重要性への認識が一般的に低かった。しかし州法でモニタリングを義務づけることによって関係するすべての行政組織がモニタリングを行うための組織的・財政的な手当てを求められることとなったのである。第2には，モニタリングを実行するための政府内専門家からなる委員会と，モニタリング活動全般を監督する科学者からなる独立委員会が設置されており，さまざまな部局・地域で行われるモニタリングを統一した基準で総合的かつ科学的な裏づけをもって進める体制を整備していることである。

　以上の枠組みのもと，それぞれの州で具体的なモニタリングの戦略が策定されている。ワシントン州においては「健全な流域とサケのためのワシントン州総合的モニタリング戦略(Washington Comprehensive Monitoring

Strategy for Watershed Health and Salmon：CMS)」が，オレゴン州においては「流域とサケのためのオレゴンプランのためのモニタリング戦略 (Monitoring Strategy for the Oregon Plan for Salmon and Watershed：MSO)」がそれぞれモニタリング政策の基本を設定しており，この中にアダプティブマネジメントの枠組みも示されている。

モニタリング戦略の具体的な内容について，ワシントン州の CMS を例にとってみよう。モニタリングを義務づけた州法 SSB 5637 は，モニタリング統括委員会(MOC)に対して，モニタリングの目標や手法を明らかにすることを求めており[142]，この要求に従って MOC が 2002 年に策定したのが CMS である。この中でモニタリングの現状に関する評価を行ったうえで，今後とるべき方法に対する具体的な提起を行っている。

まず基本原則として，
① アダプティブマネジメントを導入して重要な科学・政治・管理上の問題を解決すること
② モニタリングの情報を市民およびすべての政府関係機関に公開すること
③ 流域保全・サケ生息数回復に向けた州政府投資の効果を評価し，説明責任を果たすこと
④ 魚・水・生息地の状況を把握すること

を設定しており，モニタリング結果を市民と共有し，また州政府が行うさまざまな事業のアカウンタビリティを確保する手段としてアダプティブマネジメントが位置づけられている。また，原則ごとに具体的な提案を行っているが，広大な流域・複雑な生態系を相手にした包括的なモニタリングは困難であることから，重要な項目に焦点を絞って手法を明らかにしていることが特徴となっている。

SSB 5637 は CMS を 2007 年に完全実施することとし，2007 年までの実行計画を策定することも求めている。このため，策定された実行計画では 2007 年の完全実施に向けたスケジュールを決めるとともに，既存の政策の延長線上で可能なもの，新たに仕組みを構築することが必要なものに分け，前者について年間約 2700 万ドル，後者について約 5800 万ドルの費用を要す

表11 ワシントン州MOCによるモニタリングの現状の評価

モニタリング項目	評価
河川流量	貧弱(数え切れない欠測地域)
水質	貧弱(必要とされる300項目のうち6項目しかモニタリングされていない)
淡水域生息地	貧弱(きわめてわずかな地点しか行われていない)
沿岸・河口域生息地	普通(沿岸域については問題)
産卵したサケの数のカウント	良い(推測値の精緻化が必要)
稚魚のカウント	普通(測定地が少ない)
漁獲量	たいへん良い
実行したプロジェクトの有効性	貧弱(情報が非常に少ない)
孵化場	普通
水力発電	貧弱(全体的な状況が不明)
捕食動物・外来種	普通(連邦政府の管轄)

資料：MOC, CMS Vol. 1 (2002)

ると試算している。

　さて，それでは実際のモニタリング，アダプティブマネジメントへの取り組みはどうなっているかについて，既存の調査からみてみよう。CMSを作成する際に基礎資料としてモニタリングの実行状況についての評価が行われている。その結果は表11に示したようであり，満足いくレベルにあるとされているのはサケの漁獲量やこれに関連する項目だけであり，サケ保全に重要な生息域や水質・水量に関するモニタリングは大きな問題があるとしている。1990年代半ばよりさまざまなサケ保全のための取り組みが行われていたが，これに対するモニタリング体制は不十分なものであったといえる[143]。

　また，ワシントン州のSRFBが1999年から2001年の間に資金を提供した約260の生息域保全・修復プロジェクトのモニタリング状況を調査したレポートも，モニタリング活動が満足できるレベルにないことを指摘している[144]。調査結果によれば全体の8割のプロジェクトにおいて何らかのモニタリングを行っているが，計画の最初の段階からモニタリングを組み入れていたものは55％，モニタリングの計画をSRFBに報告していたものは26％にすぎなかった。また，プロジェクトの成果を評価するのに十分なモニタリングを行っているプロジェクトは少数であることを指摘し，現状では個別プロジェクトに対して十分なモニタリングを期待することは財政的にも人的に

も困難であるとしている。

　これを傍証しているのが，バッシュらが行った研究である[145]。バッシュらはワシントン州で行われた渓流修復プロジェクトにおけるモニタリング実行状況についてアンケート調査を行ったが，この調査によれば何らかのモニタリングを行っているものは5割強にすぎず，また事業着手前にベースラインデータを調査したものも51％にすぎなかった。モニタリングの内容についても事業目的に照らして不適切なものが多いとしており，事業実行者に対してモニタリングを積極的に実施させるようなインセンティブの付与と資金支援が不可欠であると結論している。

　以上の調査はいずれも本格的なモニタリング戦略が開始される前に行われたものであり，その後進展がみられるとは考えられる。しかし従前からモニタリングやアダプティブマネジメントの重要性は指摘されていたにもかかわらず，このように低位なモニタリング実行状況であるところにモニタリング実行の難しさが現れている。モニタリングの重要性を認識していても，限られた資金と人手で事業に取り組んでいる現場では，事業の実行に力点をおきがちで，差し迫った必要を感じないモニタリングはどうしてもおろそかになってしまう。

　さらにいえば，各流域レベルでアダプティブマネジメントにどこまで取り組めるのかという問題もある。流域協議会レベルでのアダプティブマネジメントの可能性についてオレゴン州南部のアンプクア（Umpqua）流域協議会を対象としてハブロンが論じたものがある[146]。ハブロンは流域がかかえる利害対立の解決や保全活動の有効性を高めるためにアダプティブマネジメントが必要としつつ，アンプクア流域協議会はその導入に大きな抵抗を示すだろうとしている。その理由として流域協議会自体が，自分たちの活動を学習の機会とは考えておらず，科学・研究を現場に応用できると考えていないことをあげている。

　アダプティブマネジメント実行の大前提は適切なモニタリングを行うことである。サケ再生・流域保全に向けたアダプティブマネジメント導入の取り組みは始まったばかりであり，最初のハードルとなるモニタリングの体制整備に取り組んでいる段階ということができよう。州レベルでは今後モニタリ

ングの体制整備，アダプティブマネジメントの仕組みの導入が速度はどうあれ進んでいくと考えられるが，現場・流域レベルでのアダプティブマネジメントの導入には，さらに多様な支援政策の展開が必要となってくると考えられる。

2.2.4. 小　括

　流域保全の活動は流域・地域を基礎としてしかつくり上げられない。一方で州として流域保全を進めることが喫緊の課題である。こうした状況下においてトップダウンでボトムアップをつくり上げようとしたのがオレゴン州とワシントン州の流域政策である。

　本節冒頭にも述べたように，サケ再生・流域保全を進めるためには各流域で自発的な取り組みを行うことが基本となる。しかしすべての流域で自主的に取り組みが立ち上がり，その内容がサケ再生・流域保全に必要な要件を満たすということは期待できない。ここではボトムアップの活動を広めるために，州政府政策の積極的な展開が必要とされる。ところが，州政府レベルにおいてもサケ再生・流域保全はさまざまな部局の管轄に関わり，縦割り行政制度が大きな障害となって立ちはだかる。また州政府部局は一般に住民との協働作業になれておらず，また地域に権限を与えることに対して消極的である。ここでは州トップの強力なリーダーシップにより，州政府内での政策の総合性を確保するとともに，地域の主体的な取り組みを中心に据えるべく行政の行動様式を転換することが必要とされたのである。

　両州ともに森林施業規制などいくつかの必要とされる規制強化の措置をとりつつも，技術・資金面での支援，教育などを通して自発的な取り組みを育成させることに政策の焦点をおいた。地域が独自にサケ再生・流域保全を行うための資金配分・技術支援のセンターであるSRFB，OWEBという組織を形成したこと，さらに従来から保全に関わって地域活動を行ってきた保全地区（オレゴン州においては水土保全地区）などの組織が積極的な支援を展開したことが地域活動を促進させるうえで重要な役割を果たした。また，州政府の各部局がそれぞれ専門の立場から地域が行う事業に技術的支援を行ったり，地域と協働で事業を行ったことも重要である。こうした結果として，多

くの流域でサケ再生・流域保全に取り組む組織が形成され，流域計画や修復事業などさまざまな取り組みを展開してきていることは高く評価されよう。

しかし一方で，州の政策イニシアティブによって自動的にボトムアップの動きがすべての流域で形成されるわけではないし，実際に何らかの取り組みが始まったにしても，活動の内容まで検討すれば州政府が求めた枠組みに形式的に対応している流域が多いことも事実である。州政府の政策枠組みをいくら整備しても，これを地域の社会・経済・自然条件の中で捉え返して自主的に活動を展開する動きが生まれない限りは，単に地域が州政府の働きかけに形式的な対応をするだけに終わってしまう。地域・流域内で自発的な運動の展開があって初めて州政府の政策的な支援を地域の文脈に即して受け止めて活用することが可能となるのであり，サケ再生・流域保全活動の内実が豊かになるのである。また流域内で水利権をはじめとする複雑な利害対立を克服することが求められるが，ダンジネス川の事例をみればわかるようにこの困難な紛争を解決するためには，リーダーシップの発揮と粘り強い対話が必要とされる。州が政策枠組みをつくることによってどこの協議会でも一通りの計画はできるかもしれないが，問題をどう解決していくのかは地域の力に任せるほかないのである。

もうひとつ指摘できるのはキング・カウンティの事例でみたように，広域自治体が流域におけるサケ再生・流域保全活動において大きな役割を果たすことが可能ということである。さまざまな主体の協働といっても，行政の果たす役割は依然として大きく，流域という広い面積を扱うことのできる広域自治体が資源管理に関わる専門性と，地域社会との協働を展開させていくことが重要といえる。

両州の取り組みでもうひとつ重要な点は，科学性とアダプティブマネジメントを重視していることである。広大な流域における生態系のつながりはきわめて複雑であり，サケ生息数を回復させるためにどこにどのような措置をとればよいのかは必ずしも明確でない。ここではモニタリングとその結果の解析・評価，その結果を計画に反映させ，より良い方向に進めていくことがきわめて重要となる。このため両州ともモニタリングに関わる計画を策定し，また特別な組織をつくってこれを実行しようとしている。ただし，モニタリ

ングの体制はまだ貧弱であり，この体制を構築することが当面の重点課題であり，アダプティブマネジメントの導入はまだ緒についたばかりである。

　なお，両州の取り組みは大枠では類似しているものの2つの点で大きな相違がある。第1は州の介入の度合いと，流域内での自治体の重視の仕方であり，ワシントン州においては流域計画内容について法律で縛りをかけるとともに，カウンティを流域活動の中心においた。一方，オレゴン州は流域協議会の設立，境界の設定，活動の内容まで基本的に各流域の自発性に任せることとした。第2はワシントン州では流域政策とサケ再生に関わる政策が別個に行われていたという枠組みを引き継いでいったのに対し，オレゴン州ではオレゴンプランという包括的な計画を前面に打ち出し，両者を統合して取り組んでいる点である。まだ取り組みが始まったばかりで両州の政策の違いが実際の保全活動にどのように影響を与えているか判断することは困難であり，これについては今後の検討課題となる。

　また，これまでのところ州政府の政策的イニシアティブの発揮と，各流域からの取り組みの対立という構図は生まれていない。しかし，各流域の取り組みが十分な効果をあげえない場合，州政府による直接的介入が必要とされる可能性は否定できない。州政府による政策的イニシアティブの発揮と，流域からのボトムアップが両立していくのかも，今後の推移を見守りつつ検討する必要がある。

　最後に，一点付け加えると，各地域である程度の活動が「自主的」に展開した背景には，ESAの存在と，この法律のもとでサケ科魚類が絶滅危惧種へ指定されていったことがある。絶滅危惧種指定による連邦政府による規制を回避するために，州や流域・地域が最大限の努力を払っているのであり，連邦政府によるトップダウンの決定が「自発的」な下からの動きを引き起こしたという，きわめて皮肉な事態が生じているともいえる。ここでも「トップダウン」が「ボトムアップ」の動きをつくり出したということが指摘できる。

2.3 アメリカ東海岸における流域保全
──コミュニティをベースとする流域管理の実践

2.3.1. はじめに

　本節の筆者は，2000年から2001年にかけてアメリカ合衆国北東部に滞在した。その1年間，多くの森林・林業関係者に会って話をし，また書いたものを読む機会に恵まれたのだが，彼らの間には，北西部生まれのエコシステムマネジメントに対する「とまどい」の感覚が広く共有されていたように思う。「国有林が少なく・林業がほとんど行われておらず・人口密度が高い」地域でのエコシステムマネジメントのあり方とはどんなものなのか。エコシステムという言葉は広く流布し，エコシステムマネジメントという言葉もよく聞かれたが，その概念自体はとくに東海岸では非常にあいまいなものだったように思う。はるか彼方の西海岸の，それも北の端で騒いでいたことが，いつの間にか自分たちも従わなければならない「絶対の真理」になってしまった。しかし，では，誰が，どうやって「エコシステム」の「マネジメント」を行うのか。NIPF(Non Industrial Private Forest)と呼ばれる零細森林所有者はほとんど森林経営には興味をもっていない。そうした所有者に，所有界を越えて連帯し，広域のことを考えようといっても無理ではないか。

　しかし，そもそも，エコシステムマネジメントは自然資源管理のための包括的な考え方であって，自然資源管理のためのシステムの提案ではない[147]。したがって，西海岸に西海岸的なエコシステムマネジメントがあるのならば，東海岸には東海岸的なエコシステムマネジメントがあってよいはずである。そこで，ここでは，東海岸的なエコシステムマネジメントとして，流域管理を取り上げることにする。実は，この地域の諸州の森林行政は，流域管理をエコシステムマネジメントとはあまり関連づけて捉えていない[148]。むしろ流域よりもかなり狭い，数百～数千ヘクタール規模ぐらいの森林を想定して，生態学的にあるいは景観的に健全(Ecosystem Health)な森林をつくることをエコシステムマネジメントと考えているように思われる[149]。もちろんこうしたことを行うためには，所有の境界を越えた地域の森林全体での取り組

みが必要であり，それは零細な私的所有が大勢を占める東海岸では画期的なことなのだが，西海岸のエコシステムマネジメントのような，さまざまな利害関係者の参画により社会経済的側面も含めた地域の自然資源管理のあり方を考えていこうという総合性，社会性，政治性はないといえる。このような東海岸の非政治的なアプローチは，ヨーロッパにおける個別所有を単位とした生物多様性保全の取り組みにかなり近い。

　話を元に戻せば，その意味で，ここで取り上げる流域管理は，エコシステムマネジメントへのきわめて政治的なアプローチであると同時に，ボトムアップ的アプローチである。上述したように，筆者はエコシステムマネジメントとは本来，自然資源管理のための包括的な考え方であると思っているが，そうした考え方を東海岸の住民たちはさまざまな問題への取り組みの中から自然にあるいはボトムアップ的につくり上げてきた。しかし，それはボトムアップ的であるがゆえに，トップダウン的につくられてきた西海岸のようにエコシステムマネジメントとして意識されつつ行われているわけではない。つまり，われわれのような第三者がその成果を評価して，「これはエコシステムマネジメントだ」といっているにすぎないのである。別の言い方をすれば，この地域における流域管理の試みを，エコシステムマネジメントという視点から再評価してみようというのがこの節の目標である。

　対象とする事例は，アメリカ合衆国東海岸で最も古い開拓の歴史をもつ北東部，ニューイングランド地方の中でも，とくにニューイングランドの典型的な特徴をもつといわれるマサチューセッツ州である。マサチューセッツ州における3つの新たな流域管理の事例の検討を通じて，ボトムアップあるいは「民」主体で行われてきた流域管理を分析する[150]。

　具体的な課題としては，まず2.3.3.2.では，流域協会が主導して流域管理を進めているナシュア川の事例を，2.3.3.3.ではランドトラストを中心に流域管理の枠組みができつつあるスアスコ3川流域の事例を，2.3.3.4.では，上記2例のような強力なNGOが存在しない流域において，州政府主導で流域管理の枠組み構築へ向けての試みが行われているウェストフィールド川の事例を，それぞれ，どのような主体が連携しつつ，流域管理の名のもとに何を行っているのかを明らかにする。手法は，いずれも，関係者へのインタ

ビューおよび NGO 等の活動資料の分析によっている．インタビューに協力してくださったさまざまな立場の皆様，とくに調査設計の段階から全面的な支援をしてくれ良き討論相手にもなってくれた友人，デイブ・キットレッジ (David B. Kittredge, Jr., マサチューセッツ大学自然資源保全学科教授) に深く感謝する．

2.3.2. ニューイングランドにおけるエコシステムマネジメントの条件

ここではごく簡単に，マサチューセッツ州の事例の検討に必要な限りの情報について，ニューイングランドの状況を定性的に述べることにする．

2.3.2.1. 森林，林業の特徴

全米的にみれば開発が進んでいるニューイングランド地方だが，自然環境の状況をみると，マサチューセッツ州が含まれる南部とメイン州などの北部ではかなり状況が異なる．後者では，とくにカナダとの国境に近い中部，北部においては原生性の高い自然が今も残っているのに対して，前者では16世紀からのヨーロッパ人による開拓の過程で，著しい森林減少が起こり，森林率は19世紀初頭には2割台にまで落ち込んだ．ここでは，前者，つまりマサチューセッツ州を含む南部について主に述べる．

ニューイングランド南部では，農地面積がピークを迎えた直後から，人口の著しい減少が始まった．一方での，肥沃な中西部への農民の移動であり，もう一方での離農民のボストンや州内に勃興した工業都市への流出である．この結果，農地は放棄されて，農廃地の林地への転換が急速に進んだ．日本に限らず世界的にみても農廃地は人工林化する場合が多いのだが，ニューイングランドで針葉樹造林が進まなかったのは，さまざまな条件から人工林化に適した樹種が見出せなかったからだという．したがって，森林率の増加は，そのまま広葉樹二次林の増加となり，州土の自然回復が急速に進むことになった．近年では，いったんほとんど姿を消した野生動物，とくに大型の哺乳類が次々と復活している[151]．

さて，こうした森林の所有者だが，かつて主流を占めた農家林家は大きく減少し，代わって割合を大きくしているのが，都市的住民である．大西洋岸の大都市から郊外都市へ，さらに田園地帯へとスプロール開発が激しく進行

しており，宅地とともに林地を購入し(零細な)森林所有者になる都市住民が非常に増えているのである。これらの零細森林所有者は，林業を目的として森林を購入していないし，もともと環境保全志向が強い傾向にあるので，木材生産にはきわめて消極的であり，森林管理そのものにもほとんど興味を示さない場合が多い。関係者，とくに所有者の主体的行動を求めるエコシステムマネジメントにとって，非常に手強い相手だといえる。

2.3.2.2. コミュニティの基盤

19世紀のフランスの政治思想家・社会学者のトックヴィルが，アメリカへの調査旅行後，『アメリカの民主主義』という大冊の著書を刊行したことはよく知られている。その中で，トックヴィルはアメリカの民主主義の健全性を褒め称えたが，その際，とくに注目したのが，ニューイングランドのタウンシップ制だった。直接民主制の町会(town meeting)と2-3名の行政委員(selectman)からなるタウンは，トックヴィルのいう「人民主権」の典型例だったのである[152]。数千人から数万人の人口のタウンを基礎自治体とするこのようなタウンシップ制は，ニューイングランドでは現在も生き続けており，依然として町会も行政委員も健在である。住民は毎年の税金額と予算を自分たちで決め，小さい町では執行も自分たちでボランティアで行う。こうした自治の伝統が，これから述べる流域管理に関わる住民たちの活動の基盤になっていることは紛れもない事実だろう。

2.3.2.3. 多様なNGOの存在

これもトックヴィルがニューイングランドの社会の特徴としてあげたことに，「自発的結社」がある。これは英訳ではassociationとなっているが，アメリカには「およそ考えうるあらゆる目的について」結社が存在し，住民の多様なニーズを満たし，また他の人々と共同して行動する「道具」として機能するというのである[153]。実は，タウンシップが身軽な体制でいられるのも，たとえば日本ならば行政が行わなければならないことを，こうした結社が「自発的」に処理してしまうことによっている。この節でもっぱら登場する流域協会やランドトラスト(land trust)もこの「自発的結社」の現代版と考えれば，ニューイングランド地方でそれらの運動が盛んなのもうなずけるわけである。数字をあげておけば，たとえば，以下で事例として取り上げ

るマサチューセッツ州の場合，ランドトラスト運動[154]は，運動発祥の地であることもあって，現在も全米で最も活発な活動が行われており，ランドトラストの全米総数約1200団体のうち，州内に150団体が存在している。一方，流域保全運動の面でも，流域協会は全米で約4000団体あるが，そのうち州内には60団体が存在する。州面積の小ささ，したがって流域として括ることのできる区域の数の少なさを考えれば，流域保全運動についても活発な地域だということができる。

2.3.3. マサチューセッツ州における流域管理の展開
2.3.3.1. マサチューセッツ州の流域管理政策

マサチューセッツ州についての基礎的な数字を，以下の行論に関係のあるもののみを若干あげておけば[155]，州の面積は，岩手県を一回り大きくしたぐらいで，全州中45位と非常に小さい。ただし人口は州都ボストンを中心に630万人(全米13位)を擁し，結果として人口密度は全米3位となっている。森林率は20世紀はじめには2割台にまで落ち込んだが，現在は62%にまで復活している。しかし，最近になって住宅地開発，商工業地開発などのスプロール開発が郊外で激しくなってきており，日に18haのオープンスペースが減少しているという試算がある[156]。

さて，州全体が都市近郊地域といえるマサチューセッツ州において，斬新な環境保全政策として打ち出されたのが新しい流域管理政策だった。州政府による流域管理プロジェクト，マサチューセッツ流域イニシアティブ(Massachusetts Watershed Initiative：MWI)について概略を示しておけば[157]，事業は1998年から第2期が始まっている。州土を27流域に分割し，それぞれの流域に常駐の州職員(チームリーダー)に率いられた協議グループ「流域チーム(Watershed Team)」をおく。流域の規模は，日本の森林計画区と比べるとかなり面積的に小さい(たとえば，岩手県の森林計画区数は5)。流域チームの役割，チーム構成は流域によって異なるが，流域におけるさまざまな問題について，連邦・州政府の関連部局の現場レベル責任者と流域内の諸主体が対等の関係で情報交換し，問題解決のための比較的小規模のプロジェクトを提案・実行するのが基本である。プロジェクトは，各流域チーム

が提案した案を，流域チームを統括する州環境総局(Executive Office of Environmental Affairs：EOEA)内におかれた第三者的組織である「円卓会議」が査定し，予算の配分を行うので，必ずしも毎年安定した予算が得られるわけではない。

チームリーダーは，州政府の自然資源管理関連の諸部局の職員を対象に公募制で採用された。職員の元所属先は，大気浄化，水質保全等を管轄するDEP，上水道，水源地の管理を行うMDC，州立公園，州有林の管理を中心としたDEM，野生動物保護部門であるMass Wildlifeなどで，DEMの中に含まれる民有林担当の森林官も2人採用されている[158]。

こうした斬新な政策による支援を背景に，各流域においてどのような流域管理が行われつつあるのかについて，以下でみていくことにしよう。

2.3.3.2. 流域協会を中心とする流域管理——ナシュア川流域

(1) ナシュア川流域協会の発展

1969年，製紙工場からの排水等で汚染の激しいナシュア川の水質浄化運動に取り組むナシュア川流域協会(Nashua River Watershed Association：NRWA)が設立された。協会の主要な設立メンバーであり，現在も活動を続けるストッダート(Marion Stoddart)らは，1960年代中頃から，流域委員会などを組織して住民の問題への関心を高め，行政に改善を求める運動を開始していたが，運動が地域に定着しつつあるとして協会の設立に踏み切ったわけである[159]。

協会はその後も順調に発展を続け，1970年代には，運動の盛り上がりの中で，多くの水質浄化施設が流域に建設され，また，連邦や州により多くの自然環境保護地域が流域に設定された。1980年代になると，水質の改善がある程度進んだこともあり，河川域から周辺の自然環境にも運動の関心が向くようになり，ナシュア川流域緑地経営計画(Nashua River Greenway Management Plan)が協会によって策定されている。1990年代には，環境教育を本格的に開始し，また，流域の自治体の連携事業を開始するなど，協会会員以外の流域社会への浸透を深めるようになった[160]。

(2) 流域協会の現在

現在の協会の目標は，水質の改善・維持，オープンスペースの保全，計画

への関与による土地利用のコントロールの3つに集約される。この3つの目標は，上で簡単にみたように，協会運動の歴史的な発展過程に対応しており，直接的，物理的，河川限定的な対象から，間接的，社会的，流域全域的な対象へと運動が拡大したことを示している。

現在，会員は約1200名であり，常勤スタッフ7名をかかえ，年間予算は43万ドル(2000年)に達する。ナシュア川流域の人口は約24万人であるが，協会は設立以来35年の間に流域社会において確固たる地位を確保したといえるだろう。

流域協会の主な活動内容は，上述の活動目標に対応して，①水質改善運動，②流域の環境監視活動，③環境教育，④保全地域の設定支援，⑤流域内の自治体やNGOのネットワークづくり支援などとなっている。このうち，ここでの議論に直接関わるのは，④，⑤であるが，この領域における協会の特徴的な方針は，協会は土地を保有せず，あくまでも土地保全のための枠組みづくりや土地取得の斡旋に活動をとどめていることである。土地経営は他の団体(ランドトラスト等)に任す方針が堅持されている。別の言葉でいえば，協会の活動はアドボカシー(advocacy)であり，土地経営には関わらないという方針である。

(3) 流域協会による流域管理システムの構築

では，流域協会はどのような仕組みで流域内のさまざまな意見をくみ上げ，その合意形成をもとに意思決定を行っているのだろうか。まず，最も基本的な協会の理事会であるが，理事会構成員として，流域内企業代表，自治体代表を加え，流域内のさまざまな問題について議論する形がとられている。理事会には，後述する，州政府によって組織された流域チームのチームリーダーも参加し，州や連邦の関係機関との連絡調整も図ることができる形になっている。

また，流域内のランドトラスト，自治体の環境保全委員会(湿地，河川域の開発規制を担当)，その他の自治体職員によるinterest groupsの会合を隔月に開催し，湿地保護，河川域保護，さらにはオープンスペースの保護問題の情報交換と議論を行っている。流域で活動するランドトラストは，町域を主な単位として19団体存在するが，ここでも流域協会が音頭をとり，緩や

かなネットワーク，地域ランドトラスト連合 (Regional Land Trust Alliance) が結成されている。

このように，流域協会は，さまざまな枠組みに関わることを通じて，流域内の諸主体との議論を重ね，結局，流域住民の真の声(essence of public voice)[161]を対外的に語れる位置にある。

(4) スカナシットプロジェクトにおける連携・協働

協会の土地保全プロジェクトのひとつであるスカナシットプロジェクトは，ナシュア川の支川 Squannacook 川と Nashua 川，それにもうひとつの支川 Nissitissit 川の3川流域のプロジェクトで，正確な名前は The Squanassit Regional Preserve Initiative といい，この地域に残された数千ヘクタールの未開発地域を，地域のランドトラスト，自治体，州や連邦の関連機関との連携で取得し守ろうというものだった。

このプロジェクトにおいて，2000年以降の焦点となったのが，Throne Hill と呼ばれる地区の保全問題で，峰越しの隣町同士(川沿いから離れる)の共闘による保全運動だった。リーダーとなったのは，流域協会のスカナシットプロジェクト委員長であり，グロトン町の新住民である土地利用コンサルタントのA氏だった。A氏を中心に流域協会，地域の4つのランドトラスト，1つの町の環境保全委員会，会社組織の Groton Land Foundation，ニューイングランド全体で活発な活動を行っている大きなランドトラスト，ニューイングランド森林基金 (New England Forestry Foundation) が連携して土地の取得をめざした一連の運動を開始した。

保全運動を成功させるためには地域での関心を高めることが最重要と判断したグループは，Throne Hill を中心とし8町にまたがる地域の特別環境重点地域 (Area of Critical Environmental Concerns：ACEC) 指定運動に取り組む。ACEC は州が指定する地域制の自然保護地域だが，州による土地利用規制はほとんどなく，地元自治体がコミュニティ内の合意形成に基づき自発的に開発の自粛を図る取り決めを行い，それを州が審査の結果登録する形をとる。このためコミュニティレベルで地域の自然の価値を再認識させる徹底的なキャンペーンを展開し，多くの住民を運動に巻き込んだ。2001年6月末現在で，ACEC への登録は済んでいないが，地域住民の保全意識は格

段に高まったとグループは評価している。

　A氏のコメントによれば，運動のための組織化は，本質的には団体を集めることではなく，キーパーソンをいかに運動に結集させるかであり，そのためには人的なネットワークが必要不可欠であるが，流域協会のこれまでの運動実績に裏打ちされた信頼性，流域の広範囲の運動の成果としての人的資源の豊富さが大きな効果をもたらしたという。

　このスカナシットプロジェクトに典型的なように，ナシュア川流域では，流域協会が主導して流域における土地保全に関する広範な公的・私的な人的ネットワークが形成されており，その時々，場所における問題に対応して適切な人材が集められ，適切なプロジェクトが立ち上がり，問題解決にあたることになる。

2.3.3.3. ランドトラストを中心とする流域管理——スアスコ3川流域

　Sudbury川・Assabet川・Concord川の3川流域(SuAsCo：スアスコ流域)は，ボストンから1時間圏内の典型的な大都市郊外の高級住宅地域であるが，独立戦争時などの歴史的建造物，遺跡も多く，また，河川沿いに多くの湿地，湖沼をかかえる自然の豊かな地域でもある。流域人口は37万人である。

(1)　SVTの発展

　サドベリー谷信託委員会(Sudbury Valley Trustees：SVT)は，1953年，スプロール開発に対する危機感から，河川域の湿地・草地の保護を目的にサドベリー川流域のウェイランド町の住民数名によって設立されたランドトラストである[162]。当初は，保護しようとする湿地の重要性についての啓蒙・教育活動と連邦・州への保護地域としての買い上げ要請運動が主だったが，1960年代はじめに，多くの地域住民から愛されてきた土地購入のための募金募集が成功し，土地取得を行って以降，直接的な，「募金→土地購入→土地経営」にも積極的に乗り出し，さらに進んで，将来の自治体や州・連邦関係機関による購入を見越した土地の先行取得にも取り組むようになった。この土地先行取得は，最終的な土地所有者への売買時に正当な利ざやを発生させることになり，SVTの財政状況を改善し，サドベリー川流域からスアスコ流域全体への活動圏拡大の原動力になった。

その後，直接的な土地取得の限界から，いわゆるアドボカシー活動にも力を注ぐようになり，州や自治体へのさまざまな働きかけを始めるとともに，州内のランドトラストの連合組織，マサチューセッツランドトラスト連盟(Massachusetts Land Trust Coalition)を組織し，横の連帯も模索するようになって現在に至っている。

　現在，SVT は会員 3000 名，常勤スタッフ 14 名，予算 100 万ドル/年と大規模な NGO となった。州内の地域的なランドトラストとしては，最大規模のものといえる[163]。800 ha の所有地，260 ha の保全地役権保有地の管理のほかに，保全向けの土地の売買仲介で収益をあげており，環境教育にも熱心である。また，上述のマサチューセッツランドトラスト連盟の事務局を担当している。

(2)　ランドトラストによる流域管理システムの構築

　スアスコ流域の場合，流域協会は 4 つの団体が分立している(the Framingham Advocates for the Sudbury River, the Hop Brook Protection Association, the Organization for the Assabet River, the SuAsCo Watershed Association)。最後の団体も含めて 1 河川あるいは 1 河川の一部のみを活動域にしており，スアスコ全域の広がりに対応していない。

　一方，ランドトラストは，SVT のほかに主に自治体(町)域を単位に 17 団体あるが，スアスコ流域全体を活動範囲とする SVT が圧倒的に主導権を握っている。

　こうした中で，1998 年，州の補助金(事務局の人件費。ただし時限)[164]でスアスコ流域コミュニティ協議会(SuAsCo Watershed Community Council)が設立された。協議会の運営委員会メンバーは，流域内の企業 9，自治体 14，関連連邦・州官庁 12，環境保護団体 11，州議会議員等の 50 名であり，流域における主な利害関係者がほぼすべて参加している。

　協議会の活動は，情報交換，流域内のさまざまな問題についての意見交換，流域としての情報発信，4 つのタスクフォースチームによる具体的なプロジェクトの実施などで，SVT が事務的なサポートなど全面的に支援している。また，SVT の事務局長(協議会の運営委員会ならびに常任委員会のメンバーでもある)と協議会の事務局長は頻繁に打ち合わせを行い，実質的に両

者で流域管理の方向づけを行っているといえる。また，州主導の流域チームの定例会議には，唯一の民間代表として協議会の事務局長が参加しており，一方，流域チームのチームリーダーは協議会の運営委員会に参加して，いわば相互乗り入れで，流域の要望を連邦・州の関連機関に伝え，また政府機関の事業等の情報を流域内の諸主体に伝えている。

2.3.3.4. 州政府主導の流域管理——ウェストフィールド川流域

ウェストフィールド川流域は，マサチューセッツ州西部に位置している。ウェストフィールド川はマサチューセッツ州西部を南北に貫通するコネティカット川の支流である。全長の75%が原始・景観河川に指定されており，流域の自然度が高い。このことは逆にいえば，人間の居住域が相対的に少ないことを意味し，流域人口は8.5万人と上述の2例と比べるとはるかに少ない。前2事例が大都市近郊，大都市近隣地域なのに対して，相対的に「地方的」な流域といえる。

(1) 流域チームの構成

州政府による流域管理プロジェクトMWIについては上述したが，プロジェクトの中心的機関である流域チームについて，ウェストフィールド川の特徴をみておこう。

チーム構成について，この報告で事例とした3流域について示すと，ナシュア川が連邦・州の関連部局＋ナシュア川流域協会，スアスコ流域では，連邦・州の関連部局＋コミュニティ協議会であるのに対し，ウェストフィールド川の場合，連邦・州の関連部局＋流域協会＋ウェストフィールド市環境保全委員会＋スプリングフィールド市上下水道局水源管理官＋ウェストフィールド市洪水調整委員会＋ウェストフィールド州立カレッジ＋パイオニア谷計画委員会等となっており，非常に多様な構成員を含んでいる。リストには入っているが，ほとんど出席していないメンバーとしては，さらに，釣り具販売の企業や釣りの全国的愛好団体の支部などまでもが含まれているのである。

これまでにみてきた2つの流域とウェストフィールド川流域との最も大きな違いは，この流域には強力なNGOが存在しないことである。流域協会としてはウェストフィールド川流域協会があり，1952年設立と，州内最古の

歴史を誇っている。設立のきっかけは，やはり製紙工場の排水による水質悪化への異議申し立てだったが，工場の撤退などもあってその問題が収まると，その後は地域の名士のサロン的な機能しかもたなくなってしまった。また，ランドトラストも，上流部のヒルタウンと呼ばれる地域にひとつ，下流部のウェストフィールド市にひとつ存在するものの，概して活動は活発ではなかった。要するに，この流域では，流域という広域で環境保全や土地保全さらに進んで自然資源管理や流域管理を積極的に考えていこう，そしてそのためにさまざまな活動を行っていこうとする主体が存在しなかったのである。

したがって，州の事業としてMWIが立ち上がり，流域管理を進めようとしたとき，この流域に関しては，州自らがリーダーシップをとっていくしかなかったといえる。具体的には，流域チームのメンバーとして，利害関係者の多くを取り込み，このチームをよりどころに流域管理に関する合意形成への道筋をつくっていくことが必要になったのである。

このように，流域チームが流域管理において果たす役割は，その流域における有力な主体の有無，存在形態によって大きく異なることを認識しておく必要がある。

(2) 流域チームの活動内容

この流域チームのリーダーは，州政府の森林部局(DEM)出身の森林官だったが，筆者が約半年間，オブザーバーとして毎月開かれるチーム会議に出席した経験からすれば，なるべく多くのメンバーが会議に出席するように毎月の議題，話題を工夫し，会議でもコミュニティからの出席者に積極的に発言を求めるなど，チームとしての相互理解と一体感の醸成に努めていた。こうした仕掛けが果たして流域管理のためのパートナーシップ形成にまで至ったかどうかの評価は他稿に譲りたいが，少なくとも流域チームのメンバー間の相互理解は，毎月の情報交換，討議を通じて格段に進んだといえる。なお，チームの活動内容は，メンバー間の情報交換，予算規模の小さいプロジェクトの実施などである。

チームリーダー事務所内に無料で事務局スペースの提供を受けるなど，チームの中心的存在に育てるべくリーダーから積極的支援を受けたウェストフィールド川流域協会は，チームの会議でも中心的に発言を行うようになり，

また協会としての独自の活動も活発化させている。さらに，ウェストフィールド市の環境部門の責任者としてチーム会議に出席していた人物が，市を退職して流域内の小規模なランドトラストの事務局長に就任して活動を活発化させるなど，流域チームが活動を開始して以降，総じて流域内のNGOの活動が活発化の方向に向かっていることは，流域チームの活動の成果といえるだろう。

　次に，連邦・州政府の関連部局からの参加者の役割について若干述べておこう。上述のナシュア川流域とスアスコ流域の場合，流域チームの機能は，流域を代表する民間の組織(ナシュア川の場合はナシュア川流域協会，スアスコの場合はスアスコ流域コミュニティ協議会)と連邦・州政府の関連部局との間の要望伝達，情報交換の場にほぼ限定されており，政府関連部局からの参加者の立場はかなりはっきりしていた。ところが，ウェストフィールド川流域の場合は，流域内諸主体の要望をまとめる機能をもつ団体が存在しておらず，政府関連部局はバラバラに出てくる地元の要望にチーム会議の場で個別に対応せざるをえなくなる。また，それ以外に流域のさまざまな問題について話し合う場がないから，チーム会議が合意形成の場になる可能性もある。ここで問題は，関連部局の参加者は，ほとんどが現場レベルの担当者であって，意思決定に関する権限をもっていないことである。

　もうひとつ，この流域の流域チームの限界性，別の見方でみれば融通性としていえるのは，前項でみたように，チームへの流域内コミュニティからの参加メンバーが下流域のウェストフィールド市周辺主体なことである。上流域のコミュニティは，原始・景観河川地域に指定された各町から各1名が参加するウェストフィールド川原始・景観河川会議(指定地域内の10町が参加)に結集しており，2001年度からは連邦国立公園局からのファンド(2000年度までは州のファンド)で雇用されたコーディネーターが中心になって河川の保全だけでなく地域振興まで含めた議論を行っている。実は，このコーディネーターは流域チームのメンバーであり，比較的よくチーム会議に参加しており，一方，流域チームリーダーも原始・景観河川会議に参加している。要するに，ここでは，流域チームと原始・景観河川会議という下流中心と上流の公的組織が，相互乗り入れの形で，事務局がもう一方の会議に出て情報

交換，調整にあたっているわけである。

2.3.4. むすびに代えて

　以上，マサチューセッツ州内の3流域における流域管理について，管理を担う組織の態様を中心にみてきた。簡単な内容のまとめを行うことで，むすびに代えたい。なお，参考までに，これまで述べてきた3流域の事例についてまとめたのが表12である。

　さて，まずいえるのは，流域管理には，「コミュニティ単位の組織＋流域規模の議論ができる組織」という枠組みが必要なのではないかということである。マサチューセッツ州の場合，自治体として，あるいは行政組織としての町(town)が，小規模で住民ボランティアに支えられていることから，町，あるいは町や数町を単位とした中小規模のランドトラストなどが，ここでいうコミュニティ単位の組織にあたる。要は，住民の意向を直接反映できる組織であると同時に，自然地の管理を自ら行う主体でもある必要がある。

　流域規模の組織は，さまざまな主体の間の合意形成を図る必要があることからNGOが望ましいが，行政が組織してもかまわない。ナシュア川流域では，流域協会の理事会およびinterest groupsの会合がこれにあたり，スアスコ流域ではコミュニティ協議会がこの機能をもつ。ウェストフィールド川流域の場合は，そうした強力なNGOが存在しないので，その機能を行政(州)が流域チームという形で担うことになっている。

　行政の関与の仕方という面でみれば，ナシュア川流域の場合は，すでに民間が流域管理の仕組みをつくっているわけで，行政(州)がこの仕組みを強化しようとする場合は，この流域の流域チームのように，地域の要望を行政(連邦，州)につなぎ，また，行政のもつ技術や情報の有効な活用ができるように地域に働きかけることが重要になってくる。

　また，スアスコ流域のように，民間だけで流域管理を担っていけるだけの能力をもちながら，そのような仕組みがないために全体として管理がうまくいっていない場合は，行政(州)が補助金によって人件費の確保というきっかけをつくることによって仕組みが整備されることになる。

　さらに，ウェストフィールド川流域の場合は，そもそも民間には流域管理

表12 マサチューセッツ州内3流域における流域管理の比較

	ナシュア川流域	スアスコ流域	ウェストフィールド川流域
人　口(千人)	240	370	85
面　積	538平方マイル	377平方マイル	517平方マイル
自治体数	31 (うちニューハンプシャー州に7)	36	24
流域の保全状況	本流の65%がオープンスペースとして保護されている	サドベリー川全長29マイルのうち17マイル,アサベット川全長30マイルのうち4マイル,コンコード川全長16マイルのうち8マイルが,連邦指定の「原始・景観河川」指定	全長57マイルのうち43マイルが,連邦指定の原始・景観河川
流域協会	ナシュア川流域協会(NRWA)。会員約1200名。1969年設立。常勤スタッフ7名	サドベリー川を守るフラミンガム住民の会,スアスコ流域協会(主にサドベリー川で活動),ホップ川保護協会(サドベリー川の支流で活動),アサベット川の会	ウェストフィールド川流域協会。会員約100名。1952年設立。常勤スタッフなし
ランドトラスト	グロトン保全トラスト,ランカスター・ランドトラスト,ノースカウンティ・ランドトラストなど,主に自治体単位に19団体	サドベリー谷信託委員会(SVT)。会員約3000名,所有地800 ha,保全地役権保有地260 ha。1953年設立。常勤スタッフ14名 そのほかに,自治体単位の小規模な団体が17	上流地域にヒルタウン・ランドトラスト,下流地域にワインディングリバー保全会
その他の関連組織	地域ランドトラスト連合,interest groups (流域内自治体の協議の場)	スアスコ流域コミュニティ協議会	ウェストフィールド川原始・景観河川会議
流域チーム(州)のメンバー構成	州・連邦諸機関の出先＋NRWA事務局長	州・連邦諸機関の出先＋コミュニティ協議会事務局長	州・連邦諸機関の出先＋地元自治体の関連組織＋流域協会＋ランドトラスト＋原始・景観河川会議事務局長＋地域計画支援組織,等
流域管理の中心組織	ナシュア川流域協会(理事会)	スアスコ流域コミュニティ協議会	ウェストフィールド川流域チーム

を担うだけの体制が整っておらず，行政(州)が仕組みを立ち上げ，動かしていくことを通じて，徐々に自立的な仕組みをつくっていく必要があるのである。

しかし，ここで忘れてならないのは，「組織化は，団体を集めることではなく，キーパーソンをいかに集めるかだ」という，スカナシットプロジェクト(ナシュア川流域協会)のA氏の言葉である。ナシュア川流域やスアスコ流域の強みは，キーパーソンのネットワークがつくられており，何かプロジェクトを立ち上げようと思えば，容易にキーパーソンを集めることができることだろう。そして，キーパーソンが多く存在するのは，コミュニティの自治活動，ランドトラストなどその他の諸団体の活動を通じて，キーパーソンとなるべき人々が自然に析出されてくることが大きい。その意味で，月並みだが，コミュニティの健全さが流域管理を支えているということができるだろう。

さて，この節の最後にあたって，はじめにあげた本節の目標に対する答えを記しておかなければならない。目標は，アメリカ合衆国東海岸の典型としてのマサチューセッツ州における流域管理の試みを，エコシステムマネジメントという視点から再評価してみようということだった。本節の筆者は，本文ではエコシステムマネジメントの定義をしておらず，注147で簡単に述べているだけなのだが，そこに書いてあることをさらに要約すれば，①広域で，②早い段階からの深い住民参加により，③自然資源と社会の持続性に十全に配慮し，④アダプティブマネジメントの手法で行われなければならない，ということになる。実はこの定義からは，一般的にエコシステムマネジメントの定義として必ずはじめに掲げられている一項目が抜けており，③で少しあいまいな書き方に変えてある。それは，生態系の持続を第一義的に図るという項目である。マサチューセッツ州の流域管理を担う流域協会やランドトラストは，いわゆる環境保全団体に分類できる団体であり，当然，自然環境の保全に最大限の努力をしている。しかし，結果をみると，流域管理に責任をもつようになればなるほど，実際にはコミュニティの維持や地域振興にも多くの精力を傾けざるをえないようになっており，生態系の持続を第一義的に図るというよりは，③のような表現にならざるをえない。他の条件は十分に

満たしており，東海岸の自然環境，社会経済環境から考えて，むしろ東海岸のエコシステムマネジメントは，こういうものであると考えた方がよいのかもしれない。

州内の他の事例やニューイングランド地方，さらには東海岸の他の事例を検討する中から考えていかなければならないだろう。

1) 現在の国有地の概況については，George Cameron Coggins, Charles F. Wilkinson and John D. Leshy, *Federal Public Land and Resources Law,* 5th ed. (Foundation Press, 2002) pp. 7-11 参照。ネバダ州では，国有地の面積割合が 82.9% を占め，ユタ州では 64.5%，アイダホ州では 62.5%，オレゴン州では 52.5% を占める。
2) エコシステムマネジメントの導入に至る歴史的背景を簡潔に説明したものとして，Robert B. Keiter, *Keeping Faith with Nature: Ecosystems, Democracy, and America's Public Lands* (Yale University Press, 2003) pp. 48-71 が有益である。文献もそこに詳しい。
3) J. K. Agee and D. R. Johnson eds., *Ecosystem Management for Parks and Wilderness* (University of Washington Press, 1988) pp. 9-12.
4) ただし，国立公園局が，魚類野生生物局，森林局等と連携して取り組んだ大イエローストーン圏におけるハイイログマ管理計画やイエローストーン国立公園等へのハイイロオオカミの再導入などは，生態学的知見を基礎とした取り組みで，エコシステムマネジメントのはしりといえるものである。詳しくは，Keiter, supra note 2, pp. 67-68, 131-136, 158-162 およびそこに掲げられた文献参照。
5) Agee and Johnson, supra note 3 を参照。なお，このシンポジウム記録は，連邦行政機関がエコロジカルな自然資源管理を包括的に議論した最初の文献とされている。
6) フクロウ論争の経過については，畠山武道・鈴木光「フクロウ保護をめぐる法と政治——合衆国国有林管理をめぐる合意形成と裁判の機能」北大法学論集 46 巻 6 号 (1994 年) 2003-2066 頁で詳しく触れたので，ここでは文献の引用等を省略する。その後の文献としては，Shannon Petersen, *Acting for Endangered Species: The Statutory Ark* (University Press of Kansas, 2002) pp. 81-125; Keiter, supra note 2, pp. 79-122 が重要である。
7) 同組織は，後に議会によって，合衆国地質調査局生物資源部と再命名され，予算措置が講じられた。John C. Nagle and J. B. Ruhl, *The Law of Ecosystem Management* (Foundation Press, 2002) p. 372.
8) M. Dombeck and C. A. Wood, Ecosystem Management on Public Owned Lands, in G. K. Meffe, C. R. Carroll and Contributors, *Principles of Conservation Biology,* 2nd ed. (Sinauer Associates, 1997) p. 368 (hereinafter cited as *Conservation Biology*). 詳しくは，U.S. Department of Interior, A History of the U.S. Department of the Interior During the Clinton Administration (2000) を参照。

9) Bruce M. Pendery, Reforming Livestock Grazing on the Public Domain: Ecosystem Management-Based Standards and Guidelines Blaze a New Path for Range Management, *Envtl. L.*, Vol. 27 (1997) p. 513; Joseph M. Feller, Back to the Present: Supreme Court Refuses to Move Public Range Law Backward, but Will the BLM Move Public Range Management Forward?, *Envtl. L. Rep.*, Vol. 31 (2001) p. 10021.

10) Rebecca W. Thomson, Ecosystem Management: Great Idea, But What Is It, Will It Work, and Who Will Pay?, *Natural Resources & Environment*, Vol. 9 (1995) p. 42.

11) The Interagency Ecosystem Management Task Force, The Ecosystem Approach: Healthy Ecosystems and Sustainable Economies, Vol. I—Overview (June 1995); Vol. II—Implementation Issues (November 1995); Vol. III—Case Studies (September 1996). なお，本タスクフォースが設置された経緯および議長マギンティの果たした主導的役割については，及川敬貴「アメリカ合衆国におけるトップ・レベルの環境行政——協働に基づく地域生態系保全を促進するための調整活動」鳥取環境大学紀要3号(2005年)43-45頁が詳しく論じている。

12) CEQ, Incorporating Biodiversity Considerations Into Environmental Impact Analysis Under the National Environmental Policy Act (1993).

13) Annual Report of the Council on Environmental Quality (1993) ch. 6.

14) Wayne A. Morrissey et al., Cong. Res. Service Rep. 339, Ecosystem Management, Federal Agency Activities (Apr. 19, 1994).

15) Steven L. Yaffee et al., *Ecosystem Management in the United States: An Assessment of Current Experience* (Island Press, 1996) pp. 3-19.

16) 以下，引用を付さなかったものについては，Gary K. Meffe, Larry A. Nielsen, Richard L. Knight and Dennis A. Schenborn, *Ecosystem Management: Adaptive, Community-Based Conservation* (Island Press, 2002) p. 71 (hereinafter cited as *Ecosystem Management*); Hanna J. Cortner and Margaret A. Moote, *The Politics of Ecosystem Management* (Island Press, 1998) p. 42; Richard Haeuber, Setting the Environmental Policy Agenda: The Case of Ecosystem Management, *Nat. Res. J.*, Vol. 36 (1996) p. 25 を参照のこと。

17) R. Edward Grumbine, What Is Ecosystem Management?, *Conservation Biology* Vol. 8 (1994) p. 31.

18) Robert B. Keiter, Beyond the Boundary Line Constructing a Law of Ecosystem Management, *U. Colo. L. Rev.*, Vol. 65 (1994) pp. 328-329.

19) John Gordon and Jane Coppock, Ecosystem Management and Economic Development, in Marian R. Chertow and Daniel C. Esty eds., *Thinking Ecologically: The Next Generation of Environmental Policy* (Yale University Press, 1997) pp. 39-40.

20) Reed F. Noss and Allen Y. Copperrider, *Saving Nature's Legacy: Protecting and Restoring Biodiversity* (Island Press, 1994) p. 85.

21) New Directions for the Forest Service, Statement of Jack Ward Thomas, Chief, Forest Service, U.S. Department of Agriculture, before the Subcommittee on National Parks, Forests, and Public Lands and the Subcommittee on Oversight and Investigations, Committee on Natural Resources, U.S. House of Representatives, February 3, 1994, cited in Yaffee, supra note 15, p. 3.
22) Annual Report of the Council on Environmental Quality (1993).
23) People's Glossary of Ecosystem Management Term of the United States Forest Service ⟨http://www.fs.fed.us/land/emterms.html⟩.
24) Interagency Ecosystem Management Task Force, supra note 11, Vol. 1, p. 11.
25) Norman L. Christensen et al., The Report of the Ecological Society of America Committee on the Scientific Basis for Ecosystem Management, *Ecological Application*, Vol. 6 (1996) p. 665.
26) Meffe et al., *Conservation Biology*, supra note 8, pp. 361-362. 提案者によると，これは従来のさまざまの議論を踏まえ，エコシステムマネジメントのモデル(理想型)を示したものである。簡単に解説すると，第1に，エコシステムマネジメントは，生来のもしくは人の手の加わった生態系の要素，構造および機能を維持または回復するためのアプローチである。すなわち，エコシステムマネジメントは意思決定の方法を示したものであり，定式化された特定の意思決定のプロセスを示したものではない。第2に，エコシステムマネジメントの目標は，自然資源の長期的な持続可能性を確保することである。第3に，この目標は，利害関係者により協働的に決定されたビジョン(所見)に基礎をおく。第4に，この定義によれば，ビジョン(所見)は，3つの基礎的関心事，すなわち生態学的視点，社会経済的視点，および制度的視点を統合したものである。これを提案者は，「エコシステムマネジメントの3要素モデル」と称している。3つの要素のうち，生態学的視点については，とくに説明の必要がないだろう。社会経済的視点とは，社会的・経済的により良い生活状態が維持されることをいい，要するに生態系の維持と社会的要求，経済の発展が調和しなければならないことを意味する。最後に制度的視点(institutional perspective)とは，行政機関が，環境保全，野生生物保護など，公共政策を実施するために利用可能な，法律上・組織上の権限，人員・予算などをいう。ここに制度的視点を加えているのは，エコシステムマネジメントが自然資源を所管する行政機関の行動指針を示したものであり，行政機関が現に有する権限・人員・予算などの要素を考慮せずしてエコシステムに配慮した適切な管理を期待することはできないからである。Id., p. 361.
27) 以下，Meffe et al., *Conservation Biology*, supra note 8, pp. 361-362; Meffe et al., *Ecosystem Management*, supra note 16, pp. 59-60 の整理を参照した。そのほか，Keiter, supra note 2, p. 73; Cortner and Moote, supra note 16, pp. 37-40; Noss and Copperrider, supra note 20, p. 85 も参照のこと。
28) エコシステムマネジメントの目標が，エコシステムの健全性や遷移の過程の保護にあることには意見が一致するが，それ以上に，何のためにエコシステムを保護するのかについては，意見の対立がある。たとえば，Grumbine, supra note 17, pp. 31-32

は，エコシステムマネジメントの一般的な目標を，「在来のエコシステムの統合性を長期的に保護すること」におくが，他方で彼が批判する森林局のアプローチは，「財とサービスを現在の世代に供給しつつ，将来の世代の利益のためにエコシステムのパターンとプロセスを保護する」ことを目標とする。ここには，財・サービスの産出とエコシステムの統合性のいずれを優先させるのか，という点で違いがある。他方で，これらいずれをも人間の生存基盤としてのエコシステムの保護を図るもの（人間中心主義）として批判し，自然のプロセスの確保を人間活動に優先させるべきであるとの主張もありうる。Thomas R. Stanley, Jr., Ecosystem Management and the Arrogance of Humanism, *Conservation Biology*, Vol. 9 (1995) p. 255. そこでヤッフィーはエコシステムマネジメントの形態を，①環境に配慮した多目的利用管理，②エコシステムに基礎をおく資源管理へのアプローチ，③ランドスケープ規模の生態系機能の回復をめざすエコリージョナルマネジメントに区分し，それぞれの特徴を整理する。Steven L. Yaffee, Three Faces of Ecosystem Management, *Conservation Biology*, Vol. 13, No. 4 (1999) pp. 713-719.

29) Cortner and Moote, supra note 16, p. 44.
30) Christensen et al., supra note 25, pp. 670-676, 680, 683.
31) 最も著名なのは，今日，エコシステムマネジメント文献の古典とされているGrumbine, supra note 17, pp. 29-31 の示した10原則である。彼の掲げる基本原則は，生態的視点と行政的視点を混合させたもので，生態的階層と相互作用の承認，生態的境界の設定，生態的統合性の保護，生態的・社会的・経済的知見の利用，追跡調査（モニタリング）の重要性，アダプティブマネジメント，省庁間の協力，柔軟な行政組織への再編，自然における人間の役割の承認，人間的価値による目標設定の10からなる。
32) Christensen et al., supra note 25, pp. 669-676.
33) Interagency Ecosystem Management Task Force, supra note 11, Vol. 1, p. 13.
34) C. S. Holling, *Adaptive Environmental Assessment and Management* (John Wiley and Sons, 1978); Carl Walters, *Adaptive Management of Renewable Resources* (Blackburn Press, 2002).
35) Meffe et al., *Ecosystem Management*, supra note 16, pp. 97-98. 同書では，グレンキャニオンダムの放水実験が，積極的なアダプティブマネジメントの実例として紹介されている。
36) 北西部森林計画が，その実例とされている。しかし，こうした本格的な実験は，望ましくはあるが費用も時間もかかり，小規模の地域でよくなしうるものではない。アダプティブマネジメントは，試行錯誤と科学的データの収集・分析を組み合わせたものであり，最低限，個人が試行錯誤的にデータを収集し，分析し，それを文書化して他者と学習成果を共有することで足りるものとされる。Meffe et al., *Ecosystem Management*, supra note 16, p. 106.
37) Grumbine, supra note 17, p. 31; Ann E. Heissenbuttel, Ecosystem Management—Principles for Practical Application, *Ecological Applications*, Vol. 6 (1996) p. 732;

Paul L. Ringold et al., Adaptive Monitoring Design for Ecosystem Management, *Ecological Applications*, Vol. 6 (1996) pp. 745-746; Ronald D. Brunner and Tim W. Clark, A Practice-Based Approach to Ecosystem Management, *Conservation Biology*, Vol. 11 (1997) pp. 54-56; Cortner & Moote, supra note 16, pp. 43-44.

38) Annual Report of the Council on Environmental Quality (1993) ch. 6: Christensen et al., supra note 25, pp. 676, 680.

39) Id., p. 683.

40) People's Glossary of Ecosystem Management Term, supra note 23.

41) Cortner and Moote, supra note 16, pp. 44-45.

42) Julia M. Wondolleck and Steven L. Yaffee, *Making Collaboration Work: Lesson from Innovation in Natural Resource Management* (Island Press, 2000) pp. 12-13.

43) Id., p. 18; Cortner and Moote, supra note 16, pp. 91-105. Keiter, supra note 2, pp. 244-248 は，協働型意思決定が広まった理由として，連邦政府への不信，住民参加の拡大，（途上国における）規制的手法による自然保全政策の行き詰まりをあげるが，同時に，協働的プロセスが，エコシステムマネジメントの進行と強く結びついているとしている。Id., p. 246.

44) Barbara Gray, Conditions Facilitating Interorganizational Collaboration, *Human Relations*, Vol. 38 (1985) p. 912.

45) Wondolleck and Yaffee, supra note 42, p. viii.

46) Wondolleck and Yaffee, supra note 42 は，そうした観点から多数の成功例を分析し，成功の条件やノウハウを摘出したものである。また，Meffe et al., *Ecosystem Management*, supra note 16, pp. 219-238 は，コラボレーションとは銘打っていないが，エコシステムマネジメントにおける住民参加を成功させるためのマニュアルである。

47) Thomson, supra note 10, pp. 42-45, 70-72; Haeuber, supra note 16, pp. 5-6.

48) Richard P. Gale and Sheila M. Corday, What Should Forest Sustain? Eight Answers, *J. Forestry*, Vol. 89 (1991) pp. 31-36.

49) 区域の定め方としては，景観(landscape)，流域(watershed)，生物圏(biome)，生態圏(ecoregion)などが提案されている。See Nagle and Ruhl, supra note 7, p. 310; Haeuber, supra note 16, p. 7; U.S. GAO, Ecosystem Management: Additional Actions Needed to Adequately Test a Promising Approach (August 16, 1994) pp. 42-43.

50) Thomson, supra note 10, p. 44.

51) Cortner and Moote, supra note 16, pp. 45-46; Keiter, supra note 2, pp. 76-77.

52) Meffe et al., *Ecosystem Management*, supra note 16, p. 73.

53) Thomson, supra note 10, pp. 42-45, 70-72.

54) Meffe et al., *Ecosystem Management*, supra note 16, p. 73.

55) Interagency Ecosystem Management Task Force, supra note 11, Vol. 1, p. 11.

56) U.S. GAO, Ecosystem Management, supra note 49, pp. 51-61.

57) Keiter, supra note 18, pp. 302-303. キーターによれば，行政機関は管轄を越えて管理活動を調整する必要は認めているが，議会によって明確にされた自己の政策目標に適合するための彼ら自身の権限を妥協させる(制限する)ような省庁間の協定には消極的である。したがって，各種の行政機関は独自のエコシステム管理を発達させつつあるが，基本にある法律の指令に拘束されて，それぞれ力点の異なる(結局は，自分に都合のよい)エコシステムマネジメントの概念を用いているのである。

58) Dan Tarlock, Local Government Protection of Biodiversity: What Is Its Niche?, *U. Chi. L. Rev.*, Vol. 60 (1993) p. 555; Daniel B. Rodriguez, The Role of Legal Innovation In Ecosystem Management: Perspectives from American Local Government Law, *Ecology L. Q.*, Vol. 24 (1997) p. 745 などが，この問題を取り上げている。

59) Thomson, supra note 10, p. 45.

60) Christensen et al., supra note 25, pp. 667-668.

61) Edward O. Wilson, *The Diversity of Life* (Harvard University Press, 1992)(大貫昌子・牧野俊一訳『生命の多様性(Ⅰ)(Ⅱ)』(岩波書店，1995年)); Gretchen C. Daily ed., *Nature's Services: Societal Dependence on Natural Ecosystem* (Island Press, 1997) は，その有意義な成果である。See also Robert Costanza and Ralph D'Arge, The Value of the World's Ecosystem Services and Natural Capital, *Nature*, Vol. 387 (1997) pp. 253-260.

62) Steven L. Yaffee, Experiences in Ecosystem Management: Ecosystem Management in Policy and Practice, in Meffe et al., *Ecosystem Management*, supra note 16, pp. 89-94.

63) Allen K. Fitzsimmons, Defending Illusion 16 (1999), cited in Nagle and Ruhl, supra note 7, pp. 324, 379. ただし，Keiter, supra note 2, p. 66 の指摘するように，エコシステムマネジメントは，自然資源を管理する国立公園，土地管理局，森林局等が自然資源の管理の変化を求める世論の批判に押され，組織の生き残りのためにやむをえず選択したものであって，クリントン政権の政治的所産と断定するのは正確ではない。

64) Cortner and Moote, supra note 16, pp. 48-49.

65) Yaffee, supra note 62, p. 89. See also Thomson, supra note 10, p. 45.

66) Yaffee, supra note 62, pp. 89-90. 州レベルでも，エコシステムマネジメントを導入したミズーリ，フロリダ，ミネソタなどは，部局間の対立，財産権制限を懸念する住民の反対，財政が厳しい中でエコシステムマネジメントの目に見える成果を示しにくいことなどの理由から，次々と組織の変更や廃止に追い込まれている。フロリダ州では，ブッシュ知事が，エコシステムマネジメント局を廃止した者を環境省長官に任命した。Id., p. 90.

67) Oliver A. Houck, On the Law of Biodiversity and Ecosystem Management, *Minn. L. Rev.*, Vol. 81 (1997) pp. 929-939; Rebecca W. Watson, Ecosystem Management in the Northwest: "Is Everybody Happy?", *Nat. Resources & Env't*,

Vol. 14 (2000) p. 177. 他方で，GAO, Ecosystem Planning: Northwest Forest and Interior Columbia River Basin Plans Demonstrate Improvements in Land-Use Planning (May 1999) の評価も参照せよ。なお，北西部森林計画については，邦語文献としてこれを取り上げた柿澤宏昭『エコシステムマネジメント』(築地書館，2000年)を参照されたい。

68) Wondolleck and Yaffee, supra note 42 全体を参照。
69) Yaffee, supra note 62, p. 90.
70) U.S. GAO, Ecosystem Management, supra note 49, pp. 42-43.
71) R. Steven Brown and Karen Marshall, Ecosystem Management in State Government, *Ecological Application*, Vol. 6 (1996) p. 721.
72) Yaffee et al., supra note 15.
73) Yaffee, supra note 62, pp. 90-92.
74) Haeuber, supra note 16, pp. 19-23 も，1995年当時，エコシステムマネジメントは政治的逆風にさらされているが，経験を重ね，政策の選択肢を広げ，さらに州の役割を強化することで，将来的にも消滅することはないとの展望を述べている。
75) 本章第2節では，アメリカ西海岸における事例を分析した。また，Meffe et al., *Conservation Biology*, supra note 8, pp. 599-641 は，アップルゲート・パートナーシップ，大イエローストーン計画を含む6つの事例を取り上げている。そのほか，Richard L. Knight and Peter B. Landres, *Stewardship Across Boundaries* (Island Press, 1998) pp. 193-294; John B. Loomis, *Integrated Public Lands Management: Principles and Applications to National Forests, Parks, Wildlife Refuges, and BLM Lands,* 2nd ed. (Columbia University Press, 2002) pp. 540-565 も，いくつかの事例報告を含んでいる。
76) たとえばアメリカ合衆国における最も有力な流域保全支援NGOであるRiver Network は Stephen M. Born and Kenneth D. Genshow, Exploring the Watershed Approach: Critical Dimensions of State-Local Partnership (River Network, 1999) において4つの先進的な州を取り上げて州と地域のパートナーシップについて分析を行ったが，このうちの2つがワシントン州とカリフォルニア州であった。
77) この歴史については，Joseph Cone, *A Common Fate: Endangered Salmon and the People of the Pacific Northwest* (Henry Holt, 1994) p. 340 に詳しい。また歴史的文書を編集したものとして Joseph Cone and Sandy Ridlington, *The Northwest Salmon Crisis: A Documentary History* (Oregon State University Press, 1996) がある。なお，連邦行政機関のサケ保護に対する取り組みの経緯と現況については，畠山武道「コロンビア川におけるサケの保護と法制策」環境と公害35巻3号(2006年) 6-11頁を参照されたい。
78) これについて，詳しくは畠山武道『アメリカの環境保護法』(北海道大学図書刊行会，1992年)357-377頁を参照のこと。
79) C. Courtland Smith et al., Sailing the Shoals of Adaptive Management: The Case of Salmon in the Pacific Northwest, *Environmental Management*, Vol. 22,

No. 5 (1998) pp. 671-681.
80) 流域保全を進めるうえでの課題については，柿澤宏昭「流域保全をめぐるパートナーシップ」木平勇吉編著『流域環境の保全』(朝倉書店, 2002年) 86-95頁を参照されたい。
81) この経過，規制内容について詳しくは，柿澤・前掲(注67) 130-151頁を参照されたい。
82) たとえばTFW協定締結時には先住民族がこの協定に対応するための補助として200万ドルを予算化している。
83) 太平洋岸に位置し漁業が活発なグレースハーバーにおいて，地域住民が自発的にグレースハーバー漁業改善対策委員会(Grays Harbor Fisheries Enhancement Task Force)という組織を1980年に立ち上げ，住民・自治体・州・連邦官庁が協力してサケの資源量の回復をめざした努力を行っていたが，これを参考にして立法が行われたとされる(チハリス川流域漁場対策委員会〈http://www.cbftf.com/History.htm〉)。
84) Washington Department of Fish and Wildlife, Regional Enhancement Program Annual Report for July 1 2002-June 30 2003 (2003) p. 91.
85) これについては，柿澤・前掲(注67) 152-178頁を参照のこと。
86) 知事直属の省庁間委員会事務局がSalmon Recovery Officeの事務局機能を果たすこととされた。
87) Washington Department of Fish and Wildlife, Lead Entity Program 2002 Report and Evaluation (2002) pp. 6-9.
88) Economic and Engineering Services Inc., Guide to Watershed Planning and Management (Washington Department of Ecology, 1999).
89) Memorandum of Understanding for the Coordinated Implementation of Chapter 247, Laws of 1998: Watershed Management and Chapter 247, Laws of 1998: Salmon Recovery Planning by the Participated Agencies of the State of Washington.
90) 特別内閣は農務局，保健局，環境局，保全委員会，魚類野生生物局，省庁間アウトドアレクリエーション委員会，自然資源局，運輸局，通商経済局，公園レクリエーション委員会，ピュージェット湾委員会，北西電力計画委員会から構成されている。
91) Joint Natural Resource Cabinet, Statewide Strategy to Recover Salmon (1999).
92) JNRCが作成したガイドブックとしては次のようなものがある。Reference Guide to Salmon Recovery (February 2002), Guidance on Watershed Assessment for Salmon (May 2001), Roadmap for Salmon Habitat Conservation at the Watershed Level (February 2002), Regional Recovery Plan Model (February 2002).
93) Salmon Recovery Funding Board, A Guide to Lead Entity Strategy Development (2003).
94) このほかに，WDFWではWatershed Stewardship Teamを結成し，LEへの効果的な支援が行えるように，庁内のサケに関係する組織・プログラムのコーディネートを行うとともに，LEに対する直接的な技術的アドバイスなども行っている。

95) この基金は，サケの保全修復プログラムの強化，回復活動の効率性向上，自然産卵を行うサケの数の増大に資するために，2000 年に設置されたものである。
96) Washington State Department of Fish and Wildlife, Salmon Recovery Funding Board 2002 Biennial Report (2002).
97) 平野部農業地帯では，農業生産活動に対する規制への懸念が強いこと，また早くから開発が進み生息域の劣化を実感できないために，サケ生息域保全に関する関心が低いといわれている。
98) 保全地区とは，土地所有者，主として農業経営者がかかえる環境保全問題の解決に関わる支援を行う組織である。技術支援・助言を行うほか，土地所有者と協力して環境保全・修復などの事業を行う。
99) ただし，カウンティなどが実施主体となっている事業にも地域の多様な NGO や住民グループが参加している場合が多い。
100) Washington Department of Fish and Wildlife, Lead Entity Program 2002 Report and Evaluation (2002).
101) 流域計画の制度内容をめぐる叙述は主として Economic and Engineering Service Inc., Guide for Watershed Management (Washington Department of Ecology, 1999)，および Economic and Engineering Service Inc., Guide for Watershed Management Addendum No. 1 (Washington Department of Ecology, 2001) によった。
102) 30 万ドルの支援は，2001 年に制定された Water Resources Management Act (ESHB 1832) によって追加的に財政措置されたものである。
103) 州環境局には 4 つの地域事務所があるが，それぞれの地域ごとに流域対策チームがあり，週 1 回集まって，それぞれの進行状況や問題点を話し合っている。
104) 計画組織がつくられていない空白の WRIA に対して州環境局は補助金やスタッフの提供によって計画立ち上げを図ろうとしているが，地域の意思が基本であるために，積極的な介入策をとることはできず，苦慮している。ただし，空白 WRIA はこの政策に対して無関心・あるいは拒否反応があるわけではなく，地域内合意が得られないなどの困難をかかえているために流域組織の立ち上げができない場合が多い。たとえば，強固な水利権をもつ主体がいる地域や，私有財産権保護運動が強い地域では，水の利用に影響を与える新たな水量の計画を行うことに合意を形成しにくい。
105) 計画策定状況に関しては，Washington Department of Ecology, 2004 Report to the Legislature Watershed Planning and Instream Flow Setting Progress (2004) を参考とした。
106) John Lombard, The Politics of Salmon Recovery in Lake Washington, in David Montgomery et al. eds., *Restoration of Puget Sound Rivers* (University of Washington Press, 2003) p. 181.
107) カスケード山脈以東はコロンビア川という世界有数の河川の中流部に位置し「流域」として完結した意識をもちにくいこと，人口が希薄な地域が多く，乾燥地帯に大規模灌漑農業が広がっていることから，一般に流域保全・サケ保全活動が低調である。

108) Phase 4 Watershed Plan Implementation Committee, Phase 4 Watershed Plan Implementation Committee—Report to the Legislature (2002).
109) Washington Department of Ecology, Summary of Feature (2003).
110) 施業強化を行う一方で，対応が困難で経営への影響も大きいと考えられる小規模所有者を支援するための小規模森林所有者局(Small Forest Landowner Office)を発足させている。
111) 州保全委員会は私有地における自然資源の保全を主導することを任務としており，具体的には保全地区の支援・指導を行っている。
112) Washington Conservation Commission, AFW Fact Sheet (2002).
113) 実際にはダンジネス川のほか，隣接する3つの小河川を含めて流域保全活動を行っている。
114) このように水利権の扱いは，営農をはじめとして地域の社会経済活動に大きな影響を与えるためにその調整は難しい。流量確保のための交渉は困難にならざるをえず，ここで合意が形成されたことはきわめて先進的なものと評価される。ただし，この地域はワシントン州全体の中で農業が活発な地域とはいえず，相対的に問題解決が容易であった点は否めない。
115) Ann Seiter, Linda Newberry and Pam Edens, Cooperative Management of the Dungeness Watershed to Protect Salmon in Washington State, *Journal of the American Water Resources Association*, Vol. 36, No. 6 (2000) pp. 1211-1217.
116) Dungeness River Restoration Work Group, Recommended Restoration Projects for The Dungeness Rive (1997).
117) ただし，水量をめぐる交渉については未解決の訴訟があり，農業者の中にはDRMTに対する反発をもつ者も少なくはない。また，流域人口が少ないこともあって，ボランティアや，DRMTへの市民の参加は必ずしも多くはない。
118) 「短期的な行動アジェンダ」はサケに重要な生息域をピンポイントで保全することに焦点をあてている。これは都市開発によって急速に生息域が失われつつある状況の中で，失ったら取り返しのつかない生息域に早急に保全の網をかぶせようとするものである。このため流域内自治体はこの分野に重点的に資金を配分しているが，NPOを中心に教育活動なども積極的に進められている。なお，キング・カウンティはサケ・流域保全活動のために，キング・カウンティ保全地区ファンド(King County Conservation District Fund)を設け，年間約63万ドルを保全活動に提供している。
119) この結果についてはKing County, Public Input on the Salmon Recovery Process in the Cedar-Sammamish Watershed (1999) としてまとめられている。
120) Kerwin, J., Salmon and Steelhead Habitat Limiting Factors Report for the Cedar-Sammamish Basin (Water Resource Inventory Area 8) (2001). このレポートは州保全委員会と共同で作成された。
121) WRIA 8 SCには技術と市民広報・参加のほかに，流域内で計画された生息域修復事業の審査・資金配分を行うためのプロジェクト採択委員会(Project Selection Committee)が設置されている。

2. エコシステムマネジメントの進展と課題　129

122) King County, Conserving Salmon: King County Accomplishments and Action Plan (2002).
123) The Governor's Watershed Enhancement Board, Program Status 1995-1997 (1997).
124) SWMG Policy Group, Proposal: A Watershed Management Strategy for Oregon (1992).
125) なお，スチールヘッドも絶滅危惧種に指定される動きが出てきたため，1998年には「スチールヘッドの再生をめざした計画(The Steelhead Supplement to the Oregon Coastal Salmon Restoration Initiative)」を策定し，これもあわせてオレゴンプランと称することとした。
126) この課税は絶滅危惧種への指定を回避し，森林経営への影響を最低限にしたいと考えた林産業界の支持で可能となった。このため，絶滅危惧種への指定が行われた場合，この課税を中止することも規定していた。
127) Kaush Arha, Hal Salwasser and Grail Achterman, The Oregon Plan for Watershed: A Perspective (OWEB, 2003).
128) Executive order No. EO99-01.
129) 名称が異なっているが，これはワシントン州における保全地区と同様の性格をもつ組織である。
130) IMSTがこれまで作成したレポートは12件に上り，地域ごとのサケ再生を扱ったものから，森林・人工孵化など個別資源管理分野ごと，さらには研究やモニタリングの方法を扱ったものまで幅広い提言を行っている。また，これら提言に対して担当部局がどのような対応をとったかについてもレビューしている。たとえば，IMSTは2000年12月までに州政府のさまざまな部局に対して68件の提案を行った。これに対して2001年1月末までに48件の提案に対する部局対応の回答を得，これをさらにIMSTが科学的に評価し，6割が適切な対応がとられたとしている。なお，未回答の提案のうち15件は州森林局担当の森林施業規制に関わるものであった(IMST, Evaluation of Response to IMST Recommendation (2001))。
131) 地方公共団体にはカウンティ・市町村のほかに，水道供給体(water supply district)，下水組合(sewer district)も含まれる。
132) こうした点で，地域の自由な意思といっても地方自治体や水土保全事務所の影響力が大きい，あるいはこうした主体が乗り出さないと協議会が結成できないといえる。ただし，協議会結成後の活動については住民が主体的な役割を果たす場合も多い。
133) 2002年7月27日，OWEB Deputy Director (当時)のKen Bierly氏に対するインタビュー。
134) OWEB, The Oregon Plan for Salmon and Watersheds 2001-2003 Biennale Report (2003)においても流域協議会の活動に関しては，ほとんどの協議会において流域アセスメント作成作業が終了したといった程度の情報しか提供されていない。
135) これら委員会はいずれも市民から知事が任命する委員によって構成され，それぞれの分野における政策決定・規則制定などを行っている。

136) OWEB, supra note 134, p. 43
137) Oregon Department of Forestry, Forest Log, 2003 Summer (2003).
138) Oregon Department of Forestry, Forest Practices Monitoring Program Strategy (2002).
139) 本項の記述は 2002 年 7 月 26 日に行った事務局長および修復事業担当スタッフに対するインタビューに基づく。
140) このプロセスについて詳しくは，柿澤・前掲（注 67) 106-111 頁を参照のこと。
141) たとえば，ウィラメット川流域においても大流域の総合的な保全の取り組みがウィラメット流域イニシアティブとして展開された。しかし，州政府の主導で計画はつくられたが，実行に関しては大きな成果をみていない。これは流域内の協議会の多くは組織基盤がしっかりしておらず，またリーダーシップをとれる者がいなかったということが大きいとされている。
142) 州法が MOC に対して要求しているのは以下の点である。①モニタリングの目標を設定する，②行うべきモニタリング内容を明らかにし評価する，③目的に沿った統計デザインを提案する，④地理的・時間的・生物的スケールにあった評価手法を提案する，⑤モニタリングの標準化を提案する，⑥データの質的・量的確保のための提案を行う，⑦モニタリングデータの共有手法を提案する，⑧モニタリング情報を決定に適用する手法を提案する，⑨モニタリングの枠組みの調整と監督を行うための組織を提案する，⑩モニタリングプログラムを実行するための安定した財源を提案する，⑪各州政府部局がモニタリングを実行するためにとるべき措置を明らかにする。
143) この調査のより詳しい結果については，Bruce Crawford et al., Survey of Environmental Monitoring Program and Associated Databases within Washington State, State of Washington Interagency Committee for Outdoor Recreation (2003) を参照のこと。
144) Taylor Associated Inc. et al., Assessment of Monitoring Methods and Benefits for Salmon Recovery Funding Board Projects and Activities (State of Washington Interagency Committee for Outdoor Recreation, 2003).
145) Jeffrey Bash and Clair Ryan, Stream Restoration Project and Enhancement Projects: Is Anyone Monitoring?, *Environmental Management*, Vol. 29, No. 6 (2002) pp. 875-885.
146) Geoffrey Habron, Role of Adaptive Management for Watershed Councils, *Environmental Management*, Vol. 31, No. 1 (2003) pp. 29-41.
147) エコシステムマネジメントにおける自然資源管理は，①ランドスケープレベルの広域で(ランドスケープエコロジーの視点，GIS 技術の導入)，②より早い段階からより深い住民参加により(参加→参画→協働)，③地域の自然資源と社会の持続性に十全に配慮し，④アダプティブマネジメントの手法で行われなければならない。
148) ただし，流域そのものについては意識した事例もみられる。たとえばマサチューセッツ州の場合，それまで郡役所に駐在していた州職員であるサービスフォレスタ (Service Forester) について，郡(County)制度が廃止されたこともあり，新しく区分

された 27 の流域区を基準に再配置している。
149) William B. Leak et al., Applied Ecosystem Management on Nonindustrial Forest Land. General Technical Report NE-239, USDA Forest Service Northeastern Forest Experiment Station (1997). なお, Ecosystem Health の考え方は, アメリカにおける環境倫理学の創始者といえるレオポルド(Aldo Leopold)の提唱した Land Health を直系的に継承しているといえる(J. Baird Callicott, Aldo Leopold and the Foundations of Ecosystem Management, *Journal of Forestry*, Vol. 98, No. 5 (2000))。
150) 以下の節における記述は, 主に 2000 年, 2001 年, 2002 年における現地での聞き取り調査に基づいている。しかしその後, マサチューセッツ州では, 知事交代に伴う州政府の機構改革, 政策変更によって, 流域管理の主要な担い手だった「流域チーム」は消滅し, 自然資源管理に関連する州政府部局も大きく改編された。したがって, ここで記述した流域管理の試みは, 2002 年時点での「実験」の成果として読んでいただきたい。
151) Christopher McGrory Klyza ed., *Wilderness Comes Home: Rewilding the Northeast* (University Press of New England, 2001) などを参照のこと。
152) 河合秀和『トックヴィルを読む』(岩波書店, 2001 年)148-151 頁。
153) 同上, 178-180 頁。
154) ランドトラストについては, 土屋俊幸「米国ランドトラスト運動におけるパートナーシップ」山本信次編著『森林ボランティア論』(日本林業調査会, 2003 年) 237-281 頁を参照のこと。ランドトラストとは, 地域における自然地(森林, 農地, 湿地等)の保全のために, 住民が土地を保有(所有, 賃貸, 開発権所有等)・管理することを目的に設立した NGO／NPO である。町(town)規模のものを基本に, 地域規模, 州規模, 全国規模と多様な規模のランドトラストがさまざまなパートナーシップを組んで活動している。アメリカ版ナショナルトラスト運動ともいえるが, イギリスのナショナルトラストのような単独の巨大な組織があるわけではなく, むしろ, その多様性が特徴といえる。なお, 最初のランドトラストである保留地信託委員会(The Trustees of Reservations：TTOR)がマサチューセッツ州ボストンで誕生したのは 1891 年であり, イギリスのナショナルトラストよりも 4 年早い。
155) より詳しくは, デイビッド・キットレッジ, 土屋俊幸「保全ボランティアへの普及を通じて森林所有者へ　海外にみる普及の時代　マサチューセッツ州(前・後編)」現代林業 2003 年 5 月号・6 月号, 48-51 頁・44-51 頁を参照のこと。
156) Jennifer Steel, *Losing Ground: An Analysis of Recent Rates and Patterns of Development and Their Effects on Open Space in Massachusetts*, 2nd ed. (Massachusetts Audubon Society, 1999).
157) MWI 事業が全米的にみてどのような位置づけにあるのかについては, ウィスコンシン大学マディソン校のボーン教授らが行った先進 4 州(西海岸のワシントン州, カリフォルニア州, 東海岸のフロリダ州, そしマサチューセッツ州)の比較報告書が参考になる(Born and Genshow, supra note 76)。この中で, MWI は, 流域管理の

ための州政府と民間の連携事業として4州で最も先進的と評価されている。
158) 本文中では略称で示したマサチューセッツ州の自然資源管理関連部門の名称は、DEP=Department of Environmental Protection, MDC=Metropolitan District Commission, DEM=Department of Environmental Management, Mass Wildlife=Division of Fish and Wildlife, Department of Fisheries, Wildlife and Environmental Law Enforcement。いずれも、EOEA傘下の機関である。
159) ナシュア川流域協会の設立時の状況については、土屋俊幸「住民にとって「流域」とは何か」木平・前掲(注80)78-85頁を参照のこと。
160) Nashua River Watershed Association, 30th Anniversary, *Watershed* Special Edition (1999).
161) ナシュア川流域協会のアウトリーチ・コーディネーターであるAl Futterman氏との2000年10月10日のインタビューによる。
162) John Hallam, Balancing Our Environmental Account: Forty Years of Sudbury Valley Trustees, in *The Sudbury River: A Celebration* (Sudbury Valley Trustees and DeCordova Museum and Sculpture Park, 1993).
163) 州内最大規模のランドトラストとしては、州内全域をカバーするTTORおよびマサチューセッツ・オーデュボン協会がある(両NGOの概要については、土屋・前掲(注154)を参照のこと)。また、ニューイングランド地方全域を活動地域とするものとしては、前出(2.3.3.2.)のニューイングランド森林基金がある。さらに、全米から最近は世界的に活動しているランドトラストとして、The Nature Conservancy (TNC)がある。TNCは後述するウェストフィールド川の上流域でも活動している。
164) この補助金は、第2期のMWI事業によるものである。なお、MWI事業が果たした役割について、スアスコ流域と他の流域(Neponset川流域、Ipswich川流域)を比べたSarah Michaels, Making Collaborative Watershed Management Work: The Confluence of State and Regional Initiatives, *Environmental Management*, Vol. 27, No. 1 (2001)を参照のこと。

3. EU 自然保護政策とナチュラ 2000
―― 生態域保護指令の実施過程における EU とフランス ――

3.1. はじめに――ナチュラ 2000 とは？

　EU では，現在，野生動植物の生息環境をエコシステムとして保護することを重視し，加盟国の領域全体をカバーした生物多様性の保護を目的とした取り組みが進行中である。ナチュラ 2000 (NATURA 2000) と名づけられたこの生態系保護の枠組みは，生態系保護を目的とした 1992 年の EC 指令[1] (一般に生態域保護指令 (Directive "Habitat") と呼ばれている。本章でも，この呼び方を用いる) に沿って指定される予定の保存特別区 (zones spéciales de conservation：ZSC, または Special Areas of Conservation：SAC) を主としつつ，それに，鳥類保護を目的とした 1979 年の EC 指令[2] (一般に，野鳥保護指令 (Directive "Oiseaux") と呼ばれている。本章でも，この呼び方を用いる) に沿ってすでに指定されている特別保護区 (zones de protection spéciale：ZPS, または Special Protection Areas：SPA) をも組み込んで構成された (生態域保護指令 3 条 1 節)，EU 規模の自然保護ネットワークである[3]。

　生物多様性保護の理念に基づき自然生態系を適切に保存するという課題に取り組もうとするならば，人為的に形成された国境の壁を越えた広域的保存のためのネットワークの構築は，不可避である。その意味で，ナチュラ 2000 により形成される自然保護ネットワーク (一般にナチュラ 2000 ネットワーク (Réseau NATURA 2000) と呼ばれている。本章でも，この呼び方を用いる) は，かかる自然生態系保護の課題に対する正面からの取り組みとして，参考になる。本章は，以上のような視点から，ナチュラ 2000 ネット

ワーク構築に向けた EU およびその一加盟国であるフランスの取り組み方について，とくにその法制度面を中心に概観し，かかる自然保護ネットワーク構築のプロセスにおいて，主にどのような合意形成手法が用いられているかという点に着目した検討を行いたい。

3.2. 保存特別区(ZSC)指定の考え方

3.2.1. 保存特別区の指定および保護方法に関する考え方

　ナチュラ 2000 は，EU 全域にわたる生物多様性(Biodiversité)とエコシステム(Ecosystème)の保護を目的とした，生態系保護のネットワークである。したがって，EU 圏内ヨーロッパ地域という広大な領域全体をカバーするための一貫した理念に基づくネットワークの構築が要請されるが，他方で，EU 圏内のヨーロッパ地域はそれ自体きわめて多様な自然条件によって構成されている。そのため，ヨーロッパ圏内の EU 加盟国の領土全域が，生物地理学の知見に基づいて，①大西洋岸地域(Région Atlantique)，②北極性地域(Région Boréale)，③大陸性地域(Région Continentale)，④地中海性地域(Région Méditerranéenne)および⑤高山性地域(Région Alpine)という，5 つの生物地理学的地域圏(régions biogéographiques)に分類され[4]，各地域圏の特性に応じた保護措置が講じられる。

　次に，以上のような理念に基づくネットワーク構築における EU ないし EU 委員会の役割は，加盟各国に対して指定面積の目標値を設定し，各国からあがってきた候補地の適性審査を行い，不十分ならば修正や追加指定を要求し，加盟国がこれに従わない場合には，必要とあらば EU 裁判所への訴訟提起によってその実効性を確保することにある。換言すれば，具体的な保護区域候補地について第 1 段階として選定を行うこと，また，EU 委員会による第 2 段階の審査を経て保護候補地として確定した保護区域を ZSC に指定し，その具体的な保護措置を講じるのは，加盟各国の役割であり，各国の国内法を適用することにより，規制と協定・契約を駆使したさまざまな手法の保護措置が講じられることになる。

3.2.2. ナチュラ 2000 により保護される区域

　上述のように，ナチュラ 2000 ネットワークは，1992 年の生態域保護指令に従って指定される保存特別区(以下，ZSC という)を中心として，それに，1979 年の野鳥保護指令に従って従来から指定されてきた特別保護区(以下，ZPS という)を付加して構成される(生態域保護指令 3 条 1 節)。

　ZSC の選定は，あらかじめ規定された自然生態域類型を内包するという点に着目して行われる場合と，あらかじめ指定された野生動植物種の生息という点に着目して行われる場合の，2 つの場合について行われる。まず，生態系保護指令・別表第 1(l'Annexe I)に列挙されたタイプの自然生態域類型を内包している区域に関して，ZSC 指定により保存する必要性のある「EU にとって関心のある自然生態域類型(types d'habitats naturels d'intérêt communautaire)」と判断された場合に，ZSC 候補地に選定される。ここで，「EU にとって関心のある自然生態域類型」とは，ヨーロッパ圏内の加盟国領土内において次のいずれかの要件を満たした生態域を意味する。すなわち，種々のタイプの生態域が，①その自然分布領域内において消滅の危機にある場合，②その境界線が後退しているかもしくは分布が本来的に限定されていたため，自然分布領域が縮小している場合，③生物地理学上の 5 地域圏の中の 1 地域もしくは複数地域に固有の特性を顕著に示す典型的生態域である場合，以上 3 ケースのいずれかに該当する場合に，かかるタイプの生態域は，「EU にとって関心のある自然生態域類型」とみなされ，本 EU 指令の別表第 1 に列挙されもしくは後に追加されることになる(生態域保護指令 1 条 c 項)。

　一言でいえば，消滅の危機もしくは縮小傾向にある自然生態域を防御的に ZSC に指定して保護する場合と，生物地理学的見地からヨーロッパ的特色を顕著に示す自然生態域を積極的に ZSC に指定して保護する場合とに分かれるのである。

　他方，別表第 2(l'Annexe II)に列挙された野生動植物種は，「EU にとって関心のある動植物種(espèces d'intérêt communautaire)」として扱われ，その生息区域に関しても，独自に ZSC に指定することにより，生態域保護指令に基づく保存の対象となる。

3.2.3. ナチュラ 2000 構築のタイムテーブル

　1992 年の生態系保護指令が加盟各国に通知されたのは，1992 年 6 月 10 日である。同指令は，加盟各国が各候補地の情報提供を含む候補地リストを EU 委員会へ提出しなければならない期限を，生態域保護指令の通知後「3 年以内」(4 条 1 節)と規定し，また，加盟各国から提出されたリストをもとに，EU 委員会が，加盟各国との協議によりその合意を得て候補地リスト確定案を作成し，しかる後一定の手続を経て候補地リストを確定しなければならない期限を，同指令の通知後「6 年以内」(4 条 3 節)と規定し，さらに，EU 委員会による候補地リストの確定の後，加盟各国は，自国領土内の候補地を，確定した候補地リストに沿って「できるだけ速やかに」ZSC に指定しなければならず，その指定期限は，右候補地リストの確定後「最長 6 年以内」(4 条 4 節)と規定されている。したがって，加盟各国による候補地リストの提出期限は 1995 年 6 月 10 日まで，EU 委員会による候補地リストの確定は 1998 年 6 月 10 日まで，加盟各国による ZSC 指定は遅くとも 2004 年 6 月 10 日まで，ということになる。

3.3. 加盟各国による候補地リストの提案
　　　——「EU にとって重要な生態域」リストの策定

3.3.1. リスト提案までの国内手続

　加盟各国の領土内における，自然生態域(別表第 1 所定の自然生態域類型に該当する生態域)および別表第 2 所定の動植物種が生息する区域の分布状況に応じて，加盟各国は，ナチュラ 2000 ネットワークづくりに貢献することが要請される。それゆえ，ZSC 候補地の選定は，第一次的には加盟各国が行わなければならない(生態域保護指令 3 条 2 節)。

　具体的には，まず，加盟各国が，別表第 1 に類型化して定められた自然生態域に該当すると判断された区域，および，保護すべき野生動植物種として別表第 2 に定められた動植物種が現に生息する区域からなる候補地リストを作成し，EU に対して提案する。その際，加盟各国による候補地の選定に関しては，別表第 3 (l'Annexe III)の「第 1 段階基準表(Étape 1)」に定められ

た選定基準が適用される。そして，加盟各国は，その選定基準および適切な科学的情報に基づいて，選定を行うことが義務づけられる。上述のように，加盟各国は，生態域保護指令の通知から3年以内に，EU委員会に対して上記リストを提出しなければならない。その際，ZSC候補地リストに加えて，候補地ごとに，地図，名称，場所，面積，および別表第3所定の選定基準に照らしての審査データ等，各候補地に関する情報を併せて提供しなければならない(以上，生態域保護指令4条1節)。

ところで，候補地選定は，加盟各国による第1段階の選定手続とEU委員会による第2段階の選定手続とに分かれるため，別表第3は，これら2段階に対応した形で，候補地選定の評価基準を定めている。すなわち，別表第3の「第1段階基準表」と題された箇所では，加盟各国による自然生態域指定候補地の選定基準が定められているのに対し，同「第2段階基準表(Étape 2)」と題された箇所では，EU委員会による指定候補地の最終確定のための評価基準が定められている。

3.3.2. 候補地選定の実体的基準

まず検討対象を「第1段階基準表」の規定に限定して，加盟各国による選定段階の選定基準を検討しよう。実は，この「第1段階基準表」自体が，A項からD項までの4つの項目に分けられている。このうち，加盟各国が個々の区域の類型的特性に着目してZSC候補地を選定する際の選定基準を定めるのがA項であり，同じく加盟各国が個々の動植物種に着目してその生息地をZSC候補地に選定する際の選定基準を定めるのがB項である。そこで，以下では，A項およびB項を手がかりに，加盟各国による候補地選定の実体的基準のあり方についてみてみよう。

別表第3「第1段階基準表」のA項によれば，自然生態域の類型的特性に応じて選定されるべき区域(別表第1に列挙されたタイプの自然生態域)の選定基準に関しては，以下の4点が，加盟国が従うべき評価基準として定められている。第1に，当該区域において，別表第1所定の自然生態域類型がどの程度代表的な形で現れているか(Degré de représentativité du type d'habitat naturel sur site)を審査しなければならない(A項a)号)。この選定

基準では，個々の候補地の特性に着眼して，問題となっているタイプの自然生態域がどの程度，当該候補地の特性を典型的に表現しているかが，審査されるとみてよい。その意味で，〈典型性基準〉と呼ぶことが可能であろう。第2に，国土全体で当該自然生態類型が占めている総面積に対する関係での，当該区域内で当該自然生態域類型が占めている面積がどの程度であるか(Superficie du site couverte par le type d'habitat naturel par rapport à la superficie totale couverte par ce type d'habitat naturel sur le territoire national)を審査しなければならない(A項b)号)。この選定基準では，当該加盟国の領土全体の中での当該タイプの自然生態域の広さに対する関係で，当該候補地内で当該タイプの自然生態域がカバーしている面積はどの程度の割合を占めているかを審査するための評価基準である。当該自然生態域類型が占めている面積に着眼した評価基準であるから，〈面積基準〉と呼ぶことが可能である。第3に，関係する自然生態域類型の構造および機能の保存状況，およびその修復可能性(Degré de conservation de la structure et des fonctions du type d'habitat naturel concerné et possibilité de restauration)について，審査しなければならない(A項c)号)。この選定基準では，当該区域特有の自然生態系の構造的および機能的な諸特性が，どの程度良好に保存されているかを審査するとともに，それが損なわれている場合には，良好な自然生態系的特性を回復するための修復作業が可能であるか否かについても，審査することが要求される。この意味で，〈保存状況・修復可能性基準〉と呼ぶことが可能である。第4に，当該自然生態域類型の保存にとって，当該区域がいかなる価値を有するかについての総体的評価(Évaluation globale de la valeur du site pour la conservation du type d'habitat naturel concerné)を行わなければならない(A項d)号)。上記3つの評価基準は，区域指定による保護の必要性・妥当性について，分解された個々の側面について各論的に判断させようとするものであるのに対し，第4の基準は，当該候補地の区域指定による保存が，別表第1所定の個々の自然生態域類型の保存にとって有する貢献度を，総体的に判断することを要求していると解される。その意味で，これを〈総体的評価基準〉と呼ぶことが可能である。

次に，別表第3「第1段階基準表」のB項によれば，個々の動植物種に着

目して，その生息地を ZSC として指定すべきか否かを判断するための評価基準として，以下の 4 点が定められている。第 1 に，当該動植物種の生息数について，国土全体における生息数に対する関係で，当該区域内にはいかなる規模および密度の生息数があるか(Taille et densité de la population de l'espèce présente sur le site par rapports aux populations présentes sur le territoire national)について，審査しなければならない(B 項 a)号)。個々の動植物種について，国土全体の中での当該自然生態域の重要度を，生息規模と生息密度という数的指標に照らして計測しようとする選定基準であるといえよう。〈生息規模・密度基準〉と呼ぶことにしよう。第 2 に，当該動植物種の生息にとって重要な諸要素の保存の程度およびその修復可能性(Degré de conservation des éléments d'habitat importants pour l'espèce concernée et possibilité de restauration)について，審査しなければならない(B 項 b)号)。この選定基準は，自然生態域類型としての自然生態域指定に関する 3 番目の評価基準(A 項 c)号)と同様に，〈保存状況・修復可能性基準〉を適用しようとするものである。第 3 に，当該動植物種の自然分布域に対する関係で，当該区域内における当該動植物種の生息状況を他の地域からどの程度区別できるか(Degré d'isolement de la population présente sur le site par rapport à l'aire de répartition naturelle de l'espèce)について，審査しなければならない(B 項 c)号)。この基準は，区域の位置どりおよび区域境界線の線引きのあり方を，当該動植物種の自然の生息分布状態に，できる限り整合的なものにしようとする趣旨の評価基準であろう。この基準の適用により，当該動植物種の自然の生息分布との関係で不自然なもしくは恣意的な位置どりや線引きが，排除されるように思われる。以上の意味で，〈自然分布域適合性基準〉と呼ぶことができよう。第 4 に，当該動植物種の保存にとって，当該区域がいかなる価値を有するかについての総体的な評価(Évaluation globale de la valeur du site pour la conservation de l'espèce concernée)を行わなければならない。この基準も，自然生態域類型としての区域指定に関する 4 番目の評価基準(A 項 d)号)と同様に，〈総体的評価基準〉を適用しようとするものであるといえよう。

3.3.3. 候補地選定に関するフランス国内手続

では，以上のような評価基準の適用により行われるべき候補地選定は，加盟各国において，いかなる手続により行われるのであろうか。

生態域保護指令で用いられた指令(directive)という法形式は，EU評議会およびEU委員会が定めることのできる法形式[5]の中のひとつであり，その一種である命令(règlement)には「一般的効力(une portée générale)」が認められ，「そのすべての規定内容が拘束力を有し，すべての加盟国において直接的に適用されうる」効力を有する(ローマ条約(Traité de Rome instituant la Communauté européenne)249条2項)のに対し，指令の場合は，各指令所定の「到達すべき結果」については，「名宛人たる加盟国のすべてを拘束しながら」，結果に到達するための「形式および手段」については，「権限を各加盟国の国内機関に委ねる」と定められている(同条3項)。EU裁判所の判例を通して，今日では，EU指令にも「直接的効力(effet direct)」が承認されており，指令に基づき加盟国に課せられた義務の履行については，加盟国に幅広い裁量的判断の余地を認めない傾向にあるようである。しかし，かかる直接的効力の及ぶ者の範囲は，各EU指令で定められた特定の者や全加盟国に限定される。また加盟国に対する拘束力については，各EU指令に定められた内容を「所定の期限までに加盟各国の国内法に移し書きする」という意味で，「結果に関する義務(obligation de résultat)」を課するにとどまり，そこに到達するための法的形式や手段については加盟各国に選択の余地が認められる[6]。生態域保護指令の場合も，加盟各国の候補地リストを所定の期限までに作成しEU委員会へ提出するとともに，EU委員会が候補地リストを確定した後には，確定した候補地リストに沿って速やかにZSCへの指定を行い，さらに各ZSC区域に関する保護管理措置を講じる等の諸点については，加盟各国に対し「結果に関する義務」を課するものであることは疑いないが，加盟各国による候補地選定やZSC指定等を行うための法制度・手続・手段等については，すべて加盟各国の国内法に委ねられる。そこで，以下では，一加盟国としてフランスを取り上げ，いかなる候補地選定手続が採用されているかを検討しよう。

フランスでは，1995年5月5日のデクレ[7]によって，ZSC候補地に関す

る国内選定手続が立法化されている。フランス環境省の自然・景観局次長であるミシェール(Jean-Marc Michel)氏からのヒアリングでは，ナチュラ2000の国内実施にあたっては，保護区域の指定ならびにその管理(la désignation et la gestion)の双方にわたって，①契約手法の利用(Principe du contrat)，②当事者の自発的参加の重視(Principe de l'engagement volontaire des acteurs)，③透明性の確保(Principe de la transparence)および④討議の場の近接性の確保(Principe de la proximité du lieu du débat)という，4つの原則が重視されているようである。フランス全土で1200-1300カ所の候補地が選定されることを予定しており，そのひとつひとつについて，これらの諸原則に則った指定手続および管理実施が行われる。ナチュラ2000の枠内での保護区域の指定および保護管理は実際には県単位で行われるため，地域レベルでの合意形成の単位として県が重視されるが，各地方における候補地選定のための合意形成の実務的役割を担うのは，環境省の出先機関であるレジョン環境局(Direction régionale de l'environnement)である。また，各レジョンごとに，情報と対話のための協議機関として，ナチュラ2000協議会(Conférence NATURA 2000)が設置される(1995年デクレ2条)。この協議会には，レジョン知事の任命により，レジョン内の各県の知事，国の出先機関，レジョン・県・市町村の代表者，官民の諸組織，自然環境受益者の代表，自然保護団体の代表等が，委員として参加する。

具体的な選定手続の流れは，以下のように行われる。

まず，自然遺産に関してレジョンに設置された学術委員会の審議により，「EUにとって重要な自然生態域および動植物生息域」を包含する諸区域の目録(inventaire des sites abritant les habitats naturels et les habitats d'espèces animales et végétales)が策定される。次に，レジョン知事は，ナチュラ2000協議会にその旨の情報を提供した後，上記学術委員会の提案のもとに上記目録を決定し，これを環境担当大臣へ提出する(1995年デクレ3条・4条)。

次に，選定の舞台は国に移り，国立自然史博物館(Muséum national d'histoire naturelle)による国レベルでの審査が，上述の生態域保護指令・別表第3(上述の「第1段階基準表」)所定の評価基準を適用して行われる

(1995年デクレ5条1項)。その後，環境担当大臣は，国立自然史博物館からの提案を受け，中央自然保護評議会の意見を聴いたうえでリスト案を決定し，これをレジョンと各県の知事に通知する。その際，各区域に関する地図，名称，場所，面積，当該区域に存在する自然生態系および動植物種の紹介等の情報が提供される(1995年デクレ5条2項)。

　環境担当大臣からの提案を受けて，各県知事を中心とした地元の協議手続が開始する(6条)。レジョンの知事は，ナチュラ2000協議会の各委員へリストを公表すると同時に，各区域に関する情報を提供する。県知事は，関係市町村長に意見を求め，市町村長は，2カ月以内に意見を提出することができる。国の出先機関や商工会議所等に対しても，同様の意見集約手続が行われる。県知事は，これらの手続により得られたさまざまの意見を集約したうえで，リスト案の通知を受けた日から4カ月以内に，環境担当大臣に対して提案を行う。

　これにより，舞台は再び国側に移り，農業，森林，国土施設，輸送等の関係大臣への諮問手続が行われる。これらの関係諸大臣は，1カ月以内に意見を具申しなければ賛成したものとみなされる。以上の折衝手続の後，環境担当大臣による国の候補地リストの最終決定が行われ，環境担当大臣からEU委員会へ国のリストが提出される(1995年デクレ7条・8条)。この後，EU委員会による第2段階の候補地選定が，別表第3所定の評価基準(後述の「第2段階基準表」)に基づいて行われる。そして，右委員会による最終決定を経て，フランス国内措置としてZSCの指定が行われ，官報(Journal officiel)で公告されることにより，区域指定の効果が生じる(1995年デクレ9条)。

3.4. EU委員会による候補地リストの確定

3.4.1. 候補地リスト確定手続

　EU委員会は，加盟各国から提出された候補地リストをもとに調査検討したうえで，加盟各国との合意のもとで，「EUにとって重要な生態域リスト案(projet de liste des sites d'importance communautaire)」を策定する。

その際，加盟各国の代表者からなる小委員会(comité)が諮問委員会として設置され，EU委員会は，右小委員会の意見を聴いたうえで，後述の「優先的価値を有する」区域をも含めた「EUにとって重要な生態域リスト案」を決定する。小委員会の意見がEU委員会の提案内容と異なる場合，EU委員会はEU評議会に対し提案を行い，その特別多数決による決定を得なければならない(以上，生態域保護指令20条・21条)。

　加盟各国から提出される候補地リストには，とくに，「優先的価値を有する自然生態域類型(types d'habitats naturels prioritaires)」該当区域，ならびに，「優先的価値を有する動植物種(espèces prioritaires)」生息区域も含まれており，これらの「優先的価値を有する(prioritaire)」区域(以下では，前者を「優先保護自然生態域類型」，後者を「優先保護動植物種」と呼び，これら2つを合わせて「優先保護候補地」と呼ぶことにする)については，後述のように，優先的な区域指定が認められるとともに厳格規制が及ぶ。また，優先保護候補地の区域の総面積が国土の5%を超える国には，その見返りとして，候補地区域全体の選定にあたって選定基準の緩和措置が認められる(生態域保護指令4条2節2項)。後述のように，EUには，優先保護候補地に関する追加指定の権限が，EU評議会の全会一致という厳しい手続のもとでではあるが認められている(生態域保護指令5条)ことにも，留意する必要がある。

3.4.2. 候補地確定の基準

　では，EU委員会による候補地選定は，いかなる実体的評価基準に基づいて行われるのであろうか。上述のように，EU委員会は，加盟各国から提出された候補地リストをもとに個々の候補地についてZSC指定の妥当性を審査するのであるが，その際，EU委員会は，5地域に分類された生物地理学的区分を参照しつつ，生態域保護指令・別表第3の「第2段階基準表」と題された箇所の諸規定に沿った選定を行わなければならない(生態域保護指令4条2節1項)。そこで，この「第2段階基準表」に定められた評価基準について，若干の検討を行いたい。

　まず，加盟各国が「優先保護自然生態域類型」に該当する区域もしくは

「優先保護動植物種」が生息する区域として提案してきた候補地に関しては，無条件に「EU にとって重要な区域」とみなされ，保護区域として優先的に指定されることになる（「第 2 段階基準表」1 節）。

　他方，これ以外の候補地として加盟各国から提案された候補地に関しては，以下の諸要素を考慮して決定される（「第 2 段階基準表」2 節）。
　① 当該加盟国の中で当該候補地がどの程度の価値を有しているか。
　② 当該候補地の地理学上の位置づけ。その際，移動性の動物については移動経路との関係で，また，EU 圏内の加盟国国境をまたがってエコシステムが存在する場合には，かかるエコシステムとの関係で，当該候補地の位置づけがそれぞれ評価対象となる。
　③ 当該候補地の総面積。
　④ 当該候補地内に存在する自然生態域類型（別表第 1 所定の自然生態域類型）および保護動植物種（別表第 2 所定の動植物種）の数。
　⑤ 生物地理学上の分類に基づく各地域との関係で，あるいは加盟各国のヨーロッパ圏内の全領土との関係で，当該候補地が総体的に有する生態学的な価値。この場合の生態学的な価値は，当該候補地を構成する諸要素の中のひとつもしくは特徴的な要素に着目して評価してもよいし，また，これら諸要素の組み合わせによって評価してもよいとされる。

　以上のような諸要素を考慮することにより，各候補地が，保存されるべき自然生態域および野生動植物種を「良好な保存状態のもとで（en état de conservation favorable）」維持または立て直すことに貢献するか否かを，科学的に審査させようとする点に，生態域保護指令の狙いがあるように思われる。

3.5. 優先的保護を受ける自然生態域類型および動植物種

3.5.1. 加盟各国による優先保護候補地の選定

　上述のように，ナチュラ 2000 ネットワークによる EU 規模の自然生態系保護の枠組み内に組み込まれる自然生態域の区域選定は，加盟各国側が自ら選定した候補地リストを EU 委員会へ提出することによって，本格化する。

この意味で，候補地選定のイニシアティブは加盟各国に委ねられているのである。そして，かかる候補地リストの提出に際しては，他の候補地と区別して優先的保護の対象となるべき候補地の選定についても，加盟各国側が行うこととされている。

上述のように，本章で優先保護候補地と呼んでいるのは，個々の生態域の希少性に着目してあらかじめ指定された「優先保護自然生態域類型」に該当すると判断された候補地，および，個々の動植物の希少性に着目して生態域保護指令の別表第2においてアステリスクを付して指定された「優先保護動植物種」が生息する地域であることを理由に選定された候補地との，2つの類型に分かれる。このうち前者，すなわち「優先保護自然生態域類型」は，「ヨーロッパ圏内の加盟国領域において絶滅の危機にあり，右ヨーロッパ圏内領域全体において当該生態域類型が占める分布域の重要性を斟酌した結果，EUがその保存のための特別の責任を負うべきである自然生態域類型」を意味している(生態域保護指令1条d項)。「優先保護動植物種」についても，ほぼ同様の定義がなされている(1条h項)。つまり，絶滅の危機にある生態域でEU全体としてその保存の責任を負うべきであると判断されたものが，「優先保護自然生態域類型」や「優先保護動植物種」として扱われるのである。

以上により優先的保護の対象に選定された候補地は，後述のように，EU委員会による第2段階の候補地選定の際には，無条件に「EUにとって重要な区域」とみなされ，優先的にZSC指定地に指定されるべき候補地とされ，また，ZSC指定後の同区域内における開発行為については，より厳格な規制の対象となる。「優先保護自然生態域類型」および「優先保護動植物種」を内包する区域には，より手厚い保護措置が講じられるのであるが，加盟各国は，このような優先的保護区域を他の候補地から区別した候補地リストを提出することを義務づけられる(別表第3の「第1段階基準表」D項)。

3.5.2. 「優先保護生態域」に関するEUの追加指定権
　　　　(生態域保護指令5条1-4項)

以上のような加盟各国のイニシアティブによる候補地および優先保護区域

の選定という原則に対する例外的な法的仕組みとして，EU委員会が独自に集めた学術的情報に基づいて，加盟各国から提出されたZSC候補地リストに，「優先保護自然生態域」または「優先保護動植物種」の保存にとって不可欠な区域が欠落しているとEU委員会が判断したときには，まず，当該加盟国とEU委員会との間で，「双方向的な協議手続(une procédure de concertation bilatérale)」が開始される。上記判断にあたって，委員会は，「適切かつ信用のおける科学的情報を基礎として」判断しなければならない。上記の「双方向的な協議手続」は，加盟国側とEU委員会側がそれぞれ利用した学術的データ(données scientifiques)を比較対照するための手続として行われる。

上記の「双方向的な協議手続」は6カ月を上限とする期限を定めて行われ，この期限内に対立が解消しない場合，EU委員会は，EU評議会に対して，当該区域を「EUにとって重要な自然生態域」に加える旨の提案を行う。EU評議会は，右委員会による提案を受けてから3カ月以内に，全会一致により決定を行わなければならない。協議期間中および右の決定が出るまでの期間，当該加盟国は，当該区域内の自然環境が劣悪化しないための措置を講じる義務を課せられる。

以上のように，双方向的な協議手続を介在させながらも，EU評議会の全会一致による決定という形で，最終的にはEU側の政策的判断を優先させている点に，優先的保護区域制度の特色があるように思われる。EU評議会の決定に全員一致を求めている点では，加盟国側へ配慮を示しているとも解しうるが，双方向的な協議手続とEU評議会の決定という変則的合意形成手続を駆使してまでも，ナチュラ2000ネットワーク構築をめざすEUの自然保護政策を何としても貫徹させようとする強い政策的意図を読み取ることは容易である。

3.6. ZSC指定の法効果——加盟各国にはどのような義務が生じるか

国内法によりZSCに指定された区域に関しては，当該区域内の自然条件を保全するための事業的措置が講じられる一方(以下の3.6.1.)，各区域内の自

然条件を劣悪化させもしくは顕著な影響を及ぼす行為や事業計画等に対する，許認可要件の加重等の措置が講じられる(以下の 3.6.2. および 3.6.3.)。なお，上述のように，1979 年の野鳥保護指令に基づいて指定された ZPS もナチュラ 2000 ネットワークの中に組み込まれ，その結果，ZPS 区域内でも，生態域保護指令 7 条に基づき，以下の 3.6.2. および 3.6.3. と同様の措置が講じられることとなる。

3.6.1. 保 存 措 置

　ZSC に指定された区域を保全するための措置として，加盟各国は，第 1 に，独自の管理計画(plans de gestion)を定めもしくは他の地域整備計画等と一体化する方法により，あるいは，規制的手法や契約的手法を用いることにより，必要な保存措置を講じなければならない。これらの保存措置は，各「自然生態域類型」(別表第 1)および各「動植物種」(別表第 2)につき要請される「生態学的要求(les exigences écologiques)」に適合したものであることを要するとされている(生態域保護指令 6 条 1 節)。

　保護措置として用いうる規制的手法と契約的手法との区別との関係で，フランスでは，すでにヨーロッパ圏内国土の 7.5% に相当する面積が ZSC に指定されもしくは候補地に選定されているが，国立公園・自然保護区・ビオトープ等の指定による既存の規制的手法でカバーされているのはその一部である。しかも，EU 委員会からは，さらに広い範囲の国土を ZSC に指定することを要求されているようである。したがって，規制的諸制度でカバーされない相当部分を，契約的手法による保護措置でカバーする必要が生じる。

3.6.2. 劣悪化や支障要因に対する適切な回避措置

　次に，ZSC 区域内にある自然生態域および保護動植物種の生態域の条件劣悪化(détérioration)，および，ZSC 指定の理由となった動植物種に及ぼされる諸々の攪乱要因(perturbations)に対しては，それを回避するための適切な措置をとることが義務づけられる(生態域保護指令 6 条 2 節)。

3.6.3. 指定区域に対し顕著な影響を及ぼす計画や事業に対する諸制約

　第3に，当該 ZSC 区域の管理関連事業以外の事業で，「当該区域に対し著しい影響を及ぼすおそれのあるもの」については，当該区域の自然条件に対する影響に関して「適切なアセスメント(évaluation appropriée)」を実施する義務が生じる。この場合，アセスメントの対象となる事業計画には，当該計画もしくは事業それだけで(individuellement)顕著な影響を及ぼす場合だけではなく，「他の計画や事業と結びついて(en cinjugaison avec d'autres plans et projets)」顕著な影響を及ぼす場合も含まれる。

　そして，当該計画または事業に関する許認可権等を有する行政庁は，かかるアセスメントの結論を斟酌したうえで，「当該 ZSC 区域総体としての整合性(l'intégrité du site concerné)が害されないということを確かめたうえでなければ」許可してはならない。また，その際，必要に応じて「公衆の意見(l'avis du public)を聴取したうえでなければ」許可できない(以上，生態域保護指令6条3節)。

　もっとも，以上のような原則に対する例外的措置として，許可可能なケースが認められていることにも留意しなければならない。というのは，アセスメントの結果として当該計画もしくは事業に対し否定的な結論が下された場合でも，当該事業計画に代わる選択肢が存在しない場合には，「優越的な公益的要請を理由に(pour des raisons impératives d'intérêt public majeur)」，当該計画もしくは事業の実施を許容する余地も認められているからである。しかも，この場合の「優越的な公益的要請」という正当化理由の中には「社会的もしくは経済的性質の」要請も含まれる。ただ，これにより開発事業等を許可する場合には，「ナチュラ2000全体としての整合性が確実に保たれるために必要なあらゆる代償措置(toute mesure compensatoire nécessaire pour assurer que la cohérence globale de NATURA 2000 est protégée)」をとらなければならないとされている(6条4節1項)。

　しかし，かかる例外的措置に対しても，さらに条件劣悪化を防止するための例外が定められている。というのは，優先保護生態域類型に該当しもしくは優先保護動植物種の生息域である ZSC 区域の場合，以下の3ケースのいずれかに該当しなければ許可されない。すなわち，こうした優先保護的

ZSCの区域に関しては，①「人の健康(santé de l'homme)」もしくは「公共の安全(sécurité publique)」を理由とするか，②「環境にとってむしろ好ましい結果が生じる」ことを理由とする事業計画でなければ，許認可等はなしえないとされ，また，③「それ以外の優越的な公益的要請を理由に(à d'autres raisons impératives d'intérêt public majeur)」許認可等を行う余地も残されてはいるが，その場合には，事前にEU委員会の意見を徴すること(après avis de la Commission)が義務づけられるのである(以上，6条4節2項)。

3.7. 候補地選定の遅延とEU・加盟国間関係

3.7.1. 候補地リスト提出の遅延

　上述のように，ZSCの指定は，加盟各国が提出した候補地リストを叩き台にして，EU委員会が，加盟各国との合意により「EUにとって重要な生態域リスト案」を策定し，その後，EU委員会内に設置された小委員会へ意見を具申し，その参与意見を踏まえて同リストを決定した後，加盟各国が，同リストに掲載された自国内の自然区域をZSCに指定する，という一連の手続により行われる。したがって，まず最初に，加盟各国から適正な候補地選定リストの提出が行われることが，指定手続が順調に進行するための大前提となる。

　ところで，生態域保護指令4条1節2項は，加盟各国が候補地リストをEU委員会へ提出する期限を，同指令が加盟各国へ通知された日(1992年6月10日)から3年以内としており，それまでに候補地リストを提出するとともに，各候補地の地図，名称，位置，面積，同指令別表第3所定の候補地選定基準を当該候補地に適用する際に生じたデータを含めた各候補地ごとの情報をも，同時に提出することを求めていた。したがって，加盟各国は，1995年6月10日までに，これらの提出を義務づけられていたことになる。

　ところが，加盟各国による候補地選定手続は概して大幅に遅延するとともに，各国間での進捗状況には大きな隔たりが生じた。生態域保護指令の後，EU委員会は，ナチュラ2000構築のための広報誌(Lettre d'information

NATURA 2000)を毎年ほぼ2回の頻度で発行しているが，その中で，候補地リスト提出の進捗状況を評価した一覧表が公にされており，そこでは，各国別に，「著しく不十分」・「充実したが未だ不十分」・「完璧」という3段階評価が記載されている。それによれば，スペインやデンマークのように，すでに国土の20%を超える面積を候補地としてリストアップした国や，オランダのように，「実際的にみて完璧」と評価される国々がある一方，ベルギー，ドイツ，フランス，イギリス等のように，2, 3年前までは「著しく不十分」との評価を下されていた国々も存在する。このため，1992年から2000年までを対象としたEUの第5次アクションプログラム[8]の総括文書において，EU委員会は，「ほとんどの加盟国において，保護すべき区域の調査は進展しているが，当初合意された提出期限はおよそ尊重されない状況にある」[9]と指摘せざるをえない状況であった。

　もっとも，21世紀に入った頃から，加盟各国の候補地選定作業もようやく佳境に入ってきたようであり，最近では，EU加盟国のヨーロッパ圏内領土の15%以上の面積の地域が，ナチュラ2000網によりカバーされるに至っており[10]，「著しく不十分」という不名誉な評価に甘んじる加盟国も，存在しなくなっている[11]。とくにアルプス山脈やピレネー山脈等の高山帯域では，その総面積の37%がナチュラ2000網によりカバーされるに至っている[12]。

　しかし，ここに至るまでには，上述のように，多くの加盟国での困難を極める選定作業が行われたのであり，そうした中で，リストの提出を促そうとするEU委員会と遅々として進まない加盟国との間での紛争が生じた。

3.7.2. EU委員会・フランス間訴訟

　ローマ条約226条によれば，加盟国が条約上の義務に違反する場合，EU委員会は，まずはじめに当該加盟国に対して弁明のための意見書提出を求めたうえで，理由を付した催告書により，EU委員会が指定した期間内に義務履行を求め，それにもかかわらず加盟国側がなおも右指定期間内に条約上の義務を果たさない場合には，EU裁判所に出訴して加盟国側の義務履行を請求することができる。フランスは，すでに，1979年の野鳥保護指令に基づくZPS指定手続において大きく立ち後れるという前歴をかかえている[13]。

その背景には，狩猟家団体からの政治的圧力があると考えられており，そのため野鳥保護指令の国内実施のための十分な措置がとられなかった。その結果，フランス国内の自然保護団体が，関係県知事を相手どって，野鳥保護指令違反を理由に EU 裁判所へ義務履行のための訴訟を提起し，1994 年 1 月 19 日の EC 裁判所判決[14] によって，フランス側の敗訴が確定している[15]。

1992 年の生態域保護指令に基づく保護区域候補地リストの提出義務に関しても，野鳥保護指令の場合ほどではなかったが，当初，フランスの対応はきわめて緩慢たるものであった。2003 年 10 月の時点では，1202 カ所の生態域が候補地として提案され，その総面積は，ヨーロッパ圏内フランス国土の 7.5%（4 万 1300 km^2）を占めるまでに漕ぎ着けた[16] が，生態域保護指令 4 条 1 節 2 項の規定によりリスト提出期限とされた 1995 年 6 月 10 日時点でフランスが提出した候補地リストは，皆無であった。それ以降も小出しで候補地リストを提出することに終始したフランスは，最も遅れた加盟国として，EU 委員会による EU 裁判所への訴訟提起の対象とされた。この事案につき，EU 裁判所は，EU 委員会側の訴えを認容し，フランスは生態域保護指令により同国に課せられた義務に違反する旨の判決を，2001 年 9 月 11 日に下している[17]。

判決理由の中で，EU 裁判所は，一方では，加盟国側には，候補地リストに組み込むべき区域の選定に関して「ある程度の評価の余地」が認められると述べて，裁量的な判断余地を認めたが，他方で，加盟国による候補地選定の手続および選定基準を定めた自然生態域保護指令の諸規定（同指令 4 条 1 節所定の候補地選定手続および別表第 3 所定の候補地選定基準）を総合して解される同指令の趣旨に照らして考えれば，かかる加盟国側の候補地選定の際の裁量的判断には，以下の 3 点にわたる拘束条件が及ぶとした。第 1 に，候補地選定を律する判断基準はもっぱら「学術的性格の基準」でなければならない。当然のことながら，これによって，政治的あるいは社会経済的な考慮により候補地選定が左右されることは禁じられる。第 2 に，加盟国が提案した候補地は，加盟各国の領土全体を地理学的に調和がとれかつ適切にその特性を反映する形でカバーし，しかしてその結果，一貫性があり均衡のとれた生態系保護のネットワーク構築を可能とするものでなければならない。そ

れゆえ，加盟国が提出する候補地リストは，その領土内に現存する自然生態域および動植物種について，それぞれその生態学的もしくは遺伝学的な多様性を反映するものでなければならない。ここでは，結局，生物地理学的な視点から生態学的・生物学的多様性を確保するための系統的・客観的な選定基準に基づく選定を確保する必要性が強調されているのであり，こうした枠組み提示により，加盟各国による候補地選定が，生物多様性の視点から当然選定すべき区域を意図的に除外することとなるような，恣意的な候補地選定を排除しようとする生態域保護指令の立法意思が，EU裁判所の判決理由の中で再確認されているといえよう。さらに第3に，候補地リストは「完璧なものでなければならない」。換言すれば，各国は，「自国領内に現存する生態域保護指令所定の自然生態域類型および指定動植物種の生息域のすべてを，十分に反映する形で」組み込むことを可能とする数の候補地を，提案するのでなければならない。これにより，生物地理学的見地から保護すべきである生態域を網羅的にリストアップする義務が，加盟国に対して課せられていることになる。

　以上のような候補地選定の諸原則からすれば，EU委員会がZSC指定候補地に関する「網羅的な一覧目録(un inventaire exhaustif)」を手にして判断できるように，加盟各国には，そのために必要となる適切な候補地リストを，提出締切期日までに提出すべき義務が課せられていたと解される。それにもかかわらず，フランスが事件当時に提出した候補地リストの状況は，以上のような諸原則に照らして「明らかに不十分」であったとして，生態域保護指令違反が宣告されたのである[18]。

3.8. 保護実施局面における協議手法と契約手法

3.8.1. EU農業政策における生態系保護の取り組み

　以上に述べたような紆余曲折を経ながらも，加盟各国による候補地リスト提出の水準が，未だに所期の目標を達成したとまではみなしえないにせよ相当規模に到達したことにより，ナチュラ2000ネットワーク構築に向かってのEUの取り組みは，今日，新たな局面を迎えている。新たな局面とは，加

盟各国と EU 委員会との双方向的な折衝・合意プロセスを通して確定された候補地リストをもとに，加盟各国が当該リストに掲載された候補地を速やかに ZSC として指定し，各区域の保存管理のために，管理計画を策定・実施するとともにその自然生態系に対する劣悪要因を排除するための種々の規制措置を講じることが，要請される局面を迎えたことを意味する。

　かくして今や本格的な実施局面を迎えたナチュラ 2000 にとって，自然保護政策以外の EU 政策との関わりが重要となる。1957 年に締結されたローマ条約[19]でも，現在の 6 条によれば，環境保護のための諸要請は，EU のすべての政策や活動の決定および実施において「一体のものとして組み込まれなければならず」，また，「とりわけ持続可能な発展を推進する目的のもとに」組み込まれなければならない，と定められている。

　本章のテーマである自然生態系の保護との関係でとくに重要であるのは，農業政策における自然生態系と生物多様性の保護推進である。そこで，EU 共通農業政策(Politique agricole commune，あるいは Common Agricultural Policy)の中でも，自然保護との両立をめざした施策が講じられるようになっているようである[20]。一方では，農業による水質汚染等の公害を防止するための措置として，加盟各国と農家との間で「農業に起因する公害抑止契約(contrats de maîtrise de pollution d'origine agricole)」を締結し，農家に補助金との引き替えで汚染防止措置をとらせるという内容の契約の締結が奨励されている。他方，野生動植物の生息環境を保護する目的のもとに，加盟各国と農家との間で「環境農業措置実施契約(contrats de mise en oeuvre des mesures agri-environnementale)」を締結し，その中で，補助金支給との引き替えで，一定規模の草地を残したままでの粗放牧畜(élevage extensif)を義務づけたり，窒素肥料の使用を制限したりする，といった内容の契約締結が奨励されてもいるようである[21]。

3.8.2. 協議手法の重要性

　以上のように，ナチュラ 2000 ネットワークの構築および実施の双方において，農業等の自然保護以外の政策分野との連携が不可欠である。そのような統合的な自然保護の要請は，国内実施の義務を負う加盟各国においては，

とくに切実な課題として意識される。たとえば本章で一例として取り上げたフランスでは，1998年に，各候補地の地元でのZSC指定のための合意形成や具体的な保護管理施策の構築を方法論的な視点から支援するためのガイドブックとして，「ナチュラ2000目標文書策定のための手引書」[22]が，EU委員会やフランス環境・国土整備省等の協賛を得て，フランス自然保護区連合(Réserves Naturelles de France)によって公刊されている。

　この手引書によれば，ナチュラ2000のネットワークに組み込まれるほとんどの保護区域では，自然と農林漁業・牧畜業等の営業活動が隣接しており，これら多様な人々の活動の結果として一定の自然環境が維持されていることが多い。こうした「実際には半分だけ自然状態の(semi-naturel)」生態域を適切に保護管理するには，「先祖伝来の農法(modes d'exploitation ancestraux)」等も取り入れながら，全体として統合化された推進計画の策定が不可欠であるとされている。具体的には，国の機関，市町村等の地方公共団体，農業団体や商工関係の会議所等の職能団体，漁業や狩猟家の団体，自然保護団体および開発事業者等により構成される地域パイロット委員会(comité de pilotage local)が，各県単位で設立され，この委員会が，各県内の個々のZSCに関する保護管理のため策定される「目標文書(document d'objectifs)」について承認権を有するとともに，区域内における開発事業計画等に対する審査，修正，承認等の役割を担う。これにより，地域パイロット委員会は，地元レベルの利害調整プロセス(processus de concertation)の要の役割を果たすことが期待されているようである[23]。

3.8.3. 環境農業推進のための契約手法

　以上のような協議手法とならんで，契約手法も重視される。先に言及した環境農業措置実施契約の場合，農家に支給される補助金の一定割合をEU自ら負担することになるのであるが，そのようなEU版の農業環境政策の実施と並行して，フランスでは，農家との間で地域的営農契約(contrats territoriaux d'exploitation)と呼ばれる契約を締結し，その中で，農業補助金支給と引き替えに，一定規模の粗放農業の実施を義務づけるという契約手法が，独自に利用されている。地域的営農契約とは，フランスの農業法に固有

の契約手法であるが，1999年の「農業の方向づけに関する法律」[24]は，農業が果たすべき役割として，従来から求められてきた「経済的機能」に加えて「環境に関する機能および社会的機能」を果たすこと，および，「持続可能な発展」を図るという見地から「国土の整備に参画する」ことを求めた(1条1項)。そして，地域的営農契約の制度も，かかる見地から，農業生産を方向づけるとともに，雇用確保等の社会的機能や自然資源の保存への貢献等の公益的機能を果たすための手段として位置づけられた(4条1項)。これにより，フランスの農業および地域的営農契約という制度自体が，自然保護や農村環境の維持改善等の機能を含めた多機能化(multifonctionnalité de l'agriculture)をめざしているといわれている[25]。

以上のような見地から，たとえば，75 ha の農地をもつ農家との間で地域的営農契約を締結し，その中で，1年間に肉牛20頭の生産と青年1人(たとえば息子)のフルタイム雇用を義務づける一方で，5 ha の草地を残すとともに，10 ha の草地については雑草の伐採を7月1日まで遅らせることによって，野鳥の営巣環境を確保するといった内容の契約条項を取り結ぶことが可能であるといわれている[26]。

かかる契約手法は，自然保護のための粗放農業の実施を義務づけることによって生じる収入減を，国やEUが支給する補助金によって補塡するという意味をもつ。そして，契約締結の合意が成立すると，国と農家との間で，詳細な契約条項を定めた「負担明細書(cahier des charges)」が締結される。このような手法は，命令強制や許可制等の権力的な規制的手法に比べて，当事者双方の義務内容を地域等の実情に応じてある程度柔軟に定めることが可能であり，国の公益的利害と農家の資金的利害との調整を図るのに適した方法である。また，契約が存続する限り資金援助が安定的に継続するため，農家側にとっても受け入れやすい。さらに，個々の農家を拘束する契約の締結過程に当事者である農家自身を参加させ，交渉・協議による合意形成が図られるため，締結後の履行段階では，義務の履行がより円滑に確保されるのではないか，といわれている。地域的営農契約は，以上のようなメリットに立脚しているのである[27]。

3.9. むすび

　以上のような種々の協議や契約手法による農業環境政策の推進が，フランスにおいて成功しているのか，また，他の EU 諸国においても，同様に農業環境政策が推進されているのか，さらにまた，同様の考え方を，たとえばわが国のような地理的条件や農業環境の異なる国や地域において応用することが，どの程度可能でかつ適切であるのか，等々の疑問は尽きない。これらの問題はひとまず措くとしても，生物多様性原則を踏まえた生態系保護政策の推進に際して，各国の国境の壁を越えた広域的視野から多国間の連携による計画的自然保護のための施策が不可欠であること，また，そのような生態系保護政策の策定および実施の双方において，協議手法や契約手法を重視した合意形成のための法的仕組みの構築が不可欠であることは明らかである。EU の生態系保護分野におけるナチュラ 2000 構築のためのさまざまな取り組みは，以上のことをわれわれに教えている。

1) Directive 92/43/CEE du Conseil, du 21 mai 1992, concernant la conservation des habitats naturels ainsi que de la faune et de la flore sauvages.
2) Directive 79/409/CEE du Conseil, du 2 avril 1979, concernant la conservation des oiseaux sauvages.
3) EU 環境法の概説書において，エコシステムおよび生物多様性の保護という視点から生態域保護指令に言及するものとして，A. Kiss et D. Shelton, *Traité de droit européen de l'environnement* (Éd. Frison-Roche, 1995) pp. 128, 140 を参照。
4) このほか，ヨーロッパ圏外の加盟国領土として，大西洋上のスペイン領カナリア諸島等のマカロネシア地域(région macaronésienne)内にある自然生態域も，生態域保護指令に基づく保護の対象とされている(1 条 c 項 3 号)。
5) 従来のローマ条約 189 条 1 項では，命令および指令の制定行為権限を有するのは，EU 評議会と EU 委員会に限られていたが，現在のローマ条約 249 条 1 項では，ヨーロッパ議会と EU 評議会との合同による場合も認められている。
6) Cf. L. Cartou, J.-L. Clergerie, A. Gruber et P. Rambaur, *L'Union européenne*, 3e éd. (Dalloz, 2000) p. 163.
7) Décret N° 95-631 du 5 mai 1995, relatif à la conservation des habitats naturels et des habitats d'espèces sauvages d'intérêt communautaire.
8) 1992 年リオデジャネイロで開かれた地球サミットおよびアジェンダ 21 で提唱され

た「持続可能な発展」原則を受けて EU が策定したアクションプログラムを指している。
 9) Commission européenne, Évaluation globale—L'environnement en Europe: quelles orientations pour l'avenir?, p. 12.
10) Lettre d'information NATURA 2000, N° 15, Mai 2002, p. 1.
11) Lettre d'information NATURA 2000, N° 17, Janvier 2004, pp. 8-9.
12) Id., p. 1.
13) 上述のナチュラ 2000 推進のため EU 委員会が発行している広報誌によれば，2003 年 10 月時点でも，フランスは，EU 加盟国中で唯一，野鳥保護指令に基づく ZPS 指定状況が「著しく不十分な」国との評価を受けている(Lettre d'information NATURA 2000, N° 17, janvier 2004, p. 8)。
14) CJCE, 19 janvier 1994, aff. C-435/92, Association pour la protection des animaux sauvages et du patrimoine naturel (APAS) et autres c/Préfet de Maine-et-Loire et Préfet de Loire-Atlantique, Rec. I-67.
15) 伊藤洋一「フランス行政判例における命令権の EC 指令国内施行義務について――野鳥保護指令をめぐる行政訴訟を素材として」塩野宏先生古稀祝賀『行政法の発展と変革(上巻)』(有斐閣，2001 年)73-74 頁。なお，この論文は，野鳥保護指令違反をめぐる EU とフランスとの訴訟，および，その後，同指令の国内実施義務をめぐり環境保護団体が環境相や内閣総理大臣を相手どって，フランス国内行政裁判所であるコンセイユ・デタに提起した訴訟の帰趨とそれによって形成された判例法理の意義を，EU 指令と国内法との関係に関する広い視野から緻密な分析を加えた論文として，参考になる。
16) 最新の情報として，Lettre d'information NATURA 2000, N° 17, janvier 2004, pp. 8-9 を参照。
17) アメリカ同時多発テロと同じ日に出されたこの判決は，EU 機関による立法がフランス国内法に対して重大な制約を課すこととなる現状を端的に示した事件として，わが国の新聞記事でも，以下のように紹介されている。「もし飛行機がニューヨークの巨大ビルに突っ込んだ日でなかったら，このニュースはもう少し注目を集めたかも知れない」(「フランス・曲がり角――EU の影(下)」朝日新聞 2002 年 4 月 20 日朝刊・国際面)。
18) 以上につき CJCE, 11 septembre 2001, aff. C-220/99, Rec. I-5831, Commission des Communautés européennes c/République française.
19) Traité de Rome du 25 mars 1957 instituant la Communauté européenne.
20) Cf. Commission européenne, supra note 9, p. 12.
21) J.-F. Struillou, Nature juridique des mesures agri-environnementales: adhésion volontaire à un statut ou situation contractuelle?, *Revue de droit rural*, N° 277 (1999) p. 511; V. Cabrol, Les contrats territoriaux d'exploitation: une nouvelle tentative de réconciliation de l'agriculture et de l'environnement, *Revue de droit rural*, N° 290 (2001) pp. 85-86.

22) G. Valentin-Smith et al., Guide méthodologique des documents d'objectifs NATURA 2000 (Réserves Naturelles de France et Atelier Technique des Espaces Naturels, 1998).
23) Id., pp. 14-15, 25.
24) Loi N° 99-574 du 9 juillet 1999, d'orientation agricole.
25) Cf. F. Collart Dutilleul, Les contrats territoriaux d'exploitation, *Revue de droit rural*, N° 274 (1999) p. 344; C. Hernandez-Zakine, Analyse juridique de la multifonctionnalité de l'agriculture: l'intérêt général au coeur de l'agriculture (première partie), *Revue de droit rural*, N° 283 (2000) pp. 263-269.
26) Cf. Cabrol, supra note 21, p. 87.
27) Cf. Collart Dutilleul, supra note 25, p. 345; Struillou, supra note 21, p. 514; Cabrol, supra note 21, pp. 86, 87.

4. スウェーデンにおける総合的環境法制の形成
―― 歴史と現状 ――

4.1. はじめに

　本章の目的は，スウェーデンの環境保護法制の特色を自然保護の分野に着目して紹介することである。全体を通して次の3点に関し読者の脳裡にある程度明確な認識が形成されるように叙述を進めたい。第1に，スウェーデン人の生活にとってどのような自然空間がどのような意味をもっているのかということである。たとえ皮相な印象論を語ることになってしまうとしても，やはりこの問いかけなしに済ませることはできない。スウェーデンは，わが国の1.2倍の国土をもちながら人口はちょうど神奈川県ぐらいの国である。今日でも，針葉樹を基調とした森林がどこまでも続き，人家の周辺には広大な麦畑や放牧地が連なる。人々は否が応でも広大な自然空間との触れ合いの中で日々の生活を営むことになる。そこに彼らはいったいどのような楽しみを見出しているのか。自然の保護を語るのであれば，まずはこのことについて思いを巡らすべきであろう。もちろん自然と人間の関係は時とともに変化しているはずであるから，歴史をたどることにも努力を惜しまないようにしたい。

　第2に，自然保護の担い手は誰なのか，組織としての担い手はどのように構成されているのかという点である。主として行政機関の構造や法的な特色を論じることになるが，それだけにとどまらず，その他の担い手としてどのようなものがあるのか，それと行政機関はどのように関係しているのか，さらに担い手間に総体的な連携はみられるのかというように探究を進める。このことと関係して，第3に，自然科学の知識が法制度の運用とどのように結

びつくのかという点に目を向けたい。自然を保護するためには，自然の仕組みを十分に研究して，法制度の構築と運用の中にそれを生かすことが肝要である。生態学など自然科学の最新の知見を吸収する仕組みが必要であり，これを欠いたのではいかに高尚な理念を法律に謳っても自然保護の目的を達成できるはずはない。自然的価値の調査を誰がいかなる方法で行うのか，その結果は行政決定の基礎として活用されているのか，自然科学者と法律家の協働はどのようにして確保されるのかといった観点が重要である。公文書公開やオンブズマンという制度を早くに編み出したことからわかるように，スウェーデン人は制度づくりに長けた国民である。ここでは，自然保護の制度づくりにおけるスウェーデン人の実践性を学びたいと思う。

4.2. アレマンスレット
――スウェーデン社会における人間と自然の関係

　スウェーデン人は，おしなべて自然好きな国民である。筆者自身が同国に滞在(1997年9月より1年間)してみての実感でもあるが，他国人の論考にもそのことを指摘するものがある[1]。スウェーデン人は，長い冬の生活を脱け出したあとの野外生活をことのほか楽しみにしている。夏別荘やトレーラーハウスを利用した長期バカンスが夏の間の大きな関心事になることは否定できないけれども，森の散策，野鳥の観察，野いちご摘みなどを通した自然との触れ合いが彼らの生活の基本をつくっていることをまずは読者に認識していただきたい。

　スウェーデンおよび歴史的に同国と関係の深いフィンランドには，アレマンスレット(allemansrätt)と呼ばれる興味深い社会規範が存在する。これは，たとえば，他人の土地であっても許可なく入ってブルーベリーを摘んでもよいとか，他人の土地でも数日間であれば許可なくキャンプをしてもよい[2]といったことで，自然との触れ合いに関わる慣習としてスウェーデン社会に生成した約束事である。日本では，万民自然享受権などと訳されることもある[3]。ただし，アレマンスレットの中身は権利ばかりではなく，他人の土地に入った場合はその人の生活を覗きうるような距離まで近寄ってはならない

というような義務の側面も含まれている。

　アレマンスレットの知識は，自然保護の法制度を学ぶうえでも大切である。たとえば，自然保護地域(4.8.2.を参照)の中では，特定の区画で野草を摘んではいけないとか焚き火をしてはいけないとかいった行為規制が，その自然保護地域独自の規則として課されていることがあるが，それは本来ならアレマンスレットとして許される行為をその自然保護地域の目的のために制限しているということである。また，スウェーデンでは，海岸であれ湖岸であれ，はたまた河岸であれ，ともかく沿岸域においては，土地所有者といえども人々のアクセスを妨げる行為をしてはならないことになっているが，それはアレマンスレットとしての釣りや舟遊びの機会を保障するという意味をもっている。

　アレマンスレットは慣習であるが，この語自体が法文上に全く登場しないというわけではない。環境法典(4.6.を参照)に「アレマンスレットを享受する者またはその他の事情で自然の中に滞在する者は，何人も自分の周囲に対して配慮と注意深さを示さなければならない」と規定されている(2部7章1条)。これは旧来の自然保全法(4.4.1.を参照)の規定を引き継いだものであるが，アレマンスレットという語が用いられた唯一の法条のようである。それはともかく，大切なことは，この条文があるからアレマンスレットが認められるのではなく，スウェーデン社会に浸透したアレマンスレットについてその濫用を戒めたのがこの規定だということである。

　慣習というものは通常は紙に文字で記されることはないが，アレマンスレットに関しては，手帳の付録部分，電話帳の生活情報，ツーリングマップ，行政機関の広報紙などによって内容を確認できるようになっている。外国人のためには，英語版が用意されている。自然保護地域などを訪れる際には，アレマンスレットがどこまで制限されているかを認識しておく必要があるから，こうした周知活動には大きな意義がある。

　アレマンスレットは農民社会の慣習である。もともとは，スウェーデンの土地でだいたい同じような生活を営んでいる者同士の約束事であったのではないかと推測される。けれども，アレマンスレットはアレマン(alleman＝everybody)のレット(rätt＝right)，つまり万民の権利として認識されてき

た。ところが，今日では，アレマンスレットの享受者としてふさわしくない人々が増えている。都市化が相当に進んだ地域では，スウェーデン人でありながら，もはや自然との関係を忘れてしまった人も多い。他人の所有地で泊り込みのカヌー大会を催し，所有者にたいへんな迷惑をかけるというような事件が増えているようである。また，アレマンスレットのことを知った外国人が，スウェーデンの森を数日単位で渡り歩き，茸などを大量に採って売り捌くという事実が報道されたために，アレマンスレットはスウェーデン人に限るべきだという意見も出てきている[4]。

4.3. 自然保護の理念——史的素描

4.3.1. 科学主義の高揚
4.3.1.1. 19世紀以前と19世紀

ここでは，スウェーデンにおける自然保護の理念の変遷を歴史的に概観する[5]。まず，19世紀に至るまでについてみると，王室の法あるいは貴族特権によって自然資源の独占が図られるという状況があった。それは，自然環境を管理してその生産性を維持しようという野心に基づく規制であったといえる。ただ，人々の目が自然の経済的価値だけに向けられていたかというと，決してそうではない。むしろ，18世紀のヨーロッパが博物学への関心に満ちた世界であったということを押さえておく必要がある。わけてもスウェーデンには，二名式命名法の確立[6]で有名なリンネ(Carl von Linné，スウェーデン人はリネーと発音する)がいた[7]。リンネの名声はすこぶる大きく，世界各国から彼を慕う有能な若者が集まり，その中の幾人かは博物学的探究のためにリンネに代わって未知の世界に旅立った[8]。彼らがリンネのもとに届けた標本や新知見が博物学に対するヨーロッパの人々の関心を一層高めたのである。

19世紀に入ると，中間階層が力を得て，彼らの自然観が社会の前面に現れるようになった。それは，ロマン主義の美的価値に強く影響を受けたものであった。その波及伝播の推進力となった事柄が2つある。1つは，動物愛護運動である。動物を保護することで人間社会に道徳観が醸成されると考え

られた。つまり，自然保護の倫理的・道徳的側面が強調されたわけである。もう1つは，科学と理性への信頼である。その発現を端的に示すのが，ノルデンショルド(Adolf Erik Nordenskiöld)[9]による国立公園の提案[10]である。ノルデンショルドは，自然空間を後世に残すことの意義を，自然史の記録をとどめること，科学の分野で参照しうるものを保存することに見出した。このような精神態度こそが，ここでいう科学主義である。ただし，彼は，スウェーデン人がこれぞスウェーデンといえるような自然を大切にすることも考えていた。すなわち，愛国心を喚起するものとしての自然の価値をも重視していたのである。

4.3.1.2. プロイセンモデルの導入

　スウェーデンは，1818年にフランスのベルナドット元帥がカール・ヨーハン14世として即位したという事情もあって，政治的にも文化的にもフランスとのつながりが強い国である。しかし，19世紀の末期になると，次第にドイツへの傾斜を強めていった。それは，何よりもまず，ドイツこそ恐るべきロシアを抑えられる勢力であると踏んだからである。同時に，保守派にとっては，ドイツのヴィルヘルム王政が社会的安定の保障であったし，労働運動にとっては，ドイツの社会民主主義がモデルであった。ドイツ志向は学術の分野にも及び，スウェーデンの科学者は，当時世界の最高水準にあったドイツの学界との接触を望んだ。

　この頃は，テクノロジーの進歩による自然景観の急激な変化を人類が体験し始めた時期である。当然ドイツでも，自然景観の変容をめぐって，意見が対立した。自然保護派は，天然記念物(Naturdenkmal)の観念に拠り所を求めた。その主唱者がコンヴェンツ(Hugo Conwentz)[11]である。天然記念物という概念自体はすでに1819年にフンボルト(Alexander von Humboldt)が古巨木の保存を語る際に使用していたが，それが確立されたのは，ビスマルクによるドイツ統一(1871年)がなって地方文化遺産運動(Heimatschutz)が高まりをみせる19世紀最後の20年間のことであった。

　1898年に，コンヴェンツは，ベルリンの農業省に報告書を提出して開発の危険性を警告し，小規模な森林保護区の設定や自然特性の記録といった保護策を提案した。その効あって，彼は西プロイセンの森林調査を委託された。

このときの調査の成果をまとめたものが，1900年刊行の『森林植物学備忘録 第1巻 西プロイセン州』である。1904年には『天然記念物の危機とその保存策の提言』が出版され，プロイセン政府はこれを受けて1906年に天然記念物保存のための国家官庁をダンツィヒに設置した。このことにより，天然記念物保存を国家の責任とするプロイセンモデルが確立された。

スウェーデンの科学者たちは，コンヴェンツとは密接な関係にあったから，天然記念物に関する彼の提案は熟知していた。なかでも極地探検家として有名なナトーシュト（Alfred Nathorst）は，コンヴェンツと親しい間柄にあったので，彼に天然記念物に関する講演を依頼した。コンヴェンツは招きに応じて，1904年に，ストックホルムを皮切りにウプサラ，イエーテボリ，ルンドという大学町を回り，「とくにスウェーデンにおける自然景観および動植物界の危機ならびにその保存策の提言」と題する講演を行った。この講演で，コンヴェンツは，開発による自然景観の消失について警告するとともに，全国に質問票を配布してその結果を専門家が評価することを提案した。かくして，システマティックなプロイセンモデルがスウェーデンに導入された。だが，そこに理念の還流とでもいうべき事実があったことを見落としてはならないであろう。この講演の最後にコンヴェンツは国立公園の構想を提示したが，その発想の源泉は実はノルデンショルドであった。コンヴェンツはノルデンショルドの崇拝者であったのである。

4.3.1.3. 20世紀初頭の思潮

コンヴェンツの論に従って，国会議員のスタールベック（Karl Starbäck）は，自らの提案書を作成した。それは1904年5月に両院（現在のスウェーデン国会は一院制）で採択された。これを受けて政府は，農業省と王立学術会議（Kungliga vetenskapsakademi：KVA）に自然保護に適した措置を検討させた。その成果に基づいて，1909年[12]に，国立公園と天然記念物それぞれに関する法律（合わせて1909年法という）が制定された。しかし，このときの国立公園法は，「自然保護は土地所有権に道を譲るべし」という基本思想によってつくられていた。すなわち，自然保護は土地所有者の同意を得て行うか，あるいは国有地で行うことが前提になっていたのである。

このことからも想像できるように，スウェーデンにおいては，自然保護派

が産業界と一戦を交えるという状況は現出しなかった。両者互いに論争することがあっても，双方とも産業社会形成の担い手であることを自覚しており，相手を倒さずば止まずという局面には達しなかったのである。その要因として，産業界にも科学の利用を評価する必然性があったという事情がある。たとえば，林業家は，樹木の生長やそのための条件について知識を深める必要があり，森林を自然状態において観察する機会が確保されることは望むべきことであった。そのために科学主義に対する反目が生まれなかったのである。もっとも，これはあくまで国土が広く人口が少ないスウェーデンの事情の説明であることを銘記しなければならない。

4.3.2. 科学から実践へ
4.3.2.1. 野外生活への関心の高まり

　自然保護の観点からみると，スウェーデンの 1930 年代は，「保存」から「保全」への移行期である。人々の野外生活の楽しみを重視せざるをえなくなり（保全＝利用との調整），自然をそのまま残す（保存）ということだけでは済まなくなったのである。それは，自然保護の理念としては，アメリカの自然保全（nature conservation）モデルへの接近を意味する。

　もちろん，その背景には社会の変化がある。何よりもまず都市労働者の生活が豊かになり，余暇が増えた。人々は地方を捨てて都市部へ移動した。世紀の転換点から 1930 年代までに，農民の比率は 80％ から 33％ 強にまで低下し，工業労働者の比率は 10％ から 40％ にまで伸びた。そして，この時期に長期政権を確立した社民党は，経済成長を背景に，国民間の経済力の差異を平準化しようとした[13]。

　このことは，自然保護の面では，一般大衆の野外生活の場を確保するという動きになって現れた。野外生活の好適地はすでに富裕階層に占められてしまっており，大衆は移動の自由の制約のために余暇を楽しむことができない。本来自然空間は万人の便宜となるべき財産であるから，それが機能喪失に陥ることは，平等と民主主義の観点から容認できないと考えられた。そこで，特定の権利を「私」から「公」に移すことになった。この政策を実現したのが，1952 年の沿岸法（Strandlagen）と自然保護法（Naturskyddslagen）であ

る。このとき沿岸保護が単独の法律で実施されたことは注目すべきことで，水浴や釣りに訪れる人々のアクセスの確保が時の重要課題であったことをしのばせる。

　ともかく，沿岸法も自然保護法もともに土地所有権に対する相当な制約を含んでいたから，土地所有権の優位が前提の1909年法体制が転換の萌しをみせたことになる[14]。この傾向は1960年代に一層強固なものとなった。1964年には，沿岸法と自然保護法が統合されて自然保全法(Naturvårdslagen)となった。従来の「自然保護(naturskydd)」という語に代えて「自然保全(naturvård)」という語が用いられていることに注意されたい。1930年代から胚胎していた国家による環境管理の思想が，確固とした制度的基盤を与えられたのである。なお，後に述べるように，自然保全法はこの後1972年に大改正されて，沿岸保護のあり方が原則としてすべての沿岸域を規制の対象とする仕組みに改められ，また自然保護地域の指定等に際しての損失補償請求権を制限する規定が設けられた(4.9.2.1.を参照)。このことは，土地所有権の社会性を重視する傾向が一層強まったことを示している。

4.3.2.2.　自然観の変化

　利用と保護の調整が重視されるようになったことについては，1920年代以降の自然観の変化も要因としてあげられる。その時代から，従来原生自然の遺物と考えられていたものが，実は古代の耕作の跡地であることが認識されるようになった。たとえば，森林の採草地は後氷期落葉樹林の遺物と思われていたが，そうではないということが判明したのである。したがって，採草地保護のためにその利用を禁止すれば次第に森林が再生してくるということを踏まえたうえで，保護策を検討しなければならないわけである。

　このような認識の変化は，科学自体がそれまでの分類学的研究からプロセス重視の研究に移行したことによっている。もともとスウェーデンはとくに自然地理学の分野では世界の頂点を極めていたから，プロセス重視の思考法を取り入れる素地は十分にあったといえる。生態学的な研究もアメリカ合衆国などの第一線の研究とほぼ同じ時期に現れて，1920年代における科学主義の「再検討」を基礎づける作業に貢献した。

　景観の源泉や進化について新しい知識が得られると，自然環境における人

間の役割についての見方も違ってきた。人間の手による耕作がなければ地方の発展はなかったはずである。したがって，「地方の原生自然」というような言い方は人を惑わすものであると考えられるようになった。また，自然保護策の科学的基礎なるものの信頼性に疑いの目が向けられるようになった。なぜなら，保護の対象の決定ですら，土地所有者が好意的であるかどうかというような偶然的な要素に依存していたからである。

4.3.2.3. 自然の代弁者の交代

1909年法の制定にあたっては，KVAが大きな役割を果たした。法案を書いたのは，主としてKVAの暫定自然保護委員会であった。そして，このことにより，KVAの自然の代弁者たる地位が公認されたのである。KVAの権威は，何といっても，それが最前線に立つ科学者の集団であり，広範囲にわたる専門知識を具えていることに由来する。法制的にも，1909年の国立公園法は，スウェーデンの自然の受託者たる地位をKVAに与えていた。この枠組みのもとで，KVAは，格別な自然地を選択する際の助言者になったばかりでなく，付随的な地域の保護を進言することも可能であった。

ところが，1930年代に入ると，自然の代弁者としての役割が，次第にスウェーデン自然保護協会(Svenska naturskyddsföreningen：SNF)に移っていった。SNFもまた，1909年法の制定に参画した人々によって設立された団体である。今日では全国に270を超える支部をもつまでに至り，保護すべき対象に関して行政機関に提案を行っている[15]。役割交代の有様を法制的にみると，1952年の新自然保護法が変わり目であり，この時点で，国立公園の管理は国有地管理委員会の手に移り，助言機能と調査機能はSNFともうひとつの団体によって分有されることになった。

1930年代にSNFの役割が増大した大きな要因は，自然保護の理念が変化したことにある。上述のように，自然保護のあり方が利用と保護の調整を図る方向に転換したのであった。その方向に舵をとったのが，実はSNFのリーダーたちであったのである。彼らは，開発が国民経済にとって意味があるならば，自然資源の費消も正当化されるという立場をとった。1950年代に入ると，自然資源の開発が進み，自然保護の政策は，自然資源の合理的な保全と利用の達成へと焦点を移していった。そして，SNFは会員数を増や

し，ほかにスウェーデン鳥類協会(Sveriges ornitologiska föreningen)のような団体も設立され，自然保護の活動は，理念的な活動から実践的な国民運動へと様変わりしたのである。

4.3.3. 国際的協働の時代

1970年代以降は国際的協働の時代である。自然保護の分野にとくに目を向けてみると，最近では，危急種のリストアップのような作業が，国際法的な要請として重要になっている。1992年に開催されたリオデジャネイロ会議以降，生物多様性が喧伝されるようになって，生物調査の実施にますます精力が注がれるようになった。そうした調査がEUからの補助金の対象になるという事情もある。スウェーデンの場合，実際に調査を担当している行政官は優秀な生物学者であることが多い。彼らの調査態度は間違いなく大いに科学的であり，その限りで科学主義の復権を語ることができるかもしれない。また，農民に補助金を出して伝統的な農業景観を守るという今日の政策にも，自然による愛国心の喚起が説かれた科学主義の時代をしのばせるものがある。

ところで，スウェーデンの場合，国際協調ということでは，全世界的な協調およびヨーロッパ規模の協調のほかに，バルト海の環境改善に向けた沿岸諸国の協調が重要である。バルト海の汚染は相当深刻であり，沿岸諸国の間に1992年4月9日付でバルト海の海洋環境の保護に関する協定(通称ヘルシンキ協定)が締結された。その15条において，各締約国は，自国の責務としてまた他の締約国と共同して，バルト海における生物多様性と自然空間を保護することを義務づけられている[16]。協働の実際のあり方ということでは，バルト海洋環境保護委員会(通称HELCOMまたはヘルシンキ委員会)の活動が注目されよう[17]。

4.4. 自然保護法制の変遷

以上の理念史を踏まえて，今度はスウェーデンにおける自然保護の法制度の変遷を概観しておくことにしたい。

4.4.1. 自然保全法

上述のとおりスウェーデンでは20世紀の初頭に自然保護の思想が高まりをみせたのであったが，熱心な議員と研究者の働きかけで，早くも1909年に自然保護のための法律が制定された。これが20世紀を通してスウェーデンの自然保護法制の核をなした自然保全法の萌芽である。それが1952年には自然保護法と沿岸法に発展したが，1964年に至って両者が統合されて自然保全法[18]が成立した。その後1972年から1974年にかけて大規模な改正があり，生態学の思想を基調とする制度に改められた。

それでも自然保全法は法律の目的の二重性という問題を免れることはできなかった。すなわち野外生活の欲求に応えるという社会的な目的と自然物の価値を守るという自然保護目的の相克である。野外生活の楽しみを求めて自然の中へ入ってきた人々は，いかに思慮深くあってもある程度は環境悪化を引き起こす。人間が自然を楽しむ行為にはこうした負の面が伴っているので，ルールづくりや個別的な決定の際には，どちらの面に重きがおかれるかによって，あるときは野外生活の要求に傾斜し，またあるときは自然保護の側に傾くといったことになりがちである。しかしともかくその結果，法律の実施は首尾一貫せず，実効性を欠くことになってしまったという。また，自然保全法の自然保護目的には，土地法や森林法の基本思想とも相容れないところがあった。これらの法律は，経済的な観点から自然資源を最も適切に利用することを目的にしているからである。この目的の衝突ゆえに，自然保全の立場から景観を保全することは容易ではなかったようである。

しかし，1991年に至って大幅な改正があり，生態系の保護のために3つの改革がなされた。まず第1に，土地の水抜き等の行為の規制強化である。周知のようにスウェーデンは湖や湿地の多い国で，それがスウェーデンらしい豊かな湿地生態系を形成しているのであるが，ときにそれを埋め立てて農地にしたいという欲求が農業者に生まれることもある。そのために，湿地や湖から水を抜く行為について，それがその後も継続して排水が容易になるように土地の形質を変更するものである場合には行政の許可を要すると定めた規定がすでに存在していた。そこにこのたびの法改正で，許可審査に際して当該行為により水域汚染が生じるおそれがないかどうかを審査すべきものと

する規定が加わったのである。さらに，とくに緊急に湿地を保全すべき区域に関しては，水抜き等の行為を禁止できることになった。種の絶滅の観点から水抜きが由々しい問題であることが考慮されたためである。

改革の第2点はビオトープの保護である。自然環境に損傷を与えるおそれのある事業は，絶滅の危機に瀕した動植物の生息環境を形成しているか，またはそれ以外でとくに保護に値する小規模な地域ないし水域では実施することができないと定められた。第3点は，動植物保護のための特別規定である。従来から絶滅のおそれがあるような動植物の採取，捕獲等の行為は禁止できることになっていたが，この改正では，政府または政府の指定する行政機関において，猟または漁の権利を制約する規定，あるいは土地所有者が当該土地内に滞在する権利を制約する規定を設けることができるものとされた。

以上述べたところをまとめると，スウェーデンの自然保全法は，20世紀初頭における自然保護思想の高揚の所産として誕生し，法律の目的の二重性という難題をかかえつつも，世紀の後半には次第に生態系保護に役立つ仕組みを整えてきていたということになる。

4.4.2. 環境保護法

自然保全法とならんで環境保護法制の支柱となってきた法律に環境保護法（Miljöskyddslagen）がある。この法律は，土地や固定施設の利用に伴う環境悪化（水および大気の汚染，騒音，光，振動など）の防止を図ることを目的として1969年に制定された[19]。環境悪化をもたらすおそれのある事業を行おうとする者には，技術的および経済的に可能な環境保護のための措置をとることが要求される。この要求の実現を確保するために，許可制と報告義務が導入された。事業者がどの程度の要求を満たすべきかは，それぞれの事案の事情を考慮して施設ごとに個別的に確定される。特定の事業者類型全体を対象とする一般的規定がおかれることはほとんどない。

本法で注目されるのは，事業者に対して事業を行う場所の適切な選択を義務づけたことである（4条）。法外な支出とならない範囲で，環境の悪化を最小限に食い止められるような場所が選択されなければならないのである。本法は，直接的には人の健康や財産に対する危険の回避を目的としたものであ

るが，とくにこの立地選択原則の規定をおいたことによって間接的に生態系の維持にも貢献してきたと考えられる。なお，立地選択原則は，後述の環境法典では，総則の中に一般的配慮規定のひとつとして取り込まれている（1部2章4条）ことを付記しておく。

4.4.3. 自然資源管理法
4.4.3.1. 基本的管理規定

1980年代に入ると，環境問題に対する取り組みが国際化し，多くの国々で国内法を国際法に適合させる動きが顕著になった。スウェーデンについていうと，特筆すべきは1987年における自然資源管理法（Lagen om hushållning med naturresurser m.m.）の制定であろう。この法律は，土地利用に関わる種々の理念を謳っており，持続可能な社会を形成するための法的基盤を提示したものである。基本的管理規定と題された第2章から，生態系保護にとってとくに重要な最初の4つの条文（スウェーデンでは，条文の番号づけの仕方として，たとえば第2章第1条というように，各章を第1条で始めることが多いので注意されたい）を紹介することにしよう。

　第1条「土地および水域は，その性質，状態および目下の需要を考慮して最も適切と判断される目的のために利用されなければならない」

　第2条「開発事業の影響を全く受けていないか，あるいは無視しうる程度にしか受けていない土地や水域は，環境に有害な行為から，可能な限り長期にわたって保護されなければならない」

　第3条「生態学的観点からみてとくに影響を受けやすい土地や水域は，自然環境を害するおそれのある行為から可能な限り長期にわたって保護されなければならない」

　第4条「農林業は国家的重要性を有する産業である。耕作の価値のある農用地を住宅等のために収用することは，それが重要な社会的利益を充足するために必要であり，かつ他の土地を収用することでは一般的な観点からみて満足のいく方法でその必要性を充足することができない場合に限り認められる」

自然資源管理法の興味深いところは，この法律が傘法的な性格を有すると

いうことである。傘法というのはつまり，第1章のはじめに自然保全法や環境保護法(公害防止が主眼の法律)等の法律を列挙し(列挙される法律の数は法改正によって幾度か増加した。14になったところまで確認)，本法がそこに掲げられた個別法によって実施される旨を宣言していることをいう。そして，個別法，たとえば自然保全法の方にも，「自然保全に関する事項の検討に際しては，他の一般的利益および個別的利益に対して相応の配慮が示されなければならない。その際自然資源管理法の規定が適用されるものとする」(3条)というように，自然資源管理法の適用に関する規定がおかれている。したがって，日本の各種基本法や自然環境保全法と比べて，いったいどの法律がひとつの体系のもとに配置されるのかということが一見して明らかであり，その点にスウェーデンの自然資源管理法の特色があるといえよう。

4.4.3.2. 環境影響記載制度の導入

　スウェーデンで環境アセスメント制度の研究が進んだのは，環境法の権威であるヴェステルルンド(Staffan Westerlund)が1975年にロンドンで開催された環境法会議で初めてアメリカの環境影響評価書(Environmental Impact Statements)に接して以降のことである[20]。長年月にわたる研究と議論は，1991年に至ってようやく実を結んだ。この年に環境保護法制の大規模な改革があって，自然資源管理法のほか，環境保護法，水法およびコミューン(日本の市町村に相当する自治体)(4.7.1.3.を参照)のエネルギー計画に関する法律に環境影響記載(miljökonsekvensbeskrivning：MKB)の制度が導入されたのである。

　自然資源管理法は，MKBの導入のために旧法の第5章を第6章に改め，MKBに関する章を新設してこれを第5章とした。新法の4つの条文を要約すると，まず，第4章に規定された施設または措置に関する許可の申請にはMKBを含めなければならないとされる。したがって，たとえば製鉄所や金属工業所，パルプ工場や製紙工場などの新たな施設について許可を求めるときはMKBが必要となる。次に，政府または政府の指定する行政機関は，本法を実施する個別法のいずれかに基づく事案についてMKBが行われるべき旨を定めることができる。自然保全法との関係では，たとえば土地の水抜きの許可を申請する際にMKBを要求するということが考えられる。

そして MKB の記載内容は，予定された施設，事業または措置が環境，健康および自然資源の管理に及ぼす影響の総合的判断を可能にするものでなければならない。最後に費用負担であるが，MKB の費用は当該事業について責任を負う者または当該措置をとる者が負担すべきものとされた。

4.4.4. 計画・建築法

1987年には自然資源管理法とともに計画・建築法（Plan- och bygglagen）[21]が成立した。この法律の根幹をなすのは基本計画（översiktsplan）である。基本計画は，コミューン全体の土地利用の基本構想について，自然資源管理法に示された自然資源の利用の価値序列を考慮して，コミューンが定める計画である。つまり，まだ生態系が傷ついていないところは開発しないでおこうというようなことが，この計画の段階で考慮されるのである。基本計画は，詳細計画（detaljplan）と違って法的拘束力をもつものではないが，コミューンが県域執行機関（4.7.1.2.を参照）に意見を述べる場合の基礎として活用される。たとえば，県域執行機関において自然保護地域を指定しようとするときは，地元のコミューンに意見を求めるのであるが，当該コミューンはそれへの応答としてまずは基本計画を提示することになる。必要とあれば，基本計画策定の基礎となった資料をも県域執行機関に送付する。結局，ある地域の自然を保護しようということを考えた場合，ともかくもコミューンがその土地を基本計画において緑地地域として扱っていることが前提なわけで，そういう意味では計画・建築法は自然保護のための最も基本的な法律のひとつといえるであろう。

なお，先に述べたように詳細計画には法的拘束力が認められており，たとえば自然保護地域の指定ないし変更に関する決定は詳細計画に違反することはできない（現在は後述の環境法典の2部7章8条）。

4.5. 持続可能な発展と環境目標

4.5.1. 持続可能な発展をめざして

国際的協調の時代における環境保護の鍵概念は何といっても「持続可能な

発展」であろう。この概念は，将来世代が彼らの必要を満たせるように現世代が自然資源を合理的に利用すべきだという世代間倫理を含意する。この要請にスウェーデンも誠実に取り組んでおり，関係する政府文書がいくつか公表されている。ここでは，そのうちから「スウェーデンの環境目標——中間指標と行動戦略」と題する2000年の文書[22]を取り上げたい。これは，持続的な発展の生態学的な次元に着眼した目標と戦略を提示したものである。環境目標の枠組み自体は1999年の4月に国会で承認されたのであるが，この政府文書では，その枠組みが整序されたほか，国会の要求に応じて中間指標と行動戦略が書き加えられた。合わせて15の分野が環境質目標として定められ，それぞれについていつまでに何をするかが明確に記述されている。その15の分野とは，「気候への影響の削減」，「清浄な大気」，「酸性化は天然のものだけに」，「有毒物質のない環境」，「オゾン層保護」，「安全な放射線環境」，「富栄養化ゼロ」，「多様な生物が棲む湖と川」，「良い水質の地下水」，「均衡のとれた海洋環境，多様な生物が棲む海岸部と多島海」，「多様な動植物の生存空間である湿地」，「健全な森林」，「変化に富んだ農業景観」，「壮麗な山岳景観」，そして「良好な建物環境」である。なお，これで完結ではなく，後に付け加えられることもあるといわれている。ここでは，本書の他の章との関わりをも考慮して，「健全な森林」と「変化に富んだ農業景観」の内容を紹介しておくことにしよう。

　なお，環境目標の枠組みが国会で承認された1999年という年は，あとで述べるように環境関係の諸法律を統合した環境法典が施行された年でもある。ここで紹介する政府文書によれば，環境法典も環境質目標を達成するためのひとつの手段であり，両者の間に衝突はない。持続可能な発展という最終的な目標を達成するために互いに支え合うべきものなのである。

4.5.2. 健全な森林

　健全な森林という環境質目標について，1世代のうちに次のような成果が収められなければならないとされている。

① 森林の自然的な生産能力が保全されること。
② 森林生態系の自然的な機能とプロセスが維持されること。

③　自然的な再生が適している土地では，どこでもこの方法がとられること。
④　森林における自然的な水循環が保護されること。
⑤　森林火災の結果に対していかなる改善措置も講じられないこと。
⑥　貴重な自然遺産・文化遺産があって手入れを必要とする森林は，それらの遺産を保存しかつ価値を高めるような方法で管理されること。
⑦　樹齢および樹種の構成に豊かな変化がみられる森林が保護されること。
⑧　文化的な遺跡や環境が保護されること。
⑨　自然体験の場として森林が重視され，野外生活の楽しみへの配慮がなされること。
⑩　絶滅危惧種や自然の生態系が保護されること。
⑪　国内動植物種が存続を維持できるだけの個体数で自然状態で生息していること。
⑫　生物多様性に脅威をもたらしうる外来種や遺伝子操作を受けた生物が持ち込まれないこと。

これに中間指標として次のような記述が続く。

①　さらに90万haの要保護林が2010年までに森林生産から除外されるものとする。
②　相当数に及ぶ枯木，落葉樹の比率が高い森林地域，および老齢林の地域は2010年までに維持拡大が図られるものとする。その手段は以下のとおり。
　　a．固い枯木の量を全国的に少なくとも40％増やす。生物多様性がとくに危機的状況にある地域についてはさらに増やす。
　　b．落葉樹の比率が高い安定林の面積を少なくとも10％増やす。
　　c．老齢林の面積を少なくとも5％増やす。
　　d．落葉樹林で再生させられた森林の面積を増やす。
③　林地は古代遺跡に損傷を与えないように管理され，またその他の著名で貴重な文化的遺物に対する損傷が2010年までに無視しうるものとなるように手段が講じられなければならない。
④　2005年までに，とくに狙いを定めた措置を必要とする絶滅危惧種に

ついて行動計画が実施されていなければならない。

　では，スウェーデン政府はこれらの中間指標をどのようにして達成しようと考えているのか。それは以下の4点にまとめられている。

① 40万haの国有林について措置が講じられることを別にすると，中間指標が達成できるかどうかは，少なくとも50万haの森林について森林企業および個人の森林所有者による自発的な保護措置が講じられるかどうかにかかっている。

② この指標を達成するためには，国家森林委員会および県森林委員会からの助言と情報提供が必要であろう。

③ この指標を達成するには，所管官庁からの助言と情報提供も必要になろう。

④ 絶滅危惧種のための行動計画が必要かどうかは，他の中間指標に関してとられる措置によって決まってくる。しかし，政府は，他の絶滅危惧種についてと同様，およそ30種の森林種についても行動計画を策定することが必要だと考える。

　この中間指標の提案内容が実現すると，区域保護のあり方が改まり，重要な生態学的な遺産と野外生活の楽しみのための遺産とを併せ持つ区域を保護することも可能になると期待されている。中間指標を達成するための政府支出は2001年から2010年の期間で97億スウェーデンクローネ(以下，クローネという)と算定されているが，不足が予想されるので，2001年の支出をベースにして2002年は9000万クローネ，2003年は1億1000万クローネ，2004年からは毎年およそ5億2000万クローネの追加配分を行うことが計画されている。

4.5.3. 変化に富んだ農業景観

　この環境質目標については，1世代のうちに以下のような事項を達成すべきものとされている。

① 耕作地の栄養状態がうまくバランスがとれていること，すなわち良好な土壌構成と腐植質分を備えていること。そして汚染レベルが生態系の機能と人間の健康に影響を及ぼさない程度に抑えられていること。

② 農地が環境への悪影響を最小化し生物多様性に資するような方法で耕作されること。
③ 土地がその長期的な生産能力を維持するような方法で耕作されること。
④ 農業景観は開放的で変化に富み，動植物が生息する多数の小空間と水環境とを備えていること。
⑤ 農業景観における生物学的，文化的および歴史的遺産は昔からの伝統的な農業経営の所産であるが，それが保存されかつ一層価値あるものとされること。
⑥ とくに貴重な農場の建物と周辺の一帯が保存されかつ一層価値あるものとされること。
⑦ 絶滅危惧種とその生息空間，それに文化的環境も保護されまた保存されること。
⑧ 農地における非栽培植物および動物種の生息空間と散布経路とが保存されること。栽培植物は可能な限り昔から栽培されている土地で保存されること。
⑨ 生物多様性にとって脅威となりうる外来種および遺伝子操作を受けた生物が持ち込まれないこと。

上記の事項を達成するために，以下のような中間指標が設定された。
① 2010年までにすべての採草地と放牧地が保存され，その価値を維持するような方法で管理されること。2010年までに，伝統的な方法で管理されてきた採草地を少なくとも5000 haは増やし，人手の入った放牧地のうちで最も危機的な類型のものの面積を少なくとも1万3000 haは増加させること。
② 農地における動植物の小規模な生息空間が少なくとも今日全国にみられる程度に保存されること。2005年までに，平坦な地域における動植物の小規模な生息空間を増やすための戦略が採用されていること。
③ 配慮されるべき文化的特色を具えた景観要素の数を2010年までに70％程度増やすこと。
④ 2010年までに，植物の遺伝子資源のための全国計画が策定され，またスウェーデン種の家畜を将来に残していけるように十分な人材が確保

されること。
⑤　2006年までに，とくに狙いを定めた措置を必要とする絶滅危惧種のための行動計画が進行していること。
⑥　2005年までに，文化的ないし歴史的な価値をもつ農村建築物の保存のための計画が準備されていること。

　これらの事柄を実現するにはさまざまな手段を講じる必要があるが，それらを調整する責任は第一次的には県域執行機関(4.7.1.2.を参照)が負うものとされている。また，この中間指標の達成を確実なものとするためには，現行の環境・農村振興計画(第5章参照)は2006年以降新しい計画に置き換えられなければならないだろうとも述べられている。なお，読者は，本章におけるこの後の記述との関係で，①に登場する採草地や放牧地の保存ということを記憶にとどめていただきたい。伝統的な農業経営の放棄とともにスウェーデン特有の草原生態系が失われつつあり，現在その保存が喫緊の課題となっているのである。

　これらの中間指標を達成するための手段は以下のとおりである。
①　中間指標を達成するのに最も重要な手段は，貴重な採草地と放牧地の管理ないし再生を目的として環境・農村振興計画に基づいてなされる情報提供と補助金交付である。県域執行機関において土地所有者のための助成活動を行い，さまざまな援助計画について彼らに情報を提供するべきだと政府は考える。
②　スウェーデン農業委員会は，平坦な地域における動植物の小規模な生息空間の数を増やすための戦略をねるよう指示を受けるであろう。道路庁は沿道の草地における植物相と動物相の多様性を確保するための努力を継続するべきである。
③　環境・農村振興計画は，自然的な要素と文化的な要素の保全活動への統合を促進する働きがあるので，中間指標を達成するための重要な手段である。
④　政府は，家畜種の遺伝子資源を保存するための戦略に着手した。この戦略は，統一農業政策の評価およびスウェーデン農業委員会による環境・農村振興計画の見直しと一体となって，危機的状況にある家畜種を

飼育している農業者に対してさらなる援助が必要であるかどうかを明らかにするであろう。
⑤　政府は，自然保全庁(4.7.1.1.を参照)に対して，行動計画を策定して実施するよう指示するであろう。有機農業が行われる土地の比率をあげる対策が中間指標の達成にとって重要である。
⑥　農場の建築物が危機的な状況にあるので，とくにこれの管理と保存の計画を立てることが中間指標の目的である。

以上の提案事項が実施されることで，農業景観における生物多様性の確保，開放的な景観の保存，および農業が環境に与える悪影響の緩和が促進されるものと期待されている。中間指標達成のための政府支出は2001年から2010年の期間で166億クローネと算定されている。しかし，これでは不足が予想されるので，「健全な森林」の場合と同様，年度ごとの追加配分が計画されている。

4.6. 持続可能な発展と環境法典

4.6.1. 環境法典化の潮流の中で

目下ヨーロッパの各国では，環境保護関係の諸法律の統合，すなわち環境法典の制定がひとつの潮流となっている。各国とも，たとえば予防原則(precautionary principle)の貫徹のような国際的な要請に対応できる制度づくりを意図しているようである。スウェーデンでは，この試みは1989年に始まった。1994年に一度環境法典(Miljöbalken)の法案が国会に提出されたが，折からの政権交代のために頓挫した。しかし，直ちに別の委員会のもとで準備が進められ，1998年には法案提出の運びとなり，とくに混乱もなく成立した。1999年1月1日から施行されている。

スウェーデンの環境法典は，旧来の環境関係諸法律を，若干の修正を施したうえで，全7部33章にまとめたものである。従来自然保護法制の骨格を形成していた自然保全法の諸規定は，環境法典では，2部「自然保護」7章-8章に配置された。また，環境保護法の根幹的な部分が3部9章に，自然資源管理法の規定は大部分が1部の3章と4章にそれぞれ収まっている。計

画・建築法は環境法典に取り込まれなかった。ここでは，それ以外で重要な事項を3点解説しておく。一見生態系保護から離れるような事柄も含まれるが，前提事項として必須の知識である。

4.6.2. 一般的配慮規定

まず，一般的配慮規定と呼ばれる一群の規定(1部「総則」2章1条-10条)のうちから，スウェーデン環境法の予防的性格をよく示しているものをいくつか取り上げよう。いずれも事業者ばかりでなく一般私人にも適用される。

最初にくるのは，「証明負担原則」である。環境にとって危険な行為をする者は，許可の審査等の機会に，本章に基づく種々の義務が遵守されていることを証明しなければならない(1条)。次に，何人も自らの行為の態様や性質に関する知識を身につけて，人の健康や環境に対して悪影響を及ぼさないように配慮することを要求される(2条)。さらには，自分の行為が人の健康および環境に対して損害ないし支障をもたらさないように，またはそうした負の効果を抑制できるように，何らかの慎重な方法を採用することを義務づけられる(3条：これはいわゆる予防原則の一形態と考えられるが，「慎重原則」と呼ばれている)。防護措置を講じるなど慎重な方法を採用してもなお人の健康や環境に重大な損害や支障をもたらすおそれのある行為は，特段の事情がなければ許されない(9条)。この9条は，最終的にある行為を断念させる働きをするので，「ストップ規定」と呼ばれることがある。

化学物質またはバイオテクノロジー生物を使用する者は，自分が使おうとしている物質または生物につき，それよりも危険度が低いと判断されるもので代用しうるときは，その利用を控えなければならない(6条)。これはいわゆる「物質選択原則」の定めで，すでに化学物質法の1990年改正で明文化されていた同趣旨の原則に，対象としてバイオテクノロジー生物を取り込んだものである。

4.6.3. 事業の許容性の全国的見地からの審査

環境に重大な影響を及ぼしうる事業については，それぞれの分野で必要と

される事業許可の審査に先立ち，政府が全国的な見地から当該事業の許容性を審査するという仕組みが設けられている。鉄鋼業・金属工業・合金鉄工業，パルプ工場・製紙業，原油精製工場・重石油化学製品の工場，セメント工場，原子力施設，特定の危険廃棄物の処理施設など 21 種類の事業については，政府は必ず許容性を審査しなければならない (4 部「案件の審査」17 章 1 条)。21 種類の事業のうち，ここに例示した事業を含む 12 種類の事業については，政府は，コミューン議会の同意がなければ当該事業を認めることはできない (このことをコミューンの「拒否権」と呼ぶことがある)。

4.6.4. 環境裁判所

　環境法典の制定に際して，旧来の「水裁判所」と「環境保護のための営業権付与委員会」という組織が廃止され，これらに代わるものとして，ストックホルムを含む 5 都市の地方裁判所に「環境裁判所」が，そしてストックホルム所在のスヴェア高等裁判所に「環境上級裁判所」がおかれた (4 部 20 章)。環境裁判所は，法律家である裁判長と，環境問題の有識者である環境参事 1 名，専門委員 2 名の計 4 名で構成される。環境上級裁判所もまた 4 名で判決を下すのであるが，そのうち 3 名は法律家でなければならず，残りの 1 名は環境参事である。環境裁判所の方の専門委員というのは，1 名は自然保全庁の活動領域に収まる問題について経験を有する者から選ばれ，もう 1 名は裁判長が事案の性質に照らして任命する。後者の場合，自治体や産業界での経験が要求されることが多い。

　環境裁判所が第一審として審理する案件については環境上級裁判所が第二審となるが，さらに通常最高裁判所への上告が可能である。環境裁判所は，損害賠償や損失補償あるいは制裁金賦課などの案件を第一審として審理するほか，環境に悪影響を及ぼしうる事業の許可や，水利事業の許可などの審査をも担当する。事業許可の審査権限は県レベルの執行機関などに割り振られていることもあり，その場合は，環境裁判所が第二審，環境上級裁判所が終審である。こうした役割分担は，行政の作用と司法の作用に同質性を見出すスウェーデン特有の権力観に基づくものと思われる。

4.7. 自然保護の担い手

　前節までで一応自然保護の法制度を概観した。引き続いて，その制度の実施は誰が担っているのか，それぞれの担い手にはどのような特色があるのかという方向に話を進めたい。実際に取り上げるのは，国，県，コミューンそれぞれのレベルで中心的役割を果たす行政機関と，行政と連携しつつ自然保護の活動を行う財団である。

4.7.1. 行政機関

　まずは，自然保護の事務を担当する行政機関について説明する。スウェーデンの行政組織は，政策部門と執行部門が分離されているところに特色がある。このことを環境行政についてみると，まず中央に，環境・自然資源省（Miljö- och naturresursdepartementet）と自然保全庁（Statens naturvårdsverk，ただし一般的には naturvårdsverket と呼ばれる）がある[23]。前者は，政府の一事務部門として，法案作成などの政策分野の仕事をしている。それに対して後者は，制定された法律の執行を受けもつ。とくに中央の執行機関として，全国的で一般的な環境目標を地理的条件の異なる各地域で実際に役立つ目標に転換すべく，地方の行政機関と協働することを目的としている。

4.7.1.1. 自然保全庁

　自然保全庁の担当事務は，自然保護に限らず，環境行政全般に及ぶ。それゆえ，日本では環境庁ないし環境保護庁と訳されることが多い。実質的にはそのとおりであって，スウェーデン人も，英語で発信するときは Swedish EPA（EPA はアメリカ合衆国の環境保護庁）と表記することがある。筆者も他の識者が日本の読者に実質を正しく伝えようと努力されていることに異を唱えるつもりはない。しかし，ともかく本章では，その名に自然保全（naturvård）という語が用いられていることを重視して，自然保全庁と呼ぶことにしたい。

　この新しい組織が自然保全の語を冠して出発したことには，必ずそれなり

の事情があるはずである。そこで，自然保全庁創設の経緯を簡単にみてみることにしよう。事の直接の始まりは1950年代後半に自然保護の強化を求める声が高まり，それを受けて自然保全検討委員会（Naturvårdsutredningen）が設置されたことにある。読者には，すでにここで自然保全（naturvård）という語が採用されていることに留意していただきたい。1960年代は，国民の野外生活の便宜が重要な政治課題となり，自然環境を国家が計画的に管理する（naturvårdという語にはその意味がある）という思想で施策が展開され始めた時期なのであった。

　自然保全検討委員会は1962年に「自然と社会」という報告書を出して，国内の最も保護に値する区域が保護されていないという認識を明らかにした[24]。そして，自然保護法制の充実を図ることに加えて，国の自然保全官庁の設置を提言したのである。法制の充実という面については，1964年に沿岸法と自然保護法が統合されて自然保全法に改まったことをすでに説明した。自然保護の官庁としてはその前年に国の自然保全会議（Statens naturvårdsnämnd）が設置されている。それが1967年に至って自然保全庁に改組され，1939年創設の余暇会議（Fritidsnämnden）と統合された。おそらくスウェーデンの自然保全庁はこの種の機関としてはヨーロッパで最も早く設立されたことになると思われる[25]。

4.7.1.2. 県域執行機関

　県域執行機関（länsstyrelse）は，県（län）のレベルで執行活動を行う国の行政機関である。原語にみられるstyrelseというのは委員会のことであるから，素直に訳せば「県委員会」となり，実際そのような訳語を目にすることもある。また，「県中央行政庁」と訳した文献[26]もある。担当している仕事の量と実質をみれば，「県庁」と訳すのがよいかもしれない。ただ，県庁という語は職務の場であり，職務の主体を語るときは県と表現することになろう。日本の都道府県は法人格を有する団体であるが，法人格の有無という観点からみるなら，スウェーデンで都道府県に相当するのはランドスティング（landsting）[27]である。ランドスティングは，県を区域とする自治体で議会もある。しかし，その職務は医療を中心とするわずかな領域に限られていて，日本の都道府県とは受ける印象が異なる。そういう事情で，都道府県を連想

させる「県庁」という語を国の機関である länsstyrelse の訳語とすることには躊躇を覚える。そこで,「県という区域の範囲で執行活動をしている機関」という定義めいた表現を短くまとめて,「県域執行機関」という訳語を用いることにしたい。「行政」ではなく「執行」という語を用いているのは,スウェーデンでは政策部門と執行部門が分離されていることを意識したものである。

県域執行機関の政策的な決定は,14名の委員からなる委員会(styrelse)において行われる。委員会の長は政府によって任命される知事(landshövding)である。知事は国の利益を代表するが,その他の委員が県内の各界から選ばれるので,県内のさまざまな利益も反映される仕組みになっている。また,スウェーデンでは,国民に対する権力行使の案件と法律の執行に該当する案件に関しては,各執行機関は,他の執行機関の指示に左右されないで独立して決定することが要求される[28]。したがって,県域執行機関が国の機関であるといっても,権限行使において中央の執行機関に階層的な拘束を受けることはないという建前である。自然保護の分野では,中央の執行機関は先の自然保全庁であるが,自然保全庁はもともと県域執行機関を指揮する役割を与えられているわけではなく,地方に不足している知識を補完するのが仕事なのである。また,県域執行機関は国の行政組織の中にあって内務省のもとに位置しているが,それは予算要求を行う場合などに意味をもつことであって,具体的な職務上の権限行使に際して内務省の指揮監督を受けるということではない。

ところで,わが国では行政処分の権限を大臣や都道府県知事など組織の長に割り振っていくのが通例であるが,スウェーデンの法律は,たとえば「県域執行機関は自然保護地域(4.8.2.を参照)を指定することができる」というような定め方をする。では,県域執行機関の誰がどのようにして決定するのか。その点についての原則は,先に少しほのめかしたのであるが,政策的な要素を含む事柄は委員会で決定するということである。ある区域を自然保護地域に指定するかどうかということは大いに政策的な意味をもつので,最終的には委員会で決定される。それに対して,すでに設立された自然保護地域内での個別的な決定(たとえば電話ボックスの設置の許可)は,当該県域執行機関

の組織運営に関する定めに従って，特定の職員に任せられる。

4.7.1.3. コミューン

　コミューンは日本の市町村に相当するが，市，町，村の3つに区別されているわけではないので，コミューンとカタカナで表記することにする。ただし，実際の市の名をあげるときは，筆者の感覚でとくに違和感がなければ，たとえばウプサラ市(ストックホルムのすぐ北)というように表記している。

　自然保全法(現在は環境法典の2部7章)の執行で，中心的な役割を果たしてきたのは県域執行機関であった。しかし，環境法典の規定をみると，かつては基本的に県域執行機関に留保されていた権限をコミューンも並行的に行使できるように変更している箇所がある。たとえば自然保護地域の指定に関する規定(2部7章4条)がそうである。もっとも，従来でも，コミューンは，実力さえあれば，県域執行機関から権限の委任を受けて，自然保護地域の指定を行うことができた。現に，ウプサラ市が，1998年にホーガダーレン＝ノーステン自然保護地域の指定をした[29]。ウプサラ市は優秀な生態学者を職員として幾人もかかえているので，指定の前提となる作業(自然調査や規則づくり)がこなせるのである。

　もうひとつ例をあげよう。後述のようにスウェーデンでは沿岸域において建築等の行為を全般的に禁止の扱いとし，特段の事情があれば行政においてその禁止を解除するという仕組みをとっている。この解除の決定は原則として県域執行機関の権限とされている(2部7章18条)が，県域執行機関はコミューンに委任することもできる(2部7章31条)。これは環境法典成立前もそうであった。そして，実際にコミューンが権限を行使することが多かったのである。

　ところで，スウェーデンのコミューンは市長制をとっていない。行政組織はいくつかの会議(nämnd)に分かれ，その中心にコミューン委員会(kommunstyrelse)がある。議会の政党の勢力分布がそこに投影される。つまり，コミューンの行政は政治家が担うという建前なのである。もちろん職業行政官も存在するわけで，「政治家が彼らに権限を委任できるのはどこまでか」ということが重要な問題になっている。なお，コミューンの政治家は，政党には所属しているものの，プロの政治家ではなく，たいていは他に職業を

もっている。スウェーデンでは住民参加ということをあまり言わないような印象を筆者自身は抱いているが、もともと行政活動全体が住民参加で行われているような実態を踏まえて考察するべきであろう。

4.7.2. 財　団

今日わが国では自然保護の分野においてもNPOの役割が重視されるようになっているが、スウェーデンの場合は財団(stiftelse)の活動に注目する必要があるように思われる。スウェーデン政府も、自然保護政策に関する政府文書[30]の中で、目下国内に存する7つの財団の名をあげ、その活躍ぶりに注目した。政府がとくに評価したのは、財団の活動の柔軟性、具体的には他の自然保護の担い手すなわち行政や民間の研究団体などとの協働である。

筆者は、2001年度に実施したスウェーデンでの調査で、テュレスタの森財団(Stiftelsen Tyrestaskogen)、多島海財団(Skärgårdsstyrelsen)およびウップランド財団(Upplandsstiftelsen)という3つの財団を訪問した。以下これらの財団の活動内容を紹介する。とくにウップランド財団については、いささか個人的なつながりがあるので、少しばかり詳しく説明するつもりである。ただその前に、とくに以下の事柄について読者の注意を促しておくのが賢明であろうと思う。それは、これらの財団の設立に際しては自治体が主導的な役割を果たしたこと、財団と自治体の間には経営面でも成果の活用の面でも緊密な関係があること、しかし、財団の活動方針は財団内の委員会によって自主的かつ自律的に決定されていること、以上3点である。

スウェーデン語のstiftelseを財団と訳してよいかどうかについては、もちろん慎重であらねばならない。そこで法人法の概説書[31]をひもとくと、stiftelseについて、「設立者が、自己の財産が独立の財産として自分が特定した目的のためにstiftelseとして継続的に管理されるようにと希望して財産を寄付する場合に、stiftelseが設立される」というような記述がみられる。このような記述があることと、スウェーデン人が英語で表記する際にfoundationという語を用いることから判断して、一応財団と訳してよいものと考える。

財団という仕組みに関しては、スウェーデンには長い歴史がある。初期に

は，教会との結びつきあるいは教会によって運営される病人や貧者の救済との結びつきを目的として財産を寄付したり，遺言を残したりするのが通例であった。後に教育の分野で寄付がなされるようになり，1800年代の終わりには，高等教育や学術研究のための寄付に対する関心が高まったという。そうした伝統にもかかわらずスウェーデンではずっと法律の規定のないままで済ませてきたが，1994年に至ってようやく財団法が制定された。同法によれば，財団の設立には，財団規約（日本風にいえば寄付行為か）の作成，それに財産管理を引き受ける者への財産の譲渡という2つの行為が必要である。譲渡される財産があまりに少ないと設立は認められない。受け取った財産でもって財団の目的を5，6年推進できれば，継続性の要件は満たされるであろうといわれている。ただし，すでに存在する財団については，このような要件の充足は求められない。この後取り上げる財団はいずれも自治体（自治体だけではないが）の出資によって設立されたものであるが，財団法制定よりもずっと前から活動を続けている。

4.7.2.1. ウップランド財団
(1) 設立の背景

これまでにもたびたび指摘しているように，1960年代は，行政が国民の野外生活に配慮することを重要課題と認識し始めた時期である。国レベルの記憶すべき出来事は，1964年の自然保全法成立と1967年の自然保全庁の設立である。その頃，県のレベルでも，県域執行機関の中に自然保全を担当する部がおかれるようになった。そのような状況の中で，ウプサラ市では，カールスソン（A. G. A. Karlsson）議員が1962年に余暇委員会の設置を提言した[32]。そして，この委員会が1966年にヘルヤルエー（Härjarö）の買い取りを提言し，実際に買い取りがなされたのであるが，これはウップランド財団の活動を先取りする企画であったといえよう。現在この区域は自然保護地域になっていて[33]，ウップランド財団が管理している。

カールスソン議員は，1967年には，ランドスティングとコミューンは土地の買い取りなどの方法で市民の野外生活とウップランドの自然の保護に適した区域を保全すべくもっと努力を傾けるよう提案した。この提案があったために，ランドスティング議会は1972年にランドスティングとコミュー

ン[34]が資金を出し合って「余暇のための区域とウプサラ県の自然のための財団」を設立することを決めた。この財団が幾度か名称を変えて，今日ではウップランド財団と呼ばれている。

(2)　財団の財政・組織・活動

まずウップランド財団の財政であるが，2001年度の総収入はおよそ1190万クローネで，そのうち設立者たる自治体からの拠出金が約930万クローネ，賃料や森林伐採などによる収入が約100万クローネ，世界自然保護基金，EU，県域執行機関などからのプロジェクト補助金が約150万クローネである[35]。

次に組織とスタッフをみてみよう。ウップランド財団の目的は，野外生活を支援することと，ウップランドの自然を保全することである。そのため，組織の方も，野外生活の支援を担当する部と自然環境保全部とに分かれている。全体で10名ほどの職員が働いており，純粋の事務職員もいるが，多くは森林管理学，水文学，昆虫学などの専門知識をもった人たちである。また彼ら以外に，財団のために野外の調査活動に従事する人員が確保されている。それらの調査員とは個別的に契約が締結されているのであろう。

ウップランド財団は，設立の趣旨からも察せられるように，自然保護地域に値するような土地の買い取りを年々進めてきた。買い取りに先だち自然的価値の高い地域を調査して自然保護地域の候補地を決めるのは財団の重要な仕事である。現在財団はウプサラ県内に15ヵ所ほどの自然地域を所有しているが，そのほとんどが自然保護地域に指定された。自然保護地域の管理も財団の役割となっている。自然保護地域には，野外生活の楽しみのためのものもあり，自然保護を目的とするものもあり，また双方の目的を有するものもある。財団設立時からの傾向をみると，1970年代の間は，野外生活への配慮に関心が高かった1960年代の思潮を反映して，買い取られた土地にはたいていキャンプ場や水浴施設などが付設されていた。それが1980年代に入ると，そうした施設を設けることはほとんどなくなり，近年ではむしろ自然保全の方に関心が向けられるようになっている。

(3)　財団の調査活動

自然保護の活動は，法制度をいかに工夫しても，制度の運営にあたって自

然調査が十分に行われるのでなければ，思わしい成果をあげられるものではない。それゆえ，まずは自然調査の実施の仕組みを充実させたうえで，得られたデータをうまく生かせるような制度を構築するべきであろう。もっとも，自然調査というものは，計画策定とか開発事業などを機会として単発的に行うのでは，たとえ数年の時日を費やしても決して十分ではない。何らかの適切な組織において，自然調査をひとつの独立した仕事と考え，永続的に調査を積み重ねてそのデータを集積し，計画策定や開発事業の環境影響評価に際してはそのデータを使うというのがあるべき姿だと思う。また，自然調査においては，小さな生物の調査にこそ大きな力を注ぐべきである。小さな生物は生態系の基礎である。筆者にはさしあたり昆虫のことしか思い浮かばないが，さらに小さな土壌生物にこそ注目すべきなのかもしれない。以上が自然調査に関する筆者の持論であるが，ウップランド財団においてはそれが相当程度に実現されているように思われる。

① 正規職員を中心とする調査

　財団の中心メンバーのひとりエーリクソン(Pär Eriksson)は，昆虫(とくに甲虫)の専門家であるが，1993年以降「危機に瀕した種および環境のための生態学的景観計画」というプロジェクトに取り組んだ[36]。フィールドは，ウプサラ県北部，ダールエルヴェンと呼ばれる河畔地域の下流部である。エーリクソンのほかにウプサラの専門家が何人か参加し，ルンド(スウェーデン最南端の大学町)の専門家なども協力した。このプロジェクトは，自然保全庁のほか，Stora/Ensoという巨大林産企業から資金援助を受けて実施された。そして，プロジェクトの成果は，この企業の生態学的景観計画に活用されるという。そうするとこのプロジェクトは，あるいはスウェーデンの企業が「科学主義」に好意的であることを示す一例といえるかもしれない。

　エーリクソンらの調査において，学名を *Cucujus cinnaberinus* というヒラタムシ科の甲虫の存否の確認がとくに重視された。この種は，かつてはこの地域でよく見られたが，現在は絶滅寸前である。その原因は，この種のビオトープであるポプラなど広葉樹の枯死木が減少していることにある。その背景には，河畔の水浸林が衰退しているという事情がある。さらにその原因を探れば，採草地(äng)を特色とする河畔の農業活動が行われなくなったた

めに，河畔林が水浸林でなくなってしまったという事実がある。水浸という攪乱要素があってこそ，広葉樹林が更新できるのである。そこで，このプロジェクトの報告書では，河畔の水循環を伝統的な農業社会のそれに戻すべきだという提案がなされた。

② 契約調査員による調査

筆者はフリュックルンド(Ingemar Frycklund)という蝶・蛾の調査員と懇意にしているが，彼は，蝶・蛾に関しては北欧有数の専門家である。毎年5月から9月まで計画的に調査活動を行うほか，子どもたちの自然体験教育の指導にも携わっている。

2002年8月末に彼の調査に随行する機会があった。フリュックルンドと筆者の昼間の仕事は，森林の中を果てしもなく延びていく送電線の下を歩き，ängsvädd (*Succisa pratênsis*)と呼ばれる野草の根元を観察することであった。もしそこに蜘蛛の巣のようなものがかかっていれば，それを記録する。その蜘蛛の巣状のものは，実は ärenprisnätfjäril (*Euphydryas aurinia*) という蝶の幼虫のコロニーなのである。この蝶は日本のヒョウモンモドキの仲間と思われるが，その色合いにちなんでここでは仮にベニヒョウモンモドキと呼ぶことにしよう。

ベニヒョウモンモドキは，昔多くの人々が馬や牛を飼って農業をしていた時代には，あちらこちらでよく見られる種であった。それが，人々の離農あるいは農業形態の変化によって採草地に代表される草原生態系が消失するとともに，なかなか見られない蝶になってしまったのである。その蝶が送電線の下に卵を産むというのは，送電線の下は樹木が伐り込まれていて，草本植物だけの空間がはるか彼方まで続いているからである。この空間のことをフリュックルンドたちは「送電線路」と呼んでいる。送電線路には樹木がないために，ängsväddが生育でき，したがってベニヒョウモンモドキも生息できるのである。

ベニヒョウモンモドキにとって送電線路は最後の拠り所になりつつある。採草地や放牧地はナチュラ2000の仕組みで保護されることになっているようであるが，送電線路もそれに匹敵するとフリュックルンドはみている。しかし，その送電線路も放置すれば背の高いシダ植物がのさばってきて，それ

で陽光が遮られて ängsvädd が生育できなくなってしまう。ベニヒョウモンモドキの生息の可能性がある送電線路は，適切な手段を講じて背の低い草本植物のみの環境を維持していかなければならないだろう。フリュックルンドの調査は必ずや何らかの提言につながるに違いない。

4.7.2.2. テュレスタの森財団

テュレスタの森財団は，後述のテュレスタの森(国立公園と自然保護地域)(4.8.1.2. を参照)を管理する団体である。国立公園を取り囲む自然保護地域のうちに往古の集落が家屋の配置もそのままに維持されており，その一角に財団の事務所がある。主な仕事は，国立公園に関しては，遊歩道の管理と山火事対策である。大気汚染の影響を受けやすい貧栄養の湖や沼に石灰処理を施すというような作業もある。自然保護地域では，放牧地や採草地の維持，沿岸域の自然の保護など，人手の入った自然の管理に力を注いでいる。フルタイム職員は 3 名のみで，あとは必要に応じて臨時雇用でまかなっている。

4.7.2.3. 多島海財団

ストックホルムの沖には無数の小島が浮かんでおり，その一帯をストックホルム多島海という。そして，その小島の保全活動を行っているのが多島海財団である。現在この財団はおよそ 1 万 4000 ha の土地を所有，管理しているが，それはストックホルム多島海の全面積のおよそ 15% に相当する[37]。ストックホルム市では，すでに 1930 年代から市民の野外生活の場として多島海の土地買収を始めていたが，1940 年代に入ってそれが本格化した。当時のストックホルムの政治家は，首都の住民が多島海で容易に野外生活を楽しめるようにすることを喫緊の課題と捉えていた。低所得層の住民が夏期に家族でしばらく滞在できるように，夏別荘を建設して低価格で優先的に貸し出すという社会政策的な事業すら実施されたようである。

こうした保養地としての発展とは裏腹に，多島海の住民は離農して島を去って行く。第 2 次世界大戦の終了時にはおよそ 1 万 2000 人の人口があったが，それがわずか 20 年あまりのうちに半減した。理由は明白で，1950 年代の好景気にあおられて人々は大都市に吸い寄せられていったのである。小島の住民もストックホルムに渡って工業労働者となった。多島海の小島はそれぞれ独特の文化と耕作風景をもっていたが，耕作に従事する者がいなくて

はそれを維持することはできない。そこでストックホルムの県域執行機関，ストックホルム・ランドスティング，それにストックホルム市が出資して「財団ストックホルム多島海」を設立した。それが1998年に改組されて現在の多島海財団になったのである。本部はストックホルムにあるが，多くの支部をかかえた大きな組織である。

　現在島々では旧住民とは全く別の人々が農民として暮らしているが，彼らの家計のおよそ半分が多島海財団からの補助金である。この補助金は，財団の保全活動に対する協力（たとえば景観保全型農業の経営）の対価として正当化されている。こうした農業経営の援助のほか，島の売り物である観光と環境保護との調和を図ることも財団の重要な業務である。

4.8. 自然保護区による自然保護

　自然保護の法的手段にはいろいろあるが，ここでは「自然保護区」，すなわち区域を定めて自然を保護する手段をいくつか紹介する。そのほとんどはかつて自然保全法に規定されていたものであるが，先にも説明したとおり，現在は環境法典の2部7章に組み入れられている。

4.8.1. 国立公園
4.8.1.1. 制度の概要

　スウェーデンの国立公園（nationalpark）はすべて国有地であり，自然を始原状態で残すことを主たる目的としている。国会の承認を得て，政府が指定する（環境法典2部7章2条）。現在25カ所が指定されており，その総面積は6423 km^{2}で，国土面積の1.5%に達している[38]。国立公園は，一応万人に開かれているが，国民が気軽に余暇を過ごせる場所ではなく，出かけるには相当の時間と準備が必要である。また，公園内の通行を制限されることがあり，その限りでアレマンスレットが縮減される[39]。

　25カ所の国立公園のうちで，最初の国立公園法が制定された1909年の時点で指定されたのは，以下の9カ所である。括弧内の記述は，その国立公園の特色を示す。Stora Sjöfallet（変化に富む山岳地帯），Pieljekaise（シラカ

ンバ処女林），Sånfjället（伝説上の熊の国），Garphyttan（往古の耕作景観），Abisko（北極の庭），Sarek（そそり立つ山塊），Hamra（原生針葉樹林），Ängsö（多島海の牧歌的風景），Gotska Sandön（異国情緒の海岸）。

その後，1918年にDalby Söderskog（鬱蒼とした落葉樹林），1920年にVadvetjåkka（極北の国立公園），1926年にBlå Jungfrun（美しい花崗岩の島），1930年にTöfsingdalen（巨礫に覆われた荒野）と続いた。その次は1942年のMuddus（ラップランドの荒野）であるが，これがKVAが成功させた最後の仕事となった。というのは，1940年代にStora Sjöfallet国立公園内に発電所計画があり，KVAは，消失する野生生物の記録に忙殺され，力を殺がれてしまったからである。その後，自然の代弁者としての地位がSNFに移行したことはすでに説明した。

この後，1962年に，Padjelanta国立公園が設立された。それ以外の国立公園は，1980年代以降の指定である。

4.8.1.2. テュレスタ国立公園について

2001年度の調査で筆者はテュレスタ（Tyresta）国立公園を訪問したので，それについて簡単に説明しておく。この国立公園は1993年の指定で，ストックホルムの南およそ20kmの位置にあり，大都市近傍に残る原生林ということで注目されている。1930年代までは，テュレスタ村の農民たちが集団で森を所有していたが，もっぱら自分たちの燃料ないし建築材として森の木々を利用していたにすぎなかった。ところが，その頃，ある技師がこの森を購入して商業目的で伐採することを計画した。それがまさに実施されようかというところで，原生林としての高い価値を指摘する声が強まり，結局ストックホルム市が市民の野外生活用に買い取った。

その後近隣のオーヴァ（Åva）の森が取り込まれ，1986年には，テュレスタ=オーヴァ自然保護地域となった。それが1993年に拡張され，一部が国立公園に指定された。国立公園の区域はテュレスタの森のコアにあたる部分で，その周辺をこの後説明する自然保護地域が取り巻いてバッファーゾーンを形成している。上述のように，スウェーデンの国立公園はすべて国有地である。テュレスタの森も，国立公園に指定された部分は国有地に変更されている。自然保護地域の方はほとんどストックホルム市の所有であるが，一部私有地

もある。

　テュレスタの特色は，氷河で摩滅させられた岩石からなる裂罅谷の景観である。この景観は世界的にもたいへん珍しく，スウェーデン中部とフィンランド南部にしか見られない。不規則な格子細工の形に割れた岩床の露頭を地衣類が覆い，その間に古い松林が点在する。緑色の地衣類の広がりは，一面に抹茶をまぶしたようでたいへん美しい。公園内の森は，半分以上が原生林に分類されていて，きわめて生物多様性に富む。とくにラン科の植物で，スウェーデン全土で絶滅の危機に瀕している種が，この森では維持されている。鳥類はおよそ80種が営巣している。また，昨今では森林性昆虫の個体数が原生林における生息空間の消失とともに著しく減少しているけれども，この森にはなお多数生息している。

4.8.2. 自然保護地域
4.8.2.1. 制度の概要

　自然保護地域(naturreservat)は，国立公園と違って，民有地が指定されることもある。指定の権限は，従来は一般に県域執行機関に留保されていて，コミューンは実力を認められれば県域執行機関から委任を受けて指定ができるということになっていた。しかし，環境法典では，「県域執行機関またはコミューン」が指定することになっており，コミューンも同列の指定権者として規定されている(2部7章4条)。

　自然保護地域の数は全国で1500カ所以上，かつて筆者が滞在したウプサラ県でも60カ所を超えている。全国の自然保護地域の総面積は2万6000km^{2}に達しており，国土面積の5.5%にあたる。

　自然保護地域には，生態系保護を目的とするものもあれば，野外生活の楽しみに資するためのものもある。混合目的のものも多い。伝統的な農業景観の保存のような文化目的のために指定された自然保護地域もみられる。自然保護地域の管理は，指定の際にその自然保護地域に最もふさわしい者を選んで，その者に行わせることになっている。結果として，土地所有者に任せられることもあり，県域執行機関あるいはコミューンが管理することもあり，またその他の特定の団体が選任されることもある。特定の団体というのは，

たとえばウップランド財団(4.7.2.1.を参照)のような団体である。

　自然保全法の時代には，自然環境の保護の必要性は認められるが自然保護地域にするには及ばない地域について，自然保全区域(naturvårdsområde)という受け皿が用意されていた。自然保全区域は土地所有者等の権利制限はそれほど厳しくできない代わりに，補償を要しないといううまみがあった。それで，行政の側では，当該区域の自然的価値の程度に応じて，自然保護地域と自然保全区域の2つの制度を使い分けていたと考えられる。ところが，自然保全区域の制度は環境法典には引き継がれなかった。旧来の自然保全区域は，環境法典の適用に際しては自然保護地域とみなすという扱いになっている(環境法典の導入に関する法律9条)。おそらくこれは，従来なら自然保全区域に指定していた区域も今後は自然保護地域に指定してしまって，その代わりに指定の廃止の権限(環境法典2部7章7条)を機敏に行使するという考え方を立法者が選択したものと思われる[40]。

　ところで，ある区域が自然保護地域に指定されるという情報が流れると，実際に指定がなされるまでに開発行為を実施してしまう者が出てくることが予想される。そのような行為を許したのでは，保護の目的が失われてしまうかもしれない。そこでスウェーデンでは，3年を超えない期間を定めて，当該区域を侵害する行為を許可なくして行うことを禁止できることにしている(環境法典2部7章24条)。この禁止の権限は，自然保護地域のほかにも，文化保護地域，天然記念物および水保護区域(この制度については説明しない)について行使できる。また，自然保護地域などを指定する場合だけでなく，保護の程度を強化するときにも使ってよい。

　今述べたように，自然保護地域は，生態学的多様性を維持する，価値ある自然環境を保全する，あるいは野外生活の空間の需要を満たすという目的で指定される。しかし，それ以外にも，価値ある自然環境あるいは保護に値する種の生息環境を保護，再生ないしは創造するために必要とされる区域をも自然保護地域に指定することができる。これは保護のために直接必要な区域よりも広い区域を指定できるということである。生態学的にみた場合，その区域自体の自然的価値はそれほど高くなくても，その区域があるがゆえに豊かな価値の認められる隣接区域が保全できるという状況[41]はしばしば現出す

ると思われる。スウェーデンの制度はそうした状況に対応できるように工夫されているわけで，大いに見習うべきであろう[42]。なお，自然保護地域の外部でなされている行為であっても，自然保護地域に有害な影響をもたらすおそれのある行為については，当該自然保護地域の指定文書によって規制することができるとされる[43]。したがって，たとえば自然保護地域内部の自然的価値を損なうおそれがあるような掘削行為は，外部で行われるものでも禁止することができるのである。

なお，環境法典の制定に際して，新たに文化保護地域(kulturreservat)という制度が設けられた(2部7章9条)。これは，文化的特色をもった価値のある区域の保護を目的としている。大切なことは，この規定はあくまで自然保護の諸規定の中におかれているということである。スウェーデンには，自然のもつ文化的側面を自然保護の一環として位置づける伝統があるように見受けられる。従来なら文化目的の自然保護地域という扱いを考えるしかなかった区域が，今後は文化保護地域として特化することが多くなるであろうと予想される[44]。

4.8.2.2. 行為規制のあり方

国立公園についても同じことがいえるが，自然保護地域の中での行為規制は，指定のときにその自然保護地域に固有の規則として定める。同時に土地所有者に対する制約も定められる。これらの事柄については，環境法典ないしその下位法令に全自然保護地域に共通の定めがおかれているわけではない。あくまで，その自然保護地域の特色に応じた規則を個別的につくるのである。そういうわけで，自然保護地域の決定書には，地域の特定，地域の自然的特色および指定の理由を明示したうえで，土地所有者に対する制約と一般公衆を対象とした行為規制が書き込まれることになる。先ほど，コミューンも県域執行機関と同列の指定権者として規定されたと述べたが，実際に指定の実務を担当するにはそれなりの実力が必要であるから，自らこうした規則をつくれるだけの人材をそろえていなければならないはずである。

行為規制に対する違反については，環境法典に罰則規定がある。通常ならアレマンスレットの行使として行ってよい行為(たとえば焚き火)が，その自然保護地域の特定部分では禁止されるということもあるので，来訪者はあら

かじめ規則の内容を確かめておく必要がある。もちろん，自然保護地域の周辺や内部にも何カ所か看板が立ててあって，それで周知が図られてはいる。しかし，行為規制の内容は合目的的であり，たとえば鳥類の豊富な島であると，普段は上陸してよいが鳥の繁殖期には控えよというようにきめの細かい定めになっているので，来訪者には規則を知って利用するという態度が切に求められる。

　スウェーデンは人口は少ないのに大地は広大で，そこに数多くの自然保護地域が指定されている。したがって，規則に違反する行為の監視が困難を極めることは想像にかたくないが，ここにオンブズマンの活躍の場があることを指摘しておこう。その例として，土地所有者が県域執行機関の許可を得て自然保護地域内に引いたトラクター用道路の管理が問題になった事件をあげることができる。この道路はあくまでトラクター用であって，自動車道の規模にならないように管理することが条件とされていたのに，いつの間にか立派な自動車道になってしまったのであった。この状況を憂えた人から申し立てを受けて，オンブズマンが県域執行機関の活動ぶりを調査したのである[45]。

4.8.2.3. 契約的手法による草原生態系の保全

　スウェーデンといえば広大な森林と湖を想起される向きが多いかもしれないけれども，色とりどりの草花が一面に広がる草原もまたスウェーデンを特色づける生態系である。しかし，そうした草原は今日では激減している。というのも，スウェーデン特有の草原生態系には，人間がそこで農業活動に従事することによって維持されてきたという面があるが，今日その前提的な状況が失われつつあるのである。そうすると，草原生態系を維持するために考えなければならないことは，失われつつある前提的状況をどのようにして復元するかということになる。

　スウェーデンでは，そのための手段として自然保護地域の制度が活用されている。しかし，自然保護地域に指定して行為規制のルールをつくるだけでは十分ではない。かつてはなぜ草原が維持されていたのかを精密に分析し，当時の状況を取り戻せるように人間の生活形態をも方向づけていかなければならない。そこで担当の行政機関のとるべき手法は，当該地域で農業を営む者と契約を結んで，草原の維持に適合した農業活動を実践してもらうよう配

慮することである。

　その見事な実践例が，スウェーデン中部のノルエー丘自然保護地域の管理である[46]。1973年当時，この地域はその野生の草花の見事さと種の多様性において目を見張るものがあり，美しく興味深い地形と特色ある植生を保全するために自然保護地域に指定された。さっそく管理計画が立てられ，それに従った管理が行われたが，1987年の段階では，luddvedel (*Oxytropis pilosa*)と呼ばれる植物を中心とする特有の植生が失われて，難分解性の葉積層が広がるつまらない土地になってしまっていた。県域執行機関においてその原因を検討し管理のあり方を抜本的に見直したところ，1973年当時には放牧は植物の保存にとって好ましくない行為とみられていたが，今度は放牧こそ特異な植物相を守るための前提と捉えることになった。つまり，草地に採餌圧を加えることがluddvedelの生育環境をつくり出すのに必要と考えられたのである。そこで県域執行機関が，1年ごとの補償を条件に耕作者と5年間の放牧契約を締結するなどして，新たな管理計画の実施に努めたのであった。

4.8.3. 沿岸保護区域
4.8.3.1. 制度の概要

　1952年に制定された沿岸法と自然保護法が1964年に統合されて自然保全法になったことについては前に説明した。その自然保全法が1972年から1974年にかけて大改正されたときに，沿岸域（海岸，湖岸，河岸）はすべて保護対象にするという仕組みが採用された。つまり，それまでは，まさに保護の必要なところを指定して規制をかけていたのに対し，それからは沿岸域はすべて保護の対象であるという前提から出発して，保護の必要のないところを外していくという扱いに逆転させたのである。このような逆転が可能であったということは，スウェーデンの所有権思想が1909年法体制の時期と比べて相当に変化していたことを意味する。

　以上のような事情で，法文も「沿岸保護は，海岸ならびに湖岸および河岸において行われる」というような規定の仕方になる(環境法典2部7章13条)。そして，沿岸線から水域の方へ100mと陸地の方へ100mの範囲が沿

岸保護区域 (strandskyddsområde) ということになる。特別の理由があれば，これをそれぞれ 300 m まで拡張できる。特別の理由としては，都市近郊に位置するために地域的需要が大きいといった事情がまずは考えられる。沿岸保護区域の範囲内では，建築物の新築，従前の利用目的と全く違う目的を達成するための既存建築物の修築，自由に通行できる土地へのアクセスを妨げる附属物設置等の行為が禁止される。

　沿岸保護区域の制度は，元来公衆の野外生活の楽しみを確保するための制度であった。それだからこそ，アクセス妨害などを禁止しているのである。スウェーデン風にいえば，アレマンスレットを十分に行使できるようにするための制度ということになる。ところが，近時では，国際的なレベルで湿地保護の必要性が叫ばれ，生態系としての沿岸域の重要性が認識されるようになった。そこで，1994 年に法改正がなされ，「陸上および水中における動植物の良好な生活条件を保全する」という文言が法目的に付け加えられた。300 m までの拡張権限が動植物の保護のために行使されることも考えられる。

4.8.3.2. 禁止の解除をめぐる問題

　上述のように，沿岸保護区域では一般的に建築物の新築が禁止される。これは，土地所有者にはやはり不満の種である。湖岸が自己所有地であってみれば，そこに必要な造作を施して短い夏の日々を大いに楽しみたいところであろう。たとえば湖での水浴のことを想像してみると，スウェーデンでは夏場でも水温はかなり低いので，暖をとるためのサウナが欲しい。しかし，それを建設するためには，沿岸域全般にかかっている禁止について適用除外の扱いにしてもらわなければならない。かつてはこの適用除外の扱いは「例外 (undantag)」と呼ばれていたが，1991 年の法改正で「解除 (dispens)」と改められた。

　解除制度に関しては，土地所有者を支持層とするグループと沿岸保護を重視する勢力との政治的な衝突が避けられない。政府は，1991 年に，法改正をすることなく，国会への提案における意見表明を通して運用のあり方を改めた。今後は，人口が少なくて海や湖あるいは河川へのアクセスのよい地域では，「状況に応じた沿岸保護」が図られるべきものとされたのである。こういう状況の地域では原則どおり規制する必要はなく，住民は車でどこか余

所の水浴地に行けばよい，つまりは状況に応じた保護をせよという考え方なのであろう。「状況に応じた沿岸保護」を図るべき地域では，計画・建築法に基づく基本計画の中で，いかなる条件のもとに「状況に応じた沿岸保護」が図られるのかを明示し，解除が現実化しうる区域を指摘しなければならない。解除制度のこのような運用変更は，明らかに土地所有者側の見解に与するものである[47]。

　ところで，近年になって沿岸保護の分野に新しいタイプの案件が登場するようになった。それは，風力発電の施設を建設するための解除申請である。この種の案件の処理については，国の住宅局（Boverket）が1995年に指針を示して，立地の選択に配慮することを求めている[48]。すなわち，風力発電の施設を建設する場所として，もはやアレマンスレットの享受としてアクセスしようにもその余地のない区域，野外生活の楽しみのためにおよそ役立ちそうにない区域，および開発行為によって生態学的な生息条件がすでに影響を受けている区域が選択されているかどうかを確認するということである。また，県内の海岸部を県域執行機関が，あるいはコミューンが共同で十分に調査したうえで，特定の海岸付近の区域に風力発電の施設を建設しても公衆の野外生活あるいは生態学的価値を侵害することはなく，そのほか自然資源管理法の管理規定（現在は環境法典の1部3章および4章）に適合すると認めたなら，解除を認める特別な理由があると判断してよいとされている。

4.8.4. その他の保護区

　天然記念物（naturminne）は樫の古木や氷河時代の痕跡のような自然物を指定するものである（環境法典2部7章10条）が，その自然物に近接する区域も併せて指定することができるので，一応区域による自然保護の制度として位置づけておきたい。現在スウェーデンには1500ぐらいの天然記念物が指定されているようである。

　政府または政府の指定する行政機関は，絶滅の危機に瀕した動植物種の生息環境を構成しているか，あるいはそのほかの理由でとくに保護を要する比較的小規模な土地ないし水域をビオトープ保護区域（biotopskyddsområde）に指定することができる（環境法典2部7章11条）。ビオトープに

よる保護の前提は，保護の対象が明確に限定できるということである。したがって，ビオトープは一定の生態学的安定性を具えていなければならない。

　動植物の保護に関しては環境法典の2部8章に特別規定があり，特定の動植物種に絶滅のおそれがあるときは，政府または政府の指定する行政機関は，当該動植物種の殺害ないし摘み取り，損傷，捕獲あるいは卵の採取ないし損傷等の行為を禁止する規則を定めることができるとしている（1条および2条）。また，狩猟法や漁業法にも禁止や行為制限の根拠規定がある。しかし，特定の区域でそれ以上の特別の保護が必要であるときは，県域執行機関またはコミューンは，狩猟もしくは漁業の権利を制限する規則，または公衆もしくは土地所有者が当該区域に滞在する権利を制限する規則を定めることができる（環境法典2部7章12条）。その特定の区域のことを動植物保護区域（djur- och växtskyddsområde）という。

　また，EU指令の受け皿として特別保護地域・特別保全地域があり，ナチュラ2000区域と呼ばれる。政府は，野鳥保護指令に従い，野鳥の保護のためにとくに意味のある区域を特別保護区域（särskilt skyddsområde）に，また，EU委員会がEUにとって利益があると指摘した区域を，生態域保護指令に基づいて特別保全区域（särskilt bevarandeområde）に指定することができる（環境法典2部7章28条・29条）。ある区域がいったんこれらの区域に指定されると，それを廃止する決定，保護規則の適用除外の決定あるいは保護規則に基づく許可の決定は，政府の許可なしに行うことはできなくなる。

4.9. 法解釈上の問題

　前節では自然保護区と総称できる制度をいくつかみたわけであるが，ここではそれらの制度の運用の過程で登場する法解釈上の問題点を2つだけ取り上げて解説する。

4.9.1. 利益衡量の要請
　環境法典の2部7章は自然保護分野における「区域の保護」の章であるが，

そこに利益衡量の規定(25条)がおかれている。この規定によれば，この章に基づく区域の保護に関する問題の審査に際しては，個人の利益にも配慮が払われなければならない。この章には，自然保護のために個人の土地・水域利用権を制限できると定める規定がいくつかあるが，それらの個人の権利は保護の目的が達成されるのに必要とされる以上に制限されてはならないというのである。また，スウェーデンの憲法である統治憲章(Regeringsformen)の中にも，「重要な公益を充足するのに必要とされる以上に土地または建物の利用を社会から制限されることについて，何人も甘受を強いられることはない」とする規定(2章18条1項)がある。この規定は実は1994年の改正で入ったもので，この時期に所有権尊重の規定を導入したのはおそらくEUの一員としての同調策であろう。それまででも所有権が軽視されていたわけではないが，最近まで成文規定がなかったということは，スウェーデン憲法史を語るうえで押さえておくべき事柄ではある。

　ところで，個人の土地所有権と公益との衡量はさまざまな局面で要求されるが，ここでは上述の沿岸保護の分野における解除の例を取り上げてみよう。解除の権限は今日ではたいていコミューンに委任されているが，コミューンは生態系保護の観点から解除を拒否することがある。またコミューンが解除を認めても県域執行機関においてこれを取り消すこともある。そうした場合は，しばしば紛争となって裁判で争われる。その具体例を2件紹介しよう。

【事例1】ニューシェーピング・コミューンの事件(RÅ 1996 ref. 44)

　ニューシェーピングの沿岸保護区域で，ある地主に対してコミューンが建築禁止の解除を認めていた。しかし，県域執行機関がその決定を取り消したので，地主が政府に上訴して争ったところ，政府はこの上訴を棄却した。そこで地主は最高行政裁判所(Regeringsrätten)に法審査(rättprövning)を求めた[49]。それに対して最高行政裁判所は，本件には解除のための特段の理由がある(それが解除のための要件)ことを認め，当該土地は未開の自然というよりはむしろ開発の進んだ土地であって，沿岸保護によって守られうる利益は土地所有者が建築のために自分の土地を使う利益との関係で比重が軽いと判示した。

【事例2】ヴァールベリィの北部区域の事件(RÅ 2001 ref. 92)

　ヴァールベリィの北部区域で海岸線から300mまでに拡張した沿岸保護が実施されていた。当地は半島部で，およそ700棟の家屋と比較的大きなキャンプ場が1つ存在した。最高行政裁判所の判断では，本件の地主が計画している建築行為は，当地における野外生活や自然・文化環境に何ら影響を及ぼさないし，また何らかの意味をもつものでもない。したがって，地主の建築の利益は沿岸保護を維持する公益よりもずっと大きいので，沿岸保護の解除を拒否するのは明らかに比例性を欠いている。

　これらの判決の基本思想は，結局，所有者の土地利用の可能性を制限することによって守ろうとしている利益に，所有者に制限を課すだけの重みが認められなければならないということである。この論法は，現在生成しつつあるヨーロッパ行政法の基本原理のひとつである比例原則の考え方を持ち込んだものと理解されている[50]。スウェーデンの環境法研究者の中には，建築物の建築を原則禁止とする法文の構造などを論拠としてこの判決を批判する向き[51]もある。つまり，解除はあくまで例外なのだというところから立論すべきだということである。この論争の成り行きについてここで語ることはできないが，いずれにせよこの判決が「ヨーロッパ法の中でのスウェーデン法」というテーマの考察に格好の素材を提供しているとはいえるであろう。

4.9.2.　損失補償についての考え方
4.9.2.1.　法律の規定

　先にみたとおり，区域を定めて自然を保護する制度には種々のものがあるが，ここではそれらの制度を運用するうえで土地所有者等に対する損失補償がどのような考え方でなされているかということを探ってみたい。損失補償については，環境法典は7部31章にいくつかの規定をおいている(補完的に土地収用法の規定が適用される)。基本となるのはそのうちの4条で，次のような規定である。

　「土地の所有者は，以下に掲げる事項が決定されることにより当該土地が収用されることとなるとき，または当該土地の影響を受ける部分の中で現在の土地利用が著しく害されることとなるときは，補償を求める権利を有

する。
　① 7章3条に基づいて国立公園における措置および制限に関して定める規則
　② 7章5条，6条または9条に基づいて自然保護地域または文化保護地域における措置および制限に関して定める規則
　③ 7章11条2項に基づいてビオトープ保護区域に関してなされる禁止，または解除を与えない旨の決定
　④ 7章22条に基づいて水保護区域における措置および制限に関して定める規則
　⑤ 12章6条4項に基づいて特定の活動についてなされる命令または禁止
　7章3条に基づいてクマ，オオヤマネコ，オオカミ，クズリ，ヘラジカまたはワシに関する猟の権利を制限する規則が定められても，補償を求める権利は生じないものとする」
　この規定は，1972年の改正で自然保全法に導入されたのを環境法典が必要な修正を加えて引き継いだものである。1972年というのはきわめて重要な年で，このとき土地所有権に関する基本思想の転換があったといわれている。それまではスウェーデンでも自分の土地では自由に自然を利用できると観念されていたのであるが，この頃から自分の利得のために自然の価値を損なうことは許されないと考えられるようになったのである。そして，このことが損失補償請求権を限定する方向に作用した。
　なお，1972年に自然保全法の改正で沿岸域全般に規制の網をかけることに制度が改まったことは前にも述べたが，それでも沿岸保護区域における権利制限は上記の補償対象にあがっていないことに留意したい。沿岸域において何か特定の動植物種を保護する必要が生じた場合，沿岸保護区域を沿岸線から300mに至るまで拡張することで，補償の心配なく一応の手が打てることになる。ただし，沿岸保護区域では，建築物の新築，改築を禁止することができるにすぎない。動植物保護ということならビオトープ保護区域に指定するのが直截的であるが，こちらは補償が必要となる。ただし，動植物をあらゆる侵害行為から保護することができる。もっとも，もっと広い面積を

確保して生態系全体として保護したいときは，自然保護地域の指定を検討することになろう。ともかく，選択肢がいくつかあるということである。

なお，補償金を支払うのは国であるが，補償の対象となる措置や制限についてコミューンが規則を定めるときは，コミューンが支払うことになる(環境法典 7 部 31 章 7 条)。自然保護の分野では，多くの場合，県域執行機関が権限を行使しているが，これは国の機関という位置づけであることに注意したい。

4.9.2.2. 法律の解釈

上記の条文の中の「現在の土地利用」という文言は，土地所有者がそれまでと違う方法で土地を開発することもできるからといって，その選択の余地を奪われたことによる損失の補償を認めるべきではないという思想を表現したものだといわれている[52]。たとえば，農業者が賃貸ないし分譲の別荘の建築を禁止されたとしても，補償を求めることはできない。それに対して，農業者が近代的・合理的な農業経営を行うことを妨げられたり，当該農地の大部分で森林を伐採できなくなるような場合は，補償を請求できる。このような考え方は，土地収用法の基本思想でもある。

次に，「著しく害される」という文言に注目しよう。スウェーデンではひとりの人が広大な土地を所有していることが多いので，土地のほんの一部だけが制約を受けるということがよく起こる。その場合，生じた損失が「取るに足りない(bagatellartad)」ものであるときは補償しないというのが，この文言の意味するところである。どの程度までが「取るに足りない」ことになるかは，最終的には裁判所の判例によって決まってくる。いかに土地が広くても，自分の土地が自然保護地域に指定されて，さらに来訪者のための道路や駐車場の建設を受忍するよう命じられた(このような行為の受忍を義務づける規定はある)ようなケースでは，「取るに足りない」ものと認定されることは少ないらしい。自己所有の森林の一部を自然保護地域に指定された人がそこで林業を営んでいる場合も，影響の及ぶ範囲が大きいために，土地利用に対する制約が大きいと判断されることが多くなるであろう。逆にその人がそこに別荘を建てるというだけだと，影響の及ぶ範囲は狭いとみられることになりがちである。所有地の一部が耕作地で，そのまた一部が自然保護地

域に指定されたというケースでは,「影響を受ける部分」を所有地全体との関係で捉えるのか,それとも耕作地との関係で捉えるかの問題にもなるようである。

　以上述べたところでは,補償を求めることができるかどうかという問題設定でいくつかの局面を提示したのであるが,現在の土地利用に対する影響が著しいのであれば,土地所有者は補償に代えて土地の買い取りを求めることもできる(8条)。

　ところで,「著しい」というのは「取るに足りない」という段階を越えたところの評価であるから,「著しい」影響は「取るに足りない」影響を含んでいる。そうすると,現在の土地利用が著しく害されたと行政が判断して補償を認めることとした場合,その補償の範囲をどうするかということが問題になる。すなわち,その「取るに足りない」部分も含めて補償すべきなのか,それともその部分は控除してよいのかという問題である。結論として,この問題は,特別の規定がなければ全部について補償するという考え方で解決されている[53]。それで,かつての自然保全法には特別の規定は存在しなかったので,全部について補償するという扱いになっていた。しかし,環境法典では,4条に基づいて補償を行う場合は,土地所有者が補償なしで受忍する義務のある部分に相応する額を差し引くものとされた(6条)。

4.9.2.3. 環境法典の一般的配慮規定との関係

　先に,環境法典の一般的配慮規定をいくつか紹介した。それらの一般的配慮規定に従っていろいろ手段を講じてもなお人の健康や環境に重大な損害や支障をもたらす行為は,特段の事情がなければ行うことはできないとされる。いわゆる「ストップ規定」である。行政の側としては,このストップ規定があることを理由にして損失補償の義務を回避できないかということは一考の余地がある。逆に,土地所有者の側からみれば,一般的配慮規定に従うべしという趣旨の決定は,現在の土地利用に対する著しい侵害であると主張して補償を求めたいところである。しかし,いずれについても,それは立法者の意図ではないと理解されているようである。また,統治憲章2章18条の所有権尊重の規定も損失補償請求権を拡大するものではないと説明されている[54]。

4.10. 総合的考察

4.10.1. 自然好きの意味

　冒頭で述べたように，スウェーデンには自然好きな人が多い。自然愛好者のことをスウェーデン語ではナテュールエルスカレ（naturälskare）という。しかし，それがどこか日本の自然好きと違うように思われて，「自然愛好者」と訳すのにためらいを覚える。一般にスウェーデン人の特質として何事でも正確に分析しなければ気がすまないということが指摘される[55]が，自然と相対する場合でもやはりそのことは当てはまる。彼らはまず自然物の名前を確実に覚えようとする。そして実物をじっくり観察し，その形や特色をしっかりと把握する。ただ大きいとか黒いとかいった漠然とした捉え方では満足できない。動物についても植物についてもそうであるが，もっと大きなものについても同様である。たとえばわれわれが彼らに琵琶湖のことを伝えたいと思うならば，その面積と周囲ぐらいは具体的な数字を示せるように用意しておかなければならない[56]。

　もちろんこれは一般的傾向にすぎないわけで，人さまざまと言ってしまえば確かにそのとおりである。しかし，一般的傾向というものを全く無視するわけにはいかないと思う。制度をつくるにあたって，どういう人たちを想定して制度をつくるのかと考えることは大切である。自然保護の制度をつくるのであれば，人々が自然に対してどのような関わり方をしているのかということは当然認識しておくべき事柄であろう。スウェーデンでは自然をじっくり観察している人が多いのは事実である。じっくり観察すれば，目下の観察対象だけでなく，その対象物とその周辺との関係もまた目に入ってくるに違いない。つまり，昆虫の愛好者でもただ昆虫を眺めて満足するのではなく，それはどんな植物を食べているのか，そしてそこに鳥たちはどう関わっているのか，といった生態学的な事柄に関心が向くと考えられるのである。行政当局はそういう人々を念頭において活動しているわけなので，たとえば自然保護地域の指定を行う際には，あらかじめその区域に存する自然的価値について過去の研究を総覧した基礎資料を用意しなければならない。それは，専

門知識のある人だけではなく市民一般が目を通すことを想定して作成される。そうでなければ市民に対する説明責任が果たせないという言い方をしてもよいであろう。単に緑の塊が残っていればよいということで公共の意思が固まってしまうことは想像しがたいのである。

　スウェーデン人が自然を分析的にみるということは，彼らが小規模な自然空間でも満足できるということではない。事実は全く逆で，スウェーデン人の野外生活はかなり広大な自然空間を必要とする。このことは彼らの分析志向と決して矛盾しない。彼らの野外生活の基本は歩くことにあるからである。もちろん歩くだけではないが，森の中でのテニスのように自然が背景にあるというだけの行為よりも，自分の身体と精神を直に自然と向き合わせることに一層大きな愉しみを見出すのである。そこにはもちろん観察という行為も含まれる。

　読者は，本章の記述を通して，スウェーデンではずいぶん早くから国民のために野外生活の場を確保することが中央政府や地方当局の重要課題と認識されていたことに気づかれたと思う。しかし，そこで実際に行われたことを日本のリゾート開発に像を重ね合わせて推察するのは危険である。やはり，スウェーデン人にとって野外生活とは何かということに思索を巡らしていただきたい。

4.10.2.　スウェーデンの自然保護法制の特色

　次にスウェーデンの自然保護法制の特色を簡単にまとめてみる。第1に指摘すべきは，やはり環境法典が1999年から施行されたことであろう。とくにその冒頭に配置された証明負担原則や慎重原則などの一般的配慮規定が注目される。スウェーデン法の予防的性格はこれまでも随所で指摘されてきたことであるが，それがここに至って一般原則として明文化された。これらの規定は，自然保護の分野では果たしてどのような形で適用されるのであろうか。その実際を学ぶことがわが国の法制を改革するうえで最も有用であるように思われるが，それは今後の課題としなければならない。また，環境法典の総論部分に関しては，1987年に自然資源管理法で初めて宣言された価値序列（たとえば，未だ開発の手が及んでいないところを極力残すという考え

方)がどの程度実現されているかということも，詳しく調べてみたいところである。

　各論的には，自然保護地域の制度に注目したい。まず，それが従来県レベルで指定されてきたということが大切である。環境法典施行後は，コミューンも正式な指定権者となっている。日本にも都道府県自然環境保全地域という制度があるが，スウェーデンの自然保護地域の方がはるかに数が多い。土地が広大で人口が少なく，したがって協議を要する土地所有者の数も少ないから，合意形成が容易にできるという面はあるかもしれない。しかし，それにしても，野外生活の楽しみの場を子孫に残すという名目で頻繁に指定がなされており，わが国との大きな相違を痛感させられる。

　スウェーデンの自然保護地域は，目的が多様である。たとえば，純粋に植物学の発展に資するために自然保護地域が指定されることもあれば，住民の野外生活の空間確保のために指定されることもある。もっとも，実際には複合目的になることが多い。指定目的の絞り込みは，常日頃から行われている自然調査の成果を踏まえて行われる。指定目的とそれを支える根拠は指定書に明記すべきものとされている。この自然調査から指定に至るまでの作業の流れの中に学ぶものが多いと考えるが，その点についてはこの後また触れることにしよう。

　スウェーデンの自然保護地域の制度で何といっても興味深いのは，区域内での行為規制のあり方をその自然保護地域の規則として指定の際に個別的に定めているということである。確かに，いずれの自然保護地域もそれぞれの特色を有しているのであるから，その自然的価値を維持するには，当該区域の特色に即した行為規制を行う必要がある。このことが着実に実践されるように制度を仕組んでいるところがスウェーデン法の美質である。ただ，指定された区域があまりに広いために，その行為規制に対する違反を監視するのは難しいようである。

4.10.3. 専門知識の吸収と結合

　以上スウェーデンの自然保護法制をとくに自然保護地域に着目してまとめてみたが，われわれがそこから学ぶべきことは，制度そのものではなく，制

度をつくるに際して，あるいは制度の運用にあたって，必要と思われる専門知識を吸収し，それを統合しようとする姿勢だと思う。それはもちろん制度の問題でもあるが，それ以上に制度を支える人の資質の問題である。

スウェーデンでは，県域執行機関であれ，またコミューンであれ，自然保護を担当する部局の職員は，自然保護に必要な専門知識(生態学，動物学，植物学，自然地理学など)を相当高度に身につけている。そもそも職員採用のあり方が，専門能力の高い者をとるような仕組みになっている。空いたポストについて「生態学者を求む」というような条件をつけて新聞に公募を出し，複数の応募があれば「能力と経験」に照らして採用者を決定するのである。

自然保護地域を指定する場合，行為規制の規則がそのつどつくられることは繰り返し指摘した。その規則をつくるのは，少なくとも素案の段階では，自然保護担当部局の職員である。彼らは，自然調査のデータなどをもとにして，その地域にふさわしい規則を考案していくのであるが，やはりどうしても法的な知識が必要になる。彼ら自身もかなりの法的素養を具えているが，それでももちろん法務部局の職員と協議する。法務部局の職員は法学部で厳しい法曹養成教育を受けた法律の専門家であるが，スウェーデン人の特質として，彼らもまた自然のことをよく知っている。

さらに，スウェーデンにはレミス(remiss)と呼ばれる意思決定の手続がある。自然の価値とか文化財の価値というようなその判断に専門知識を要する事柄について決定する場合には，行政機関は，その専門知識を具えているはずの団体(民間団体のこともあれば公共的な団体のこともある)に書面で意見を求めるのである。たとえば，県域執行機関が自然保護地域を指定する際に，そこは鳥の種類が豊かであるから鳥類保護に適した行為規制の規則をつくりたいと考えたとする。その場合は，必ずや，自らの案を提示したうえでスウェーデン鳥類協会の地元支部にレミスをかけるであろう。その支部では，会員の意見を聴いて見解をまとめ，文書で回答する。それを県域執行機関が自らの決定に生かすのである。

もうひとつ指摘しておきたいのは，自然保全庁，県域執行機関およびコミューンの職員の間に親しい関係があるということである。そこに大学の研

究者もからんでくる。専門の垣根を越えて連絡があるように見受けられる。スウェーデン自然保護協会(SNF)などの団体が接触の場になっているのかもしれない。また，ウップランド財団の職員なども専門家であり，行政職員や大学の研究者とつながっている。スウェーデン全土に自然を愛する者の家族が形成されているように筆者にはみえる。

1) Ana Martinez, Svenskan, Naturvarelsen, i *Europa och allemansrätten* (Falkoping, 1992) s. 41f. 著者はブエノスアイレス出身のアルゼンチン人。スウェーデン人は百パーセント自然的存在だと語っている。
2) こうした権利が認められるからといって，これらの権利を制約する行政決定を裁判で争う資格が個々人に付与されるわけではない。Hans Ragnemalm, Administrative Justice in Sweden, in Aldo Piras ed., *Administrative Law—The Problem of Justice* Vol. 1° (Giuffré/Milano, 1991) p. 448f.
3) 阿部泰隆「万民自然享受権——北欧・西ドイツにおけるその発展と現状1」法学セミナー296号(1979年)112頁。スウェーデンのアレマンスレットの内容をより詳しく知りたい向きには，石渡利康『北欧の自然環境享受権』(高文堂出版社，1995年)が好適である。なお，推理作家の有栖川有栖が，『スウェーデン館の謎』(講談社文庫，1998年)178頁以下で，日本に長く住むスウェーデン生まれの老人ハンスにアレマンスレット(有栖川の表記ではアーレマンスリッツ)について次のように語らせている。「日本とスウェーデンの違いは，あちらにはアーレマンスリッツという権利が確立していることでしょう。誰もが自然の恵みを享受する権利がある，とスウェーデン人は考えるのです。その思想のおかげで，美しく気持ちのいい川辺に別荘を建てて，独占しようとする者はいません。誰も別荘を建てないから，いたるところに美しく気持ちのいい川辺があります。いたるところにあるものだから，誰も独占しないのです」。しかし，この後ハンスは，日本の山々の柔らかな緑への想いを吐露し，北欧の自然を「本場の自然」と説く日本人の愚を嗤う。
4) アレマンスレットの今日的な問題点については，次の論文を参照。Staffan Westerlund, Nutida allemansrättsliga frågor, *miljörättslig tidskrift* 1995:1.
5) 本章の歴史に関する記述は，全般的に次の文献を参考にしている。Björn-Ola Linnér and Ulrik Lohm, Administrating Nature Conservation in Sweden during a Century: from Conwentz and back, in Erk Volkmar Heyen Hrsg., *Naturnutzung und Naturschutz in der europäischen Rechts- und Verwaltungsgeschichte* (Nomos Verlagsgesellschaft/Baden-Baden, 1999) S. 307f.
6) 平嶋義宏『生物学名概論』(東京大学出版会，2002年)75頁以下に，リンネのこの面での功績が解説されている。
7) リンネは現在でもスウェーデンの人々が誇りにしている偉人であり，子どもたちが彼の生涯について学べるようにやさしく書かれた書物が家庭の書架にならぶ。また，

8) 西村三郎『リンネとその使徒たち——探検博物学の夜明け』(人文書院，1989年)。なお，リンネの使徒のうち日本にやって来たのはツュンベリーである。読者は，C・P・ツュンベリー(高橋文訳)『江戸参府随行記』(平凡社，東洋文庫583，1994年)で彼の観察眼を確認することができる。

9) 1832年ヘルシンキ生まれ。後にスウェーデンに移り住んだ。鉱物学などを修めた科学者であるが，探検家として有名。1879年9月2日，ノルデンショルド率いる一隊の乗船したヴェガ号が横浜に到着した。北東航路を通り欧州北端から日本に至る航海に史上初めて成功したのである。日本は朝野を挙げてこれを歓迎した。なかでも特記すべきは東京地学協会の歓迎会である。ノルデンショルドとは逆方向にシベリアを横断した榎本武揚が当時同協会の副会長であったことは，歴史的事実として真に興味深い。以上，中央大学の徳永英二教授(自然地理学)がストックホルム日本人会の会誌「ストックホルム」の17号(1997年)に寄せられた「ノルデンショルドとヴェガ号探検」と題する記事，および1999年9月2日にフィンランド大使館の主催で開かれた「ノルデンショルド来日120周年記念セミナー」における配布資料を参考にした。より詳しい資料として，「国際交流における地理学的探検の意義」研究会(代表者 徳永英二)編の『福武学術文化振興財団助成研究 国際交流における地理学的探検の意義——A.E.ノルデンショルドの偉業と日本語文献の国際的評価(第2版)』(2002年)と題する冊子がある。また，昆虫学者の江崎悌三博士に「"Vega"の北氷洋探検」と題する小文(初出は1933年)がある。江崎悌三『江崎悌三著作集 第1巻』(思索社，1984年)所収。

10) ノルデンショルドが国立公園の提案者であったことはあまり知られていないように見受けられるので，前注5掲記の文献の309頁にその旨の記述があることをとくに指摘しておく。

11) コンヴェンツがドイツで論陣を張っていた1900年から1910年頃に，わが国における天然記念物の考え方の提唱者である三好学がドイツで生態学を学んでいたということである。沼田真『自然保護という思想』(岩波書店，1994年)12頁。なお，鷲谷いづみ『サクラソウの目——保全生態学とは何か』(地人書館，1998年)37頁に，三好学があるサクラソウ自生地を天然記念物に推挙するために作成した報告書が紹介されている。

12) 1909年という年は，ノーベル賞作家であるラーゲルレーフ(Selma Lagerlöf)の『ニルスの不思議な旅(Nils Holgerssons underbara resa)』が出版された年としても記憶にとどめられるべきである。この作品では，妖精の力で小人にされてしまったニルス少年がガチョウの背に乗ってスウェーデンの北から南まで旅をする。全国の地形

や景観が描かれているために，文学作品でありながら国民のための地理学教科書にもなっている．筆者自身は，本書は自然環境を慈しむ著者の心情がよく顕れた作品だと思う．最近「環境倫理と環境法」と題する論文の冒頭でこの作品の一節を装飾的に引用したが，それは自然保護を考える多くの人にこの作品を読んでいただきたいという思いもあってのことであった．なお，その論文は，大塚直・北村喜宣編『淡路剛久教授・阿部泰隆教授還暦記念　環境法学の挑戦』(日本評論社，2002年)355頁以下に収載されている．

13) この時期における社民党の躍進については，たとえば，岡沢憲芙『スウェーデンの挑戦』(岩波書店，1991年)の第1章，とりわけ46頁以下を参照されたい．
14) もちろん，土地所有権の社会性を重視する思想は，1952年の沿岸法と自然保護法の制定時に突然現れたというわけではない．水法はすでに1918年からその精神で立法されていたし，また1923年以降政府は耕作放棄に対して介入を始めている．さらに，1947年には，人口密集地における建築は，社会的な計画が先行している場合にのみ認められることとなった．Se Nils Herlitz, *Grunddragen av det svenska statsskickets historia*, Femte upplagan (Svenska bokförlaget/Norstedts/Stockholm, 1957) s. 319.
15) アメリカのシエラクラブのような訴訟活動は行っていない．スウェーデンでは，伝統的に自然保護団体には環境行政訴訟の原告適格は認められないと考えられてきた．
16) Gerold Janssen, *Die rechtlichen Möglichkeiten der Einrichtung von Meeresschutzgebieten in der Ostsee* (Nomos Verlagsgesellschaft/Baden-Baden, 2002) S. 51f.　この書物では，バルト海における環境保護の観点からドイツとスウェーデンの自然保護法制が比較検討されている．
17) HELCOMについては，百瀬宏・志摩園子・大島美穂『環バルト海　地域協力のゆくえ』(岩波書店，1995年)39頁以下を参照．
18) この法律については，岩間徹による紹介がある．財団法人環境調査センター編『各国の環境法』(第一法規，1982年)479頁以下．
19) この法律の制定の背景，実施体制および制度上の問題点について，N・E・ランデル(蕨岡小太郎訳)『高度福祉国家の公害　環境保護政策批判』(鹿島研究所出版会，1972年)246頁以下が詳しい．同書263頁の「環境保護法がどのように適用されるかは自然保護局と県庁の扱い方いかんにかかっている」との記述に注目されたい．本書では，自然保護局は「自然保全庁」と，また県庁は「県域執行機関」と表記して解説している(4.7.1.1. と 4.7.1.2. を参照)．
20) Se Staffan Westerlund, *Rätt och Miljö* (Carlsson Bokförlag, 1988) s. 142.
21) この法律の詳しい解説として次の文献がある．Staffan Westerlund, *PBL・NRL・MKB* (Naturskydds föreningen/Västervik, 1992).
22) 次の英語版の要約文書を参照した．Ministry of the Environment, *The Swedish Environment Objectives—Interim Targets and Action Strategies* (SUMMARY OF GOV. BILL 2000/01: 130)．なお，1999年の4月に国会で承認された環境目標の枠組みについては，関東弁護士会連合会公害対策・環境保全委員会(編集代表 梶山正三)

編『弁護士が見た北欧の環境戦略と日本——「予防原則の国」から学ぶもの』(自治体研究社，2001年)60頁以下に言及がある。
23) 小沢徳太郎『21世紀も人間は動物である　持続可能な社会への挑戦　日本vsスウェーデン』(新評論，1996年)146頁に，これら2つの機関の関係がスウェーデン行政における意思決定システムの特色を踏まえて解説されている。なお，この書物では，statens naturvårdsverkについて，「自然保全庁」ではなく「環境保護庁」という訳語があてられているが，本文に述べたとおり，筆者はそのことに何ら異を唱えるものではない。
24) このあたりの事情については次の書物が参考になった。Lennart Lundqvist, *Miljövårdsförvaltning och politisk struktur* (Bokförlaget Prisma, 1971) s. 49f.
25) ちなみに，アメリカ合衆国の環境保護庁(EPA)が創設されたのは1970年のことである。See Susan J. Buck, *Understanding Environmental Administration and Law* (Island Press, 1991) p. 23.
26) ハンス・ラーグネマルム(萩原金美訳)『スウェーデン行政手続・訴訟法概説』(信山社，1995年)8頁。
27) ランドスティングについては，交告尚史「スウェーデンの地方自治」自治研かながわ月報68号(1999年)1頁以下を参照されたい。ただし，この文章は，神奈川県地方自治研究センターにおける筆者の報告を主たる材料にして編集部がまとめられたもので，厳密には筆者の作品とはいえない。もっとも，スウェーデンの地方自治を研究しておられる他分野の方々の知識が織り込まれているので，筆者としてはたいへん便利な読み物になったと思っている。
28) この点については，交告尚史「スウェーデンにおける行政執行機関の独立性の原則について」『塩野宏先生古稀記念　行政法の発展と変革(上巻)』(有斐閣，2001年)799頁以下を参照。なお，筆者はこの論文ではlänsstyrelseに「県域行政執行機関」という訳語をあてたが，それではいくぶん重苦しく感じられるので，本書では「県域執行機関」と訳すことにした。
29) 交告尚史「自然保護の法制度と知の結合——スウェーデンにおける自然保護地域の指定を素材に」阿部泰隆・水野武夫編『山村恒年先生古稀記念論集　環境法学の生成と未来』(信山社，1999年)203頁以下を参照。
30) Regeringens skrivelse 2001/02: 173 *En samlad naturvårdspolitik*, s. 54.
31) Carl Hemström, *Bolag-Föreningar-Stiftelser—En introduktion*, Fjärde reviderade upplagan (Norstedts Juridik AB, 2002) s. 109f.
32) ウップランド財団の設立の背景に関して，次の文献を参考にした。UPPLANDSSTIFTELSEN 30år 1972-2002 NATURVÅRD & FRILUFTSLIV, s. 5. この文献はウップランド財団の30周年を祝して発行されたパンフレットである。
33) 筆者はかつてこの自然保護地域を紹介したことがある。交告・前掲(注29)214頁を参照。
34) 具体的には，ウプサラ・ランドスティングと，エルヴカルレビィ(Älvkarleby)，ティエルプ(Tierp)，エストハンマル(Östhammar)，ウプサラ(Uppsala)，エーン

シェーピング(Enköping)およびホーボー(Håbo)の6つのコミューンである。
35) 筆者は2001年11月26日に日本国内の銀行で円をスウェーデンクローネに換えたが，その際のレートは1クローネ12.93円であった。しかし，2003年9月3日に同所で換金したときは，1クローネ16.33円であった。クローネといえばだいたいこれぐらいが相場感覚と思われるので，仮にこの1クローネ16.33円をもとにして換算してみると，ウップランド財団の2001年度の総収入はおよそ1億9433万円ということになる。ところで，各コミューンがウップランド財団に支払う拠出金の額であるが，たとえば2003年度についてみると，1.45 öre/skattekronaという形で決められている。これは地方税の課税対象となる所得の0.0145%ということを意味するものと思われる。スウェーデンの税制度については，たとえば藤岡純一『分権型福祉社会スウェーデンの財政』(有斐閣，2001年)123頁以下を参照。なお，ティエルプ・コミューンのコミューン委員会が2003年4月1日に開いた会議の記録をインターネット検索中にたまたま目にしたが，それによるとウップランド財団は，拠出金の所得に対する比率を段階的に引き上げて2006年度には0.02%にすることを提案しているようである。
36) その成果は次の報告書にまとめられている。Pär Eriksson och Mats Jonsell, Inventering av trädinsekter vid nedre Dalälven 1997-99, STENCIL NR 20, 2001, UPPLANDSSTIFTELSEN.
37) 以下多島海財団に関する説明は，同財団が発行した「多島海の自然(Skärgårdsnatur)」と題するパンフレットの2001年版による。
38) このデータは，2001年度の現地調査で入手した自然保全庁のパンフレットによっている。このパンフレットの発行年が不明なので，2001年の段階ではもっと増えている可能性もある。この後取り上げる自然保護地域についても同様である。
39) かつて自然保全法には，トナカイ業法によってサーメに認められた放牧，木々の収集，漁または猟(クマ，ヤマネコ，オオカミ，クズリおよびワシを除く)を行う権利に制約を加えたり，サーメがその他の目的で公園内に滞在したり，あるいはトナカイを監視するために公園内に犬を連れ込むことを妨げてはならないとする規定(5条)があった。この規定は環境法典には取り込まれていない。おそらく先住民族に関するILO条約169号の要求にかなう新たな法制度が構築されているものと思われる。県域執行機関の組織と権限を定めた政府令(Förordning med länsstyrelseinstruktion, SFS 2002:864)をみると，その17条以下にトナカイ業協議会(rennäringsdelegationer)の定めがあり，イェムトランド，ヴェステルボッテンおよびノールボッテンの県域執行機関にトナカイ業問題についての協議会を設置すべきものとされている。この協議会は6名の委員で構成され，各委員に代理人がつけられる。そのうち3名の委員とその代理人はトナカイ業を営む者でなければならず，サーメ議会(Sametinget)との合意に基づいて選任されることになっている。
40) Se Regeringens proposition 1997/98: 45 *Miljöbalk Författningskommentar och bilaga 1 Del 2*, s. 469.
41) そうした状況にあるかどうかが争われた事例をかつて紹介したことがある。交告・前掲(注29)223頁注30を参照。

42) 日本の種々の自然保護区が一般に狭すぎることは早くから指摘されていた。吉良竜夫『生態学からみた自然』(河出書房新社，1971年)85頁以下(1963年初出論文の収録)を参照。
43) Stefan Rubenson, *Miljöbalken Den nya miljörätten*, Andra upplagan (Norstedts Juridik AB, 2000) s. 57.
44) スウェーデンカレンダー株式会社(Sverigealmanackan AB)が製作した2003年用カレンダーの1月の絵およびその解説によると，文化保護地域の第1号は，スウェーデン南部スモーランド地方のオーセン邑文化保護地域である。2000年3月にイェーンシェーピング県の県域執行機関が指定した。アーネビィ・コミューンの所有であるが，管理はある協会が委託を受けて行っている。3つの庭園からなり，ほぼ全体が保全された文化景観の見事な眺めが売り物である。
45) 結局，県域執行機関はそれなりの対応をしているということでオンブズマンはそれ以上の調査をしなかったようである。この事件については，次の文献における引用を参照した。Annika Nilsson, *Rättssäkerhet och miljöhänsyn* (Santérus förlag, 2002) s. 83.
46) 次の文献にその実際が詳述されている。Urban Ekstam and Nils Forshed, *Äldre fodermarker* (Naturvårdsverket, 1996) s. 9-82. なお，この文献にはノルエー丘地区における古い時代の耕作形態の話が出てくるが，日本にもその方面を研究した論文があるので紹介しておきたい。佐藤睦朗「東中部スウェーデンにおける農業景観と開墾――フェーダ教区を対象とした一考察1769～1874年」神奈川大学・商経論叢37巻2号(2001年)169頁；同「フェーダ教区における原初村落――1789～1843年」神奈川大学経済貿易研究所年報・経済貿易研究28号(2002年)95頁。
47) Gabriel Michanek, *Svensk miljörätt, supplement till andra upplagan*, juni 1995, s. 7.
48) Se Rubenson, a.a. s. 63.
49) 本件で地主が政府に上訴したというのは，日本の感覚では行政不服申立てであるが，スウェーデン人はこれを裁判所への訴え提起と同質の行為と観念し，特別行政裁判という位置づけを与えている。スウェーデンには最高行政裁判所を頂点とする行政裁判所の体系が存在するが，それとは別にコミューンから県域執行機関，そして政府という特別行政裁判の体系があり，裁量性の強い行政決定はむしろこちらの系列をたどる。しかし，政府が最終審になるということでは，公正で開かれた裁判所で裁判を受ける権利というヨーロッパ水準の要請を満たさないというので，政府の決定の法令適合性について最高行政裁判所の審査を受けられるということに制度が改められた。それが法審査である。このスウェーデンの特色ある行政裁判制度については，ラーグネマルム・前掲(注26)127頁および168頁以下を参照されたい。
50) Jonas Ebbesson, *Miljörätt* (Iustus Förlag, 2003) s. 105. 本文で紹介した2つの事件も本書に引用されているものである。
51) Se Staffan Westerlund, Proportionalitetsprincipen—verklighet, missförstånd eller nydaning?, *miljörättslig tidskrift* 1996:2.

52) 損失補償の問題については，主として次の文献を参考にした。Svea-Gösta Jonzon, Lars Delin och Bertil Bengtsson, *Naturvårdslagen—en kommentar*, 3 uppl. (Norstedts Förlag/Stockholm, 1988) s. 214.
53) 次の政府刊行物がいくつかの法律の定めを比較していてたいへん参考になった。*Naturvårdshänsyn och de areella näringarna*, Ds 1991: 87, s. 67.
54) Se Rubenson, a.a. s. 126f.
55) このような指摘はあちらこちらで見聞きするが，手元で確かめられたものとして，武田龍夫『白夜に舞する夏至祭の歓喜』(中央公論社，1996年)75頁をあげておく。また，直接そうした指摘がなされているわけではないけれども，畠山重篤『日本〈汽水〉紀行』(文藝春秋，2003年)の238頁以下に収められた「ヴァイキングの国からの客人」と題する一文も，スウェーデン人の特質をうかがわせて興味深い。
56) スウェーデン人が自然を情緒的に受け止めるのを嫌うというわけではない。スウェーデンの美術館では全く自然だけを描いた絵がよく見られ，筆者はそこに日本人の心性と通い合うものを感じる。フランスやベルギーの美術館で鑑賞したところでは，南欧の絵画の場合，一見風景画と見えても近寄ってよく眺めると片隅に狩人や旅人が小さく描かれていることが多い。それとの比較である。また，スウェーデンには俳句の愛好者が多いという事実も注目に値しよう。俳句を通した日瑞交流の成果として，カイ・ファルクマン／清水哲男選『四月の雪』(大日本印刷株式会社ICC本部，2000年)という句集がある。同書に寄せられたカイ・ファルクマン氏の「スウェーデン俳句の可能性」と題した序文によれば，スウェーデンの俳句には季語がないが，スウェーデンの詩人も自然事象を主なインスピレーションの源としているため，作品を四季に分けることは難しくないということである。

5. 北欧における生物多様性保全と農業・林業

　生物多様性保全を進めるにあたって，これまでは保護区の設定に焦点をあてられることが多かった。しかし，第1章にも述べたように，複雑な生態系のつながりが明らかになるにつれて，保護区を設定するだけでは十分ではなく，広域の生態系を総合的に保全することが重要であることが認識されてきた。ここで課題となってくるのが，広大な土地を利用する農業や林業の生産活動と生態系保全をどう折り合いをつけていくかである。従来農林業が環境に関わってこれまで問題とされてきたのは，農地開発・大面積皆伐などの開発行為や農薬による汚染など一般的に認知されやすい行為であった。

　しかし最近では，たとえば農地や伐採現場からの土砂流入や農業用水取得による河川流量の減少などが河川生態系劣化の原因となっていること，林相の単純化や野生動物の生息地を顧慮しない施業によって森林生態系が劣化していること，伝統的農法の衰退によって景観劣化・生態系の変化が進んでいることなど，農林業生産に関わるさまざまな影響が問題とされるようになってきた。これに対して生物多様性保全に向けて農業経営・森林施業を転換するためのさまざまな政策が打たれるようになってきている。第2章ではサケ保全・流域保全に向けた林業や農業の対応をみたが，本章では農林業政策に直接焦点をあてて，生態系保全に向けてどのような取り組みを行っているのか，そこでの課題は何かについて検討することとしたい。

　対象とするのはスウェーデンとフィンランドである。この両国は林業生産が活発で，EU諸国や日本への木材供給基地となっており，国民経済において重要な地位を占めている。一方で輸出相手国であるイギリス，ドイツなどでは森林保全を求める市民運動・消費者運動が活発であり，また国内でも森

林保全を求める環境保護団体の運動が活発化している。このため両国では活力ある農林業を維持しつつ，生態系保全を追求するためのさまざまな取り組みを行っている。またスウェーデンではEU加盟によって，共通農業政策を導入することとなったが，これを市場志向的な形で実施に移したり，より環境保護的な農業環境政策を展開するなどしている。以上の点で，両国は農林業という生産行為を生物多様性保全とどのように両立させていくのかという政策課題を検討するのに適していると考えられる。

本章ではまず第1節でスウェーデンにおける環境保全型農業政策の展開についてみた後，第2節でスウェーデン，第3節でフィンランドの森林政策と生物多様性保全への対応についてみていくこととしたい。

このうち農業政策に関してはEUの農業政策とスウェーデン独自の改革との関連がとくに重要となるので，ここに焦点をあてたい。また森林政策に関わっては，両国ともに森林認証への取り組みが重要な位置を占めている。森林認証とは持続的な森林管理を行っている森林に対して第三者機関が認証を行い，認証が行われた森林から生産された材にラベリングを行って流通させ，市場において環境意識の高い消費者に選択的に購入してもらおうという仕組みである[1]。近年ヨーロッパでは認証材の市場が急速に拡大し，イギリスのホームセンターなどでは認証材しか扱わないところも出てきており，両国とも認証の拡大にとくに力を入れている。そこで，認証の取り組み状況にとくに焦点をあてて分析を行うこととしたい。

5.1. スウェーデンの農業環境政策

5.1.1. はじめに

スウェーデンの農業環境政策は1986年に導入された「農業地域における国家環境保護プログラム」に始まる。それは農業起源の硝酸塩汚染への対策と農業の合理化による野生生物の生息地ならびに農業景観の破壊への対策からなっていた。とりわけ，スウェーデンの伝統的土地利用形態であり，野生生物の生息・生育地ならびに農業景観として高い価値を有していた半自然放牧地と手刈り採草地の保護が重要な目的であった。

1995年1月，スウェーデンはEUに加盟し，それと同時に従来からの環境保護プログラムはEU委員会の規則に基づく農業環境プログラムに切り替えられた(従来の措置も一部継続)。EUの農業環境政策は1992年の共通農業政策(Common Agricultural Policy：CAP)の改革の際に本格的に導入され，加盟各国はEU指令に基づいて独自に農業環境プログラムを作成することになっていたが，スウェーデンでは既存のプログラムを一部修正してこれに代えたのである。

1999年には，EUの中東欧への拡大や財政支出の抑制等の課題に対する政策方向を示したアジェンダ2000が採択され，それに基づいたCAP改革が2000年から実施に移された。農業環境政策は，共通市場制度とならぶCAPの第2の柱となった農村振興政策の中に位置づけられ，財政的にも強化された。従来の農業環境プログラムは，新たに導入された農村振興対策を加えて環境・農村振興計画として作成されることになった。スウェーデンでも，1997年から既存プログラムの見直し作業に入り，2006年を目標年次とした新しい環境・農村振興計画が2000年から実施に移されている。

ところで，スウェーデンはEU加盟に先立つ1990年に大胆な農政改革を断行し，国内市場規制の撤廃や輸出補助金の廃止を行っている。これは1992年のCAPの改革よりもずっと急進的であり，1995年のEU加盟とCAPの受け入れは，その意味ではスウェーデン農政にとって一種の後戻りであった。こうした事情もあり，スウェーデンはCAPをより市場志向的に改革することに熱心であり，また農業環境政策についても，より環境保護的に改革することを主張してきている[2]。スウェーデンの農業環境政策はEU加盟諸国においても比較的進んだもののひとつであり，わが国が将来農業環境政策を検討するうえでも参考となる面が少なくないと思われるのである。

本節では，こうしたスウェーデンの農業環境政策の経過とその具体的な内容を詳しく取り上げ，とくに生物多様性と農業景観の保全に関して，どのような目標が設定され，どのような手段で実現しようとしているのか，その成果はどの程度あがっているのかをみていく。そして最後に，スウェーデンの経験を踏まえた日本の農業環境政策のあり方について考えてみたい。

5.1.2. スウェーデン農業の概況[3]

　スウェーデンはヨーロッパで最も大きな国土面積をもつ国のひとつで，国土面積は4140万ha，うち森林が2230万ha(53.9%)と過半を占め，農用地は耕地が約300万ha(7.2%)，放牧地が55万ha(1.3%)と，合わせても9%ほどにすぎない。国土の3分の1以上は山岳，沼地，湖で占められ，南北に長い国土を反映して，北部と南部とでは気候条件が大きく異なる。

　総人口は885万人(1998年)であり，うち8万人強が農業，林業，狩猟，漁業に携わり，約6万人が食品産業に従事している。農業経営体のほとんどが家族経営で，兼業農業が一般的になりつつある。また，農業経営体の約70%が森林所有者でもある。

　過去20-30年の間に，スウェーデンの農業構造の変化は農業経営体の減少と大規模経営の増大という形で進んできた。機械と装置への拡大的な投資に伴って，農家は穀作，酪農そして養豚といった部門に特化する傾向がみられる。農業経営体の数は，1961年に23万であったものが，1980年に12万，1999年には8万と急速に減少した。経営規模は，北部で小さく，南部の平野部で大きい。農業条件は，平均気温がより低く，栽培期間が短くて，かつ消費地への距離が遠い北部地域においてより厳しい。スウェーデンの地域政策の目標は，国民がどこに住んでも，雇用機会，サービスへのアクセス，および良い環境を保証することであるが，この観点から北部地方での農業には特別な支援が与えられている。また，これらの地域はEUの条件不利地域にも指定されている。

　スウェーデン農業の作物構成は表1のとおりであり，主力は穀物(大麦，小麦，カラス麦)と牧草である。穀物は耕地の約45%で作付けされている。北部と南部とでは収量に大きな差があり，たとえば，南部では大麦の収量が1ha当たり5500kgであるのに対し，気候の厳しい北部ではわずか2000kgでしかない。気候の違いは作物の違いにも現れる。北部では牧草とかいば，飼料作物が中心なのに対して，パン小麦や菜種，アブラナなどは中央および南部に集中している。また，ジャガイモが国中で生産されているのに対し，テンサイは主に最南部地域とゴットランド島のみで栽培されている。野菜，果物，ベリー類，苗木等の園芸部門は，種類・生産量とも全般的に小さく，

表1 スウェーデンの作物生産の概況(1999年)

	面積 (千ha)	生産量 (千トン)		面積 (ha)	生産量 (トン)
作　物			野　菜	6,150	—
穀物	1,153	4,684	ニンジン	1,756	84,308
小麦	275	1,659	タマネギ	791	35,283
大麦	482	1,853	キャベツ	447	19,842
カラス麦	306	1,055	レタス	687	19,325
ライ麦	25	117	キュウリ	293	13,276
その他	40	154	その他	1,836	—
牧草	988	3,203*	果　物	2,011	—
菜種	76	195	リンゴ	1,530	18,006
ジャガイモ	33	991	ナシ	185	1,159
テンサイ	60	2,753	プラム	101	388
休耕地	271	—	サクランボ	195	196
耕地合計	2,747	—	ベリー類	3,358	—
			ストロベリー	2,707	12,520
			その他	651	—

資料：Swedish Board of Agriculture, Facts about Swedish agriculture (2000) pp. 8-9
＊　1997年(Statistisk Arsbok for Sverige より)

経営体の数は約3200，土地面積は露地が1万2000 ha，施設園芸が340 haにとどまる。

表2に畜産部門の概要を示す。牛の飼育頭数は170万頭，うち45万頭が乳牛で，年間330万トンの牛乳を生産している。牛乳生産の構造改革によって，過去10年以上の間に酪農家は半減し，乳牛頭数も20％減少する一方，平均搾乳量は継続的に増加している。豚については，飼育農家が約6000戸，飼育頭数が約212万頭で，500頭以上の大規模農家が中心である。鶏卵と鶏肉についても，経営の合理化と専門化によって，1戸当たりの経営規模は増加傾向にある。

スウェーデンの農業生産高は，直接補償を加えて380億クローネ(1998年)に上り，GNPの2％強を占める。少数の品目を除けば，農業生産物の自給を達成している。特定の作物，とくに穀物は過剰であり，ここ数年，さまざまな方法によって過剰を抑制する努力がなされてきている。

スウェーデンの農家は，他の多くのヨーロッパ諸国の農家と違って，協同組合を通じて農産物の加工や販売に関わっている。協同組合による加工産業

表2 スウェーデンの畜産の概況(1999年)

	飼育頭数(頭)		生産量(千トン)
牛	1,712,920	酪 農	
乳牛	448,520	農場から集荷された生乳	3,299
雌子牛	164,801	牛乳およびヨーグルト	1,279
1歳以上の雄牛等	600,130	クリーム	94
1歳未満の雄子牛	499,469	ミルクパウダー	40
羊とラム	437,249	チーズ	128
雄羊	193,644	バター	26
ラム	243,605	食肉等	
豚	2,115,213	牛	139.7
雄豚	4,175	子牛	4.3
雌豚	220,205	馬	1.7
その他(20 kg以上)	1,239,480	羊とラム	3.6
その他(20 kg未満)	651,353	豚	325.4
鶏	7,849,842	家禽	92.4
うち雌鳥	5,647,509	卵	69.3

資料：Swedish Board of Agriculture, Facts about Swedish agriculture (2000) pp. 8-9

は国内の支配的な地位を占めている。たとえば，スカングループはスウェーデン国内の屠殺の80%を行っており，売上高でみればヨーロッパ最大の食肉加工企業である。同様に，酪農においても実質的に支配的であるし，穀物でも市場のリーダーとなっている。

スウェーデンは1995年1月にEUに加盟し，CAPを受け入れることになった。いうまでもなくCAPの最大の課題のひとつは特定品目における過剰生産である。これに対処するために，余剰農産物の国別割り当て，休耕，そして価格支持政策から直接支払い政策への転換が図られてきた。今日EUは，補償措置と家畜助成の形で，各国のルールに従って加盟国の生産者に支払いを行っている。1999年の実績で，スウェーデンの農業部門は総額70億クローネの補助金を得ているが，このうちの52億クローネはEUから手当てされている。また，スウェーデンの8万500の農業経営体のうち7万5000までがEUの支援を受けている。EUの支援を受けていない農家の多くは，耕地面積が5 ha未満の小規模農家である。

最後に，スウェーデンの農業関係官庁であるが，政策の立案にあたるのが

スウェーデン農業省(Jordbruksdepartementet)で，政策の実施はスウェーデン農業局(Jordbruksverket)に委ねられている。また，各地方の県域執行機関(länsstyrelsen)には農業部門が設置され，それぞれの県域での政策の執行にあたっている。このほかの政府機関としては，国立獣医学研究所(Statens veterinärmedicinska anstalt)，スウェーデン食料行政機構(Livsmedelsverket)，種子検査保証研究所(Statens utsädeskontroll)，スウェーデン食料農業経済研究所(Livesmedelsekonomiska institutet)がある。

5.1.3. 農業環境政策の経過

　スウェーデンの農業環境政策は，1995年のEU加盟を大きな転換期として，次の3つの時期に分けることができる。第1はEU加盟以前に独自の政策をとっていた1994年以前，第2はEU加盟後の1995-99年，第3はEUのアジェンダ2000に基づいて新しい農業環境政策がスタートした2000年以降である。ここでは各時期の政策の策定と実施の経過を述べる。なお，政策内容の詳細については次項以降で取り上げることにする。

5.1.3.1. 1994年以前

　1986年，農業地域において野生生物の生息・生育地ならびに伝統的農業景観として最も価値が高い半自然放牧地と手刈り採草地を保護する目的で，農業地域における国家環境保護プログラムが初めて導入された。農家と5年契約が結ばれ，半自然放牧地と手刈り採草地の継続に対して補償が支払われた。その面積は5万haに上り，その80％は半自然放牧地だった[4]。

　半自然放牧地とは，化学肥料を投入せず耕起もしない永久放牧地のことで，スウェーデンの伝統的土地利用形態として，景観および文化遺産価値の点から，最も保護が求められているものである。また野生生物に多様な生息環境を提供しており，生物多様性の観点からも重視されている。

　手刈り採草地とは，スウェーデン語でängと呼ばれる牧草地のことで，施肥は行わず，夏に1回だけ刈り取りをする。昔は草刈り鎌で刈り取りが行われていた。古い伝統的な営農方式のもとでのみ存在する土地利用形態で，半自然放牧地とならんで重要な土地である。ここにも豊かな生態系が残されていて，文化遺産としての価値も高いとされている。手刈り採草地は現在で

は生産目的での利用ではなく，趣味やレクリエーションの対象であるという。ちょうど日本の棚田と同じように，草刈りなどは都市住民が参加するイベントとして行われたりしているという。

　生産性の低い半自然放牧地と手刈り採草地は，戦後の農業経営の拡大，農家数の減少，農業経営の合理化といった過程の中で，放置あるいは植林によって森林に変わったり，生産性の高い農地に改良されたりして，大規模かつ急速に減少してしまった。こうした状況を食い止めて，これら固有の農業景観と生態系を保全するために導入されたのが，1986年の農業地域における国家環境保護プログラムだったのである。

　1990年には，農村地域の維持という目的で，対象をさらに広げて新たな環境プログラムがスタートした。その目標は自然・文化遺産的価値が農業生産とリンクしている特定の農業景観を守るというものであり，以前のプログラムと同様，5年間の営農継続を条件に農家に補償がなされた。約37万5000 haの農地が対象となり，その半分は半自然放牧地だった。このプログラムは，1995年のEU加盟の際に，次に述べる新しい農業環境プログラムに移行したが，一部は併行して継続された[5]。

　1990年の新たな環境プログラムは，同年に断行された農政改革の一環であった。この農政改革は従来の農業保護を大幅に削減するもので，1992年のEUのCAP改革よりも急進的な改革だったといわれている。改革の内容は，①国内市場規制の撤廃，②輸出補助金の廃止，③半年ごとの価格審査の廃止，④国境措置の水準は据え置き，⑤予想される価格の下落に対して農業者への一時的補償の支払い（農地転用する場合は，包括的補償金が一時金として支払われる）というものであった。ちなみに牛乳の割り当て制度は1989年にすでに廃止されていた。

　ところが，改革が実施に移された1991年には，1995年のEU加盟に向けての申請を行うことが決定されたため，スウェーデンの農政改革は中途半端なものに終わることになってしまった。EU加盟はCAPの受け入れを意味するが，CAPは農政改革後のスウェーデンに比べるとはるかに農業保護的であったためである。つまり1995年のEU加盟は農業保護の復活を意味し，農業者にとってはむしろ得るところの方が大きかったわけである[6]。

農業環境政策に関しては，農業保護の削減の見返りに環境保護への補償を手厚くするという方針が採用された。自然・文化遺産的価値が農業生産とリンクしている特定の農業景観を守るという新しい環境プログラムの目標は，この方針に基づくものである。ただし，この時点では，環境要件を農業保護を受け取る場合の条件とする，いわゆるクロス・コンプライアンスには踏み込んでいない。

5.1.3.2. EU 加盟と農業環境プログラム

1995 年 1 月の EU 加盟後，EU とスウェーデン政府が予算を半分ずつ負担し，予算規模を大幅に拡大して，新たな農業環境プログラム(Miljöprogrammen för Jördbruket)が開始された。EU 加盟の協議の際に，EU 指令 2078/92 に基づいてスウェーデンに割り当てられた環境対策に対する共同負担の総予算は 1 億 6500 万ユーロだったが，当時のスウェーデン財政は非常に厳しい状況にあったため，政府は段階的に対策を実施に移していく方法をとった。すなわち初年度の 1995 年には年間 15 億クローネに抑えられたのに対して，1997 年に年間 6 億クローネが追加されて年間 21 億クローネ，1998 年にはさらに 7 億クローネが追加されて年間 28 億クローネとなった。

このような環境対策予算の拡張の背景には，環境優先に対する当時のスウェーデン議会(第一党は社民党)の非常に強い意欲があった。ともあれ農業者はこのプログラムのもとで，環境保護の費用または所得損失の補償(環境補償)の見返りとして環境保全義務を負うことになったのである[7]。

5.1.3.3. アジェンダ 2000[8]

1999 年 3 月，特別欧州理事会(EU 首脳会議)において，EU 加盟国首脳は EU の財政面での改革プログラムであるアジェンダ 2000 への政治合意を達成した。アジェンダ 2000 とは，将来の EU 拡大による支出増大の可能性をにらみ，1997 年 7 月に欧州委員会が提案した戦略文書であり，①EU 加盟を申請している中東欧諸国等への加盟前支援措置，②EU 予算の大半(1999 年予算で約 83%)を占める CAP および構造政策(格差是正基金および構造基金)の改革，③2000-06 年の EU 予算の枠組みを定めたものである。

CAP の改革に関しては，①農産物支持価格の一層の引き下げ，②引き下げ分の一部を補塡する直接支払い単価の引き上げ，③共通市場制度とならぶ

CAPの第2の柱として農村振興政策の各施策(農業環境政策,条件不利地域対策等)の強化が決定された。そして,CAP予算の上限額を,2000-06年の7年間について年平均405億ユーロと定め,さらに7年間で総額140億ユーロの農村振興および動植物衛生に関する経費を追加することとされた。また,農村振興政策については,①農業開発政策関連の規則をひとつに統一し,施策全体を簡素化するとともに,②農家への直接支払いを雇用状況等により最大20%減額できることとし,それを財源として各国が農村振興政策に対する追加的な支援が可能となった。農業環境政策は農村振興政策の重要な柱であり,アジェンダ2000に基づくCAP改革によって,CAP全体に占める重要性が増し,相対的な予算増額が保証されたわけである。

5.1.3.4. 新しい農業環境プログラム(環境・農村振興計画)の策定と実施

EUの動きを受けて,スウェーデンでは新しい農業環境プログラムの準備に入った。その基礎となったのは,既存の農業環境プログラムの評価作業である。

まず1997年には,農業局が,森林局(Skogsstyrelsen),自然保全庁(Naturvårdsverket),考古局(Riksantikvarieämbetet)の協力を得て,当時の農業環境プログラムのレビューをまとめた。このレビューは1998年からの同プログラムの改定の基礎となった。同じ1997年には,考古局が別途,自然・文化遺跡の保護に対する環境補償について評価を行った。また会計検査院(Riksrevisionsverket)も,同プログラムのいくつかの対策について評価を加えている。こうした評価作業が行われる中,スウェーデン政府は,アジェンダ2000に対応するために,新たに環境プログラム調査委員会(Miljöprogramutredningen)を設立し,次期の農業環境プログラム(2001-05年)の将来方向と内容の提言を求めた[9]。

次期の農業環境プログラムは環境・農村振興計画(Miljö-och landsbydsprogram)と呼ばれた。環境・農村振興計画の所管官庁は農業省と通商産業省(森林政策を担当)であり,またその実施は農業局と森林局が責任を負うこととされた。環境・農村振興計画のうちの環境対策に関しては,自然保全庁と考古局も協議機関として,これら2つの機関とともに役割を担う。他方,政府の決定に従って,財政支出権限,すなわち助成金の支出についての決定

の権限が，県域執行機関あるいはその協力組織に委譲されることになった[10]。

1999年6月7日，農業省はヒアリングの場を設け，環境対策を除く環境・農村振興計画の対策と優先順位が協議された。ここには50以上の関係諸団体・機関——利害関係者のほとんどが出席した。7月7日には，スウェーデン政府は70の関係諸団体・機関に，環境対策を含む環境・農村振興計画の方向性を記した覚書を送った。覚書を作成したのは農業省と通商産業省である。この覚書では，同計画の一般的な目標と方針，および目標を達成するための対策とその優先順位が記されていた。覚書には，種子・油脂作物協会による環境補償に関する提案書とともに，上述の環境プログラム調査委員会の提案書である「農業と環境の利益」も添付された。覚書に対する意見書提出の期限は8月18日，詳細意見書と委員会提案の特定分野については9月17日とされた。その結果，ほとんどの団体・機関が意見書を提出し，その要約がまとめられた[11]。

旧農業環境プログラムは1999年12月末で終了し，2000年1月から新しい環境・農村振興計画が発足した。ただし，旧プログラムの終了とは旧プログラムに基づく新規契約は行わないという意味であり，既存の契約は契約期間完了までは継続する。また，新プログラムの発足は2000年からであるが，新プログラムに基づく実際の契約(助成)の開始は2001年からである。

なお，新プログラムに関しては，2003年12月末に中間評価がまとめられ，EU委員会へ提出されている。

5.1.3.5. 環境・農村振興計画案に対する利害関係者の意見

新プログラムの策定の際に利害関係者が提出した意見書の要約が，農業省の報告書に記載されているので，以下にそれを紹介しておく[12]。

環境・農村振興計画の基本目標，すなわち農業，食料生産，林業および農村地域の環境的・経済的・社会的な持続的発展を推進することについては，ほとんどの関係者が支持を表明した。また，環境補償を3つのサブプログラムに分け簡素化を図ることについても，多くの関係者が理解を示した。ただ，いくつかの主体は環境目標を達成するには投資助成やその他の形態の助成が必要であることを指摘した。

28億クローネという環境補償の総枠については，大多数の関係者が好感

を示したが，農業団体であるスウェーデン農業者連盟(Lantbrukarnas riks-förbund)は最低限35億クローネを確保すべきことを主張した。これに対して，当然のことではあるが，会計検査院は18億クローネへの縮減が望ましいとした。

会計検査院とスウェーデン農業大学(Lantbruksuniversitetet)は，農業分野の環境問題の解決，とくに窒素浸透の軽減については，原因者の支払い原則をもっと適用すべきと考えていた。スウェーデン自然保護協会(Naturs-kyddsföreningen)は，環境対策は地域助成(条件不利地域対策のこと)の費用を優先するとともに，また全般的に環境補償により多くの予算を投下すべきという意見であった。スウェーデン農業者連盟もまた，新しい応募に門戸を開くべきと考えていたが，大方の県域執行機関は，新規募集は行うべきではないという見解であった[13]。

県域執行機関やスウェーデン農業者連盟を含むいくつかの関係者は，条件不利地域への補償手当に高い優先順位をつけるべきだと主張した。また，農業局は条件不利地域への補償手当はかつては現在よりもっと環境保全的内容を与えられていたといい，スウェーデン自然保護協会もまた補償手当にはできる限り環境条件をつけるべきだと主張した。同様の趣旨から，いくつかの関係者は補償手当と家畜頭数とのリンクの問題を取り上げた。これは他の関係者，各地の県域執行機関，スウェーデン農業者連盟，自然保全庁なども支持している。WWF(世界自然保護基金)などは，助成は家畜頭数とのリンクではなく，経営条件をもとにすべきことを示唆している。WWFが考えているのは，補償手当は自然放牧地での放牧を維持しうる営農方法につながることが重要であるということである。家畜頭数に応じた従来の支給方法が過剰飼育を促し，環境破壊を引き起こすことは広く知られた事実であり，環境保護団体は以前から面積当たりの支給に切り替えるよう主張していたのである。

他方，ダーラナ県域執行機関(Länsstyrelsen i Dalarnas län)，自然保全庁，馬産振興財団(Stiftelsen hästhällningens)は，補償手当は馬を放牧する土地にも支払われるべきと考えていた。北部のいくつかの県域執行機関と同様，スウェーデン農業者連盟は穀物への補償手当は現在の水準を保つべきと

主張していたが，ダーラナ県域執行機関は牧草栽培の増加に回すべきではないかという意見をもっていた。

　投資助成に対する提案は大多数の関係者から肯定的な意見を得た。有機農業者協会(Ekologiska landbrukarna)は有機栽培への転換を助長するような投資助成が将来重要になることを強調した。農業局は投資助成は先取り的であるべきで，とりわけ動物にとっての環境や外部環境のための要件として目標にされるべきだと述べた。そのほか，全国園芸協会(Trädgårdsnäringens riksförbund)は作業環境の改善への投資も助成対象としてふさわしいことを主張し，スウェーデン自然保護協会は環境の改善につながる投資により高い優先順位をおくべきという考えをもっていた。自然保全庁，考古局そして国家財産局は，文化遺産環境への配慮が助成の条件となるべきことを主張した。いくつかの県域執行機関は，農業経営の投資助成と地域政策に基づく農村振興助成の要件との調整を希望した。

　ほとんどの関係者は研修の重要性を指摘し，環境プログラム調査委員会の提案よりも高いレベルが必要であることを主張した。たとえば，自然保全庁は教育，助言，情報提供が環境の質的目標の達成のためには不可欠という見解をもっていたし，森林局は，積極的な環境効果と持続的で価値のある森林生産を導く対策として最も重要な手段のひとつが研修であるという信念をもっていた。さらに農業局は農業者の教育は効率的で資源節約的な農業と農村産業を実現するために効果的な方法であると考えていた。

　以上のような関係各機関・団体の意見をみると，こと農業環境政策についていえば，農業団体とそれ以外の機関・団体との意見は一致している場合が多く，とくに大きな対立はみられないことがわかる。たとえば，環境補償の重視や，条件不利地域の補償を家畜の頭数ではなく面積当たりに切り替えるべきこと，研修や教育の重視などは，農業団体も含めてほとんどの関係機関・団体が支持している。また，自然保護関係機関や団体が強く主張する農業補償に環境条件を加えること(クロス・コンプライアンス)についても，農業団体から反対の意見は聞かれない。他のEU諸国に比べると，スウェーデンの場合はどちらかといえば協調的な姿勢がみられるのである[14]。

5.1.4. 旧農業環境プログラム(1995-99年)の内容と実績
5.1.4.1. プログラムの内容

本プログラムの全般的な目標は，農業が人間の健康を守り，自然資源を保全し，生物多様性と自然・文化景観の保護につながるような方法で行われるべきであるということにある。本プログラムは次の5つの対策から構成されている[15]。

対策1　農業地域に残されている生物多様性と文化遺産価値の保全
　　　　森林地域および北部スウェーデンにおける開放的農業景観の保護
対策2　環境的に脆弱な地域の保護
対策3　有機農業の推進
対策4　永続的な牧草栽培
対策5　トナカイ放牧地域における貴重な自然と文化遺産の保護

上記の5つの対策はさらに14の項目に細分化されている。表3はプログラムの細項目とその実績(1998年)を要約したもので，細項目ごとにプログラムに参加した農業経営体数と土地面積および助成金額を示している。

対策1は，表中で「農業環境プログラム」に分類されているうちのサブプログラム1にあたり，5つの細目からなっている。①，②は上述の手刈り採草地，③は上述の半自然放牧地に関する補償である。④の「開放的農業景観」とは森林地域に介在する農地(耕地，採草地，放牧地)のことで，景観に多様性を与え，かつ生物多様性に富む土地利用形態だが，もともと農業にはあまり向かない土地(だから森林が卓越している)だけに生産性が低く，放棄されたり，植林されたりするおそれが大きい土地である。また⑤の「価値ある自然・文化遺産」とは農業地域(耕地が卓越する地域)に残存する景観要素のことで，昔の農道，排水路，家畜を囲い込む柵，耕地の境界の目印や畔，農業用の建物，先史時代のモニュメントなどがある(後述)。

対策2は，サブプログラム2にあたり，6つの細目に分かれている。⑥は耕地や放牧地からの窒素浸透の緩和と生物多様性の増進を目的とした圃場内での湿地と池の造成である。対象地域は農業起源の窒素浸透によるバルト海と北海の海洋汚染が問題となっていた南部のヨータランド県とスベアランド県である。当初は耕地だけが対象だったが，1998年からは放牧地も対象と

表3 農業環境プログラムの内容と実績(1998年)

プログラム	参加 農業者(人)	参加 土地(ha)	助成額 金額(百万SEK)	助成額 比率(%)
農業環境プログラム			1502.6	78
サブプログラム1：農業地域に残されている生物多様性と文化遺産価値の保全，森林地域および北部スウェーデンにおける開放的農業景観の保護			1118.1	58
①手刈り採草地の生物多様性と文化遺産価値	1,800	4,700	14.4	1
②手刈り採草地の復元	150	1,200	1.5	0
③半自然放牧地の生物多様性と文化遺産価値	14,900	197,000	318.7	16
④開放的農業景観の維持	35,000	773,000	606.8	31
1) 耕地での牧草栽培		590,000		
2) 半自然放牧地		183,000		
⑤価値ある自然・文化遺産(耕地の景観要素)	11,200	600,000[a]	176.7	9
＊半自然放牧地(③+④2))		380,000		
＊手刈り採草地(①+②)		5,900		
サブプログラム2：環境的に脆弱な地域の保護			104	5
⑥湿地と池の造成	350	1,400	5.8	0
⑦粗放的牧草地と水辺の確保	1,200	2,600	5.6	0
⑧捕捉作物の播種	750	7,900	6.7	0
⑨茶色マメの栽培(エーランド島)	150	1,000	2.6	0
⑩絶滅のおそれのある在来種の保護	700	3,100[b]	3.1	0
⑪持続的慣行農業	5,700	460,000	80.2	4
サブプログラム3				
⑫有機農業の推進	13,700	241,000[c]	280.5	14
永続的な牧草栽培のための環境プログラム⑬	43,100	774,000	423.1	22
トナカイ放牧地域における価値ある自然・文化遺産のための環境プログラム⑭	[d]	[d]	—	
合　計			1934.7	

出所：Ministry of Agriculture, Food and Fisheries (MAFF), The Environmental and Rural Development Plan for Sweden 2000-2006 (2000) p. 64, Table 5. 16 を加工・引用
原注：a) 補償が必要な景観要素を有する農地区画が主
　　　b) 家畜単位の数量に比例
　　　c) 補償が必要な土地面積に比例
　　　d) 1999年中に調査
注：金額欄の SEK はスウェーデンクローネ(本文では単にクローネという)

なった。⑦は耕地からの窒素浸透と土壌浸食の防止のために，耕地の周囲に牧草地を設けたり，河川・水路や湖沼の縁辺部に緩衝地帯を設ける措置である。これも南部のヨータランド県とスベアランド県が対象である。⑧も窒素浸透の抑制が目的であり，秋に主力作物の収穫が終わったあと，窒素を吸収する捕捉作物を播種して，秋期と冬期の窒素固定を行おうという試みである。助成対象はヨータランド県のみである。⑨はスウェーデン南西部にあるエーランド島特産の茶色マメ栽培を奨励する目的で，伝統的で環境にやさしい栽培法に対して助成が行われる。⑩は絶滅のおそれのある家畜の在来種を保護するための措置である。補償対象とされているのは牛，羊，山羊および豚の15種である。そして⑪は「持続的慣行農業」という名称で1998年に導入された措置で，農薬に起因する危険を減少させ，水と大気への窒素の拡散を一層削減することが主目的である。主として農業者への情報提供や教育によって，自分自身の農場での農薬や除草剤，化学肥料等の適正な使用を促すという手法がとられている。また，圃場の境界部分での除草剤散布を控えて生物多様性を増進したり，河川や水路沿いに緩衝帯を設けて，水域への窒素浸透を抑制することも目的の一部とされている。

　対策3は，サブプログラムの3にあたる。1994年にスウェーデン議会は2000年までにスウェーデンの耕地の10%（約30万ha）を有機農業に切り替えるという目標を定めたが，これを実行するための措置がこれである。

　対策4は，耕地における永続的な牧草栽培を推進するための措置である。耕地で牧草を栽培することによって，耕地からの窒素浸透と土壌浸食を軽減させ，さらには生物多様性を増進しようというわけである。1997年から導入されている。なお，上述の④の1)も耕地での牧草栽培を促進する対策であり，農業者の対応としては同じ内容だが，④の1)は森林地域での開放的農業景観の維持が主目的である点に違いがある。

　最後の対策5は，1999年に導入された新しい措置であり，スウェーデン北部のトナカイ放牧地域に固有な自然・文化遺産を保護することを目的としている。トナカイ放牧は非常に古い伝統をもっており，放牧地固有のビオトープを形成しているとともに，文化的・歴史的観点から価値のある数多くの遺物を残している。たとえば，夏期に乳搾りのために使用された伝統的な

トナカイの檻，捕食動物から守る避難場所，丸太または石の囲い，獲物を囲いに追い込むために使われた柵，伝統的なサーメ人の生活の痕跡をとどめた井戸や古い木などである。これらはトナカイ農業法によって保護されているが，農業環境政策としても，その一部を補償するようになったのである[16]。

なお，本プログラムには，土地面積または家畜頭数に応じた補償に加えて，農業者および農地を所有する森林所有者への情報提供，研修および相談活動も含まれている。これらは以前の環境プログラムにはなかった新しい手法である。

5.1.4.2. 本プログラムによる助成の実績

前掲表3の金額欄によって，どのような対策が重視されているかを確認しておこう。

第1に，補償金の総額の78％は「農業環境プログラム」(上述の対策1から3)にあてられている。とくにサブプログラム1が全体の58％を占めており，その内訳は，④の開放的景観が31％，③の半自然放牧地が16％，⑤の耕地の景観要素が9％となっている。④には半自然放牧地も含まれるので，従来から重視されてきた半自然放牧地の保全がこのプログラムにおいても重視されているのがわかる。これに対して，生物多様性や文化遺産価値から同じように重要とされる手刈り採草地はわずか1％にすぎない。これはそもそも残存する手刈り採草地が数千ヘクタール規模と少ないためである。

第2に，環境的に脆弱な地域の保護を目的としたサブプログラム2は，⑥から⑪を合わせても5％ほどでしかない。これは助成対象が南部沿岸地域や島嶼部に限られ，対象面積が小さいことが影響している。その中では，耕地からの窒素浸透の抑制を主目的とした⑪持続的慣行農業が4％と大きな割合を占める。

第3に，有機農業の推進を目的としたサブプログラム3(⑫)は全体の14％を占め，比較的重視されている。

第4に，(耕地での)永続的な牧草栽培を目的とした環境プログラム(⑬)には，全体の22％の資金が充当され，かなり重視されていることがわかる。ちなみに，⑪，⑫，⑬はいずれも耕地からの窒素浸透の抑制による水域の環境改善につながるものであり，これらを合計すると，約40％にも達する。

窒素浸透問題が農業環境プログラムの最重要課題のひとつであることがみてとれよう。

なお，トナカイ放牧地域に対する措置は，表中には実績値が掲載されていないが，契約土地面積も補償金額もきわめてわずかである。

5.1.4.3. 本プログラムの評価

上述のように，農業環境プログラムに盛り込まれた対策は継続的に調査・評価されてきている。1997年の農業局による最初のレビュー，同じく1997年の考古局による環境補償についての評価，1999年の会計検査院の評価，そして環境プログラム評価委員会による総括的評価である。これら各機関・組織による評価を集約したものが，農業局によってまとめられているので，ここではそれをもとにプログラムの成果を紹介する[17]。

表4は，農業環境プログラムの実績と達成度を，本プログラムに参加した農地面積で示したものである。実績値は1998年であり，ほとんどの目標値は1999年または2000年である。この表から次のことがわかる。

第1に，サブプログラム1に含まれる半自然放牧地や手刈り採草地，開放的景観，価値ある自然・文化遺産(耕地の景観要素)はいずれも達成率が100%近くに達し，大きな成果があがっていることである。とくに手刈り採草地は約1000 ha が復元されたこともあり，目標の4500 ha に対して5900 ha もの土地が補償対象となった。半自然放牧地と手刈り採草地は，上述のように，1980年代後半から助成対象となっており，農業者は土地管理に慣れていることが好成績の原因にあげられよう。これに対して⑤の価値ある自然・文化遺産(耕地の景観要素)は，数字のうえでは達成率が100%を超えているが，この評価はかなり難しい。というのは，景観要素への補償は景観要素の種類によって算定基準がまちまちであり，かつ適正に管理されているかどうかの判断が難しい場合があるためである。算定基準についていえば，たとえば古い農道や水路，石垣などの線的施設は1m当たりで算定されるし，建物や古代遺跡などの点施設は箇所単位，昔の排水システム全体となると1ha 当たりの算定となる。また，どの程度の状態であれば適正な管理といえるかについても，農業者自身が判断しなければならず，その基準も必ずしも明確でないため，判断が難しいという(詳細は後述)。したがって⑤について

表4 農業環境プログラムの実績と達成率(1998年)

プログラム	実績 農業者(人)	実績 土地(A)(ha)	目標値 土地(B)(ha)	達成率 A/B(%)
農業環境プログラム				
サブプログラム1：農業地域に残されている生物多様性と文化遺産価値の保全，森林地域および北部スウェーデンにおける開放的農業景観の保護				
①手刈り採草地の生物多様性と文化遺産価値	1,800	4,700		
②手刈り採草地の復元	150	1,200		
③半自然放牧地の生物多様性と文化遺産価値	14,900	197,000		
④開放的農業景観の維持	35,000	773,000		
1) 耕地での牧草栽培		590,000	600,000	98
2) 半自然放牧地		183,000		
⑤価値ある自然・文化遺産(耕地の景観要素)	11,200	600,000[a]	575,000	104
＊半自然放牧地((③+④2))		380,000	440,000	86
＊手刈り採草地((①+②))		5,900	4,500	131
サブプログラム2：環境的に脆弱な地域の保護				
⑥湿地と池の造成	350	1,400	13,000	11
⑦粗放的な牧草地と水辺の確保	1,200	2,600	13,000	20
⑧捕捉作物の播種	750	7,900	39,000	20
⑨茶色マメの栽培(エーランド島)	150	1,000	1,000	100
⑩絶滅のおそれのある在来種の保護	700	3,100[b]	4,000	78
⑪持続的慣行農業	5,700	460,000	1,400,000	33
サブプログラム3				
⑫有機農業の推進	13,700	241,000[c]	300,000	80
永続的な牧草栽培のための環境プログラム⑬	43,100	774,000	1,000,000	77
トナカイ放牧地域における価値ある自然・文化遺産のための環境プログラム⑭	[d]	[d]	―	
合　計				

出所：実績はMAFF, The Environmental and Rural Development Plan for Sweden 2000-2006 (2000) p.64, Table 5.16を引用，目標値はid., pp.65-73より引用

原注：a) 補償が必要な景観要素を有する農地区画が主
　　　b) 家畜単位の数量に比例
　　　c) 補償が必要な土地面積に比例
　　　d) 1999年中に調査

は，ここであげられている数字の評価は留保しておいた方がいいだろう。

　第2に，サブプログラム2に含まれる措置は，⑨と⑩を除いては達成率が10-30%と低いことである。とくに⑥の「湿地と池の造成」の達成率が11%と非常に低いが，その理由としては，補償額の水準が低すぎることと，契約期間が20年と長いため農業者が避ける傾向にあることがあげられている。⑦の「粗放的牧草地と水辺の確保」も達成率は20%と芳しくない。その内訳をみると，粗放的草地の確保が14%で，水辺の確保が40%である。農業局の報告書ではこの理由は明らかにされていないが，おそらく補償水準が農業者の期待よりも低いことが原因と思われる。⑧の「捕捉作物の播種」も同じく達成率が20%と低い。この理由も補償水準の低さに求められている。なお，地域によって達成率に大きな差があるようで，南部の海岸沿いの窒素汚染がひどい市町村では80%の達成率を記録しているところもあるという。⑪の「持続的慣行農業」も達成率が33%とあまり高くない。これは1998年に始まったばかりの対策なので，1998年時点の達成率が低いのもやむをえないだろう。ただし，窒素汚染が厳しい南部地域で相対的に達成率が高く，また農薬使用量が多い大規模経営ほど契約率が高いということなので，この対策が目標とする対象に届いているという評価はなされている。

　第3に，サブプログラム3の「有機農業の推進」は達成率が80%（全耕地の9%）とまずまずの結果である。ただし，畜産部門については必ずしも十分な効果はあがっていないという。畜産部門では，個々の農場における飼育頭数と飼料生産のバランスが重要だが，現在の補償水準では有機畜産への転換を十分に促すだけの効果はあげてこられなかったと評価されている。

　第4に，⑬の「永続的な牧草栽培」についても達成率は77%に上っており，満足すべき水準に達している。

　最後に，⑭の「トナカイ放牧地域での環境プログラム」は，上述のとおり，新しい対策ということもあって農業局による1998年の評価時点ではデータがない。しかし，次に紹介する現在の環境・農村振興計画プログラム（2000-06年）においても達成率はごく低い水準にとどまっており，1998年時点でも効果があがっていなかったことが予想される。

5.1.5. 環境・農村振興計画(2000-06年)の内容と実績
5.1.5.1. 概　　要[18]

本計画は農村地域の環境的・経済的・社会的な持続的発展を目的とする財政支援措置を定めたものであり，アジェンダ2000およびEUのCAP改革の枠内にある農村振興政策の一部である。

本計画は2つのアプローチをとっている。ひとつは農村経済の複合的構成(農業＋他産業)への配慮，もうひとつは農業のもつ多面的機能(生産機能＋自然・文化環境の保全機能)への着目である。また，本計画の目的は農村地域の環境面での持続的発展と農村地域の経済・社会面での持続的発展の2つである。

本計画にあてられる予算は6年間で総額18億600万ユーロであり，うち環境面での持続的発展施策に16億4800万ユーロ(91%)，経済・社会面での持続的発展施策に1億5800万ユーロ(9%)が予定されている。前者の中心は農業環境プログラムであり，10億4000万ユーロ(全体の63%)が計上されている。本計画の対象地域は，農業環境プログラムと条件不利地域補償プログラムは国内全域，そのほかのプログラムはObjective 1 地域(後述)を除く地域である。

これらの執行に必要な費用は，EUとスウェーデン政府の両者で負担し，その負担割合は，農業環境プログラムの場合，Objective 1 地域ではEUが75%，それ以外の地域ではEUが50%である。また，農業環境プログラム以外のプログラムの場合はEUが25%となっている。なお，財政支援のレベルはプログラムによってさまざまである。

本計画の遂行に際しては，農業局が補助金の支出を担当，森林局が森林プログラムの実施を担当，そして県域執行機関が計画に関係する必要な意思決定を行う。ただし，在来種保護プログラム等，いくつかのプログラムについては農業局が，また森林での生態学的価値の向上プログラム等は森林局が，それぞれ意思決定を行う。

本計画のモニタリングはEUとスウェーデン政府が実施する。具体的には，農業局が継続的にモニタリングし，EU理事会に毎年報告を行う。その際，スウェーデン国内のその他の機関もモニタリングに参加する。また，企業代

表や他機関代表から構成されるアドバイザリー委員会が，年2回の会議で，計画の実施状況を確認し，その変更と修正の必要性を審議する。

スウェーデン政府は2003年12月31日までに中間評価を実施し，その結果をEU理事会に提出するとともに，計画の実施状況を評価し，変更の必要性を検討した。そして2008年12月31日までに最終評価を実施し，その結果をEU理事会に提出する一方，各支援プログラムの効果と影響を最終評価する予定となっている。

5.1.5.2. 前プログラムとの違い

農業省および農業局の担当者は旧プログラムとの違いとして次の3点をあげている[19]。

第1は，プログラム自体のわかりやすさである。前プログラムは，半自然放牧地や手刈り採草地に関する対策が複数のサブプログラムにまたがっている点にみられるように，農業者にとってわかりにくい構成だった。新プログラムでは，対策の数を減らすとともに(14から11へ)，個々の対策の内容を簡素化した。この点が最も大きな改善点だったようである。

第2は，生物多様性保全の具体的方法(たとえば半自然放牧地の維持の方法)の指導・助言を県域執行機関の任務としたことである。前プログラムでは，こうした具体的な対応方法はすべて農業者に任されており，農業者にしてみるとどのように実施すればよいのかがわからずに不安が大きかった。これは農業者にとっては大きな改善だったという。

第3は，耕地に残る文化遺産(景観要素)を重視していることである。具体的には，補償対象となる文化遺産(景観要素)の種類が大幅に増加している。

以下に，具体的な計画の内容をみていく。

5.1.5.3. 計画の内容

(1) 構　成

表5に，環境・農村振興計画に示された対策と予算を示す。

対策は，PriorityⅠと呼ばれる農村地域の環境対策と，PriorityⅡと呼ばれる農村地域の経済・社会対策，および旧農業環境プログラムで契約されて契約期間満了まで継続される分の対策の3つに分けられる。予算的には，PriorityⅠが圧倒的に大きく，全体の65%を占める。PriorityⅠ(農村地域の

表5　環境・農村振興計画の内容と予算

対　策	(百万ユーロ)	(%)
Priority I：農村地域における環境的に持続可能な発展		
農業環境政策	1,040	40.8
サブプログラム I：農業地域における生物多様性と文化遺産の保全		
半自然的放牧地と手刈り採草地		
価値の高い自然・文化遺産		
価値の高い自然・文化遺産(トナカイ農業地域)		
絶滅の危機に瀕する在来種		
サブプログラム II：開放的で多様な農業景観		
環境にやさしい牧草地農業		
サブプログラム III：環境にやさしい農業		
有機農業生産		
湿地と池の管理		
窒素浸透の抑制		
環境にやさしい茶色マメの栽培(エーランド島)		
環境にやさしいテンサイの栽培(ゴットランド島)		
水辺の保全		
条件不利地域における直接補償	402	15.8
研　修	116	4.5
農業用地での投資	53	2.1
森林における生態学的価値の改善	6	0.2
農村地域の改良と発展の促進	31	1.2
農業と林業に関連した環境の保護，景観の保全および動物福祉の改善		
小　計	1,648	64.6
Priority II：農村地域における経済的・社会的に持続可能な発展		
農業用地での投資	35	1.4
若手農業者の育成	26	1.0
研　修	15	0.6
農産物の加工と販売の改善	27	1.1
農村地域の改良と発展の促進	55	2.2
高品質の農産物のマーケティング		
農業経営および農業に関連した活動の多角化		
農業の発展に関連したインフラの整備と改良		
ツーリズムの促進		
集落の発展および農村遺産の保護と保全		
小　計	158	6.2
評価と優先義務		
評　価	17	0.7
農業環境政策(従前のプログラム期間中の義務)	728	28.5
合　計	2,551	100.0

出所：Swedish Board of Agriculture, The Environmental and Rural Development Plan for Sweden 2000-2006 (1999) pp. 6-7

環境対策)は旧農業環境プログラムとほぼ同じ内容であり，Priority II(農村地域の経済・社会対策)は今回新たに加わった対策である。

Priority I はさらに 6 つの小分野に分けられている。このうち農業環境政策が全体予算の 41%，条件不利地域における直接補償が 16% を占め，これら 2 つが環境・農村振興計画の主要分野となっている。

農業環境政策には 3 つのサブプログラムが用意されている。第 1 は，「農業地域における生物多様性と文化的遺産の保全」に関わる対策である。旧農業環境プログラムでの主要対策であった半自然的放牧地と手刈り採草地の保全はここに含まれる。また「価値の高い自然・文化遺産」も旧プログラムから継承されている対策で，耕地の中に残存する古い時代の農法の名残や生態的に豊かなビオトープの保全を目的としている。具体的には，古い用水路や排水路(明渠)，伝統的な排水システム，農道，動物を囲い込むための柵，所有界や耕作界を示す目印，古代のモニュメント，昔の建築物や農業に関係する遺物，耕作地の中に島状に取り残された小規模な樹林や草地などである。旧プログラムに比べると，文化遺産の保全をより重視しているのが特徴で，対象とする景観要素の種類を増やしたり，予算を増額している。

サブプログラムの第 2 は，これも旧プログラムから引き続き採用されている「開放的で多様な農業景観」の保全である。森林地帯に開放的空間を提供し，生物多様性にも富んだ牧草地の維持を目的としている。

サブプログラムの第 3 は，「環境にやさしい農業」の推進に関わる諸対策である。有機農業の推進や農業起源の窒素浸透の抑制などが主な対策で，いずれも旧プログラムからの継承である。

(2) 助成基準

表 6 は，Priority I の環境補償のための助成基準をまとめたものである。各対策ごとに助成基準と農家が遵守すべき管理方法は以下のとおりである[20]。

① 半自然放牧地と手刈り採草地

スウェーデン国内の全域を対象とし，契約期間は 5 年間である。

〈基本補償〉

基本補償は，放牧地と採草地の自然・文化遺産的価値を保全し高めるような措置に対して支払われる。また登録された山間放牧地と森林放牧地に対し

表6 環境・農村振興計画における環境補償のための助成基準

対　策	対象地域	補償レベル(SEK)
半自然放牧地と手刈り採草地	全　国	基本補償：1000/ha 追加補償：1400/ha 補完的対策： 　落葉の収穫　最大 500/ha 　大鎌による干し草づくり 3000/ha
自然・文化遺産	全　国	耕地における景観要素の数に比例した補償： 　ただし，1戸当たり3000以上 基本補償：100＋景観要素のタイプごとに 　グループ1タイプ：6-58/10 m 　グループ2タイプ：60-180/1カ所 　グループ3タイプ：1000/ha
トナカイ放牧地域における自然・文化遺産	トナカイ放牧地域[a]	4200/ha，ただし最大で1万6800 トナカイ保護柵の遺構は 20/10 m²
絶滅のおそれのある在来種	全　国	Linderroedssvin pigs：1500/ha その他の種：1000/ha
開放的で多様な農業景観	支援地域 1-5[b]	支援地域 1-3：2050/ha 支援地域 4：900/ha 支援地域 5：400/ha
有機農法	全　国	牧草と飼料用作物：500/ha 穀物：1300/ha 菜種：2200/ha 蛋白作物：1300/ha ジャガイモ：2200/ha テンサイ：2200/ha その他の作物：2200/ha 野菜：5000/ha 果物・ベリー：7500/ha 家畜単位当たりの補償：1700/ha
窒素流出の削減	カルマール，ゴットランド，ブレキンゲ，スコーネ，ハランド，ボストラ・ゲータランドの各県	捕捉作物：900/ha 春の準備：400/ha
湿地と池	目標Ⅰ区域を除く全国	基本補償：3000/ha 追加補償：800/ha
環境にやさしい茶色マメの栽培	エーランド島	2700/ha
環境にやさしいテンサイの栽培	ゴットランド島	1350/ha
水辺の保全	目標Ⅰ区域を除く全国	3000/ha

出所：MAFF, The Environmental and Rural Development Plan for Sweden 2000-2006 (2000) p. 145

原注：a) トナカイ放牧法(1971：437)3条1節に基づいて，トナカイ放牧が1年を通じて行われる地域。もし基金に余裕があれば，要件を満たした地域なら，それ以外の地域でも支払はできる
　　　b) 附属の地図と表による(省略)

ても適用される。農業者は管理条件に従って毎年の土地の管理を行わなければならない。その土地の自然・文化遺産的価値を損ないかねない行為，たとえば，化学除草剤の散布，化学肥料や石灰の使用，あるいは人工的な灌漑，岩や土の採取などは禁止されている。

　管理条件として，放牧地では毎年の放牧が，手刈り採草地では毎年の刈り取りと刈った草の搬出が義務づけられている。いずれの場合も圃場を覆うような樹木や藪は取り除かなければならない。

　以上に加えて，古代遺跡（紀元前）が残り，破壊のリスクが高い地域では，県域執行機関が必要に応じて馬の放牧や冬期の放牧の禁止を行うことがある。山間放牧地や森林放牧地で補償することがふさわしい地域については，県域執行機関がこれを決めることとされている。また山間放牧地およびエーランド島やゴットランド島の露出した石灰岩土壌を含む圃場での放牧に対しては特別な条件が適用される。これらのケースでは，県域執行機関が基本補償の枠組みの中で追加補償の要件に従った耕作条件を定めることができる。

〈追加補償〉

　基本補償に加えて，生態的・文化遺産的に高い価値をもつ放牧地と採草地に対しては追加補償が支払われる。追加補償は農業者からの申請をもとに県域執行機関によって個々に審査され，耕作条件が定められる。追加補償の対象地は長い間採草地や放牧地として使われてきたことを示す植生や動植物の種が存在しているか，あるいは特別な管理を必要とするような文化遺産的価値を有していなければならない。

〈管理条件〉

　特別の管理条件が県域執行機関によって設定される場合がある。たとえば，放牧された動物への追加的な給餌，放牧や干し草づくりの時期，特定の種の動物の放牧時期，育成期間後の植生の種類，大きな自然遺産的価値をもつ特定の景観要素の管理と補修などである。

　さらに，特別な管理方法に依存する自然・文化遺産的価値の保護のために特別な補償が支払われることがある。たとえば，樹木の頭部の切り落としや，草刈り鎌による牧草づくりとその後の放牧などの採草地管理などである。

〈補償額〉

農業者が基本補償に従った管理条件を満たすために負担する年間の実コストは，およそ1ha当たり1000クローネである。これは主として良好な管理のために必要な追加的な労働と物財費である。

　追加補償の対象となるような土地は，より長い期間にわたる，より労働集約的な管理が必要とされる。また，このような土地の収量は一般に基本補償の対象となる放牧地の収量よりも低い。このため農業者の年間実コストは1ha当たり約2400クローネと見積もられている（基本補償分が1000クローネ，追加補償分が1400クローネ）。

② 価値ある自然・文化遺産環境

〈補償の対象となる景観要素の種類〉

　○グループ1　線的な景観要素で耕作の障害になるものである。もともと農地排水を目的に建設された排水路，動物を囲い込んだり誘導するための柵，所有界や区画の境界の目印，開水路，農道などで，単位はメートルである。

　○グループ2　景観のポイントを形づくる要素で耕作の障害になるものである。古代のモニュメント，農業に関係する遺物，建物およびモニュメントなどで，単位は個数である。

　○グループ3　農作物のための伝統的な排水システムで，単位は排水される作物面積である。

〈管理条件〉

　管理条件は次のとおりである。
- 繁茂しやすい植生は，切るか，移動するか，または放牧すること。
- 形成された景観要素が維持されること。
- 樹木で構成される景観要素は，県域執行機関によって指定された条件に従って管理されること。
- 放置物と廃棄物は撤去すること。

　なお，県域執行機関は，樹木で構成される景観要素の管理形態，放牧の時期と形態に対して条件をつけることができる。

〈基本補償〉

　景観要素の条件に従った管理にかかる追加的費用は，労働時間と植生撤去のために特別な用具を使用することに対する費用からなっている。基本補償

の年間費用は100クローネ，各カテゴリーの年間費用は，グループ1の景観要素では10m当たり6-58クローネの間，グループ2の景観要素では景観要素1カ所当たり60-180クローネ，グループ3の景観要素の場合は1ha当たり1000クローネである。

③ 絶滅の危機にある在来種

〈絶滅危惧種である証拠〉

　絶滅の危機にある在来種のための保護活動に関しては，農業局とスウェーデン農業大学の在来動物遺伝子研究所とが継続的に議論を続けてきた。1980年代中盤から1992年まで，スウェーデン農業大学は農業局の指導組織である遺伝子バンク委員会に参加しており，またスウェーデンのEU加盟以後もEUの絶滅危惧種リストづくりに影響を及ぼす立場にあった。

　EUのリストづくりは，1994年に実施された全国調査とそれに引き続いて農業局が作成・出版した「家畜部門における生物多様性の保護と持続的利用に関する実行計画」(1995年)を基礎としている。なお，この全国調査と実行計画はともに生物多様性条約に関連したスウェーデンの任務の一環として行われたもので，農業環境プログラムの実施のために実施されたわけではない。

〈補償の要件と農業者の義務〉

　補償を受けるには絶滅危惧種がEUのリストに登録されていなければならない。補償の資格がある在来種は牛3種，羊3種，山羊2種，豚1種の計9種である。

　補償の要件は，当該種を他の種との交配から守ることと1頭の雌が同種の純血の雄とだけ交配することである。また，以上に加えて，証明可能なコントロールに基づいて血統情報によって純血が示される個体のみが補償の対象となる。

　在来種の生産に要する推定純費用は1500-1800クローネであり，種によって異なる。補償額は，豚については1ha当たり1500クローネ，その他は1ha当たり1000クローネである。

④ 開放的で変化に富んだ農業景観

〈農家の義務，その他の条件〉

　基本的な条件は，土地を放牧や干し草生産に実際に利用し，収穫物を囲場

の外に取り出すことである。化学的な除草剤は使用してはならない。牧草は少なくとも2冬の間は不耕起のままにしなければならない。

　支援地域1-3では，一定数の家畜をもつことが要件となる。この要件は，環境補償が環境にやさしい生産方法を維持するための長期間の投資であるという事実によって正当化される。

　開放的で変化に富んだ農業景観を維持するために要する実費用は，推定で1ha当たり約400-2050クローネであり，これが補償額となっている。

⑤　トナカイ放牧地域における価値ある自然・文化遺産環境

　助成対象はトナカイの檻と伝統的な丸太や石造りの柵という2つに分けられる。補償はこれらの景観要素の質的低下や雑草繁茂を防ぐために必要な管理行為に対して支払われる。トナカイ放牧地はサーメ人の古い居住地に付随するものでも，そうでなくてもよい。柵には木の柵と石垣とが含まれる。柵には罠が併設されているものも含む。県域執行機関は，個々のケースにおいて補償の条件が満たされているかどうかを決定する。

　トナカイ放牧地が助成対象となるには，長期にわたって伝統的トナカイ農業が営まれてきたことを示す植生を伴った土地が最低0.2haなければならない。トナカイ放牧地に対する補償の資格を与えるためには，トナカイ放牧地を囲い込むための柵やサーメ人のテント，貯蔵のための場所や施設，あるいはそのような施設の痕跡，トナカイ農業と関連した樹木，藪あるいは煙突などが証拠として用いられる。放牧や干し草づくりに関連する土地もトナカイ放牧地に含まれる。

　他方，柵については，柵とそれに関連する罠の仕掛けが伝統的な方法でつくられていなければならない。補償対象となるためには，柵の片側5mが伝統的方法でつくられたものでなければならない。

　管理条件は次のとおりである。

・繁茂しそうな木や藪は除去すること。
・木くずは土地の上に蓄積してはならない。
・トナカイ農業に使われてきた明らかな印である景観要素や樹木は破壊したり，移動したりしてはならない。
・柵は維持されなければならない。

与えられた条件に従った土地の管理費用は，労働費，移動時間および植生の除去のための特別な道具の使用に関わる費用からなっている。これらの費用はおよそ1ha当たり4250クローネと見積もられたが，実際の補償額は1ha当たり4200クローネである。

(3) 計画の実績

表7に，環境・農村振興計画の対策別目標と実績を示す。目標年は2006年，実績は2001年と2002年の2カ年である。2002年は計画期間6年間のちょうど3分の1が終了した時点での実績を表すことになる。ここから読み取れることは次の点である。

第1に，すでに目標値をほぼ達成している対策として，半自然放牧地と手刈り採草地(達成率93%)，開放的で多様な農業景観(99%)，窒素流出の抑制(366%)がある。半自然放牧地と手刈り採草地の保全は，すでに述べてきたように，スウェーデンが1980年代後半から力を入れて取り組んできた対策であり，順調に実績をあげていることが知れる。開放的で多様な農業景観も前プログラムからの継続であり，初年度の2001年時点ですでに目標値をほぼ達成している。窒素流出の抑制も前プログラムからの継続だが，366%と予想以上の好成績を収めている。これは農業者への教育・研修活動の成果だという[21]。

第2に，達成率が70-80%に達している対策として，自然・文化景観(76%)，在来種の保護(70%)，有機農法(77%)，環境にやさしい茶色マメの栽培(エーランド島)(83%)，環境にやさしいテンサイの栽培(ゴットランド島)(69%)がある。これらも順調であり，目標達成は間違いない。また水辺の保全は達成率が45%だが，まだあと4年を残しているので，今のペースなら目標達成は可能であろう。

第3に，達成率が極端に低い対策として，トナカイ放牧地域における文化景観の保全(19%)と湿地・池の造成(8%)がある。前者は旧プログラムでも成果があがっていない対策であるが，地域住民の理解がなかなか得られないためとのことである。後者も旧プログラムの時代から成果がみられない対策であり，補償額が少ないことや20年間の管理が義務づけられていることが障害になっているようである。

表7 環境・農村振興計画の対策別目標と実績

対　策	2001年実績(ha)	2002年実績(ha)	2006年目標(ha)	2002年達成率(%)
サブプログラムⅠ：農業地域における生物多様性と文化遺産の保全				
半自然的放牧地と手刈り採草地	386,000	420,000	450,000	93
自然・文化景観	12,740	13,740	18,000	76
文化景観(トナカイ放牧地域)	303	330	1,700	19
在来種の保護	3,300	3,500	5,000	70
サブプログラムⅡ：開放的で多様な農業景観				
環境にやさしい牧草地農業	573,000	595,000	600,000	99
サブプログラムⅢ：環境にやさしい農業				
有機農法：areal	261,000	329,000	540,000	61
有機農法：djurenhet		88,000	114,000	77
湿地と池の造成	114	450	6,000	8
窒素流出の抑制	153,000	183,000	50,000	366
環境にやさしい茶色マメの栽培(エーランド島)	1,605	1,835	2,200	83
環境にやさしいテンサイの栽培(ゴットランド島)	673	694	1,000	69
水辺の保全	1,750	2,450	5,500	45

出所：Statens Jordbruksverk (2003) p. 94 の表を加工・引用

　次に，表8に環境・農村振興計画の対策別補助金額と参加経営体数を示す。補助金額が多いのは，半自然放牧地と手刈り採草地(全体の30%)，開放的で多様な農業景観(28%)，有機農法(24%)の3つで，これらだけで8割を超える。参加経営体の数でも，開放的で多様な農業景観，半自然放牧地と手刈り採草地の2つが約3万戸ととくに多く，続いて有機農法，自然・文化景観，窒素浸透の抑制の3つが1万戸を超えている。

　以上，対象土地面積，補助金額，参加経営体数が大きい対策において，いずれも達成率が高いということは，環境・農村振興計画が順調に実行されていることを示している。

(4) 事　例

　環境・農村振興計画の実施事例として，スウェーデン南部のイェーンシェーピング県の場合をみておく[22]。

　同県の農家は約4000戸，うち4分の1が農林業を主業とする農家林家，2分の1が兼業農家(通勤兼業)，残り4分の1が高齢(引退)農家である。経営部門では酪農が主体であり，農地は大半が牧草地である。1戸当たり平均飼

表8 環境・農村振興計画の対策別補助金額と参加経営体(2002年実績)

対　策	金　額 (千SEK)	比率 (%)	経営体 (戸)	比率 (%)
開放的で多様な農業景観	539,820	27.5	32,246	31.6
半自然的放牧地と手刈り採草地	584,926	29.8	27,698	27.1
エコロジカルな農業生産	461,588	23.5	15,399	15.1
自然・文化景観	148,268	7.5	12,834	12.6
窒素流出の抑制	211,383	10.8	11,535	11.3
在来種の保護	3,918	0.2	703	0.7
水辺の保全	7,383	0.4	1,420	1.4
湿地と池の造成	373	0.0	33	0.0
環境にやさしい茶色マメの栽培(エーランド島)	1,907	0.1	74	0.1
環境にやさしいテンサイの栽培(ゴットランド島)	2,867	0.1	168	0.2
文化景観(トナカイ放牧地域)	1,649	0.1	48	0.0
合　計	1,964,082	100.0	102,158	100.0

出所：Statens Jordbruksverk (2003) pp. 22-23 の2つの表を加工・引用
注1：1 SEK(スウェーデンクローネ)≒15円(2003年9月)
注2：経営体の合計欄は1999年の総経営体数。1つの経営体が2つ以上の補償を受けているケースがあるため合計とは一致しない。

　育頭数は30頭(乳牛)，平均農地面積は約50 ha で，農家林家を含め零細経営が多数を占める。土地利用では森林が卓越しており，森林の中に農地(採草地，放牧地，畑地)が団地的に拓かれているという形である。25歳から10歳刻みで農業従事者数の分布をみると，45-54歳層が一番多く，続いて55-64歳層と35-44歳層が同じぐらいで続き，25-34歳層は極端に少ない。

　EUの補助金は県全体で約3億クローネ，受給農家1戸当たり約7万5000クローネ(日本円で約113万円)となっており，農家にとって重要な収入となっている。補助金交付のために所定の記入フォームがあり，農業者自身が記入することになっているが，約半数はコンサルタントに委託している。また最近ではインターネットを利用した書類作成も進んでいるという。

　補助金を受けている農家が契約どおりに土地を管理しているかどうかに関しては，管理協定面積の5%の農家を抽出して，スポットチェックと呼ばれる立ち入り検査が行われている。本県では20-25戸ぐらいである。スポットチェックは48時間前までに対象農家に電話で連絡し，都合を聞いて決める。通常は農家に同行を求め，現状を写真に撮って証拠とする。ただし，夏期はどの農家も忙しいので常に同行を求めるのは難しいという。また，川や湖を

保全するために，水際線から20 m については農薬の使用を禁止しているが，実際に現地で確認するのはかなり難しく，ある程度は農家を信用せざるをえないとのことである。

　以下に，県域執行機関の紹介により筆者らが訪問した2つの農場（農家）を紹介する。

① K 農 場

　酪農と林業経営を営む農家林家で，経営地は森林120 ha，耕地20 ha，牧草地20 ha である。当主は7代目であり，代々この土地で農林業を営んできたという。2000年度の実績で，農業補助金は7種類，総額13万クローネの支給を受けている。本農場の経営農地は，図1に示すとおり，住宅の周囲にまとまっており，さらにその外側は森林となっている。われわれが訪れたときはあいにく降雪の直後だったが，生物多様性や景観保護のための措置を講

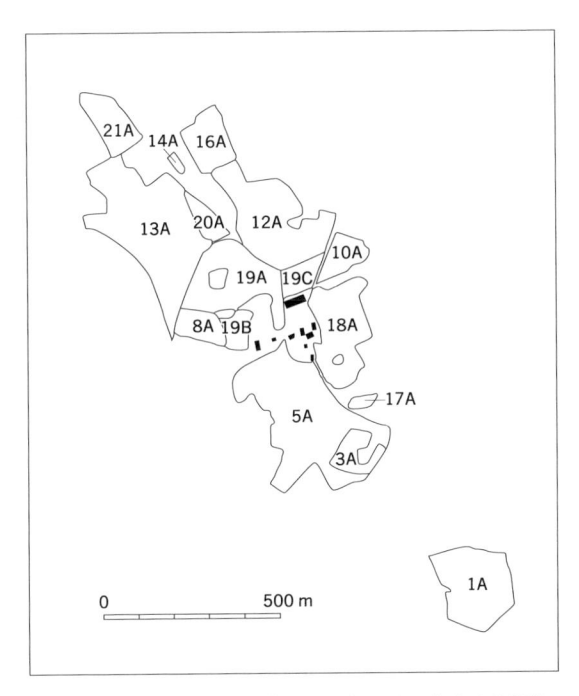

図1　K農場の助成対象農地の分布（数字は農地区画番号）

じている放牧地を徒歩で見て回った。案内してくれたのは6代目(70歳)で，昔から生物や環境保全に関心が高かったという。実際，農場の至るところに鳥の巣箱が設置されていたり，昔の農具や炭焼き跡などを残しているところに，それが見受けられた。同行の県域執行機関の係官によれば，環境保全の補助を受けるような農家は，もともと環境保全に関心が高かった農家が多いという。

自然放牧地では化学肥料を用いないほか，木の切り株や倒木をそのまま放置したり，灌木や茂みを切らずに残したり，逆に野草の生育環境を守るために木を伐採したり，さらには貴重な植物群落を保護するために羊除けのフェンスを張ったりする（羊は植物の根元まで食べてしまうため）などの措置を講じていた。

② R 農 場

肉牛生産を主とする農家林家で，森林を70 ha所有し，農林業収入のほかに建設業の臨時作業員としての収入が若干ある（全収入の20％程度とのこと）。当主は3代目である。農業補助金としては，条件不利地域の補助金を含めて，全11種類，総額20万6000クローネの支給を受けており，うち8万クローネは家畜補助金である（農業環境プログラム外）。肉牛生産は子とりと肥育の両方で，24頭の雌牛を飼育している。

経営農地の分布は図2のとおりで，K農場と同様，一団地にまとまっている。農地の大半は採草・放牧地である。生物多様性・景観保全の対象地としてユニークなのは，区画番号37Aの林間放牧地である。林間放牧はこの地方で長い歴史があるが，最近ではほとんど見られなくなっており，文化景観として価値が高いとのことである。それに加えて林間放牧地独特の昆虫（蟻や甲虫など）や花の生息・生育地として生態学的価値も有しているという。林地内には樹齢の異なる樹木が混在しており，人工的な植林は行わず，すべて自然更新である。この土地に対する環境補助金は1 ha当たり1000クローネとなっている。

また，11Dは本農場で一番大きな区画の半自然放牧地であり，多種類の野草が生育し，それを刈って牛の冬の間の餌としている。農薬・化学肥料は一切使っていない。本農場で飼育されている牛はアメリカ原産のヘアフォー

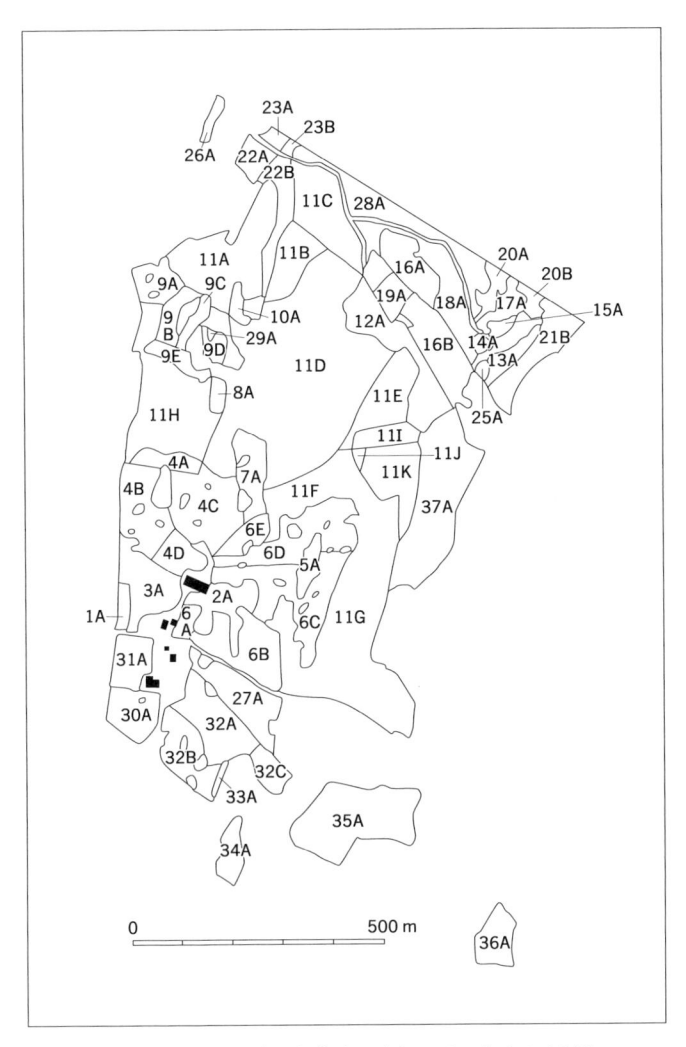

図2　R農場の助成対象農地の分布(数字は農地区画番号)

ド種(Hereford)で，窒素過多を引き起こさないという点でこの地域の草地に非常にマッチしているという。また，われわれが訪問したときたまたま畜舎の建設中だったが，これは冬期間に家畜を入れるための建物であり，冬の間に牛を外に出すと草地が傷むためであるとのことである。

本農家も生物多様性や景観保全に対する知識が豊富で，環境保全を前提とした農業補助金の支給も当然のこととしてこれを受け入れているようだった。

5.1.6. スウェーデンの農業環境政策の成果と課題
5.1.6.1. 農業環境政策の手法

EU の CAP に従うスウェーデンの農業環境政策の手法は，農業者との管理協定に基づくものである。すなわち，国が環境保護のための管理指針を設け，その遵守を前提とした交付金の支給に合意した農業者が国との間で協定を結ぶことによって，環境保護を図ろうというものである。これは農業分野における環境保護を法的規制によるのではなく，補助金による誘導的手法によって実現しようとする方法である。

イギリスの農業環境政策に関する詳細な分析を行った福士は，農業環境政策の手法として，管理協定，デカップリング，クロス・コンプライアンスの3つをあげ，それらの関係を次のように説明している[23]。

「管理協定が国と個人農業者との関係を意味する以上，管理協定が農業環境政策の手法として本格的に用いられるには，農業保護を生産と切り離し（デカップルし），その上で交付金を所得補償としてではなく，管理支給へと読み替えて実施していく意識的な操作が必要となる。……しかしこのような読替が可能になるには，環境要件を農業保護を受け取る場合の条件とする，もう一つの前提が必要となる。すなわち環境要件の遵守を前提にした農業保護の実施である。これがクロス・コンプライアンスである」

EU では，1992 年の CAP 改革において農産物支持価格の引き下げを敢行し，それによって生じる農業所得の減少を生産を刺激しない形で農業者に直接的に補償した。いわゆるデカップリングの導入である。他方，デカップリングに交差される環境要件についてはその時点では明確にされず，正式な導入はアジェンダ 2000 に基づく CAP 改革を待たねばならなかった。

スウェーデンにおいては，上述のように，1986 年に農業者との管理協定に基づく農業環境プログラムが導入されたが，その時点では農業保護との関連はなかった。続く 1990 年の農政改革では農業保護の大幅な削減が図られ，デカップルされた所得補償が導入された。しかし，この時点でも所得補償の

前提として環境要件を付与する(クロス・コンプライアンス)ところまではいっていない。クロス・コンプライアンスについては，1995年のEU加盟直後に策定された旧農業環境プログラムでも実現されず，その導入は結局，2000年のCAP改革以後となった。

もっとも，スウェーデンでは，あえてクロス・コンプライアンスといわなくとも，環境要件の受け入れが農業者にとって避けがたい情勢になっていたことをあげておくべきだろう。というのは，1990年の農政改革によって農業保護の大幅な削減を行ったスウェーデン政府は，1995年のEU加盟後も単なる農業保護には消極的であり，唯一認めていたのは環境保護と結びついた農業保護であった。農業者からみれば環境保護だけが政府から補助金を引き出す道だったのである。

5.1.6.2. 農業環境政策の成果とその要因

農業者との管理協定は任意であり，したがって，どれだけ大勢の農業者が協定を結ぶかが政策の効果を測るうえで重要となる。スウェーデンの場合，上述のように，契約の締結は目標どおりに進んでおり，設定した目標の達成という意味では十分な成果をあげている。とくに，旧プログラムの実施上の問題点を改善した新プログラムは，今のところきわめて順調である。少なくとも農業環境政策の分野ではEUの優等生といってよいと思われる。このような成果をもたらした要因として考えられるのは次の点である。

第1は，環境政策に対する国全体での高い位置づけである。このことが農業予算の中でもとくに農業環境政策の優遇に結びついてきたことを考えると，その意義は大きい。

第2は，上述のように，農業者にとって農業環境政策の受け入れが新しい所得機会と捉えられていることである。1990年の農政改革で農業保護の削減が断行されて以降，1995年のEU加盟とCAPの受け入れで再び農業保護が見直されたものの，環境保護と結びつかない農業保護には厳しい目が向けられるようになった。今や環境保護は補助金獲得の最も有力な手段となっているのである。

第3は，農業者自身のプログラム受け入れ能力の高さである。管理協定には農地一筆ごとの管理内容が規定されているが，それを間違いなく実行する

には遵法精神を含めた一定の能力が必要となる。それに加え，交付金の支給を受けるには協定に従った管理を行ったことを証明する書類の作成等，多くの事務作業が必要であり，それをこなす能力も必要である。スウェーデンの農業者は一般的に教育水準が高く，また代々農業を営んできた誇りをもっているといわれるが[24]，農業環境政策の実施にあたって，まさにそうした能力が生かされているといえるだろう。

　第4は，農業部門における長い普及事業の経験である。農業環境政策のような新しい取り組みを推進するには農業者への情報提供や教育・研修が欠かせない。本章では省略するが，スウェーデンでは行政と農業協同組合による普及活動の長い歴史があり，農業者とのつながりが確保されてきた。農業環境政策の実施にもこうした普及活動の経験が役に立ったのである。

　第5は，それに関連して政策実施官庁の行政能力の高さがある。管理協定は個々の農業者との契約に基づくものであり，膨大な事務作業が伴う。一方で職員の削減が進む中で，政策の遂行を可能としたのは高い行政能力に負うところが小さくないと思われる。

　第6に，農業景観と生物多様性に関するデータの蓄積をあげておくべきだろう。農業環境政策の実施にあたっては，その前提として保全すべき農業景観や生物多様性についての合意が存在していなければならない。前項で述べたとおり，スウェーデンでは大学や研究所，財団などで国内の生物やその生息・生育地に関する調査研究が長年にわたって進められてきており，保全すべき農業景観や生物多様性についての知見についてある程度の蓄積があった。今後の調査で確認する必要があるが，このことが農業環境政策の立案にあたって具体的な環境要件を定める際に役に立ったのではないかと思われるのである。

5.1.6.3. 農業環境政策の課題

　環境・農村振興計画における目標の達成率からは順調さがうかがえる農業環境政策ではあるが，課題がないわけではない。

　第1は，管理協定に規定されたとおりの管理方法で生物多様性は真に守られているかという問題である。管理協定が実際に守られているかどうかは，上述のように，スポットチェックと呼ばれる現地調査（協定面積の5％を対

象)を通じてチェックされる。しかし，これは土地の管理方法をチェックするだけで生物の生息・生育状況を調査するわけではない。さらにいえば，協定対象地における生物相の調査が事前に行われているわけではないため，そもそも本当に生物相が保全されているかどうかを確かめるすべがない。実際，絶滅危惧種やそれに近い種の生息・生育環境の悪化が懸念されており，自然保護団体の批判もある。

第2は，近年の農家数の激減と農業後継者の不足という事態を前に，伝統的な土地管理方法を継承できるのかという問題である。昔の農法を知る世代が急速に減っている現状がこうした危機感をさらに増している。

第3は，管理協定の実施に伴う行政事務量の多さである。ひとりひとりの農業者ごとに協定の対象地を特定し，管理方法を定め，交付金額を算定しなければならない。しかも新しいプログラムに切り替わるたびに(これまではおおむね5年ごと)新しい協定書を作成しなければならない。また，協定に定められた土地管理方法を周知徹底させるために，講習会を開いたり，啓発パンフレットを作成するといった教育活動も必要となる。一方で職員数は削減される方向にあるというから，事務作業の一層の効率化が求められているわけである。

5.1.7. 小　　括——日本の農業環境政策が学ぶべきこと

最後に，スウェーデンの農業環境政策の特徴を踏まえて，日本の農業環境政策のあり方を考える手がかりを探ってみたいと思う。ただし，ここでは農業景観と生物多様性の保全に話題を絞ることとする。

第1に，スウェーデンでは(EU諸国全般に当てはまることだが)，農業環境政策の前提に農産物価格の引き下げに伴う農業者への直接的所得補償(直接支払い)があるということである。これは価格引き下げで浮いた財政資金を直接支払いに充当するということであり，現在では直接支払いの条件として環境保護的土地管理が組み込まれるようになっている。これに対して，中山間地域の一部を除いて直接支払い制度が導入されていないわが国では，制度的にも資金的にも，すぐにはスウェーデン(およびEU諸国)のような形での農業環境政策の導入は難しいだろう。

第2に，スウェーデン（およびEU諸国）では，農業者個人との管理協定に基づいて政策が実施されているが，わが国での農業景観や生物多様性保全を考えると，必ずしも個人ベースの契約はなじまないように思われる。なぜなら，日本の場合，保全の対象となるであろう土地や施設の一部は，水路や溜池，里山など，農業者個人に属さない共同的な利用の場であるからである。さらにいえば，個人の所有地である水田も水路等の共同管理の前提があって維持される存在である。したがって，仮に何らかの形で農業環境政策が導入されるとしても，現在の中山間地域の直接支払いで採用されているような集落ベースの契約が望ましいように思う。ただし，個人の所有地だけに関わる環境保全的措置も当然ありうるから，集落ベースと個人ベースを組み合わせたような形が現実的ではあろう。

　第3に，農業環境政策の導入のためには，どのような農業景観や生物多様性を保全すべきか，そしてどのような管理によってそれらを保全しうるかについての科学的・経験的な知見の蓄積が必要であるということである。スウェーデンでは，大学，研究所，財団などによる調査研究の蓄積があり，政策部門との連携も比較的スムーズに行われている印象がある。多様な農業景観や豊かな生物相を有するわが国では，スウェーデン以上にこの方面の調査研究が必要となろうし，調査研究部門と政策部門との連携も重要となろう。

　第4に，農業景観や生物多様性の保全は，もはや農業者だけでは担いきれず，都市住民も含めた国民全体の参加が必要ではないかということである。スウェーデンでも，上述のように，農業者数の減少や伝統的な土地管理方法を知る農業者の高齢化が農業環境政策の遂行上の課題となっており，たとえば，伝統的な土地利用形態である手刈り採草地の管理などは，都市住民を巻き込んだイベント的な活動によって支えられるようになってきている。日本でも，農家数の減少や農業従事者の高齢化については，全く同じ問題をかかえており，たとえば棚田の保全などにみられるように，都市住民の参加による農業景観の保全の取り組みも盛んに行われるようになってきている。いずれにしても，こうした事態に対応するには，固有の農業景観や生物多様性の価値を広く国民に伝える努力とともに，非農業者を含めた土地管理の仕組みを構築していく必要があるだろう。

5.2. スウェーデンにおける生物多様性保全と森林管理

5.2.1. はじめに

　以下では，スウェーデンにおける生物多様性保全に配慮した森林資源管理政策の現況を整理し，その特徴を明らかにすることを目標とする。生物多様性を保全しようとするとき，最も効果的な方法は，とくに重要な土地を国家などの公的組織が取得し保護地域として囲い込むことであり，その次に効果的なのは，私有地を含む地域を保護地域として囲い込み，比較的強い法的な規制下において，その地域の新たな開発を防ぐことだった（この方法に関しては，第4章でこの国のユニークな制度である自然保護地域（naturreservat）について詳述している）。しかし，ここで議論したいのは，そうした保護地域設定を行わず，土地所有者が自分の土地の管理・経営を続け，木材生産を中心とした生産的行為を行うことを容認しつつ，生物多様性保全を達成しようとする試みについてである。

　ただし，さらにあらかじめ対象を限定すれば，ここで主に議論するのは，小規模私有林における生物多様性保全に関する事柄になる[25]。大規模な会社有林や国有林のような公有林の場合，大面積の森林についてその経営体が統一的な意思決定を行うので，生産性の追求に偏重した木材生産が行われると，非常に大規模な自然破壊がもたらされる危険性がある。実際，多くの破壊が行われてきたことは，過去の経験が如実に示している。しかし，いったん環境保全に配慮した経営方針がとられるようになれば，事態が劇的に変わることは，たとえば，1990年代になってエコシステムマネジメントを経営方針として採用したアメリカ国有林の事例が示すとおりである（第2章参照）。

　これに対して小規模私有林の場合，意思決定を行う経営単位はごく小さいので，たとえば，ひとりの個人が所有する森林の経営が生物多様性保全に十分に配慮したものに転換したとしても，全体に対する影響はごく微細なものにすぎない。全体が転換していくためには，教育的・財政的インセンティブ，法的規制など，さまざまな方法で，多くの経営体の意思決定に影響を与える措置がなされなければならない。森林に関していえば，森林の公共性の高さ

から，そうした措置は多くの場合，国の政策として行われることになるが，一方で，私有財産権も十分に尊重する必要があり，その実施には多くの困難が伴う。

われわれがここで議論しようとするのは，こうした困難な政策的課題をどのように達成していくかであり，この課題に対するスウェーデンの経験あるいはスウェーデンの方向性を明らかにすることである。

なお，われわれの調査チームの大きな特徴のひとつは，農業と森林の専門家が共存していることであり，実際，ほとんどの現地調査もお互いの調査対象を一緒に訪問し，一緒に調査を行ってきた。したがって，本節においても，農業における生物多様性保全との違いをできるだけ意識しつつ記述を進めることにしたい。残念ながら，行政における縦割り（これは世界共通である）と同じく，研究の分野でも縦割りは貫徹しており，生き物は農地と森林の間を行ったり来たりしているにもかかわらず，農・林をともに考える視点はほとんど皆無だからである。

5.2.2. 森林政策の変化
5.2.2.1. 規制と助長の林政から自己責任と普及の林政へ

スウェーデンの森林，林業政策については，これまでに日本国内においても多くの報告があるので，改めて詳しく論じるつもりはない[26]。ここでは，行論上必要な1990年代はじめの大きな政策転換について，要点を確認しておくにとどめる。

スウェーデンは，フィンランドとならんで，ヨーロッパの主要な木材供給国であり，近年は日本にも多量の製材品を輸出するようになったことは周知のとおりである。この国では，1979年森林法のもとで，法的規制，補助金，優遇税制を組み合わせた森林資源造成，木材生産の増大のための積極的な施策がとられていたが，1993年に森林法が改正され，木材生産と生物多様性の維持に同等の重みがおかれるようになった。木材生産に関しては，私的経営の自由裁量に任す方針に転換し，補助金は，広葉樹造林，酸性雨対策などの環境保全関連を除いてほぼ全廃された。

この転換を象徴的に表しているのが排水事業である。これまで，地形が平

坦で湿地の多いスウェーデンでは，排水溝を掘り，地中の水位を下げて造林が可能な環境をつくることは，拡大造林のための一般的な手段であり，広く奨励されていた。したがって，排水事業には，かなり手厚い補助がなされていた。排水事業は，森林資源造成のための「良い」事業だったのである。

ところが，新政策下ではこの事業に対する評価は逆転する。湿地は，さまざまな生物が生息する生物多様性に富んだ場所であり，その保護は生物多様性保全の観点からは非常に優先度が高い。したがって，その環境を破壊する排水事業は「悪い」行為となったのである。排水事業に対する補助金は廃止され，むしろ排水溝の埋め戻しが奨励されることになった。

旧政策は，幼齢林分の伐採禁止，森林経営計画策定の義務づけなど，かなり厳しい規制が森林法で定められ，森林所有者の施業をコントロールすることにより，森林資源の充実を早期に図ろうという意思が明確に示されていた。これに対して新政策では，そうした規制は個々の森林所有者の自由な経営を妨げるとしてほぼ全面的に撤廃された。要するに「アメ」(補助金)も「ムチ」(法的規制)もなしにするから，自分の責任で経営してくださいということになったのである。基本的に森林経営は森林所有者の責任で行われるべきものであり，行政の「守備範囲」はなるべく縮小されるべきだという考え方である。

新政策における政府の「守備範囲」は以下のような項目になる。
① 普及事業(エクステンション)
② 法的監督
③ 補助金
④ コンサルティング
⑤ 教　育
⑥ インフォメーション

このうち，かつては政策の主流だった③は，ほとんどが廃止され，現在は広葉樹の植林と Cultural/Natural Conservation のための活動(文化的遺産の保全，新しい湿地の創造等)の2つが残るのみである。一方，④は，現場の森林担当区(ディストリクト)の森林官が，森林所有者の求めに応じて有料で計画策定，会社への研修，林道設計，森林調査等をコンサルタントとして

行うものである。また，⑤は学校教育への参加，⑥は一般国民向けの情報提供であり，行政としての固有の業務は，①と②にほぼ限られる。このうち②は，森林法に基づく監督で，森林所有者に義務づけられている伐採届出のチェックなどであり，結局，現場の職員の主要な業務は普及事業(エクステンション)となる。次項では，この普及事業について若干詳しくみることにしよう。

5.2.2.2. 普及事業の展開

新政策下の普及事業の役割は非常に重い。「アメ」も「ムチ」もなしに，木材生産と生物多様性の維持という，そう簡単には両立しえない2つの政策目標を実現しようというのだから。

スウェーデンの地方林業行政機関は，中央政府の森林局よりも長い歴史をもっており[27]，近年の地方行政機関統合の動きの中でも，県域執行機関(中央政府の出先機関で，県政府とは異なる)(第4章参照)に統合されずに，独立した地方森林局—森林担当区(ディストリクト)の組織として存続した。このディストリクトが普及事業を主に担当する。1979年森林法の旧政策下では，地方林業行政機関は，規制のチェックに精力を費やしてしまった結果，本来の任務である普及事業がおろそかになり批判を受けた[28]。その意味では本来の任務に再び復帰したのが現在の形ということもできる。ただし，任務の減少は組織の縮小に直結する。1993年末時点で24地方森林局，240ディストリクト，職員数約2100名だったものが，2000年の中頃の時点では10地方森林局，100ディストリクト，職員数約1000名と半分以下の規模にまで縮小させられている。

さて，このディストリクトが普及の最前線として最も力を入れたのが，「豊かな森へ(A Richer Forest)」キャンペーンだった。これは，日本の常識でいえば驚くほど内容の濃いフルカラーの教科書(森林局編集・発行の『豊かな森へ』[29])を使った学習運動で，ディストリクトごとに複数組織される森林所有者の学習グループが最も一般的な単位だった。『豊かな森へ』に書かれている内容は多岐にわたるが，森林所有者が木材生産をしながら自然性の高い森林をつくっていくための考え方，科学的知識，実際の施業技術，要するに持続可能な森林経営のための森林所有者向け学習パッケージである。こ

のかなり厚い教科書を使った学習を，たとえば，森林法改正前の数字であるが，1991年から1992年の間に，約6万名の森林所有者，林業労働者，林産企業の担当者などが受けたのである[30]。

　1999年以降，このキャンペーンは第2段階に入り，教科書もより本格的な『緑の森へ(grönare skog)』に変わったが，学習運動は現在も継続されている。キャンペーンの対象者は，総森林所有者数の3分の1，10万名である。リンシェピン・ディストリクトを例に現在の状況をみると，このディストリクトの場合は，キャンペーン対象者は約1000名で，これは現在のディストリクトのスタッフでカバーできる，ぎりぎりの人数だという（ディストリクトには他の業務もあるため，実際にこのキャンペーンに関われるのは2ないし3名である）。

　まずスタッフが，管内の影響力のある森林所有者をリストアップし，彼らを誘って学習グループを結成させる。グループの目的は，教科書を主に使って，森林の機能，人間と森林の長い関わりを理解し，林班レベルから流域レベルまでの環境に配慮した森林施業，森林経営の方法を学ぶことである。1グループのメンバーは8名から15名程度で，村でのお隣さん同士や友人同士がグループをつくることが多い。2000年の段階で18グループ，187名が参加している。教科書代，部屋代，お茶代はディストリクトが負担するが，運営は基本的にはグループが自ら担う。つまり，集まりの始めの1，2回はディストリクトのスタッフが参加し会をまとめるが，それ以降はとくに話をしてくれと呼ばれる場合を除いてグループとして活動が進められる。

　さて，すぐ理解できるように，このキャンペーンの成否は，教科書の質にかかっている。ここでは，実際に内容を載せることができないので，ひとまず『緑の森へ』[31]の目次をあげておくことにしよう。

　　人間と森林／森林の生き物／生産と環境の調和／生産への投資／景相と環境／林分の環境／実際の緑の森(計画)

これはA4判より一回り大きい判に写真，絵，図表が全頁カラーで入った約200頁の本で，平易な言葉ながら，内容的にはかなり高度な水準で書かれている。最新の景観生態学や保全生態学の考え方が採用されていることも注目される。

以上のようなキャンペーンの展開を受けて、さらに1997年から新しい森林経営計画策定支援事業が開始されている。新しい計画は英語に訳せばGreen Forest Management Planと呼ばれるもので、日本語ならば「緑の森林経営計画」である。計画策定はディストリクトの有償サービスとして行われる。この策定サービス事業には、森林組合やコンサルタントも参入しており、官民で自由競争が行われている。

計画の考え方や手法は、『緑の森へ』と完全に協調しており、煎じ詰めていえば、これまでの森林経営計画に生物多様性保全の考え方を全面的に取り入れようとするもので、経営面積の5%以上を保護林とすること、生産林地でも、大径木の保存、補植・伐開等による混交林への誘導などにとどまらず、枯死木を残したり(残存率の指定)、わざわざ高い位置で伐採して背の高い切り株(high stump)をつくることなどを通じて、昆虫相やそれに依存する鳥類などの動物相を豊かにすること、また多様な生物の生息地として貴重な湿地や岩石(小丘陵)の保全を図ること、などが求められる。ゾーニングとしては、後述するように小班単位に「生産林」から「自然保護林」までの4区分に全林地を分ける必要がある。

以上、簡単にみてきたように、新しく展開された普及事業は、斬新な内容をもったものであり、産業としての林業が確実に成立しているこの国の生産現場で、補助金や法的規制なしに生物多様性保全を成し遂げようとする試みといえる。そして、この政策が開始された1990年代前半にはおそらく予想されてはいなかったと思われるのだが、5.2.3.でみるように、森林認証制度がこの普及事業の成果のうえに展開するようになり、生物多様性保全が市場の力で推進される体制ができあがったといえる。では、以上のような私有林における生物多様性保全のための政策は、森林における生物多様性保全全体の中では、どのように位置づけられているのだろうか。次項で簡単にみておくことにしよう。

5.2.2.3. 森林政策における生物多様性保全

現在の森林における生物多様性保全のための仕組みをみると、森林全体のうち、国立公園や自然保護地域などの保護地域が面積で4%、木材生産以外の多面的利用(レクリエーションなど)が主体の森林(都市近郊、多島海、湿

地など)が約 15-20％ で，その他がいわゆる経済林である．

　ただし，保護地域以外でも，私有林の場合は，ビオトープリザーブという制度によって生物多様性保全上重要なスポットが点的に指定され，保護されている．この地域に指定されると，土地は国に買い上げられる．これは，森林局が調査によってリストアップした森林キーハビタットの中から，5 ha 以下のビオトープ，4万スポットが指定されているものである．このビオトープリザーブのリストアップの方法だが，森林法により森林所有者は伐採前に地方森林局に届出をする義務があり，そのときにチェックするのがひとつ，5年ごとの全国森林調査で，全森林面積の1％ずつを国が調査しており，その際に抽出するのが第2の方法である．

　さらに，森林所有者と国との間で保護協定を結び，最長で50年間の契約によって，所有権の移動を伴わずに保全を果たす仕組みがある．この場合，保全することによる経済的損失は，その半分が補償される．つまり，土地所有者と国が保全のコストを負担し合う形になっている．なお，いったん契約が成立すると，相続されても，他の所有者に売却されても，契約は継続する．こうした協定の対象となる土地は，5.2.3. でみるような森林認証制度の認証林が多くを占めている．つまり，認証を受けるための条件として，自発的保護林の設定があるが，5％にも達する保護林の経営からの除外に経済的負担を感じる森林所有者に対しては，森林組合がこの協定の締結を斡旋する仕組みになっているのである．農地における生物多様性保全においては，たとえば伝統的採草地(äng)に特有の生態系維持を目的とした補助金を得るためには，長竿の草刈り鎌を使用することが義務づけられているが，この協定の場合も，放牧，火入れ，択伐などは，そうした活動の存在で景観が維持されている場合は，活動の継続が契約の条件となる場合がある．

　一方，会社有林のほとんどは，森林認証を受けており，認証の条件のひとつとして自発的に5％のビオトープリザーブ的なもの(保護林)を設定しているので，行政は介入しない．この点，私有林に対するかなりきめ細かい施策とは対照的である．

　なお，私有林で広がりつつある森林認証制度は，フィンランド，フランスなどで一般的な，私有林向けの汎ヨーロッパ森林認証協議会(Pan European

Forest Certification：PEFC。現在 Programme for the Endorsement of Forest　Certification：PEFC に変更)によるもので，森林管理協議会(Forest Stewardship Council：FSC)主体の会社有林の傾向とは異なるが，このことについては 5.2.3. で詳しく述べることにする。

さて，政府が森林政策の枠組みの中で(つまり森林局の事業として)行う生物多様性保全に関する基本的な施策としては，以上でみてきたような保護地域等に関する施策も含めて下記のような 4 つの事柄が少なくともあげられる。

① 　保護地域の確保：法制度によるものと自発的なもの
② 　森林法による一般的な環境への配慮の誘導
③ 　会社有林でのエコロジカルランドスケープ・プランニングの普及
④ 　アダプティブマネジメントの奨励

①でいう保護地域とは，自然保全庁管轄の国立公園や自然保護地域ではなく，森林局管轄のもので，具体的には前出のビオトープリザーブ，保護協定が「法制度によるもの」であり，経営森林の認証獲得のために，森林所有者の意思によって，生産林から除外される保護林が「自発的なもの」である。

③についても少し補足すると，これは，生物多様性の保全に配慮し，ランドスケープレベル(広域)で行う経営計画づくりとそれに基づく経営のことで，各企業がそれぞれガイドラインをもっている。こうした方針の採用は，今や企業にとっては経営戦略でもある。環境面で評判のよくなかった林業企業の人気挽回策，実際に環境志向になってきている消費者へのアピール，地域住民の関心に応えるためには環境的配慮が必要，などから，企業にとってはよい投資になってきており，政府が関与しなくても自発的に行われている。

さて，①から④までをまとめると，とくに生物多様性保全上重要な場所，あるいは生物多様性が失われる危険性がある場所については，法に基づく指定・買い取り・使用契約または自発的に保護林にすることによって確保し(①)，その他の林地については，主に「緑の森へ」キャンペーンのような普及事業によって保全の必要性と方法を森林所有者に理解させることで生物多様性の高い森林に誘導する(②)。会社有林については，市場原理の中で保全が有効な投資になってきていることから，自助努力に任せる(③)。ただし，森林経営を行う②，③の場合は，まだ施業と保全の関連についての知見が限

られていることから，常にモニタリングを行い，新しい観察を通じて得た知見を計画に反映させるように努めることを奨励する(④)，というのが基本的な施策だといえる。

5.2.3. 森林認証をめぐるスウェーデンの動き[32]
5.2.3.1. スウェーデンの森林認証運動の状況
　スウェーデンは，世界的にみても森林認証を受けた森林の割合が非常に高い国のひとつにあげられる。森林管理協議会(FSC)の認証林が，大規模会社有林(旧国有林を含む)を中心に1030万ha，旧汎ヨーロッパ森林認証協議会(PEFC)の認証林が小規模私有林を中心に320万ha(うち90万haは，FSC認証林を重複認証したもの)存在する。つまり，大規模会社有林(970万ha)は全面積が認証を受けており，認証が遅れていた小規模私有林＋教会有林等についても(合計1330万ha)2割以上が認証を得るに至ったのである。小規模私有林の中でも，後に事例として取り上げるスウェーデン南部を活動地域とするソドラ(旧南部森林所有者協会)の場合は，組合員所有森林面積の約半分(約100万ha)がすでに認証を受けている。

　森林認証運動に関してスウェーデンの事例が興味深いのは，この国においては，環境保護運動による攻撃を恐れた大規模森林所有の林産企業がこぞってFSCのスキームを受け入れたのに対して，小規模であるがゆえにそうした対応が経営内では不可能だった小規模私有林所有者が，森林組合(正確には森林所有者協会)系列としてまとまり，FSCに対抗するスキームとしてフランス，フィンランドなどとともにPEFCを立ち上げたことである。この点については後に詳しく述べるが，この2つのスキームが大規模林産企業と小規模個人所有者にはっきり分かれて受け入れられていること，FSCが現在も面積では多数派であること，両者の間には歩み寄りの試みもあるが，客観的には明確な対立が続いていることなど，森林認証をめぐるこの国の状況は，非常にユニークなものであり，十分検討する必要があるといえる。

5.2.3.2. 行政のスタンス
　結論的なことを先に述べておけば，スウェーデンにおいては，森林認証はあくまでも民間の運動だと考えられており，行政が森林認証のシステムその

ものに介入することはない。しかし，そのことが，行政がスウェーデンにおける森林認証制度の普及に何も関与していないということを意味するかというと，それも事実に大きく反する。

日本の森林認証獲得経営体においても全く同じことがいえるが，森林認証においては，たとえばISO14001のような環境マネジメントシステムとは異なり，アウトプットとして生態的に健全な森林が存在する必要があり，認証獲得よりもはるかに以前から持続的な経営が継続されていなければ認証獲得はおぼつかない。

スウェーデンの場合，行政はいわゆる普及事業を通じて，こうした健全な森林経営の拡大に大きく寄与したといえる。そして，そうした効果的な普及事業を可能にしたのは，いささか逆説的であるが，すでに言及したように，1990年代はじめに断行された森林政策の大転換の中で，補助金と厳しい法的規制による誘導が不可能になり，行政のもとに残された唯一の政策手段である普及事業に全精力を傾けざるをえなかったという事情が大きく関係している。

しかし，ここで注意しておかなければならないのは，行政は公式にはほとんど森林認証制度について言及していないことである。森林局のホームページ，各種の解説パンフレット等にはほぼ記述がなく，森林局担当者に対するインタビューにおいても積極的に行政の施策と森林認証を関連づけようとするコメントは得られなかった。これは，ひとつには，後述するように，大規模会社有林(大手林産企業グループ)―FSC，小規模私有林(森林組合グループ)―PEFCというように，2つの森林認証スキームの対立構造がそのまま国内森林セクターの2大グループの対抗関係の場に持ち込まれているこの国では，行政としては中立の立場に自らをおかざるをえなかったという政治的な理由が考えられる。もうひとつの理由としては，再三述べているように，1994年以来の新政策では，行政は，市場経済のもとで，各森林所有者が独力で行える事柄にはなるべく介入しないことを大きな方針のひとつにしており，その方針からすれば市場原理に基づいて推進される(market-driven)制度である森林認証には国は関与すべきではないことになる[33]。

こうした行政のスタンスは，国が直接的・間接的に大きく森林認証制度に

関与し，小規模私有林および林業を守っていこうとするフィンランドの森林政策とは異なるし，国内でみても，EU の CAP 制度を背景に，農家経営のさまざまな側面に積極的に関わることによって生物多様性保全や景観保全を図っていこうとするスウェーデンの農業政策とも異なる。

5.2.3.3. 自然保護グループの立場

スウェーデンの場合，強力な全国規模の自然保護団体としてスウェーデン自然保護協会があり，この団体を中心とした自然保護グループは，1970・80年代，林業開発，とくに北部の「原生林」伐採と人工造林の進展をめぐって林業セクターと激しい論争を繰り広げてきた。しかし，1990年代に入って新しい森林法が制定され，自然環境保全の政策が定着すると，状況は大きく変わっていく。

スウェーデンでは，森林が国にとって重要な産業(林業)の生産現場であることもあって，伝統的に生産林に保護地域を設定する努力をしてこなかった。この生産林への保護地域の設定がスウェーデンでの自然保護戦略上重要であると考えた自然保護グループは，当時イギリスを中心として展開しつつあった森林認証制度に目をつけ，この制度の導入により「自発的な」保護地域の増加を図っていく方針を決定する。主に WWF スウェーデンとスウェーデン自然保護協会によって担われたこの運動は，これまでのハードな「闘争」とは異なり，敵対してきた林産企業に対して FSC の導入を勧誘するというソフトな戦術だったわけだが，当初は企業側の反発が強く働きかけは功を奏さなかった。しかし，最大の林産企業であると同時に，旧国有林であることから公共性を重視せざるをえない立場のアッシ゠ドーメン(Assi-Domän)が導入を決め，流れが大きく変わった。

上述のように，スウェーデンでは，大手林産企業林はほぼ100％が FSC 認証をされており，他の国と比べても FSC 認証における優等生ぶりは際だっている。しかし，このことは，対 PEFC については，近親憎悪的な感情もあり，自然保護グループがむしろ強硬な姿勢をとる傾向を強めることになった。後述のように，現在，スウェーデンの FSC と PEFC の間では，「ストックダブ」プロジェクトとして，基準の間の橋渡しの試みが行われているのだが，たとえば WWF スウェーデンの内部には，PEFC を自然保護

に敵対する保守的な組織とみなし，上記プロジェクトについても PEFC に利するだけだとして積極的な意義を認めない意見も依然として存在する[34]。

5.2.3.4. 森林組合グループの立場

　スウェーデンの森林組合は，スウェーデン農業者連盟（農業協同組合）の傘下にあり，全国で5つの森林組合（森林所有者協会）が活動している。5つという数の少なさは，熾烈な統合の歴史を物語っており，1組合の規模は日本のそれの平均よりもはるかに大きく，いわゆる林業部門だけでなく，パルプ工場，製材工場，バイオマスエネルギーの供給施設などを経営し，林産総合企業的な機能をもっている。組合の組織率は面積で25%前後とあまり高くない。

　PEFCとFSCの違いは，端的にいえば，FSCが世界的に統一された基準により，FSCから直接認定された第三者的な審査機関が認証を行うのに対して，PEFCは，林業・林産業界を中心としてつくられた国ごとの認証スキームの相互承認システムであることである。PEFCは，①国ごとの独立性が強く，国レベルの基準がまずつくられて，それをPEFC評議会が承認する形になっており，国によって実際の内容はかなり大きく異なること，②地球サミットにおける森林原則声明を受けた持続的森林経営の国際基準づくり＝ヘルシンキプロセスに準拠していること，③ISOのマネジメントシステム基準に準拠しており，各国のPEFC認証審査機関は，ISOの国別審査組織が審査し，認証していること，④基本的に，既存の森林管理のための制度を活用すること，具体的には，スウェーデンの場合，国の制度である「緑の森林経営計画」制度によって森林経営計画を策定した森林については，自動的に森林認証の多くの要件を満たしたとみなすこと，などの特徴をもつ。

　スウェーデンの森林組合グループは，以前から持続可能な林業の必要性を認識しており，たとえば1992年の地球サミットへも代表団を派遣している。その後は主にヘルシンキプロセスの策定，具体化の作業に自然保護グループなどとともに関わってきたが，FSCの立ち上げに際して，その基準が土地に余裕のある大規模所有者向けであり，小規模所有者や協同組合には向かないことを認識し，FSCとは袂を分かつことになった。

　フィンランドのPEFCでは，環境保護団体などから批判の多い地域森林

認証の枠組みが採用されているが，スウェーデンの場合は，FSCでも認められているグループ森林認証（森林組合を単位とする）であり，個別の森林所有者単位に審査がされるので，地域森林認証の場合のような個々の森林所有者の森林経営が本当に認証に値するレベルかが判断できないという問題はなく，FSCに近い水準が維持されているといえる。このことがスウェーデンの場合，次に述べる「ストックダブ」のようなFSCとの歩み寄りがしやすい条件をつくっていると思われる。

5.2.3.5.「ストックダブ」の試み

stock doveとは，主にヨーロッパに生息するカワラバト属のヒメモリバトのことで，スウェーデン語ではskogsduvanであり，まさに森(skog)のハト(duva)である。この森林を生息地とする鳥をシンボルとして，FSCとPEFCとの協調の道を探ろうとするのがこのプロジェクトである。参加した団体は，WWFスウェーデン，スウェーデン自然保護協会，スウェーデン農業者連盟森林部(LRF Skogsägarna，全国森林組合連合会的機能をもつ)，スウェーデン森林産業協会，スウェーデン林業・林産業産別労働組合，全国ラップ人協会と，この問題に関係する諸団体がほぼ漏れなく招集されている。集中的な討議の後，PEFC側を代表するソドラ（森林組合）のエコロジストとFSC側のWWFスウェーデンの森林プログラムのディレクターが2001年12月に報告書を作成している[35]。

ここで特徴的なのは，ストックダブにおいては，PEFCとFSCとの間で何らかの妥協点を探っていこうとするのではなく，それぞれの考え方は尊重しつつ，それぞれの基準に欠けている点をお互いに補っていくことによって，両認証の間の溝に「橋を架けて」いこうとしていることである。具体的にいえば，追加されるべき項目として，FSCに対しては4項目が，PEFCに対しては16項目があげられた。FSCに対する4項目は以下のようなものである。①雇用する労働者は，生産と環境の両面について十分な能力をもっていなくてはならない。②地域社会の雇用，競争力，収益性を維持・開発するためには，造林作業，育林作業，木材生産を維持していかなければならない。③生物多様性上の価値が高い樹木は残されるべきである。④湿った土地には広葉樹を残すこと[36]。

さて，こうした「橋を架ける」試みは，2001年末の報告書発行後も継続しているが，両陣営のこの問題に対するスタンスにはかなり大きな違いが生まれてきている。PEFC側は，たとえば，「FSCとは，競争者ではあるが，パートナーでもありうる」といった発言にみられるように，両者の協調に依然として前向きの姿勢であり，FSCとの重複認証にも積極的である。これに対してFSC側には，このような協調路線が，PEFCが自然保護運動から支持されているという「誤解」を招いているとして，消極的な姿勢が目立つようになっている。

5.2.4. ソドラ(森林組合)管内の事例
5.2.4.1. ソドラの位置づけ

　ソドラ(Södra)は，最近バイオマスエネルギーの利用に関連して日本でも有名になったヴェクショー市に本部をおく森林組合(森林所有者協会)である。スウェーデンの南部全域を活動区域としており，かつては南部森林所有者協会と呼称していたが，最近はソドラ(南部という意味)という略称が好んで使われている。約3万4000名の森林所有者によって組織された協同組合であり，スウェーデン国内の5つの森林組合の中でも，組合員数，組合員所有森林面積の両指標ともに1位である。傘下には4つの子会社(素材生産，製材，パルプ，バイオマス発電の原材料供給)をもつ。ソドラが取り扱う組合員の素材は年間計710万 m^3 に上り，子会社のひとつソドラ・セルは，世界的な紙パルプの大企業である。

　上述のように森林組合グループは，環境保護グループ主導のFSCに反発して，PEFCスキームの森林認証制度を立ち上げたわけだが，森林組合グループの中でソドラは最も環境志向が強く，後述するように，ソドラが行う森林認証はFSCの基準との差異が少ない。これは，①北部のように，サーメ人の権利の問題や大面積森林開発などのFSCの考え方と対立する要素が南部には少ないこと，②また，農業地帯でもあることから，森林所有者は農家として農業・農地の環境保全施策になじんでおり，保全施策に対する違和感が少ないこと，③スウェーデン，とくに南部はもともと住民の環境意識が高く，個人レベルでも環境保全に積極的なこと，などが要因としてあげられる。

したがって，ここで明らかにしたいことは，FSC森林認証に対抗するPEFC森林認証の実態というよりは，一般的に，森林認証というボランタリーな制度を通して生物多様性の保全が図られる仕組みについての，現場の取り組みレベルでの実態ということである。

5.2.4.2. ソドラによる森林経営計画策定支援事業

ソドラにはさまざまな顔があるが，協同組合である以上，地域における組合員との接触が重要である。ソドラにおける林業関連事業はソドラ・スコッグ(森林)という事業部門が担当しているが[37]，スコッグには4地域に計30の経営区があり(2002年初頭に5地域，52経営区から縮小再編された)，経営区ごとに職員が現場スタッフとして配置されている(計240名)。また，各経営区には，実際にさまざまな森林施業を行う作業員が20-40名程度雇われていて，伐採や造林作業を行っている。組合員に対する事業としては，伐採のための調査・契約，森林管理のためのさまざまな作業の委託，森林経営計画の策定支援，経営指導，技術情報・研修などがある。

このうち，ここで取り上げるのは，森林経営計画の策定支援である。現在スウェーデンでは，個別の森林経営に対応した森林計画制度としては，上述のように「緑の森林経営計画(Grön skogsbruksplan)」がある。「緑の森林経営計画」は1997年に始まった国による森林計画制度であるが，計画策定は任意であり，森林所有者は，国の林業普及機関，森林組合，林業コンサルタントなどに策定を委託する。実は現在の「緑の森林経営計画」制度は，それまでの環境保全に関する指導事業を集大成する形でソドラが独自に開発し，1996年から実施したものである[38]。ソドラ理事会は，1995年に5000万クローネ[39]の予算で，環境保全に配慮した森林経営計画システムの開発を決定しており，2002年までに85万ha，つまり組合員の森林面積合計の50%で「緑の森林経営計画」を樹立することを目標とした。

「緑の森林経営計画」の目標は，高い品質で高価格の木材を持続的に生産することと，自然環境をできるだけ維持し，森林の多面的な機能を最大限発揮させること，の2点に集約される。これら2点の達成のために最も重要なのは，森林のゾーニングである。ソドラ管内の場合，所有者の経営森林は計画の中で林分ごとに下記4つのカテゴリーのどれかに区分されることになる。

① PG(生産林)：木材生産が主要な目標となる林分で，自然環境に対する配慮は，単木的かごく小面積の区域に対して主に行われ，その合計は全体面積の通常 3-5%，多くても 10% 未満に抑えられる。
② K(複合目標林：森林局の区分では PF と表示)：主な経営目標は木材生産だが，自然環境の保全にも最大限の配慮がされる。自然環境に配慮した施業が行われる面積の割合は 10% 以上でなければならない。
③ NS(施業を伴う自然維持林)：自然環境を修復し，あるいは自然の価値を高めるために施業を行うことが認められている。施業には伐採も含まれるが，その目的はあくまでも保全上のものでなくてはならない。
④ NO(自然保護林)：手つかずで保護される。自然環境の保全が主な目標である NS と NO は合わせて全面積の 5% 以上でなければならない。

このうち，K 以下の区分にあたっては，詳細な自然環境の調査がなされる必要があり，それに基づいて明確な施業の指定が行われる。実際の区分例をみると，人工林を中心に森林の大部分は木材生産中心の PG に区分され，NS や NO に区分されるのは，湿地や岩石が露出した小丘陵地(どちらも木材生産には向かない)であることが多い。つまり，5% の保護区設定は，実際にはそれほど厳しい縛りではないようである。

ソドラは，約 100 名の職員を森林経営計画策定業務に投入しており，上で示したような利用区分を中心とした森林経営計画を，携帯コンピュータによる入力システム，GPS などを活用し，GIS によるビジュアルな地図として森林所有者に示し，策定作業を進めている。

ソドラ管内では，2000 年 7 月までに，総計 46 万 ha の森林が「緑の森林経営計画」の認定を受けたが，1996 年から 1999 年までの実績によると，そのうち 87.5% が木材生産中心の PG に区分されており，混合の K は 5%，保護区的な NS，NO はそれぞれ 4%，3.5% となっている[40]。

5.2.4.3. ソドラによる森林認証

2000 年 5 月，PEFC スウェーデン基準[41]が承認された。さらに同年 6 月には，スウェーデン基準を構成する環境基準・林業基準・社会基準のうちの環境基準について南スウェーデン版が承認され，PEFC 南スウェーデン基準が成立した。ソドラのための基準である。PEFC スウェーデン基準では

グループ森林認証制度が採用されており，傘下機関として認証されたソドラが組合員の所有森林について認証を行う。

ここで重要なのは，「緑の森林経営計画」と森林認証の関係である。南スウェーデン基準では，20 ha 以上の生産林については，認証取得後 5 年以内に「緑の森林経営計画」を取得することが義務づけられている。しかし，現実には逆に，「緑の森林経営計画」を樹立した森林について認証取得も行われるようになっている。なぜなら，南スウェーデン基準は，事実上，「緑の森林経営計画」に準拠した形になっており，「計画を立てれば認証は容易にとれる」からである。とくに「計画」策定をソドラに委託した場合は，続いて認証審査も同じ機関が行うわけで，容易さはさらに増すといえる（認証審査に関して，計画策定受託の競争相手である森林担当区（普及機関）や林業経営コンサルタントの顧客を差別しないことになっているが）。

さらにソドラは，認証取得にインセンティブを与えるため，認証林から生産された木材の買い取りにプレミアムをつけている。それは，2001 年 11 月現在で，建築用材の場合 10 クローネ/m³，パルプ用材の場合，5 クローネ/m³ だった[42]。このプレミアムの効果だが，2003 年 9 月現在で，パルプ材の工場引き渡し価格は 240 クローネ/m³ であり，それが認証材の場合 245 クローネ/m³ となることは，森林所有者にとって十分なインセンティブになるという[43]。

5.2.5. 森林セクターにおける生物多様性保全の特徴——まとめにかえて

次節で述べるフィンランドの政策との相違からもう一度話を始めよう。フィンランドの場合，半公的な地域単位の組織が重要な役割を担い地域森林認証を進めている。その取り組みを公的セクター主導というのは語弊があるかもしれないが，いわば国ぐるみ，地域ぐるみで森林認証に取り組んできたことは事実だろう。そして，その目的は，非常に単純化していえば，国の主要産業である林業・林産業の国家戦略としての防衛だった。

ここでは，スウェーデンの森林セクターにおける生物多様性保全の動きを森林認証を中心にみてきた。その検討結果をこれも乱暴にまとめれば，スウェーデンの場合は，森林認証につながる一連の動きにおいても公的セク

ターの影が薄い。FSC，PEFCともに，推し進めた主要な登場人物(組織)の中に行政は入っていないし，両認証スキーム間の調整・協調の試みも全く民間レベルで進んでいるのである。こうしたことから，森林認証推進政策の戦略性も，フィンランドほどにははっきりしていない。確かに，大手林産企業がFSCを推進したのは環境運動の攻撃に対する防衛であったし，森林組合が主導するPEFCもFSCの市場席巻に対する対抗ということがあったわけだが，むしろ純粋に生物多様性保全を推し進めようとする信念がみてとれる(生物多様性保全自体の政治性はここでは措いておく)。

そして，そのような生物多様性保全推進に対する「信念」を支えているのが，唯一，政府がイニシアティブをとって1990年代はじめから始めた普及事業における生物多様性保全キャンペーンであったように思われる。この普及事業の転換が本当に森林認証の展開まで見据えた戦略性をもったものであったのかといえば，そうは思われないが，行政に残されたほぼ唯一の直接的な手段としての普及事業の取り組みの蓄積が，結果として現在のような民間主体の生物多様性保全の仕組みをつくり上げたのではないかと考えられる。

ソドラの現場組織である経営区のスタッフによれば，現行のPEFC森林認証の施業基準のうち，とくに「ハイスタンプ(高い切り株)」は森林所有者にとっても，また指導する側のソドラのスタッフにとっても，非常に抵抗感がある施業だったという。なぜならば，従来の林業技術の理論によれば，ハイスタンプは，「悪い」ことだったのである。つまり，伐採の部位を高くするということは，本来商品として利用が可能な部分，それも一番品質の良い「一番玉」のかなりの部分を無駄にすることを意味したし，また，枯損した木材をそのまま林内に残すことは，害虫の巣になるおそれが強く，やってはいけないことだったのである。こうしたこれまでの林業関係者の倫理に反するような行為を「良い」こととして受け入れてもらうためには，一貫した説得が継続的に行われる必要があった。その説得として効果があったのが，普及事業における取り組みの蓄積であったと思われるのである。

さて次に，スウェーデン国内の農業部門における生物多様性保全政策との違いにも触れておこう。本節中でも言及したように，また他節でも詳しく述べているように，農業部門においては，生物多様性保全はEU補助金政策の

大きな流れとして典型的なトップダウンの形で降りてきている。表現は悪いが札束でむりやり農民の顔を生物多様性の方向へ向けさせたといえるかもしれない。この差は，基本的には，この国における農業と林業の産業としての有利性，優位性の差によっており，それがそのままインセンティブを市場から隔離した補助金に求めるか，市場そのものの作用に求めるかの差につながっているわけである。

　残念ながら，こうした農業部門，森林部門における官民合わせた広い意味での政策の違いが，実際に地域自然資源の管理を担う，農民，森林所有者の意識にどのような差異をもたらしているのかは明らかでないし，また，とくにスウェーデン南部においては一般的な農民がまた森林所有者でもある場合，彼らの農林にまたがる行動がどのような要因に規定されているかは非常に興味深い問題であり，今後の課題としたい。

　最後に，これも第4章で詳しく述べられている国家環境戦略における森林の位置づけについて少々触れておけば[44]，国としての保護地域の確保における，自発的保護地域としての森林認証の役割は非常に大きい。今後も中央政府としては，森林認証には中立のスタンスを維持する方針のようだが，それでよいのかどうかは今後議論すべき課題のように思われる。

5.3. フィンランドにおける森林政策の転換と地域森林認証制度

　フィンランドは国土面積3050万haのうち，66％にあたる2010万haが森林に覆われている世界有数の森林国である[45]。また，林業生産活動も活発であり，他のヨーロッパ諸国を市場とした輸出産業として，経済上も大きな役割を果たしている。一方，国内外の環境保護運動，とくに環境意識の高いイギリス市場の圧力を意識せざるをえず，1990年代に入って森林生態系保全に向けた取り組みを活発に行ってきている。本節ではフィンランドの森林・林業・林産業の現状を述べたうえで，まず1990年代に行われた森林生態系保全に向けた法制度改正・組織再編について検討を行い，そのうえで森林認証を求める動きにどのように対応したのかについて検討を行うこととしたい[46]。なお，紙幅の関係もあり，本節では公的な森林所有については扱わ

ず，私有林に限って論を進めたい。

5.3.1. フィンランドの森林と林業・林産業の現状

まずフィンランドの国土の状況について述べておこう。フィンランドはスカンジナビア半島の北緯60-70度という高緯度に位置するが，北大西洋海流の影響で気候は相対的に温和で，北極圏内に位置する最北部まで森林が分布している。国土には山岳地形は存在せず，緩やかな起伏をもった地形となっている。また氷河期に形成された湖が多いのが特徴であり，数万の湖沼があり，全国土面積の約1割を占めている。また，泥炭地が多いことも景観を特徴づけており，もともとは国土の3分の1が泥炭地に覆われており，排水によって農林地を拡大してきたという経緯がある。

上述のようにフィンランドは国土の7割近くが森林に覆われているが，その樹種構成は単純である。もともと存在していた樹種は合計で20種程度にすぎず，その中でも全国で一般的に見られる主要樹種はヨーロッパアカマツ(*Pinus silvestris*)，スプルース(*Picea abies*)，カンバ(*Betula pendula* and *B. pubescens*)であり，ナラ・カエデ・ニレなどの樹種の分布は南岸の狭い地域に限られている。一般に，南部は森林の生育条件がよく林業活動の中心となっているのに対して，北部は気象条件が厳しく，国有林・原生的森林が多いほか，先住民族によるトナカイ放牧なども行われており，林業生産活動は活発ではない。

以下，統計を中心としてフィンランドの森林・林業・林産業の姿を述べることとしよう[47]。

まずフィンランドの森林資源の動向と現状であるが，林野面積の推移は表9にみるようであり，林野総面積は1950年代からほとんど変化はないが，灌木林や荒地を除いた樹木が生育している土地(立木地)の面積が大きく増加している。さらに樹種別・地域別に蓄積の推移をみると表10のようになる。まず指摘できるのは，森林蓄積が1960年代から1990年代にかけて大きく増大していることである。地域別にみると，とくに南部においてその増大が著しく，この間に蓄積はほぼ1.4倍となっている。1990年代段階の樹種構成をみると，マツ47％，スプルース34％，広葉樹が19％となっており，針葉樹

表9 フィンランドにおける森林面積の推移

(単位：千ha)

	1951-53	1964-70	1992-2000
全陸地	30,540	30,548	30,459
森林	26,315	26,667	26,264
立木地	17,352	18,697	20,153
灌木	4,522	3,674	2,870
荒蕪地	4,441	4,226	3,087
農地	3,985	3,331	2,846

資料：Finnish Forest Research Institute, Statistical Yearbook of Forestry 2002 (2002)

表10 フィンランドにおける森林資源の推移

(単位：百万ha，百万m³)

	全国			南部			北部		
	1951-53	1964-70	1992-2000	1951-53	1964-68	1996-2000	1951-53	1969-70	1992-94
森林面積	21.9	22.4	23.0	11.7	11.9	11.6	10.2	10.5	11.4
蓄積	1,538	1,492	2,002	1,009	1,025	1,408	529	466	594
マツ	672	655	939	404	401	584	269	253	356
スプルース	549	555	689	389	426	558	160	129	129
カンバ	281	245	305	188	167	207	92	78	98
その他広葉樹	36	36	71	28	31	60	8	6	11
生長量	21.5	20.7	35.0	15.1	14.6	23.3	6.4	6.1	11.6
マツ	20.3	24.4	26.2	16.5	21.1	22.9	3.8	3.2	3.3
スプルース	20.3	24.4	26.2	16.5	21.1	22.9	3.8	3.2	3.3
カンバ	11.2	10.3	13.9	8.5	8.0	10.1	2.7	2.2	3.9
その他広葉樹	2.2	1.8	4.3	1.9	1.6	3.8	0.3	0.2	0.5

資料：Finnish Forest Research Institute, Statistical Yearbook of Forestry 2002 (2002)

を主体とした森林となっている。この中で蓄積量の増大が大きいのはマツであり，南部・北部ともに増大しており，全体に占める比率も増加している。一方でスプルースは南部では増大しているものの，北部で減少しているため，全国ではその比率を低下させている。また，齢級構成をみると，北部に比較して南部地域で相対的に低い齢級の森林が多いが，おおむねバランスのとれた構成を示していることがわかる(表11)。フィンランドの森林資源は，資源量という側面でみる限り，南部を中心に着実に増大し，充実してきているといえよう。

表11 齢級別森林面積 (単位:%)

	合計	無立木地	20年生未満	21-40	41-60	61-80	81-100	101-120	121-140	141以上
全国	100.0	1.4	16.0	18.4	17.0	15.6	11.2	7.0	4.4	9.2
南部	100.0	1.5	18.3	21.8	16.6	15.7	13.3	7.9	3.3	1.7
北部	100.0	1.3	13.1	14.1	17.5	15.4	8.5	5.8	5.7	18.5

資料:Finnish Forest Research Institute, Statistical Yearbook of Forestry 2002 (2002)

表12 フィンランドにおける森林所有構造 (単位:千ha)

	全 国	南 部	北 部
私 有	12,314	8,341	3,973
会 社	1,799	1,340	459
国	4,965	829	4,136
その他	1,076	861	415
合 計	20,153	11,171	8,982

資料:Finnish Forest Research Institute, Statistical Yearbook of Forestry 2002 (2002)

　森林の所有主体別構成比をみると,国有林25%,会社有林8%,私有林[48] 61%となっており,私有林が主体を占めていることがわかる(表12)。生産力が高い南部地域だけに限定すると,国有林はわずか7%を占めるにすぎず,私有林の比率は75%に達する。国有林の多くは北部地域に広がっており,北部における国有林率は46%で,私有林の比率を上回っている。このようにフィンランドの森林所有において私有林の比率が高く,とくに林業生産活動が活発な南部についてはその比率が高く,フィンランドの林業生産活動において重要な位置を占めている。そこで,その私有林の所有構造について少し詳しくみておこう。
　表13は所有規模別の森林所有者数をみたものである。この表をみるにあたって留意すべきは,後述するようにフィンランドにおいて森林所有者は森林管理料金を支払う義務があるが,一定規模以下の所有者はこの料金の支払いを免除され,支払いを免除された者の所有規模統計は明らかになっていないことである。ただ,支払いを免除された小規模所有者はほぼすべて10ha未満と考えられることから,ここでは料金を支払っていない所有者数と支

表13 私有林の所有規模別所有者数 (単位：人)

	所有者数	全所有面積 (千ha)	-10 ha	10-19.9	20-49.9	50-99.9	100-199	200-499	500 ha 以上
全国	442,188	10,496.5	77,338	84,528	99,031	41,231	12,845	1,862	87
南部	350,069	7,448.4	72,674	70,721	78,506	26,817	7,102	1,066	64
北部	92,097	3,050.1	4,664	13,807	20,525	14,414	5,743	796	23

資料：Finnish Forest Research Institute, Statistical Yearbook of Forestry 2002 (2002)

払っている10 ha未満層所有者数を合わせて，10 ha未満層所有者数をカウントすることとする。そうすると，10 ha未満層が45％，さらに10 ha以上50 ha未満が41％を占めており，中小規模所有者の層が厚いことが特徴となっている。地域別にみると，南部において10 ha未満の森林所有者が47％，10 ha以上50 ha未満層が42％を占めており，北部がそれぞれ39％，37％であるのに比較して中小規模層の比率が高くなっている。また森林所有者1人あたりの平均所有面積をみると，南部で21 ha，北部で33 ha，全国では24 haであった。

こうした私有林所有者の性格であるが，45％が農業者，残りの55％が給与所得者・自営業者などとなっている。また，森林の主たる所有目的は，農業者では85％が木材生産を目的としているが，非農業者では木材生産は61％であり，21％がレクリエーション・余暇，6％が自然保護のためとしている。近年の傾向としては非農業者の所有，木材生産以外の目的での所有が増加していることが特徴となっている[49]。いずれにせよこれら私有林は，個人として所有し，家族で森林の経営を行っていることが特徴で，小規模家族経営がフィンランドの森林経営を特徴づけているのであり，森林政策も基本的にこれら所有者に焦点をあてて組み立てられている。

次に，伐採の状況についてみたのが図3である。伐採量は木材市場の影響を受けて変動しつつも増加傾向にあり，1990年代半ば以降おおむね5000万m³台半ばの水準に達している。先に述べたように，森林資源の内容が充実してきていることが伐採量の増大に貢献していると考えられる。また所有主体別にみると，所有面積では25％を占める国有林の生産量が一貫して低下しており，会社有林についても近年増加傾向にあるとはいえ1950年代，60

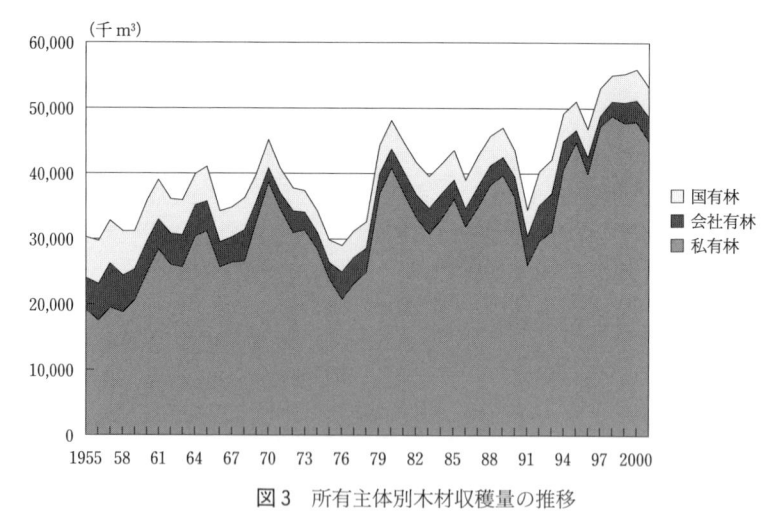

図3 所有主体別木材収穫量の推移

資料：Finnish Forest Research Institute, Statistical Yearbook of Forestry 2002 (2002)

年代に比較すると低位の水準にある。その一方で，私有林の生産がほぼ一貫して増加しており，2001年では全生産の85%を占めるに至っている。所有面積構成でみる以上に私有林がフィンランド林業の中核的役割を果たしているのである。上述のように，森林所有者の中では木材生産を主たる所有目的とする者の比率が低下しているが，木材生産活動自体は活発に行われ，量的に増加傾向にある。

　伐採後の森林の更新は多様な方法で行われている。表14は森林更新方法をみたものであるが，2001年に行われた森林更新のうち，人工造林が56%を占め，播種および天然更新がともに22%となっている。このように，フィンランドではもともと生育しているマツ，スプルースという樹種を林業経営のために利用しており，また林床植生が少なく更新成績が良好であるため，天然更新や播種といった更新方法が人工造林とならんで採用されているのである。更新樹種についてみると，播種についてはマツがほとんどを占めているが，人工造林に関してはスプルースの比率が高くなっており，播種と人工造林を合わせるとマツの更新面積が若干大きい。なお，伐採作業については機械化が進んでおり，作業の95%が機械によって行われている[50]。

表14 2001年における森林更新面積
(単位:ha)

更新方法	
天然更新	35,200
播　種	35,700
マツ	33,400
スプルース	1,000
人工造林	90,200
マツ	28,500
スプルース	53,800
合　計	161,100

資料:Finnish Forest research institute, Statistical Yearbook of Forestry 2002 (2002)

　本節冒頭に述べたように,フィンランドは林産業生産活動が活発で,世界有数の生産水準にある。たとえば用材生産量では,広大な森林をもつアメリカ,カナダ,中国などの国々を別にすれば,スウェーデンなどとならんでトップクラスを形成しているし,針葉樹製材,紙パルプ製品の生産などいずれも世界5,6位の生産水準にある。

　林産業の動向については表15に示した[51]。ほとんどの品目が1990年代に生産を増大させており,製材では約2倍,紙パルプでは約1.5倍という大きな伸びを示している[52]。ただし,需要の落ち込みから2000年以降,生産量は若干低下している。

　以上のように活発な輸出を基盤に展開してきた林業・林産業は国民経済でも重要な地位を占めており,GDPに占める比率は林業が2.1%,木材加工業が1.0%,紙パルプ産業が4.0%となっている。IT産業の発達などで相対的な重要性は低下してきているものの,林産業は依然として国民経済において重要な地位を占めているのである。

　林業・林産業におけるもうひとつの特徴は輸出の比率が高いことであり,製材品の65%,紙・板紙や合板に至っては90%が輸出に向けられている。人口に比べて豊かな森林資源をかかえているフィンランドは輸出主導型の林業・林産業構造を形成してきたといえる。なお,林産物の輸出先は主としてヨーロッパ諸国であり,なかでもイギリス,ドイツへの輸出量が大きくなっ

表15　フィンランドにおける林産物生産の動向

品目	1980	1985	1990	1991	1992	1993	1994	1995
丸太(千m³)	47,119	41,657	43,230	34,863	38,482	42,244	48,745	50,219
製材品(千m³)	10,258	7,333	7,503	6,460	7,330	8,570	10,290	9,940
合板(千m³)	639	556	643	477	462	621	700	778
繊維板(千m³)	298	170	148	109	101	114	118	117
パルプ(千トン)	7,246	7,977	8,886	8,505	8,633	9,430	10,054	10,180
紙パルプ(千トン)	5,919	7,447	8,968	8,777	9,153	9,990	10,909	10,942

品目	1996	1997	1998	1999	2000	2001	2002
丸太(千m³)	46,597	51,329	53,659	53,637	54,261	52,210	53,011
製材品(千m³)	9,780	11,430	12,300	12,768	13,420	12,770	13,390
合板(千m³)	869	987	992	1,076	1,095	1,140	1,240
繊維板(千m³)	112	139	151	162	162	152	140
パルプ(千トン)	9,785	11,181	11,447	11,669	12,009	11,168	11,729
紙パルプ(千トン)	10,442	12,149	12,703	12,947	13,509	12,502	12,776

資料：FAO Statistical Data Base

表16　林産物の輸出先別輸出量

輸出相手	製材(千m³)	パルプ(千トン)	紙(千トン)
イギリス	1,428	158	1,445
ドイツ	790	745	1,816
フランス	833	100	683
オランダ	599	62	410
デンマーク	526		184
合計	8,135	1,800	8,894

資料：FAO Statistical Data Base

ている(表16)。これら2カ国はヨーロッパ諸国の中でとくに環境保護運動が強い国であり、木材輸出国に対して持続的な森林経営を強く求めるようになっている。このため、こうした要求に対応しつつ、林業・林産業の国際的な競争力をどう維持していくかが、フィンランドの大きな課題となっているのである。

5.3.2. 森林政策の展開と生態系保全政策の強化
5.3.2.1. 1960年代までの森林政策の展開[53]

　フィンランドでは19世紀中頃に至るまで，森林資源は無尽蔵であると考えられ，持続性を考慮しない開発が行われた。しかし，こうした開発の結果，森林資源の劣化が生じてきたほか，とくに開発が集中的に行われた南部地域においては燃材や建築用材の不足も顕在化してきた。このため持続的な森林経営へと転換する必要性が認識され，1886年には森林を無秩序な開発から保護し，金属精錬のための薪炭材・鉱山坑木・造船用材を供給するために森林を保護する法律が制定された。さらに，1928年には森林に関する初めての単独法であり，森林施業規制制度を確立した私有林法が制定された。この法律は，森林所有者に対して伐採後の更新の義務を課すとともに，若齢林の伐採制限，土壌の保護などの規定を導入した。また所有者が伐採規制に従わなかったり，更新義務を果たさなかった場合には，地域レベルにおける林政実行機関である地域林業委員会に所有者に対する伐採差し止め，更新実行のための指導・勧告を行う権限を与えた。以上の内容からわかるように私有林法は，木材の持続的な生産を行うための資源基盤の強化をめざした法律であった。

　さて，1950年代以降，戦後経済の発展に伴って林産業への投資が増加したが，1950年代末から60年代はじめにかけて，木材需給が将来逼迫するという見通しが相次いで出された。フィンランド経済にとって林産業はきわめて重要な地位を占めており，森林資源の育成・木材資源の確保は大きな政策的な課題となったが，すでに持続的な林業生産を行うための法的な基盤は1928年の私有林法で定められていたので，積極的な資金提供による森林施業活動の活発化に検討の焦点をあてることとなった。この結果，1960年代には，政府資金を森林所有者に供与し，森林生産力を増大させることをめざした政府助成制度が急速に整備され，今日につながる森林施業に対する公的助成の仕組みがつくられた。これら助成施策は，直接的な補助金供与によって保育や更新作業を進めさせるとともに，低利の融資の提供によって林道整備，林地肥培，湿地の乾燥化による林地の拡大・生産力の増大を図ることを主たる内容とした。このプログラムは森林生産力増大に対する投資を増大さ

せることに成功し，今日のフィンランドがもつ高い森林生産力をつくり出すことに大きく貢献した。このように，森林・林業がフィンランド経済に重要な地位をもっていることから，森林政策も木材生産の増大を基本的な目標としており，経済活性化政策と森林政策が密接な関係をもっていたことがフィンランドの大きな特徴と指摘されている。

以上のように，フィンランドの森林政策は経済政策と密接な関係をもちつつ，施業規制制度によって森林所有者に対して持続的な森林経営に向けた最低限の縛りをかけるとともに，助成制度によって資源造成の促進を図ろうとしてきた。そして，こうした政策の結果として，上述のように森林資源内容が充実し，また木材生産量も増大しており，資源育成政策として成功したと評価できよう。また，政策手法としては，フィンランドにおける森林所有構造は中小規模の家族経営が主体であったため，国家が規制と助成という2つの方法でその経営に介入することにより，これら家族経営を育成してきた。

5.3.2.2. 森林政策の転換過程とその要因

1970年代に入ってフィンランドにおいても環境問題の重要性が認識され始め，これに対応するための行政組織体制の整備を行い始めた。1971年には環境に関わる多様な利害関係者によって構成される環境保護評議会を大統領府においたが，実質的な環境政策に関わる権限は6つの省庁が分割して担当することとなり，自然資源利用と自然保護に関しては農林省(Maa-ja metsätalousministeriö)が責任を負っていた。こうした体制に対して，環境問題に取り組むための独立した総合的な省庁の設立の必要性が提起されたが，農民層に基盤をもつ中央党や，農林省からの強い反発があった。しかし，1970年代の終わりまでには，新しい省庁の設立への支持が広まり，1983年には環境省(Ympäristöministeriö)が設立され，農林省がもっていた環境保護に関わる機能は環境省に移管された[54]。森林政策や組織体制に関わって，この間，環境問題への特別な対応は行われず，森林政策の枠組みに変化はなかった。

1990年代に入って環境問題に対する関心がより高くなり，またUNCED(国連環境開発会議)など国際的な取り組みが活発化したこともあって，森林政策の分野においても環境重視へのシフトが始まった。まず1994年には

「林業のための環境プログラム」が農林省と環境省の共同で作成・決定された[55]。これは森林における生物多様性保全を図ることを目的とし，森林経営に森林生態系の持続的管理の観点を組み入れようとした初めてのプログラムであった。このプログラムには，今後の方向性として，森林行政組織と環境行政組織の協力関係の構築，生態系に配慮した森林計画や施業技術の開発，森林法(Metsälaki)の抜本的改革などが提示され，今日につながる森林政策改革の基本を設定している。このプログラムの策定を受けて，1994年には森林法改正の検討委員会が発足し，改正作業が開始された。

1995年には社会民主党を中心として保守派から旧共産党までを含む連立政権が誕生したが，この政権は環境政策，なかでも自然環境保全をとくに重視したため，森林政策の環境シフトが急速に展開することとなった[56]。1994年に始まった森林法の改正作業も自然環境保全法(Luonnonsuojelulaki)の改正作業と歩調をあわせて進められ，1995年11月に委員会が提案を作成，1996年に議会で可決され，1997年に自然環境保全法と同時に施行されることとなった。改正森林法は，森林の生態的な持続性を図ること，生物多様性を維持することを目的に加え，これまでの資源育成を基本とした性格を大きく転換させている。また，自然環境保全法の改正によって自然保護区制度が拡充・整備され，森林法の生態系保全施策との連続性が確保されることとなった。

さらに森林法改正にあわせて，森林政策を実行する組織体系を定めた「林業センターおよび林業発展センターに関する法律(Laki metsäkeskuksista-ja metsätalouden kenhittämiskeskuksesta)」が1995年に改正されたほか，持続的な森林経営を資金面で支援するための「持続的林業に対する資金支援法(Laki kestävän metsätalouden rahoituksesta)」が1996年に改正された。

以上のような改革が行われた要因としては連立政権の誕生がまずあげられるが，このほかに以下のような点が指摘できる。第1は，フィンランド国内での環境保護意識の高揚，環境保護運動の発展である。フィンランドには森林に関わる有力な環境保護団体として，フィンランド野鳥協会(Birdlife suomi)，WWFフィンランド，自然保護連盟(Suomen luontoliitto)，フィンランド自然保護協会(Suomen luonnonsuojeluliittory)などがあり，いず

れも原生的森林の保護と，FSC森林認証の導入に焦点をあてた森林保全活動を行ってきており，政府としても何らかの対応をとる必要に迫られた。第2には輸出市場からの圧力があげられる。フィンランドはイギリス，ドイツをはじめとする他のヨーロッパ諸国に多額の林産物を輸出しているが，これら諸国は環境保全意識が高く，市場での地位を確保するために森林の分野でも環境対応が迫られたのである。たとえばイギリスではホームセンターなどを中心に林産物製品に対して森林認証を求める強固な動きがあり[57]，イギリスへの木材輸出国はこのハードルをクリアしないと市場を維持することが困難になりつつある。このため，森林政策を含めて環境政策を大きく転換させるとともに，森林認証取得などの取り組みを積極的に行う必要が出てきたのである。さらに，第3には国際的な環境保全の枠組み形成に対する対応もあげることができよう。UNCEDや，これをきっかけに始まった持続的な森林管理のための基準と指標づくりへの参加，そしてEU加盟に伴ってEUが進める環境政策への適合を図らなければならなくなるなど，国際的な環境保全への取り組みに対してフィンランドとしての対応を迫られたのである。

なお，国有林の管理経営，国立公園や保護区の管理およびこれら地域でのレクリエーションサービスの提供に関しては森林・公園局(Metsähallitus)という組織が行っている。この組織は1994年に国有企業化されているが，国有林管理に関しては農林省の，保護区関係に関しては環境省の監督のもとでその管理・経営を行っている。

5.3.2.3. 森林政策に関わる枠組み

以上のような経過で形成された森林法を中心とする法制度の現状について述べることとしよう。

まず，改正森林法の内容をみると，法律の目的として「経済・生態・社会的に持続可能な森林の利用と管理を，森林が持続的かつ満足すべき生産を提供する一方で生物多様性を維持できるような形で，進めること」(1条)とし，経済・生態・社会的な持続性を統合的に追求することと，生産と生物多様性保全を同列に扱うことを明確にしている。

生物多様性・生態系保全に関しては，森林の自然的多様性保護と保護林・保護地域についてそれぞれ独立した章をおいている。前者については，表

表17 森林法によって規定された保護すべきビオトープ

1) 泉・小川・湿性の窪地・小さな池の周辺
2) 草本・ハーブ類が豊かな広葉樹・スプルース混交林の湿地，シダ類が豊かな広葉樹・スプルース混交林の湿地，富栄養の広葉樹・スプルース混交林の沼沢，ラップランド南部に存在するシダ
3) ハーブ類が豊かな肥沃な森林
4) 湿地の中に孤立して存在するヒースの生えた森林
5) 渓　谷
6) 崖地とそこに存在する森林
7) 砂質土壌，露出した岩盤，巨礫地，疎林が成立している湿地，氾濫原草地

17に示したような場所を「特別な重要性をもつビオトープ」とし，森林施業等はこれを保護するように行わなければならないとした(10条)。後者についてはまず北部の森林限界地域において森林の後退を防止するために保護林を設定できることとしたほか(12条)，居住地や農地を風から保護するために必要があるとき保護地域を指定することができるとした(13条)。このほか，従来どおり伐採後の更新義務(8条)，伐採にあたっての更新への配慮義務(5条)をおいているほか，伐採対象地が森林の多様性・景観保全・多目的利用への配慮などの点において特別の重要性をもっている場合，これら特性に応じた伐採を行うべきとした。以上の規定の中でとくに注目すべきは10条であり，重要なビオトープを保護する義務を一律に私有林に対して課しているという点で，生物多様性保全を確保するうえで重要な一歩を踏み出したと考えられる。

改正森林法では上述の規制措置を確保するための規定も整備している。まず，森林所有者は伐採を行うにあたって，伐採後の森林更新の方法や10条で指定された保護すべき地域の取り扱いなどについて，地域レベルの林政実行機関である林業センターに対して事前に申請を行わなければならないとした(14条)。もし申請内容が森林更新を保証しない，あるいは法律の規定に反するものであった場合，林業センターは，必要な計画内容の変更を行うために申請者と交渉を行わなければならず(15条)，この協議が開始できなかった，あるいは不調に終わった場合，伐採を差し止めることができるとした(16条)。このように，すべての伐採に対して事前の申請を義務づけ[58]，さらに林業センターに申請の審査・差し止めの権利を与えたことで生態系保

全に対する施業規制を実質化しているのである[59]。

　森林法改正にあわせて,「持続的林業に対する資金支援法」が制定されているので, この法律についても簡単にその内容をみておくこととしよう。この法律は, 森林法に基づいて持続的な森林経営を行うにあたっての補助金・融資などによる財政支援の基本について定めたものである。まず従来どおり, 更新・保育など木材生産の持続性を確保するための補助金の支出について規定しているほか, 改正森林法で新たに規定された生態系の保全に関わる事業について, 林業センターの監督のもとに補助金の支出を行えることとした[60]。また生物多様性維持に関わって法律に規定されている以上の配慮・あるいは行為を行った場合, その費用, あるいは損失の一部あるいは全部を補償することができると規定した条項もおいた[61]。このように生物多様性保全について, 単に規制措置を導入しただけではなく, 本法によって財政的な支援・財産権の補償を可能とさせたのである。

5.3.2.4. 全国レベルにおける森林政策実行の状況

　フィンランドでは林業に関わる長期計画が1963年から策定されてきており, この計画に基づいて毎年の施策が実行されている。1985年には「森林2000」というプログラムを策定したが, これは森林経営の経済性と健全性の確保に焦点をあてた計画であった。上述のように, 1990年代半ばから森林政策の抜本的な改革が行われてきたことから, 新しいプログラムの必要性が認識され始め, 改革がほぼ一段落した1998年にプログラムの策定を開始することが決定された。

　新しいプログラム策定過程の大きな特徴は, 策定過程を透明にし, 積極的に市民参加を取り入れたことである。策定にあたって基幹的な役割を果たしたのは森林所有者, 林産業, 環境保護団体などさまざまな利害関係者からなる策定委員会であり, ここで合意形成を図りながらプログラムを具体化していった。また, 策定委員会のもとには森林管理・保護, 森林利用・市場, 森林技術革新の3つの部会をおいて専門的な議論を行い, プログラム構築の基礎作業を行った。策定過程は逐次インターネット上で公開されたほか, 合計59回の市民フォーラムが開催され, 延べ2900名が議論に参加した[62]。このように市民参加を積極的に取り入れた要因としては, 森林保全に対する国民

の関心が高まり，環境保護団体が森林に関わって積極的に運動を行ってきたこと，また森林政策を環境・生態系保全重視へと大きく転換する中で，狭い林業関係者のみでは議論をまとめきれなかったことがあげられよう。

　以上のプロセスを経て，1998年に「フィンランド国家森林プログラム2010(Kansallinen metsäohjelma 2010)」が策定され，現在はこのプログラムに沿って，施策が実行されている。プログラムに掲げられている主要な目標は以下のようである[63]。

① 再生産可能な森林資源を基盤とした競争力のある森林クラスターによって持続的な発展を行う。

② 林産業の競争力を維持し，林産業による木材加工量を2010年までに500-1000万 m^3 増大させる。また林産物の輸出収入を2倍にする。

③ 産業用丸太生産を，生態系の保全を図りつつ，2010年までに6300-6800万 m^3 の水準まで増やす。木質バイオマス利用を年間500万 m^3 まで増やす。

④ 保護区の設定と木材生産林での生態系に配慮した経営によって，森林における種と生息域の保全を達成する。とくに早くから開発が進み森林の利用圧力が高い南部における生物多様性の保全が懸念されるため，特別な対策を講じることとする。

⑤ 年間6300-6800万 m^3 の生産水準を持続的に支えることができるよう，森林の保育・施業を行う。

⑥ 伝統的な森林の利用や，レクリエーションなどの機会を，森林の利用と保護を通じて保証する。

⑦ 研究・教育・国際化を基礎としてより強力なイノベーションによって森林に関連するノウハウを強化する。

⑧ 国際的な森林保全の取り組みに積極的に参加し，また国際協力も進める。

　8つの目標のうち林業・林産業に関わる項目が5つを占めており，生態系への配慮を謳いつつも，積極的な育林投資を通した木材生産の増大，技術革新・投資による林業・林産業生産の拡大が重要視されていることがわかる。フィンランドにとって林業・林産業が占める経済的な地位が大きく，競争力

のある林業・林産業の育成と，生態的な健全性の確保を同時追求しつつも，軸足は前者においているといえよう。ただ，これまでの資源育成政策の成果によって，森林の生産力が増大してきていることは統計上でも裏づけられており，木材生産を増大することによって持続性に負荷をかけるような内容をもっているとはいえない。また，環境保護団体の多くも，環境に関わる記述が弱いという不満をもちつつも，策定過程の透明性・参加を確保したこと，生態系保全の重視を明記したことから，このプログラムに対して高い評価を与えている[64]。

次にこのプログラムに基づいて実際に国レベルで行われている施策についてみてみよう。

まず基本的な政策手段として使われているのは補助金の提供であり，たとえば2001年度をみると約5800万ユーロの補助金が国から提供されている。国庫補助金のうち約50％は，森林の保育に向けられ，このほか森林更新，排水路の整備，林道建設・維持などに関しても補助が行われている（表18）。また，総資金投下額に占める国庫補助金の比率をみると，排水路の整備や保育で高い比率を示している。自己資金を合わせた私有林の更新・保育に対する総投資額は約1億8850万ユーロであった。国家森林プログラムでは年間の私有林での更新・保育額を1億9000万ユーロ，国庫からの補助を5900万ユーロと計画しており，ほぼ計画水準を達成しているといえる。なお，このほかにも，病虫害対策や耕地への造林に関する補助金が支給されており，後

表18　2001年度における私有林における森林管理に対する投資

(千ユーロ)

	自己資金	国が提供する融資	国庫補助金	合　計
森林更新	72,828		11,254	84,082
保　育	23,624	10	29,410	53,044
枝打ち	743		744	1,487
林地肥培	1,877		727	2,604
排水路の整備	4,271	84	10,885	15,240
林道建設・維持	25,968	451	4,708	31,127
その他	911			911
合　計	130,221	548	57,729	188,495

資料：Annual Report

者に関しては半額が EU から補助されている。

　改正森林法では生態系保全に関わって重要なビオトープ保護を求めているが，これについても作業が進んでいる。まず，保護すべきビオトープを明らかにする作業であるが，2003 年度までにほぼすべての林業センターで作業を終了している。重要なビオトープはこれまでのところ約 6 万 ha と報告されており，私有林面積の約 0.5% を占めている[65]。また，重要なビオトープ保護のためには伐採などの規制を行うことが必要となるが，森林所有者に保護に向けたインセンティブを働かせるため，契約を結んで経済的な支援を行う仕組みがつくられている。2001 年までに 464 の契約が結ばれ，3306 ha をカバーし，2400 万ユーロが支払われている[66]。

　また，国家森林プログラムに基づいて，フィンランド南部の森林を対象とした総合的な生物多様性保全プログラムを 2002 年に策定した。このプログラムは，生物多様性を保全するための具体的な方策を定めているが，森林所有者の自発性に基づく保全行為に対して支援を与えることが中心となっており，規制的な性格はほとんどもっていない。計画期間は 2007 年までの 5 年間で，この間に 6170 万ユーロの財政資金を追加的に投下することとしている。本プログラムの特徴は，生物多様性を対象としていることから，農林省と環境省が共同で策定し，実行していることであり，プログラムの策定は環境省傘下の地域環境センターに事務局をおいて，林業センターと共同で作業を行い，これに多様な利害関係者が参加した。プログラム実行に関わっては農林省と環境省の間の役割分担が詳細に定められ，農林省は主として開発権の取得と森林における生物多様性保全ネットワーク形成に責任をもつこととなった。前者は森林所有者に一定金額を支払うことによって当該森林の伐採を基本的に禁止し，また必要な場合は自然修復に必要な措置をとるもので，2003 年末までに 31 名の所有者と契約を結び，228 ha に保護の網をかけた[67]。また，後者は所有者の自発的行動によって生物多様性保全を行うネットワークを形成する取り組みを支援するもので，2003 年には 4 つのプロジェクトが採択された。

5.3.3. 森林政策を担う組織体制および自然環境保全行政一般との関係
5.3.3.1. 林政を担う組織

　1995年に「林業センターおよび林業発展センターに関する法律」が全面改正され，林務行政組織機構が大きく変化した。本項では，新しい法律のもとでの組織体系の状況についてみておきたい。まず，森林政策を担当する中央官庁は農林省の林務部であり，ここで国全体の森林政策の形成・実行を行うが，これについては改正以前から変化はない[68]。1995年の法改正以前は農林省のもとに林業発展センター（TAPIO）をおき，これが各林業センター（Metsäkeskus）を指揮するという形態をとっていたが，改正によって林業センターの独立性を高めるとともに，TAPIOは農林省と林業センターに対する支援・助言機関へとその性格を大きく転換させた。

　林業センターおよびTAPIOはともに「森林の持続的な管理・利用，森林の多様性の維持，その他林業の発展に関わる機能について責任をもつ」組織と規定されているが，林業センターは「法律の実行に対しても責任をもつ」が，TAPIOは「権力的な業務は行わない」（1条）とされた。TAPIOは支援機関として位置づけられているのに対して，林業センターは担当地域の森林・林業に関して，森林法に基づく施業規制など権力的な業務と，森林所有者に対する技術的・金銭的支援や林業の発展計画の策定など非権力的な業務の双方を行うのである。なお，林業センター・TAPIOともに政府機関ではなく，独立行政法人的な性格をもつ組織であり，会計や雇用などすべて各法人の権限で処理される。

　まず，林業センターの農林省との関係であるが，林業センターは農林省の指導と監督のもとにおかれるが，非権力的業務については農林省は指導を行うにとどめるとしている。また，林業センターの運営は，農林省から指名される7名の理事からなる理事会によって行い，理事は地域の森林所有者およびその他林業センターの活動に必要な専門分野をカバーするよう人選されるとした（9条）。ただし5条で，権力的業務と非権力的業務は峻別して実行されなければならないことを規定し，権力的業務については理事会・センター長の権限が及ばないこととした。すなわち，権力的業務については国が定める制度・基準・プロセスに従って行い，非権力的業務については地域の特性

を生かして地域の代表の合議によって決定し・実行するという形態をとっているのである。

　現在全国に13カ所の林業センターがあり，毎年農林省とセンターの間で年間の目標と財政に関する契約を結び，この枠内でセンターが裁量権をもって森林行政にあたることとしている。センターで行う主たる業務は権力的業務としては施業申請の審査など施業規制であり，非権力的業務としては管轄地域内の「地域林業発展プログラム」策定，補助金の配分，所有者に対する技術指導などである。

　一方，TAPIO は林業の発展に関わる専門集団とされ，森林・林業政策に関わるさまざまな提案を行うとともに，農林省，林業センターなどに対して専門知識の供与を行うこととした(3条)[69]。

　以上のように，フィンランドにおいては農林省が森林政策行政全般に関して責任をもち，施業規制といった権力的業務については地域レベルまでその監督下におきつつ，林業の助長といった非権力的業務については地域の自主性を重視することにより，持続的森林管理に向けた最低限の施策展開の保証と地域の自主性の尊重を同時に達成しようとしているのである。

　以上のような森林に関わる行政組織とならんで重要な役割を果たしているのが森林管理組合(Mestänhoitoyhdistys)である。フィンランドでは一定規模以上の森林所有者を強制加入として森林管理組合が組織されており，強固な組織基盤と専門知識をもって，中小規模であるがゆえに経営資源を十分にもてない所有者に対して多様な支援を提供してきている。

　フィンランドで森林管理組合が初めて設立されたのは1907年であるが，法律によってその根拠を与えられたのは1950年であった。森林管理組合法(Laki Mestänhoitoyhdistyksistä)は1999年に改正されているので，これをもとに森林管理組合制度についてみていくこととする。まず森林管理組合は「森林所有者の組織」であるとし，組織目的を「森林所有者の経営収益性の向上，その他森林所有者の経営目的の達成，経済的・生態的・社会的に持続的な森林利用・経営を助長すること」(1条)とし，森林所有者に対する経済的な貢献とあわせて，森林法の目的でもある持続的な森林管理の達成に貢献することを明記している。森林管理組合の会員制度で特徴的なことは，上記

目的を達成するために，森林管理組合は一定規模以上の森林所有者から森林管理料金(Metsänhoitoitomaksu)を徴収する権利を与えられ，これを支払う義務のある者は自動的に会員になるということである。支払い義務が伴う森林所有面積は森林の生産力をもとに決められるため，地域によって異なっているが，南部地域ではおおむね4 ha 以上となっている[70]。なお，これ以下の森林所有者は本人の意思によって加入ができるほか，支払い義務のある所有者についても自ら林業専門家を確保し，森林計画を策定し，満足すべき経営を行っていると認められた所有者については組合への加入と森林管理料金の支払いを免除される。すなわち，自ら専門家を雇用して水準の高い経営ができる所有者を除いて，ある一定以上の規模の所有者を強制加入制にすることによって，森林管理組合の基盤を強化するとともに，経営者に対する積極的な経営支援を確保しようとしているのである。なお，単位森林管理組合の意思決定は，組合員の選挙によって選出された理事会で行うこととされ，また森林管理組合の監督官庁は当該組合が存在する地域を管轄する林業センターとされている。

　森林管理組合の組織体系は単協―地域連合―全国組織の3段階となっている。森林管理組合地域連合は単協の連合体として形成されており，地域連合は各単位組合に対して指導を行うほか，木材市場に関わる情報を集めマーケティング支援なども行っている。さらに地域連合が集まって組織している全国組織は農業者・森林所有者中央連合(Maa-ja metsätaloustuottajain keskuslitto：MTK)の中の林業委員会という位置づけにある。MTK は国の林業政策に関わってロビイングを行うとともに，全体的な森林管理組合組織の活動の方向性・戦略などを形成し，地域連合を指導している。

　森林管理組合の組合員に対するサービスで最も重視されているのは，森林経営計画の策定およびその実行に関わる支援である。各組合は専門知識をもったスタッフを雇用し，所有者に対して経営計画や作業計画の策定，経営アドバイスなどを行っている[71]。所有者が伐採や造林・保育などの作業を行うにあたっては，請負・伐採業者との橋渡しを行うほか，組合によっては自ら作業班をもってこれら作業を行う場合もある。また，所有者の多くは木材市場の動向に関する十分な情報をもっていないため，所有者に代わって木材

販売を行う機能も果たしている。

　以上のようなサービスを行うためには職員が十分な専門知識をもっていることとともに，データ収集・分析システムが整備されていることが重要となってくる。このため，森林管理組合では，全国をカバーするGISシステムを構築し，森林所有者ごとの詳細な資源状態や施業履歴などをGIS上にデータベース化し，森林所有者に対してデータに基づいた支援を迅速に行える仕組みをつくり上げている。また全国組織ではエコノミストを雇用し，各地域からあげられた木材市況を国内外の経済動向とあわせて分析を行い，各地域に情報を提供している。このような組織体制とデータ収集・分析体制の整備により，会員に対して高い水準のサービスを提供することが可能となっており，森林所有者の経営状況の改善，森林資源の育成のみならず，フィンランドの林業生産水準の向上に大きな役割を果たしている。

5.3.3.2. 林業センターの実態

　次に，地域レベルにおける森林行政の中核的な役割を果たす林業センターの活動について少し詳しくみておこう。

　森林法は各林業センターが「地域林業発展プログラム（Metsätalouden alueellinen tavoiteohjelma）」を策定し，そのフォローアップを行うことを義務づけている。このプログラムは，持続的な森林管理を進めるための目標，目標達成に向けてとるべき手法，財政措置，林業発展に関する概括的な目標を設定するものであり，個別所有者の経営に関わるような情報は盛り込まないとされ，マスタープラン的な性格をもつものである。また，農林省に対して予算要求を行う際の根拠ともなる。

　プログラムの策定にあたっては，地域における多様な利害関係者の参加が求められており，国家森林プログラムと同様に策定における透明性と参加の確保を重視している[72]。ただし，市民に対してもプログラム策定への参加を呼びかけ，市民集会なども開催しているが，ほとんどの地域で実際の参加は低調であった。これは，各林業センターが1カ所当たり平均81万haというかなり広い面積を管轄し，しかもプログラムが森林・林業のみを対象としているため，一般の市民には自分たちの生活との関係を実感できず関心が薄かったこと，また環境保護団体の森林に関する主たる関心は国有林における

原生林保護に向けられていたことが要因として考えられる[73]。このプログラムの最終決定権は理事会がもっており[74]，農林省は基本的に地域における策定プロセスには介入しない。もちろん，国家森林プログラムと相反しない形で策定することが求められるが，国家プログラム自体が地域に対して数値目標を割り当てるような性格をもっていないため，地域の自主性が大きく制約されることはない。

上述のように林業センターは権力的な業務と非権力的な業務の双方を行うが，前者の業務の代表が施業規制であり，後者の代表が補助金の配分と計画策定サービスである。

まず施業規制であるが，森林法の内容でも述べたように，森林所有者は伐採を行うにあたって，林業センターに申請を行うことが義務づけられている。販売を目的としない個人的な利用を除くすべての伐採が申請の対象となり，作業開始の2年前から2週間前までに申請を行う。申請に際しては，伐採の内容・方法，伐採後の更新の方法と更新完了予定時期のほか，森林法10条に規定された重要なビオトープに影響を与える場合には，生息域の種類および影響を回避するための措置について，また林地転用を伴う場合には，その目的と担当官庁の許可済みであることの証明および保護林が存在するかどうかについて，地図情報とあわせて提出が求められる。

林業センターでは施業審査に関わる専門森林官がこの申請をチェックし，重要なビオトープが含まれている申請などには現地調査も含めて詳細な審査を行う。そして，規則に違反している場合には，伐採計画を変更させるために森林所有者と交渉を行い，この交渉が不調でなおかつ違反が明白である場合においては伐採の差し止めを行うことができる。このほかにも，①法律・規則に違反した伐採を行った場合には所有者に対して原状回復を求める，②更新義務に従わない場合には更新を義務づける，③伐採前に森林所有者に保証金を支払うことを要求し，更新を行わない場合はこれを用いて更新を行う，といったことができる[75]。このように，林業センターは伐採に関わって強い規制権限をもっており，この規制権限によって資源の持続性と最低限の生態系保護を確保しているのである[76]。

林業センターは以上のような規制業務を行うほか，森林所有者に対する経

営支援も行っている。その第1は国の補助金の配分であり，これは所有者からの申請に基づいて，国が定める基準に従って支給を行う。第2は森林経営計画策定のサービス提供である。これは各所有者がより良い森林経営を行うための支援として提供されるものであり，法律等で義務づけられているものでも，また地域林業発展プログラムなどとの連動を要求されているものでもない。1 ha 当たりの策定コストはおおむね 12-25 ユーロであるが，このうち 50-60% は補助金によってまかなわれるので，所有者が実際に支払うのはその残額となる。たとえば，ヘルシンキを含む南部および西部沿岸域を管轄する沿岸林業センター（Rannikon metsäkeskus）では 2003 年現在で全私有林所有者の 50% がこのサービスを利用しており，面積にして 59% をカバーしている。こうした森林経営計画を策定することによって，適切な時期に適切な施業を行うことを促して資源育成を図り，適切な樹齢での伐採を促して木材生産を確保するとともに，保護すべき生息地や生態系保全に関わって配慮すべき点を明らかにすることにより，森林生態系保全を促そうとしているのである。

　以上のような機能の発揮を可能とさせているのが林業センターに勤務する専門職員集団である。沿岸林業センターを例にとって職員組織についてみてみよう。沿岸林業センターの管轄地域内の私有林面積は 67 万 ha，森林所有者は 2 万 5000 名である。沿岸林業センターでは，61 名の職員を雇用しており，このうち 9 名が大学卒で，その他職員も事務職員を除けば高等専門学校レベルの専門教育を受けている。ほとんどの職員は林学の専門教育を受けているが，環境問題・森林認証への対応が重視されるようになったことから生態学・生物学の専門教育を受けている者も 2 名雇用している。また，全職員に 4 週間の生態系保全に関わる教育コースを受講し，試験に合格することを義務づけており，2003 年 2 月段階で 1 名を除いて合格している。こうしたコースは TAPIO が教育プログラムを開発し，高等林業専門学校と林業センターが共同で開催している。センターには全部で 10 カ所の出先機関があり，それぞれに 3-10 名の職員が配属されており，施業チェックや所有者への指導などの業務を行っている。上述のようにセンターが職員を雇用しており，センター間の職員の異動はなく，またセンター内でも出先機関相互の異動は

まれである。このためほとんどの職員は一定地域に長期間勤務し，当該地域の森林資源に対する知識を蓄積するとともに，森林所有者や森林管理組合など関連組織との人的ネットワークを広げることができ，地域に根ざした職務の遂行が可能となっているのである。

以上のように，林業センターは TAPIO の支援を受けつつ，森林行政に関わる専門家集団をつくり上げ，地域に基礎をおいた森林行政の専門性を確保しているといえよう。

5.3.3.3. ほかの自然資源管理政策と森林政策の関係

(1) 自然環境保全に関わる行政組織と制度

さて，以上のように森林政策体系が大きく転換してきたが，これは自然環境保全政策全般の転換の中で行われたものであった。そこで，森林以外の自然環境保全に関わる行政組織と制度の転換と，その森林政策との関係についてみておくこととしよう。

上述のように環境行政全般を総合的に扱う省庁として 1983 年に環境省が設立された。環境省の主たる役割は環境汚染など環境面での安全性の確保，生物多様性保全などの自然保護，土地利用・建築規制など生活・住環境の保全であり，ヘルシンキにある本庁が政策枠組みの形成とその実行の統括を行っている。

環境省の設置に伴って環境に関わる地方行政組織についても再編が行われた。従来，地方における環境行政は全国に 12 おかれた国の地方事務所の環境部局と，水利用・水質など水行政一般を扱う水環境国家委員会の下部組織である地区水環境事務所が行っていた[77]。1995 年にこの組織体制の根本的な再編を行い，水環境国家委員会を環境研究センター（Suomen ympäristökeskus）に改組し，環境研究，モニタリング，市民広報を担うこととするとともに，地方事務所の環境部局と地区水環境事務所を統合し，地域における環境行政を総合的に取り扱う地域環境センター（Alueelliset ympäristökeskus）を全国に 13 カ所設置した。地域環境センターは，地域レベルの保護区設定や，環境アセスメントの実行，自治体土地利用計画の調整作業などを環境省の監督のもとで行っている。地域環境センターは林業センターと異なり，政府機関である。

環境省所管の業務の中で自然環境行政に関わるのは自然保護と土地利用であるが，まず自然保護について法制度の仕組みについてみておこう。

まず，自然保護地域・希少種の保護については自然環境保全法が基本的な法律となっている。自然環境保全法は1923年に制定され，国有自然保護地域の設定と若干の種の保護を規定した法律であったが，上述のように1996年に森林法と歩調をあわせて全面改正されている。改正自然環境保全法の目的は，生物多様性の維持，自然景観の保全，自然資源と自然環境の持続的利用の助長，自然に対する関心の啓発，科学研究の推進，の5点とされ(1条)，改正前に比べてより幅広い自然環境保全を展開しようとしている。

3章では自然保護区の設定と管理について規定しているが，従来の国有保護地の規定を引き継いだほか，新たに私有地に対する保護区の設定についても規定しているのが特徴となっている。保護区は，国立公園，厳正自然保護区，その他の保護区の3種類から構成されるが，私有地に対する保護区の設定はその他の保護区としてのみ行うものとしている。また保護区を設定できる地域は，①絶滅危惧種が存在しているところ，②特別な，あるいは貴重な自然的特徴をもっているところ，③優れた景観地，地域で希少となった自然遺産，④良好な自然・種の保全を確保するのに必要なところ，⑤その他生物多様性・自然景観を保護する必要のある代表的・典型的な価値のある地域とされ，幅広く保護区の指定を行うことができることが特徴となっている。私有地への保護区の設定は地域環境センターが担当し，所有者および利害関係者の同意のもとに指定を行う。また，指定は保護の内容と土地所有者に対する補償についての合意がなされない限りは発効しないとした。

4章では自然生息域の保護について規定しており，落葉広葉樹が豊かな自然林，ハシバミ林，自然の砂浜，海浜の草地などについて生物の生息域保全の観点から開発を規制することとした。開発規制区域は地域環境センターが土地所有者の同意なしに指定できるが，所有者は指定に伴う損失の補償を求めることができる。このほか5章において優れた自然的・文化的景観を保全するための景観保全地域の設定，6章において種の保護が規定されている。

自然環境保全法改正にあたってのもうひとつの特徴は，1995年にEUに加盟したことを受けて，EUの自然保護関係規定との調整を図っていること

である。3条において，EUの自然生息域・野生動植物保護に関する指令，野生鳥類の保全に関する指令に関しては，この法律によってフィンランド国内への適用を行うと規定し，EUが進める保護区ネットワーク，ナチュラ2000に関しても特別な章を設けている。

(2) 土地利用に関わる法制度

次に土地利用であるが，1999年に土地利用計画法(Maankäyttö-ja raken-nuslaki)の根本的な改正が行われている。この法律の目的として，生活環境の保全とともに，生態系・経済・社会の持続的発展，すべての住民の計画への参加の保証が掲げられており，環境保全と参加が重要な位置づけを与えられている。計画体系は，国が定める全国土地利用ガイドライン，県が定め環境省が認める地域土地利用計画，基礎自治体が定める地区マスタープランおよび地区詳細計画からなる。このうち全国土地利用ガイドラインと地域土地利用計画は土地利用に関わる目標を示したものであり，具体的なゾーニングを示したものではない。

ゾーニングを行い土地利用に規制をかけるのは基礎自治体が定める計画である。地区マスタープランは地区全体の土地利用のあり方を示すものであり，地区詳細計画はゾーニングや建築規制によって詳細な土地利用規制を行うものである。ただし，前者は必須計画ではなく，作成の有無は各基礎自治体に任されている。これら計画は基礎自治体が定め，基礎自治体議会が承認するものとされており，中央政府や県の承認は必要としない。また上位計画との関係をみると，計画を定めるにあたって地域計画を考慮に入れることを求めているだけであり，基礎自治体は広範な裁量権をもって計画策定を行えるようになっている。ただし，自然環境保全法のもとで定められた保護区設定などは計画に反映させる必要があり，また計画策定段階で地域環境センターとの間で生態系保全への配慮などに関わる協議を行うことが義務づけられている。

また，林地転用に関しては自治体が土地利用計画のもとで規制しており，森林法体系のもとでの森林行政はこれには関与していない。森林をどのように管理するのかについては農林省傘下の機関と森林管理組合が担当するが，土地利用計画との関わりでの森林については市町村が担当し，地域住民の参

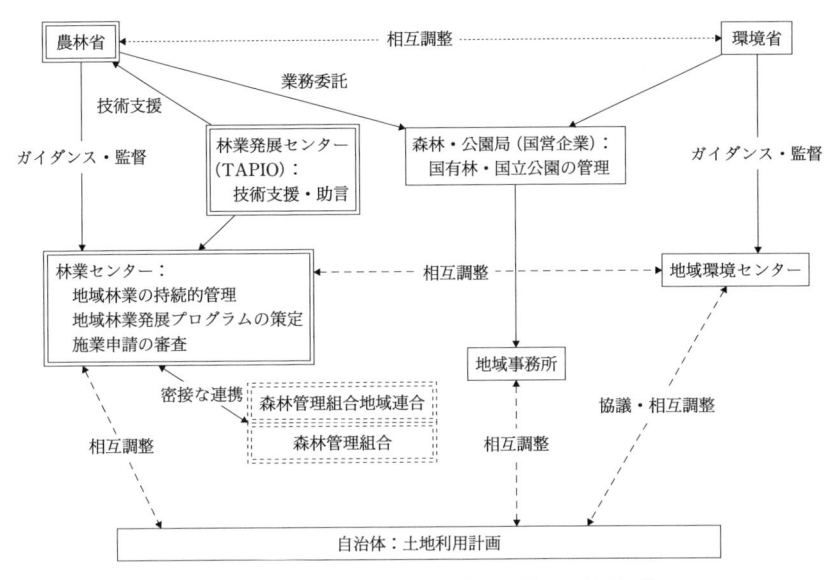

図4 フィンランドの自然資源管理に関わる行政組織

加によって土地利用全体の中でどのように森林を位置づけるのかを決めているのである。

なお，上述のように土地利用計画の策定は自治体の自主性に任されているため，自然環境保全に積極的に取り組んでいる自治体では生態的に重要な場所を自治体独自で保護の網をかぶせるなどしているほか，森林法の規定よりさらに厳しい森林施業の規制を土地利用計画に盛り込んでいる場合がある。

(3) 森林・自然環境・土地利用行政の相互関係

さて，森林・自然環境・土地利用に関わる組織間関係をみると図4のようになる。フィンランドにおいては，森林・環境行政は基本的に中央政府の役割とし，その中で分権的な意思決定を行えるようにするとともに，土地利用については自治体の裁量に任せるという形態をとっている。すなわち森林の管理や自然環境保全という専門性が要求される行政は中央政府が責任をもち，地域に即した土地利用に関する行政は市町村が行うという形で，中央政府と地方自治体が役割分担をしつつ，中央政府が担当する分野についても組織的な工夫によって分権性を確保しようとしているのである。このような役割分

担の仕方はヨーロッパ諸国において一般にみられるものであり，地域の総合的な土地利用の中に森林を位置づけ，地域の実態にあった林地転用規制をこまめに行いつつ，森林管理に関わる専門性を確保するという点で優位性をもったシステムといえる。

また，自然環境保全に関わっての中央政府内での役割分担をみると，重要な保護域や希少種の保護に関しては地域環境センターが森林に対しても行い，一方で林業センターは相対的に重要度の低い森林内の生息地保護を担当するという形になっている。

以上のように総合性を確保できるように役割分担を行っているが，実際には権限が各組織に分散しているためさまざまな調整・連携作業が必要とされている。たとえば，保護区についてはナチュラ2000による保護区，国レベルの保護区，地域環境センターレベルの保護区，さらには希少種の保護などを自治体の土地利用計画・運用の中に反映させていくことが求められており，ここでは地域環境センターと自治体の密接な連携が必要とされている。また，森林との関わりでも林地転用や景観上の配慮などは自治体の土地利用政策によって決められるものであり，こうした各自治体の規定に基づいて林業センターが施業審査を行う必要がある。さらに森林法と自然環境保全法が連続的な構成をもっているために，森林地域での生態系保全政策に関わって林業センターと地域環境センターの相互調整が欠かせない。このため林業センター・地域環境センター・自治体の間では日常的な調整が欠かせないのであり，これが事務的に大きな負担となり，また業務の複雑性を大きく増加させている。フィンランド型分権体制をとった場合，個別分野での専門性が確保される一方で，総合性を確保するためにはさまざまな調整作業が必要とされるのである。

5.3.4. 地域森林認証制度が成立する条件とその限界

先にも述べたように，フィンランドがヨーロッパ地域における木材輸出国としての地位を保つためには，単に森林政策を変革するだけではなく，森林認証を取得し，認証材を出荷することが必要とされるようになってきた。フィンランド材輸入国の消費者，あるいは環境保護運動は，実際に持続的な

森林管理がなされ，効果があがっていることを確認できるシステムを求めており，これに応えるためには政策の転換だけではなく認証制度の導入が不可欠だったのである。しかしフィンランドは小規模森林所有者が多数を占めているため，FSC 森林認証を個別に取得することは労力の点からも，資金の点からも困難であるとされていた。そこで考えられたのは既存の森林に関わる制度を有効に活用しながら地域を丸ごと認証するという仕組みであった。

しかし，フィンランドの地域認証制度に対しては環境保護団体から根強い批判がある。森林所有者・管理者の自発性によって個別的に認証を行うのではなく，地域を包括的に認証するがゆえに，認証基準の設定の仕方にあいまいな点を残さざるをえないことや，認証の実行に関わって多くの技術的な困難が指摘されている[78]。

そこでここでは，第1にフィンランドにおいて地域認証制度を成立・実行することができたのはどのような条件によるのか，第2にその限界はどのように現れているのかについて明らかにすることとした[79]。

5.3.4.1. フィンランド森林認証の現状

認証制度の運営にあたっているのは，多様な関係者から組織されるフィンランド認証協議会(Suomen metsäsertifiointiry)であり，PEFC と相互認証を行っている。実際の認証は，まず地域レベルの林務行政機関である林業センターを単位として地域認証を試み，これが不調の場合にグループ認証，さらにこれも不調の場合に個別認証を行うこととした。ただし，実際にはすべて林業センターを単位として認証が行われているので，以下の記述は，林業センター単位の認証に関わるものである。

認証の申請者は森林管理組合地域連合であり，連合を構成する単位組合の3分の2以上の賛成があった場合，認証の申請を行う。認証を希望しない所有者は，申請を拒否することができるが，拒否の意思を表示しない限り自動的に認証作業の対象とされる。認証の基準は表19のようであり，1から14までは林業センター段階，15から37は森林管理組合段階に適用される基準となっている。また，表に示したように各基準に対して遵守すべき内容が定められている[80]。

続いて実際の認証プロセスについてみてみよう。認証取得の準備は地域内

表19 フィンランドにおける認証基準

番号	基準	内容	評価方法
1	持続的森林管理ターゲットプログラム	林業センターは最低5年に1回、生態・経済・社会的課題に対するニーズと目標を示した持続的林業プログラムを市民参加のもとで策定する	D
2	施業への提言	持続的森林管理を達成するための施業ガイドラインを策定する	D
3	森林計画の策定	生物・環境面を配慮した森林管理が地域外の5割以上をカバーするようにする	P
4	緊急を要する稚幼樹育成	プログラムに沿って緊急を要する稚幼樹育成を明確化し、5年以内に実行する	D
5	初回間伐の促進	林業センターや森林管理組合などが認証申請1年以内に初回間伐促進プログラムを策定する	P
6	根腐れ・辺材腐朽対策	夏期の伐採にあたって根腐れ・辺材腐朽が拡大しないような措置を講じる	P
7	生長量以下の蓄積の減耗	蓄積の減耗は、5年間の期間でみて、総生長量よりも少なくする	P
8	森林更新	伐採後、更新されていない森林の面積が全生産森面積の5%を超えないようにする	P
9	火入れの増大	更新のための火入れ適地に対する実行量を最近2倍にする	P
10	重要なビオトープの保護	森林管理行為、自然環境保全法、森林法で規定された保護されたところ、およびその他価値あるビオトープが保護されるように行う	P
11	高齢林の最低限の比率	高齢林が全森林面積の15%以上を占めなければならない	P
12	伐採による森林への影響のモニタリング	伐採が森林に与える影響、病虫害の発生、拡大防止措置の実行状況についてモニターする	D
13	森林生態系管理のモニタリング	生息域モニタリングシステムを構築し、情報が定期的に更新されている	D
14	スタッフの追加的教育	毎年、森林関連組織の事務員・作業員の総数の最低2割が生物多様性などを含めた追加的教育を受ける	D
15	雇用者への適切な指示	森林関連事業体は、作業に先立ち、作業の質を確保するため適切な指示を与える	D
16	森林所有者への普及・教育	森林全所有者のうち最低でも10%が普及・教育を受ける	D
17	法規則の遵守	森林施業、伐採を行う際には、法律を遵守し、納税義務を果たしている	D
18	重要な生息域を森林経営計画に記載する	森林経営計画に、重要な生息域やレクリエーションサイトが正確に記載されている	D
19	保護区の価値が危機に瀕しない	保護区域・保護プログラムに組み込まれている地域の価値が林業行為によって危機にさらされない	P
20	絶滅危惧種の既知の生息域を破壊しない	林業行為に際し、既知の絶滅危惧種生息域を保護する	D
21	伐採時に保残木を残す	生物多様性の維持に貢献する枯損木などを残す	P
22	在来樹種の利用	更新を行う際、在来樹種を利用する	P

307

23	林道網マスタープラン	環境に配慮した林道網マスタープランを策定する	D
24	林道計画に対する環境アセスメント	新規林道計画は生物・環境面から評価を行う	D
25	新規排水工事の禁止	自然状態にある泥炭地で新たな排水工事を行わない	P
26	排水溝の清掃・追加的開削の制限	泥炭地保護のため、明確に樹木生長を助長する場合以外、排水溝の清掃・追加開削を行わない	D
27	排水維持に際しての内水面保護計画	排水路維持計画の策定にあたって内水面保護計画も盛り込む	D
28	河畔・湖沼の緩衝帯	伐採・森林施業などに際して、河川・湖沼などの内水面に緩衝帯を設ける	P
29	撥き起こしの基準	撥き起こしにあたっては適切な方法を用い、できるだけ浅くする	P
30	伐採による影響回避	伐採に際して、残存木の損傷や、更新を悪化させるような土地の利用は回避する	P
31	薬剤利用の制限	除草剤や殺虫剤はどうしても必要な場合以外は利用しない。河畔・湖沼級衝帯や基準10の保護域などでは使用しない	D
32	肥料利用の制限	河畔・湖沼緩衝域や基準10の保護域などでは林地肥培は行わない	D
33	入林権の保障	人々が自由に森林に入れる権利は保障されなければならない	P
34	歴史的遺産の保護	文化的・歴史的遺跡等は保護する	D
35	景観の保全	林業行為を行う際、景観保全に配慮する	D
36	先住民の伝統的生活の保護	先住民であるサーメの人々の伝統的生活と調和するように、森林・公園局の資源管理は行われなければならない	D
37	トナカイ放牧と林業の調和	国有林においてはトナカイ放牧と林業は協調して行われなければならない	D

注：「評価方法」の略号／Pはパフォーマンスベース, Dは書類ベース
トナカイ放牧においてはトナカイ放牧ベースでの審査

の多様な利害関係者からなる地域森林認証委員会を設置して行い，たとえば上述の沿岸林業センターでは森林所有者，林産業者，伐採造林請負業者，林業労働者の代表のほか，センターの理事会や森林を所有している自治体の代表によって委員会を組織した。ただし，実際の作業のほとんどは林業センターと森林管理組合が行っており，前者は森林に関わる資料の収集・分析，後者は森林所有者への対応と具体的な施業に関わる作業を担当している。認証に対応するために，森林管理組合は職員に対して2日間の研修と試験を義務づけ，試験に合格しない限りは認証業務に関われなくするなど，組織内部の体制づくりを行った。

　上述のような準備を行ったうえで森林管理組合地域連合は認証審査機関[81]に対して認証取得を申請した。認証審査機関は書類審査や面接・現地調査などを行って申請内容をチェックし，認証基準を満たしていると認められれば認証を与え，改善が必要とされる事項がある場合には併せて指摘を行う。審査の結果，2000年末までに13カ所すべての林業センターを単位とした森林認証が認められることとなり，全森林面積の95%を占める2190万ha，31万1500名の森林所有者をカバーすることとなった。

　なお，認証の有効期限は5年であり，認証取得したものは基準遵守状況についての監査・モニタリングを毎年受け，また指摘事項がある場合にはその指摘をクリアすべく対処する義務を負う。こうした監査の実行や指摘事項への対処状況のチェックについては上述の認証審査機関が行う。

　認証にかかる費用の負担であるが，初回は準備に多額の費用がかかるため認証審査機関に支払う認証審査費用は林産企業が負担し，森林管理組合や林業センターが行った資料収集・分析などの費用はそれぞれの組織が負担している。認証審査費用については，2年目からは4分の1を森林管理組合が負担し，その後毎年4分の1ずつ森林管理組合の負担を増加させ，最終的には各森林管理組合が面積割で負担することとなっている。ただし森林管理組合は認証取得にあたって組合員に新たな負担を求めてはいない[82]。

　このように，林業センター・森林管理組合による事務作業，林産企業による金銭負担によって，林業センター内の森林は一括して森林認証を受けることとなった。森林所有者は，森林認証に参加しないという意思表示をしない

限り，金銭面でも文書作成など具体的な作業面でも一切新たな負担なしに，森林認証を受けることとなったのである。これがフィンランドにおける地域認証と呼ばれる認証制度の特徴であり，他の国に例をみないユニークな認証制度となっている。

5.3.4.2. 地域森林認証を成立させる条件

　地域森林認証を有効に機能させるためには，森林所有者の自発的取り組みを待つことなく認証の基準の充足が確保されることが必要である。これを確保するためには，第1に法令によって基準の実行が強制力をもって保証されること，第2に十分な専門知識と森林に関わる情報を所持し，森林所有者と信頼関係を形成した組織が存在し，法令による規定や，さらにこれを越えた基準の実行を森林所有者に代わって行えることが必要と考えられる。そこで，この両者について検討していくこととする。

(1) 法令による規定

　基準がどこまで法令によって強制力が確保されているかについて，実効性確保のうえで最も問題となる森林施業行為を直接規制する基準についてみることとする。

　森林法において伐採時に残存木を損傷しない，生長を劣化させるような土壌への影響を回避することを義務づけていることをそのまま基準にしたのが基準30であり，これについては法律の実行によって確保することができる。さらに直接的ではないが，基準8の森林更新の確保については，森林法によって森林所有者に更新を義務づけており，間接的ながらこの基準達成に有効に働くと考えられる。

　次に，環境保護団体が最も関心をもつ基準10では，自然環境保全法によって指定された保護区，森林法によって指定された重要なビオトープ，その他重要な生息地を保護すべきとしている。自然環境保全法および森林法は貴重な自然や希少種の生息域に対して保護措置を講じることを規定しており，これをもとに地域環境センター・林業センターが同地域の指定を行っており，基準の履行が法律によって確保されていることになっている。また基準20は，自然環境保全法によって指定された特別保護種，およびフィンランド希少動植物モニタリング委員会が指定した希少種の生息域の保護を求めている

が，前者については法律によってその履行が強制力をもっている。ただし，基準10については「その他価値あるビオトープ」として法律をもとに指定された地域以外の保護も求めており，また基準20のうちフィンランド希少動植物モニタリング委員会が指定した希少種の生息域の保護は法律による保護の網がかぶされておらず，これについては強制力をもって基準を遵守させることはできない。

これに対して，森林施業行為を直接規定しながら，法律の明確な裏づけをもたないのは，基準6，21，22，25，26，28，29，31，32，34である。このうち基準21の腐朽木などの保存，基準28の水辺域保護については，所有者側に施業コストの増大，あるいは伐採不可能な立木が出てくるなどの不利益をもたらし，一方で生物多様性保全といった観点から環境保護団体の関心が高いため，問題を起こす可能性をもつ。ただし，基準21・28以外については，通常の施業行為の範疇を大きく越えて制限をかけるものではない。

森林認証制度の導入に際して，一般的に林業関係者がとくに抵抗を示すのは，これまで林業活動がほとんど顧慮しておらず，また施業に大きな規制がかかる生物多様性保全など自然環境保全の分野である。これに対してフィンランドにおいては1990年代の政策転換の過程で，自然環境保全法および森林法が改正され，希少種の生息域など保全上重要な森林に対して法律によって保護の網をかけた。法律によって確保される保護域が十分であるかどうかについては議論があるが，法律による強制力が確保されていることは，地域認証を実効性あるものとするうえで一定の役割を果たしたといえる。

(2) 実効体制の確保

次に実効性を確保する体制であるが，まず大きな役割を果たしているのは林業センターである。上述のようにフィンランドの森林認証は林業センターの管轄域を単位として行われており，認証制度の中心的な役割を果たす機関と位置づけられている。林業センターの財政は国が支出するが，財政支出にあたって毎年農林省と林業センターの間で業務内容について契約が交わされ，認証業務を行うこともこの契約に含まれている。

認証制度の実効性を実質化するうえで，以下の点で林業センターの重要性がある。第1に施業規制に実質的な役割を果たしていることである。上述の

ように林業センターが施業規制を実質的に担っており，法令に基づいて行う森林施業規制が，いくつかの認証基準を自動的に満たすこととなり，地域認証が機能する条件となっている。第2には上記のような業務を担うために，林業センターに地域の森林や森林所有者の状況を知悉した専門職員が配置されているほか，TAPIO が専門知識の供与や教育などを行っていることである。こうした専門家集団の存在によって，実効ある施業規制や森林所有者への指導が可能となっているのである。

林業センターとならんで重要な役割を果たしているのが森林管理組合である。上述のように一定規模以上の森林所有者を強制加入にしているために組織率がきわめて高く，また高いレベルの組合員サービスを維持するための専門家集団を育成し，組合員との密接なコミュニケーションを維持している。このため，組合と組合員の密接な関係を生かして，組合員に対して教育・周知を行って認証に備えることができた。また，所有者に対して行う計画策定や施業の実行などのサービス提供に，認証に対応する内容を盛り込むことによって認証の実効性を確保しようとしている。

このように，地域における森林・林業に関わる専門家集団が確保され，所有者と密接な関係を形成してきたことによって，地域認証制度の構築と実行が可能となったのである。

5.3.4.3. 基準に対する環境保護団体からの批判点

フィンランドにおける認証制度構築のための準備は1996年から開始されたが，当初は環境保護団体も準備委員会に参加していた。この委員会で環境保護団体以外の利害関係者は地域認証というスキームを主張し，フィンランドの認証制度を FSC 森林認証と互換性のあるものにしようと考えていた環境保護団体はこの動きに強く反発，FSC 互換の仕組みをつくれる見込みがなくなった1998年には認証制度の検討作業から脱退した[83]。環境保護団体は FSC 互換の認証制度構築が実現不可能となったことに失望してフィンランド型認証制度に反対の立場をとったが，具体的には主として原生林・希少種の生息域の保護に関わって明確かつ厳格な基準を欠如していること，地域認証では森林所有者の自発的参加を確保できない点を強く批判していた。そこで環境保護団体からの批判をみながら，フィンランドの認証基準の問題点

について検討してみよう[84]。

　まず指摘されているのは，フィンランドの認証システムはパフォーマンスベースが弱い，すなわち「どれだけ要求された目標を満たしているか」ではなく「要求する目標と計画を作成したか」によって判断される性格が強いということである。表19をみても，パフォーマンスを要求している項目が多いものの，計画の策定を要求するがその実効性まではチェックしないシステム認証としての基準が数多くある。たとえば，基準24の林道建設，基準27の水系保護はアセスメントや計画のみを求めており，林道建設による環境への影響そのものや，施業による水系への影響そのものを評価の対象としていないのである。

　また，基準があいまいであることも問題とされており，とくに環境保護団体の関心が高い生物多様性保全・希少種の生息地保護に関わる基準10および20に強い批判が集まった。それは第1に，基準10・20で保護すべき生息地を調査する作業が義務づけられていないことである[85]。保護すべき生息域が明らかになっていないのに，保護措置を認証基準にしても意味がないとして強い批判が行われた。第2には，保護すべき地域は「知られている希少種の生息地」と規定されていることである。「知られている」というのは地域環境センターが認知して土地所有者に知らせたことを意味し，土地所有者が知っているだけでは保護の義務がなく，生息域を破壊しても問題にされない。こうした点で，所有者の自発性に基づかない，地域認証の欠点が現れていると問題にされたのである。

　また，基準の内容が既存の法律・施業指針を越えるものではなく，持続的な森林管理を達成するうえで十分ではないとする批判もある。これは上述の基準10・20などについて指摘されている。

　批判の大きな2点目は地域認証であるため，自発性が確保されず，認証に消極的な所有者も含まれることとなり，効果ある認証として機能しないのではないかという点である。これに対して，認証当局側は施業のほとんどは森林管理組合や業者が行い，これら組織に対しては認証に従う指導が行われているから問題をクリアできるとしている。ただし，認証基準の中で示されている業者や労働者への指示(基準14・15)は基本的にはシステム認証である

ため，この批判がクリアできているとはいえない。

5.3.4.4. フィンランド型認証の限界

　以上のようにフィンランドは森林・環境法体系の整備と，林業行政・森林管理組合組織の充実によって地域認証を可能とさせてきたといえる。しかし，環境保護団体が指摘しているように，問題は山積している。認証がスタートして日が浅いため，最終的な評価を下すことはできないが，これまでに明らかになった問題点について以下に指摘しておこう。

　まず地域認証は森林所有者の自発性に基づかないため，所有者が森林認証を取得したという認識を欠如しており，実効性が十分確保できていないという問題がある[86]。認証にあたって，森林管理組合は全組合員に対して認証制度について知らせ，確認をとるのであるが，多数の組合員すべてに詳細な説明を行うことは不可能で，郵送でパンフレットを送りつけただけということが多かった。もともと多くの森林所有者は木材販売を組合に完全に任せていたということもあって，消費国の圧力を直接感じることがなく，認証の必要性も感じていなかった。また認証プロセスも林業センターや森林管理組合の職員がほとんどの作業を担っており，所有者が自ら何らかの作業に従事するということはほとんどなかった。このため，地域認証がスタートしているものの，ほとんどの所有者は認証には無関心であり，認証されていること自体を認識していない所有者も多いとされている。

　次に，認証の基準の中には森林施業規制よりも高いハードルを設定しているものがあるが，この実効性を確保するのが困難であるという問題がある。林業センターが行う施業許可にしても，法律・規則に従ってのみ行うことができ，認証基準に違反していても，所有者に注意を促すことはできるが，これを強制することはできない。こうした行為を摘発できるのは，毎年行われるモニタリングによってであるが，このモニタリングもサンプリングで行われるため，見逃される可能性が高い。たとえば，基準10の重要なビオトープと基準28の水辺域の保全についてはすべてをチェックするのは技術的に難しく，とくに重要なビオトープと考えられる場所をすべて地図上に落とす調査を行うことはきわめて困難であることが指摘されている。たとえば，ヘルシンキ北方にある南部森林管理組合地域連合の南部地区の責任者は年間1

表20 2000年までの認証基準への違反状況

	1	2	10	12	13	17	18	19	21	23	24	25	27	28	30	35	36
中央フィンランド	○	○												○			
南サボ	○	○															
南オストロボスニア	○	○															
ピルカンマ	○	○															
カイヌ	○	○								○	○		○				
北オストロボスニア	○	○					○			○	○						
北サボ	○	○												○	○		
沿岸	○	○					○		○								
ヘーメ・ウウシマ		○		○						○				○			
キミ		○	○	○				○						○			
ラップランド(1999年)			○		○	○								○			○
ラップランド(2000年)			○		○												
南フィンランド			○	○	○												
北カレリア(1999年)			○	○	○	○								○			
北カレリア(2000年)			○	○	○									○	○		

資料：Greenpeace Nordic and The Finnish Nature League, Anything Goes? Report on PEFC Certified Finnish Forestry (2001)
注：ラップランド，北カレリア以外はすべて2000年の状況。数字は表19の認証基準番号

万件近くある施業申請すべてに対して重要なビオトープや水辺域に影響を与えていないかを調べることは不可能であると述べていた。このため，認証取得後のモニタリングにおいて重要なビオトープと水辺域の保護について3年連続で基準違反があることを指摘された地域もあった。表20は2000年に監査において違反が発見された基準の一覧であるが，基準10をクリアできた地域がどこにもないことがわかる。

　先に述べたようにフィンランドにおいては制度的・組織的に地域認証に実効性をもたせるための条件を整えてきているが，実効ある地域認証を実現できていないのが実態であり，このままで推移すると認証の更新が困難な地域が出てくる事態も予想される。法制度で担保されない部分を地域認証でカバーすることは技術的に困難であり，少なくとも現時点において，地域認証はFSCなどの自発性に基づく認証に代わりうるものではない。

　フィンランドにおいては制度改革と組織整備によってナショナルミニマムとしての生態系保全と森林の持続的な管理のシステムを構築した。一方で，森林認証という，本来はボランティアで法的な要求を越えて森林環境保全に

貢献しようとする仕組みを地域認証という形で「制度化」してしまったがゆえに，認証システム自体に大きな無理がかかり，信頼性の確保に大きな困難をかかえている。輸出市場の確保という外的な要因によって認証の取得を迫られ，中小規模の森林所有者の認証への対応を図るために仕方がない決断だったといえる面もある。しかし，スウェーデンのように森林所有者に対する教育活動をほとんど展開していないため，今後も所有者からの自発的な認証への参加は期待できない。運動のダイナミズムをもたない認証の制度化は，地域社会経済の持続性と連関をもった森林の持続的管理という本来の目的を見失わせ，認証制度を形骸化させるおそれが強い。

1) 森林認証制度について詳しくは，荒谷明日兒「木材貿易と森林認証制度」堺正紘編著『森林政策学』(日本林業調査会，2003 年)265-268 頁；M・B・ジェンキンズ，E・T・スミス編著(大田伊久雄・梶原晃・白石則彦編訳)『森林ビジネス革命』(築地書館，2002 年)を参照のこと。
2) EU 加盟がスウェーデン農業に及ぼした影響については，Ewa Rabinowicz, Swedish Agriculture, in Lee Miles ed., *Sweden and European Union Evaluated* (Continuum, 2001) pp. 180-198 を参照のこと。この文献の中で，1990 年の農政改革の概要やスウェーデンの CAP への姿勢が述べられている。
3) 本項の記述にあたっては，全般的に，Swedish Board of Agriculture, Facts about Swedish agriculture (2000) を参考にした。
4) Ministry of Agriculture, Food and Fisheries (MAFF), The Environmental and Rural Development Plan for Sweden 2000-2006 (2000) p. 36.
5) Id., p. 36.
6) Rabinowicz, supra note 2, p. 197.
7) MAFF, supra note 4, p. 87.
8) 外務省のウェブサイト，欧州連合(EU)「アジェンダ 2000 への合意(概要)」(1999 年 3 月 30 日)。
9) MAFF, supra note 4, p. 65.
10) Id., p. 226.
11) Id., pp. 226-227.
12) Id., pp. 227-230.
13) 交付金給付のための事務作業は膨大なもので，新規申請を受け付けるだけの余裕が事務方になかったためと思われる。
14) イギリスの農業環境政策の展開過程を詳細に分析した福士の著書には，農業環境政策をめぐって農業団体と自然保護団体が激しいやりとりを繰り返してきたことが記されている。福士正博『環境保護とイギリス農業』(日本経済評論社，1995 年)。

15) MAFF, supra note 4, p. 63.
16) Id., pp. 158-159.
17) Id., pp. 65-74.
18) Swedish Board of Agriculture, The Environmental and Rural Development Plan for Sweden 2000-2006 (1999)。なお，本文献は農業政策の執行機関であるスウェーデン農業局(所在地はイェーンシェーピング)が作成した当該プランの概要を紹介するパンフレットであり，注4の文献とは別な文献である。
19) スウェーデン農業省の Carl-Fredrik Loof 氏へのインタビュー(2003年9月8日，ストックホルム)，および農業局の Jan Gustavsson 氏(Division for Environment, Head of Division)と Olof Johansson 氏(Environmental and regional aid division, Head of Division)へのインタビュー(2003年9月12日，イェーンシェーピング)による。
20) MAFF, supra note 4, pp. 151-165.
21) 前掲注19のスウェーデン農業局の担当者へのインタビューの中での発言による。
22) イェーンシェーピング県域執行機関農業部門で環境・農村振興計画を担当している Christer Frennberg 氏からの聞き取りによる(2001年11月27日，イェーンシェーピング)。
23) 福士・前掲(注14) 7頁。
24) 前掲注21に同じ。
25) 本節においては，私有林という言葉を，会社有林などを除いたいわゆる non industrial private forest land を意味するものとして使う。
26) 半田良一「スウェーデンの林業と林政」森林組合 72・73・74・75号, 1976年；霜鳥茂「スウェーデン林業の展開過程」北大演習林研究報告38巻2号(1981年)；土屋俊幸・三澤靖平「スウェーデンの森林・林業」森林政策研究会編『欧米諸国の森林・林業』(日本林業調査会, 1988年)；土屋俊幸「スウェーデン」『欧米林政の近況』林政総研レポート44(林政総合調査研究所, 1994年)；仁多見俊夫「スウェーデンの森林・林業」日本林業調査会編『諸外国の森林・林業』(日本林業調査会, 1999年)などを参照のこと。
27) 詳しくは，土屋・前掲(注26)を参照のこと。
28) 土屋俊幸「〈スウェーデン〉普及事業で森林認証の急速な拡大へ」現代林業2003年1月号・2月号, 46-49頁・46-51頁。
29) 日本語版としてスウェーデン全国林業委員会(神﨑康一ほか訳)『豊かな森へ』(こぶとち出版会, 1997年)がある。
30) 土屋俊幸「北欧の保安林制度」保安林制度百年史編集委員会編『保安林制度百年史』(1999年)。
31) National Board of Forestry, *Greener Forests* (1999).
32) スウェーデンにおける森林認証の動向については，尾張敏章「スウェーデンにおける持続的森林管理と森林認証」石井寛・神沼公三郎編著『ヨーロッパの森林管理』(日本林業調査会, 2005年)を参照のこと。尾張論文は，森林認証の基準の内容にとくに

注目して説明している。
33) National Board of Forestry, Skogsstatistisk årsbok 2003（森林統計書），p. 301.
34) こうした見解が，後述する「ストックダブ」の関係者から聞かれたことは意外だった(2003年9月の聞き取り調査)。
35) Gustaf Aulen and Stefan Blecker, Proposals for a Bridging Documents for the Swedish PEFC and FSC Standards (2001).
36) Id.
37) ソドラには4大事業部門があるが，Södra Skog がソドラ本体内の部門であるのに対し，Södra Timber, Södra Cell, Södra Skogsenergi は分社化した独立の株式会社である。
38) 2003年9月のソドラの担当者に対する聞き取り調査による。
39) SÖDRA, Green Forest Management Plan（英文パンフレット）．2004年9月現在，1クローネ＝約15円。
40) 前掲注38に同じ。
41) standard をここでは「基準」と訳している。
42) ソドラ・スコッグの Linköping district での聞き取り調査による(2001年11月)。
43) ソドラ・スコッグの Norra Varend district での聞き取り調査による(2003年9月)。
44) The Swedish Environmental Objectives Council, Sweden's Environmental Objectives de Facto 2003 ― Will the interim targets be achieved? (Swedish Environmental Protection Agency, 2003).
45) ただし，ここでいう森林は年平均生長量が1ha当たり1m³を超えるものをさし，これ以下のものも含めると2630万haとなる。
46) 本節の記述は2000年6月，2001年2月，2003年2月に行った現地調査をもとにしている。現地調査は農林省，環境省，沿岸林業センター，南部地域環境センター，森林・公園局，農業者・森林所有者中央連合，南フィンランド森林管理組合地域連合，ポルボー(Porvoo)市役所，フィンランド森林研究所，ヨーロッパ林業研究所，ヨエンスー大学，WWFフィンランド，フィンランド自然保護連盟に対して行った。
47) 分析にはフィンランド森林研究所が出版している林業統計を用いた(Finnish Forest Research Institute, Statistical Yearbook of Forestry 2002 (2002))。
48) 前掲注25参照。
49) 森林所有者の性格については，MTK, Family Forestry in Finland (2001) によった。
50) フィンランドは高性能林業機械の開発・積極的な導入で知られており，Timberjack 社の林業機械は日本にもかなり輸入されている。なおフィンランド林業の機械化については，仁多見俊夫「フィンランドの森林・林業」日本林業調査会編・前掲（注26)63-96頁に詳しい。
51) 生産・木材貿易動向については FAO Statistical Database ⟨http://apps.fao.org/⟩ の数値を利用した。
52) この過程で，ロシアやバルト3国など旧社会主義経済圏からの原料丸太の輸入を急

速に増大させている。
53) 本項の記述は主として以下の文献に依拠した。Anssi Nislanen and Kaisa Pirkola, Economical, Ecological and Social Sustainability in the New Forest Policy in Finland, *Review on Forest Policy Issues and Policy Process* (European Forest Institute, 1997) pp. 27-28.
54) Rauno Sairinen, *Regulatory Reform of Finnish Environmental Policy* (Helsinki University of Technology, 2000) p. 114.
55) Ministry of Agriculture and Forestry, New Environmental Program for Forestry in Finland (1994).
56) この政権において環境大臣となったハーヴィスト(Pekka Haavisto)が自然環境保全を最大の課題としたことが大きい。ハーヴィストは協調的な政策形成を得意とすることで知られ、自然環境保全に関わる制度改革でもほとんどの利害関係者のコンセンサスを得て改革を達成することができた。Sairinen, supra note 54, p. 133.
57) たとえば高橋信子・岡田秀二・伊藤幸男「イギリスのバイヤーズグループの展開と現状：DIY企業の取り組みを中心に」林業経済研究46巻3号(2000年)などを参照のこと。
58) ただし、自家用の木材利用に関わる伐採については除外されている。
59) このほかに、違反行為に対する罰金の規定もおかれている。
60) この内容としては生息地調査などが含まれる(20条)。
61) ただし、この補償については2003年2月の農林省への聞き取り段階では実際に行われた例はないとのことであった。
62) Ministry of Agriculture and Forestry, Finland's National Forest Program 2010 (1999) p. 27.
63) Id., pp. 12-26.
64) 2001年2月に行ったWWFフィンランドおよび自然保護連盟に対する聞き取りによる。
65) Ministry of Agriculture and Forestry, Annual Report 2003 (2004) p. 25. この比率にみられるように、森林法10条によって保護される重要なビオトープの面積は比率としてはかなり小さく、一般には森林経営を大きく阻害するものではない。
66) Ministry of Agriculture and Forestry, Annual Report 2001 (2001) p. 27.
67) 1ha当たり約170ユーロが支払われたことになる。また、契約を結んでもよいという申し出がすでに140名の所有者からあり、面積を合計すると1300haとなる(Ministry of Agriculture and Forestry, supra note 65, p. 23)。
68) もともと農林省の内局として森林局が存在していたが、行革によって1985年に廃止され、部となった。
69) 新体制になってからTAPIOが地域に対して支援の役割を十分果たせていないのではないかという問題点が指摘されるようになり、2000年度には改革のための作業委員会が設置された。この委員会での議論の結果、林業センターの活動においてTAPIOはより積極的な役割を果たすべきであるとし、そのためにセンターとのコ

ミュニケーションを密にし，TAPIO のサービス提供に関する契約を 2002 年までに締結することとした．これに関しては，Annual Report 2001 を参照のこと．
70) 森林管理料金は基礎料金と所有している面積に応じて支払う料金の 2 種類からなる．基礎料金は直近 3 年間の 1 m³ 当たり平均立木価格の 70% であり，所有面積に対して支払う料金は同じく平均立木価格の一定比率以下で各森林管理組合が定められるものとし，この比率は全国を 4 つの地域に分けて南部が 11% 以下，北部は 1.5% と，生産条件によって差がつけられている．
71) このようなサービスは林業センターも提供しており，双方のサービスが競合する面があるが，地域ごとにある程度役割分担を行っている．
72) たとえば，沿岸林業センターでは木材生産の目標値に関して，原料確保のために高いレベルの生産目標を求める林産業界側と，持続的な森林管理を求め，また木材価格の下落を懸念する森林所有者側で繰り返し議論が行われ，両者が納得できるレベルの目標が定められていった．
73) 林業センターとしても私有林という個人の財産に関わるプログラムであるため，住民の参加をどのように，どの程度行うのかについて困難を感じていた．
74) 林業センターの運営を行う理事会は，農林省，環境省から 1 名ずつ，森林所有者代表 3 名，林産業関係代表者 1 名，林業労働者代表 1 名から構成されている．これら理事は農林大臣が任命しているが，実際の選出は各利害関係団体に任されており，たとえば森林所有者代表に関しては森林管理組合内部での調整によって選出されてくる．理事の任期は 4 年で，会合は年 8-9 回行われている．
75) なお，違反者に対する罰則も森林法に規定されており，罰金刑だけではなく，2 年以下の懲役刑を科せられることもある．
76) 規制の公正性の確保のため，計画・実行している伐採が法律等に違反している場合や，伐採後必要な更新のための措置をとらないことが明白である場合，また林業センターが伐採の差し止めを行ったときには，林業センターにおかれる監査委員会が査察を行うこととしている．
77) Ann-Sofie Hermanson, Marko Joas, Finland, in Peter Christiansen ed., *Governing the environment* (Nord, 1996) pp. 119-129.
78) FERN, Behind the Logo (2001) に詳しい．
79) なお，フィンランドの森林認証制度の経緯と内容については志賀和人「森林認証をめぐる欧州諸国の対応——FFCS・PEFC 構築の社会過程」林業経済 55 巻 4 号 (2002 年) を参照のこと．
80) 認証の具体的内容については，フィンランド認証協議会のホームページ〈http://www.ffcs-finland.org〉で公開されている．
81) 認証審査機関は，森林認証の申請を審査して認証を与える機関であり，フィンランド信任局が審査して審査機関としての認定を行う．審査機関はすべて民間の企業であり，政府からは完全に独立している．
82) 認証に伴って施業コストが増大する場合があるが，これは各所有者の負担となる．ただし施業コストが大きく増加することは一般にはないとされている．また伐採企業

などが認証に対応するために行う研修などの費用は各企業負担となっている。
83) 志賀・前掲(注79)6頁。
84) 以下の記述は主として Greenpeace Nordic and The Finnish Nature League, Anything Goes? Report on PEFC Certified Finnish Forestry (2001) によった。
85) これについては地域環境センター自身からも十分な調査ができていないことを認識し，問題点であるとする指摘がなされている(2003年2月に行った沿岸林業センターに対する聞き取りによる)。
86) 2003年2月に行った沿岸林業センターおよび南部森林管理組合地域連合に対する聞き取り調査による。

6. 地方分権・新自由主義のもとでの総合的資源管理
―― ニュージーランドにおける資源管理制度の現状と課題 ――

6.1. はじめに

　資源管理政策の総合化・分権化・政策手法の多様化に関わって，大胆な転換を先進的に行っている国のひとつとしてニュージーランドがあげられる。ニュージーランドでは1980年代以降，新自由主義的な改革を実行しているが，環境政策についても根本的な見直しを行い，環境関連行政組織の再編を行うとともに1991年には資源管理法（Resource Management Act：RMA）を制定した。この法律は，第1に自然資源に関わる管理権限を基本的に地方自治体に付与するという分権的な体系を導入した，第2に水・大気・土地など自然資源を総合的に保全するための計画体系を整えた，第3に開発行為などを直接規制対象とするのではなく，行為の影響によって当該行為の是非を判断するという影響原則（effect-based approach）を導入した，という点で革新的な性格をもっている。RMAの制定から10年以上が経過し，地方自治体による計画策定が進み，その成果と問題点が次第に明らかになっている。地方分権・総合的資源管理のあり方を検討するうえで，ニュージーランドの経験から貴重な教訓を引き出すことが可能と考え，本章ではRMAのもとでの自然資源管理の現状を分析することとした[1]。
　まず第2節において労働党政権の行財政改革の概要に触れたあと，環境政策の転換について国家レベルの環境行政組織改革を中心に述べ，さらに資源管理法制度改革と密接な関係をもつ地方自治改革の内容と，地方自治体におけるRMAの実行状況について叙述する。第3節では事例研究を通して，

RMAのもとでの計画策定やその運用を地域レベルで明らかにする。主として計画策定過程と計画手法に焦点をあて，分権的・総合的・影響原則による資源管理の有効性とその問題点について検討することとする[2]。事例地は先進的な取り組みを行っていると評価されているワイマカリリ・ディストリクトとワイタケレ市とした[3]。第4節では以上をもとにして，RMAのもとでの資源管理の評価を行う。

6.2. ニュージーランドにおける環境政策の改革とRMA実行の現状

6.2.1. ニュージーランドにおける環境政策の改革
6.2.1.1. 第4次労働党政権下における行財政改革

　イギリスがEC加入に伴って，ニュージーランドに与えていた輸入特恵措置を廃止したこと，国際的な羊毛価格の下落による羊毛輸出の不振から，1970年代以降ニュージーランド経済は悪化の一途をたどっていた。これに対して当時政権の座にあった国民党マルドーン(Muldoon)内閣は，補助金による農業活性化とThink Big政策と呼ばれる大規模公共事業による景気刺激策を展開してきたが，経済活性化の兆しがみえないばかりか大規模公共事業による環境悪化が問題とされるようになり[4]，財政赤字や対外債務も急速に増大してきてしまった。政権運営に行き詰まった国民党マルドーン政権は1984年に抜き打ち解散を行った。経済指標が改善した時期に起死回生の手段として解散に打って出たのであるが，国民・労働両党ともに議論を尽くした公約を準備できなかったため，争点が明確ではない選挙となった。

　選挙では労働党が国民党に大差をつけて勝利し，第4次労働党政権が発足することとなった。労働党は党首であったロンギ(David Lange)を首相として組閣を行い，弁護士や大学教授など若手専門家を積極的に登用したが，焦点である経済問題を扱う蔵相にはダグラス(Roger Douglas)を据え，ダグラスを中心として改革を進めることとした。マルドーン政権時代，ダグラスは「影の蔵相」として，財務省や準備銀行の高官とともに規制緩和・市場経済主義に基づく根本的な改革構想をつくり上げるとともに，労働党の経済政策

の転換を図ってロンギを党首に担ぎ出し，ロンギ・ダグラスのコンビをつくり政権を担う準備を進めていた。こうした中で労働党の勝利によってダグラスは蔵相という地位を得たのであるが，1984年選挙で労働党が明確な公約を打ち出せなかったことは，結果的に公約に縛られることなく，ロンギ首相のもとダグラスが大胆な政策を打ち出し改革に向けて腕を振るうことを可能とさせた[5]。

さて，ダグラスを中心として行われた改革は，経済の活性化と赤字財政の克服を新自由主義——市場経済原則の貫徹によって行うことを基本原則としており，根本的な経済政策の転換と行財政改革を進めた。改革の主要な内容を示すと，①変動相場制導入，為替自由化，輸出ライセンス制度廃止など国際経済活動の自由化，②金融自由化，③補助金の大幅な削減，とくに農業補助金の廃止，④政府が関与していた企業的活動の民営化，⑤直接税減税・累進性の低下および大型間接税導入，などとなる[6]。ほぼ同時期に行われたアメリカ合衆国のレーガン，イギリスのサッチャーによる改革と方向性を同じくしているが，より徹底的に，より短期間に，そして労働党によって改革が担われたという点に大きな特徴がある。

さて，上記改革の中で自然資源管理と深い関わりのあるのは農業補助金の廃止である。それまでニュージーランド経済は羊毛の輸出に大きく依存しており，巨額の農業補助金や輸出奨励金が投下されてきた。しかしこれら政府資金の投入は，農業の国際競争力を低下させ，国家財政赤字を増大させる大きな要因であるとして，補助金・奨励金をほぼ全面的に廃止し，市場経済に委ねることとしたのである。このことは限界地を越えて進められてきた牧草地開発をストップさせただけではなく，限界農地の不採算化，羊毛生産から酪農経営への転換など土地利用に大きな影響を与えた。また，政府が関与していた企業的活動の民営化に関しては国有林における林業生産活動も対象となり，生産林としての人工林はすべて国営企業によって経営することとし，森林研究所も民営化された。

以上のような改革は，失業率の増大や経済成長率の低下など「痛み」を伴って行われ，当初，目に見える成果として現れたのは財政赤字の減少などに限られていた。このため，労働党はかろうじて1987年選挙を勝利したも

のの，1990年選挙では国民党に敗北を喫し，第4次労働党政権は終わりを告げた。ただし1990年に政権を握った国民党も労働党の改革路線を基本的には踏襲しており，そうした意味で改革の基本的方向はおおむね国民的なコンセンサスとなっていたといえよう。労働党政権下の改革が具体的に経済指標の改善として現れてくるのは1992年以降である。

6.2.1.2. 環境行政改革の展開

　第4次労働党政権のもとでドラスティックな中央政府の機構改革が行われ，この中で環境行政組織も大きく変化した。そこで，この変革のプロセスについてみることとする。

　まず改革前の環境行政組織について簡単にまとめておこう。改革前の組織構成について指摘できることは環境政策に関わる組織が弱体だったということである。環境大臣は存在したが，環境行政を専門に扱う省庁が存在せず，きわめて限られたスタッフと権限の中で職務を行わなければならなかった。環境評議会という組織は設置されていたものの，その機能は政府の行う公共事業に対する環境アセスメントを管轄するほか，政府への環境政策の助言・調整を行うといった「調整」に限定され，自ら環境政策を展開する役割を与えられていなかったのである。

　一方，公共事業省(Ministry of Public Works)が公共事業の計画実施とともに，水資源の管理，流域保全や土地計画の基本となる都市農村計画を管轄しており，自然資源管理に関して強大な影響力をもっていた。「開発」と「保全」という対立する2つの機能を併せ持っていたわけであるが，その基本的なスタンスは「開発」におかれていた。とくにマルドーン政権下ではThink Big政策のもとで大規模開発が進められたが，その中心を担ったのが公共事業省であり，環境保護団体から強く批判されていた。

　森林局(Forest Service)は全森林面積の約5割，約350万haの面積をもつ国有林を管理しており，人工林において積極的な木材生産活動を行い，天然林に対しては保護を図りつつ一部地域で開発を進めてきた。このように森林局が木材生産と森林保護という2つの機能を併せ持っていたことに対して，新自由主義的な改革を進める側からは両機能が分離されていないがゆえに人工林経営が効率的に行われていない，環境保護サイドからは天然林の保全が

十分行われていないということが問題とされた。

　以上のように環境に関わる行政組織のあり方に不満をもつ環境保護団体は次第に勢力を強め，1982年には全国レベルの連合体を形成し，中央政府の環境行政組織改革に向けて統一要求を対置するようになった[7]。要求の主要な点を列挙すると，第1に政府がもっている生産機能と環境保全機能を組織的に明確に分離し，生産に関しては企業的に行わせること，第2に自然環境の保護・保全を積極的に行う政府組織と，環境規制的な機能を担う政府組織を独立して設置すること，第3に環境オンブズマン的な機能を果たす組織を設置するというものであった。環境運動の高揚と，統一した要求の明確化によって環境保護団体はロビー勢力としての力を強化し，政治上無視できない勢力として認知され始めてきた。

　一方，新自由主義的な改革をめざす労働党グループは，国民党政権下での環境行政組織・政策に対して，第1に Think Big 政策のもとで大規模水力発電施設の建設など不必要な大規模公共事業によって環境破壊を行っている，第2に公共事業省が開発と流域保全・土地利用規制，森林局が木材生産と天然林保護など，ひとつの行政組織が相反する機能をもっている，第3に環境を総合的に扱う環境評議会は弱体であり，より本格的に環境問題に取り組む組織の設立が必要である，という批判を行っていた[8]。そして，環境行政機能の強化を図ることを基礎に据えつつ，政府組織における生産・保全機能の分離，生産機能の企業経営化を進めることを改革方針としていた。すなわち環境行政機能を組織的に分離しつつ強化するという点で，環境保全を進める運動の立場からの戦略と，財政改革・公共事業改革・小さな政府をめざす新自由主義の戦略が「一致」をみたわけであり，ここに両者の「奇妙な連合」が形成されることとなったのである[9]。

　第4次労働党政権発足後，環境行政組織改革のための内部作業が始められたが，当初設立された作業グループは官僚主導で改革を骨抜きにしようとしたため，環境保護団体の反発を招き，官僚と利害関係団体による作業グループが改めて設置された。この作業グループでは包括的な視点から環境行政のあるべき姿について検討を行い，環境省の設置をはじめとして革新的な提案を行った。この委員会提案は開発ロビーや官庁からの強い反対にあい，議論

が膠着状態に陥ってしまったが，一部の内閣メンバーが財務省の革新的な官僚と共闘を組み，一気に提案に沿った改革方針を内閣決定とすることに成功し，根本的な環境行政組織改革が行われることとなった[10]。

環境行政制度の基本を定めた環境法(Environment Act)が1986年に定められるとともに，同じ年には国営企業法が制定され，政府における企業的活動と非企業的活動の分離が行われ，新しい政府機構組織のもとで環境行政が進められることとなった。以下，項を改めて改革後の環境行政組織の仕組みについてみてみよう。

6.2.1.3. 改革後の環境行政組織

図1は環境に関わる中央政府機関の改革の状況について示したものである。これまで環境行政の調整役を行ってきた環境評議会が廃止され，環境行政全般を管轄する環境省(Ministry for the Environment)と，環境オンブズマンとしての役割を果たす環境コミッショナー(Parliamentary Commissioner for the Environment：PCE)が設置された。また，森林局が解体されて森林

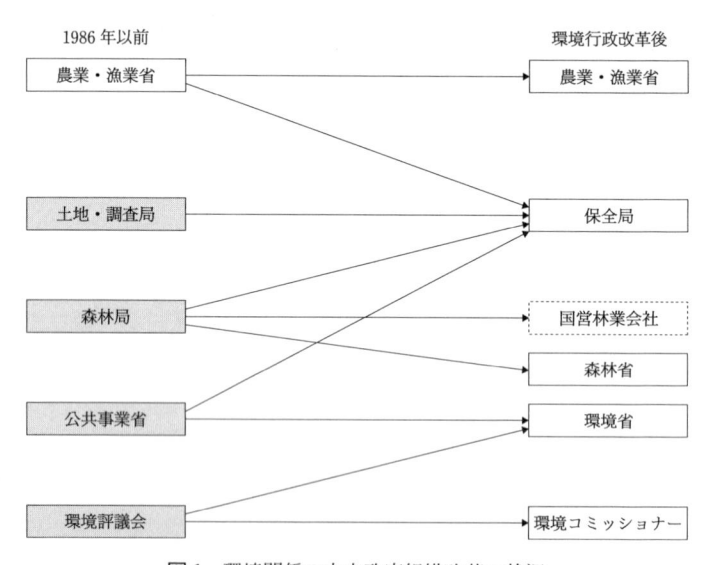

図1　環境関係の中央政府組織改革の状況

注1：網掛けになっている省庁は廃止されたもの
注2：改革後については1986年改革時点での組織名を示したものであり，この後さらに改変されている省庁がある

省(Ministry of Forest)に縮小再編されるとともに，国有林部門は人工(生産)林と天然林に分離され，人工林に関しては国営林業会社に移管される一方で，天然林は自然保護区とされ，土地・調査局が管轄していた国立公園や自然保護地区などと合わせて保全局(Department of Conservation)が管轄することとなった。

　環境政策を担うこととなった主要な省庁の性格をみると次のようになる。まず，環境省であるが，環境法によって以下のような機能を果たすと規定されている(31条)。①環境行政のすべての分野にわたる環境大臣に対する助言，②環境行政遂行上必要な研究・情報収集，③他の省庁に対して環境への影響のアセスメントやモニタリング，汚染のコントロールなどに関する助言，④環境に影響を与えるおそれのある政策等に関する紛争の解決の支援，⑤環境教育や環境計画に関わる住民参加を促進させるプログラムを含めた環境政策を推進させるための情報やサービスの提供，⑥一般的に環境に関する助言，⑦その他法律によって規定された業務。すなわち，環境保全を積極的に提唱するというよりは，中立の立場で環境関連法規を実行することを主たる職務としているのである。

　これに対して保全局は自然・歴史資源の保護・保全を積極的に推進し，提唱する官庁として位置づけられている[11]。具体的には国立公園をはじめとする保護地域の管理を行うとともに，自然環境の全国的な調査を行い，地方自治体が行う計画策定にデータを提供したり，自然保護の立場から意見を提出するという役割も果たす。

　一方，環境コミッショナーは議会に直接助言を行うという一段高い立場から，環境行政全般に監視の目を光らせている。中央政府や自治体など公的機関のみならず，企業活動なども監視の対象とし，環境に負の影響を与える行為に対して独自の調査活動を行うとともに，環境管理の有効性を評価し，環境を維持・改善するための情報提供や提言を行っている。

　このように環境を主として取り扱う政府機関は，調整機能を果たす環境省，環境保全を積極的に進める保全局，監視役としての環境コミッショナーという明確な機能分担をもって再編強化されたのである。政府機関の機能の明確化――単一機能への純化は労働党の組織再編方針の基本であり，機能を完全

に分化することによって最も効率的かつ有効に組織が機能することができるという考え方に基づいている。

　以上から，組織再編の基本的な方針は，第1に環境を総合的に扱う組織を確立する，第2に組織の機能を明確化・分化する，第3に市場に委ねるべき業務は市場に委ねるとまとめることができる。

6.2.1.4. 地方制度改革

　さて，以上のように第4次労働党政権の1期目では中央政府の環境行政組織の改革が進められたが，2期目で改革の焦点となったのは地方制度改革と資源管理全体の枠組みであった。

　第1に問題とされたのは資源管理が縦割りで行われ，かつさまざまな専門的な地方組織が存在するなど資源管理行政システムが複雑化していることであった。たとえば都市農村計画は市町村などの基礎的な自治体が担い，流域管理は地方自治体と公共事業省が共同で設立した専門的地域組織が担うなど，権限が分散しており，効果的な資源管理ができる状況になかった。第2には資源管理の仕組みが中央集権的であり，地域に即した資源管理が行えなかったことが問題とされた。たとえば，公共事業省は資源管理政策に強い影響力をもっており，大規模な公共事業はしばしば自治体の意向を無視して行われ，地域独自の資源管理を抑制する力として働いた。第3に問題とされたのは，地方自治体は一般に小規模であり，資源管理を担うための十分な資源を有していないということであった。このため環境保全を進める点から，地方行政制度の抜本的な改革・分権化と総合的な資源管理の枠組みづくりが要求されるようになったのである。

　労働党は地方制度改革を行財政改革のひとつの焦点と設定していたが，政権1期目ではまず経済改革・中央政府改革に取り組んだため，地方自治制度については手がつけられなかった。1987年選挙で再び政権の座についた労働党は地方制度改革を主要なテーマに据えて取り組むこととし，地方自治体委員会(Local Government Commission)に対して1989年半ばまでに根本的な地方自治体改革法案を策定することを命じた。一方，資源管理法制度の改革に向けた委員会もほぼ同時期に設置され，両者の作業を総合的に調整する地方政府および資源管理法制度改革内閣委員会(Cabinet Committee on Reform of Local Government and Resource Management Statutes）も設置された。すなわち，地方制度改革と資源管理法制度改革は並行して，密接な関係をもって進められたのであり，地方自治体を中心として資源管理を行うという基本方針をもとに改革の内容が定められていったのである。

地方自治体委員会が策定した原案に基づいて 1989 年に地方自治法（Local Government Act）が改正されたが，この改正法では，地方自治体は広域自治体であるリージョン（Regional Authority）と基礎自治体であるテリトリー（Territorial Authority）の 2 段階構成とした。両者は上下関係にあるのではなく，リージョンは総合的な政策機能，テリトリーは住民へのサービス提供機能を果たすこととし，両者は機能を分担し合う関係にあるとした。各政府機関はできるだけ機能を単一化し，役割分担させるべきであるという考え方が地方政府レベルの改革にまで貫かれていることを示している[12]。

また，これまで存在していた自治体の数を，統合によって大きく減少させるとともに，機能別に分化していた組織もほとんどすべてリージョンとテリトリーに吸収し，組織の簡略化・スリム化が図られた。表 1 は改革前後の地方自治組織の数を示したものであるが，基礎自治体の数が統合によって大きく減少するとともに，特別の目的のために設置された自治的組織のほとんど

表 1　地方制度改革による地方自治体数の変化

	改革前	1989 年改革後
広域自治体（Regional Authority）	22	14
リージョン（Regional Council）	19	13
連合自治体（United Council）	3	0
総合自治体（Unitary Authority）		1
基礎自治体（Territorial Authority）	217	73
特別目的の自治体	466	7
流域委員会	17	0
港湾委員会	15	1
灌漑・河川委員会	27	0
有害植物委員会	92	0
害虫駆除委員会	61	0
保護委員会	176	0
その他	78	6

資料：A. Memon, *Keeping New Zealand Green* (University of Otago Press, 1993)

が廃止されていることがわかる。

　以上の改革の中で自然資源管理を基本的に担うのは地方自治体であることが正式に位置づけられた。その理由としては，第1に環境政策は情報が適切に得られ計画を適正に進めるインセンティブが働くレベルで行われるべきであるということと，第2に環境の特性は地域によって異なるため地域に応じた管理が必要であるということがあげられている[13]。具体的には，リージョンは水・土壌などの管理にあたることとし，テリトリーはより地域に即した資源管理，とくに土地利用を担当することとした。またリージョンが水をはじめ広域にわたる自然資源管理を行うこととしたため，その境界は基本的に流域を単位として設定された。

　このように地方制度改革は地域からの要求の高まりというよりは，新自由主義的な改革のもとで，トップダウンで行われたということが特徴である。テリトリーについては社会的・経済的なまとまりを基礎としつつも基盤強化のために既存の自治体の統廃合が，またリージョンについてはこれまでの行政界にとらわれず資源管理を行いやすい流域を単位とした境界設定が，いずれもトップダウンで行われたのである。

6.2.1.5. RMAの制定に向けて

　第1期政権において設置された，中央政府の環境行政組織改革を具体化する作業グループの議論に基づいて行政組織改革は進んだものの，いくつかの課題について議論の決着がつかず積み残された。まず第1は，環境アセスメントの制度化の課題であり，作業グループは環境省がアセスメントを所管することとし，これを環境法の規定に盛り込もうとした。しかし，公共事業省などから異論が出たほか，新自由主義経済政策の中で環境アセスメント制度を中央政府が担うことの是非が問われた。また，環境アセスメントは環境に関わる計画体系自体に組み入れるべきであるという議論が出されたが，結局合意を得られないまま環境法への盛り込みは見送られた。第2に作業グループは環境計画に関する権限を地方自治体に付与することを提言したが，中央政府と地方政府との関係をどうするかについての検討が進まず，課題として残された。このほかにも，土地利用計画に関わる地方自治体の役割などいくつかの政策課題が明らかになった。

第2期労働党政権は発足後すぐに資源管理法改革プロジェクト（The Resource Management Law Reform Project）をスタートさせ，根本的な資源管理制度の改革に乗り出した。このプロジェクトは環境省の職員によって構成されるコアグループが中心となって運営され，保全局・財務省などの関連官庁とともに現行法制のレビューと改革案の策定を進めていったが，環境省としては関係省庁の代表による議論を基礎にしていては大胆な改革を打ち出せないと考え，外部のコンサルタントや作業グループを積極的に活用していった。

　資源管理法制度改革プロセスの大きな特徴は，幅広い利害関係者との意見交換をもとに進められたことである。作業の全過程にわたって環境保護団体をはじめとする幅広い利害関係者との意見交換を積極的に進め，とくに環境保護団体は環境大臣と密接な議論の場をもってその意思を反映することを可能とさせた。一方，経済界は当初は包括的な環境規制が導入されることを懸念して消極的な態度をとっていたが，環境に対する社会的な関心が高揚する中で対立的態度をとるよりは，むしろ積極的に環境保全に配慮する姿勢をみせるべきであるという方針に転換し，資源管理法制度改革を支持する方針を打ち出し，主要な利害関係者の合意のうえに改革が進められることとなったのである[14]。

　労働党政権は1990年の第2期政権終了までに新しい資源管理法を成立させたいと考えていたが，作業が間に合わず，1990年の総選挙で国民党に敗北した。しかし，上述のように資源管理法制度の改革に対して国民的な合意が形成されていたために，新たに政権の座についた国民党も作業を継続し，RMAとして国会に上程し1991年に成立した。RMAは資源管理に関わる包括的な法律であり，この成立によって都市農村計画法，水資源・土壌保全法，大気保護法などこれまでの資源管理関係の基礎的な法律をすべて廃止したほか，50を超える法律の改正作業を行った。

　RMAの成立に関わって2点付言しておきたい。まず第1は強大な権限をもっていた公共事業省が1988年4月に廃止され，公共事業のほとんどは地方政府に，また資源計画・流域保全等の資源管理が環境省に移管されたことである。資源管理に対して開発優先という立場から強い発言権をもった公共

事業省の廃止によって，包括的な資源管理をめざすRMAの成立が現実的になったのである[15]。

　第2に指摘しておかなければならないのは，鉱山・エネルギー資源に関する法律は，RMAとは別に，国家鉱物法(Crown Minerals Act)として1991年に成立したということである。鉱物資源に関わる法制度についても先の資源管理法制度改革プロジェクトにおいて議論されており，当初はRMAに一本化する予定であったが，財務省の提言と鉱山業界のロビー活動によって別法とすることとなった。これまでも繰り返し述べてきたようにニュージーランドにおける改革の基本方針のひとつは，組織あるいは法律を単機能化して，異なる機能を担うことによる矛盾を避け，効率化を図るということであったが，ここでも開発に対するコントロールと国有鉱物資源の配分というサービス機能を分離すべきだという主張が行われ，RMAと国家鉱物法は分離されたのである。

6.2.1.6. RMAの内容
(1) 法律の概要と政府・自治体の役割

　RMAは，その目的を「自然的・物理的資源の持続的な管理を推進する」(5条)こととし，世界で最も早く持続的管理(sustainable management)の達成を目標として明記した法律といわれている[16]。自然的・物理的資源の内容は，土地・水・大気・土壌・鉱物・エネルギー・水・すべての形態の動植物(ニュージーランド固有種であるか移入種であるかを問わず)と規定し(2条)，包括的な資源管理をめざしていることが大きな特徴となっている。また，沿岸域・水系・河畔域や優れた景観を不適切な土地分筆・開発・利用から保護すること，原生的な植生や動物種を保護すること，海外・湖沼・川への人々のアクセスを保障・改善すること，マオリの文化・伝統と土地・水・動植物などとの関係を尊重すること，歴史的遺産を保護すること等を「国家的な重要性をもつ事項(Matters of National Importance)」として定め，RMAの実行に関わるものに対してこれら事項を認識し守ることを求めている(6条)。

　RMAの内容であるが，その全体的な体系は図2のようになっている。まず，中央政府の基本的な役割はRMA実行に関わる監督・モニタリングで

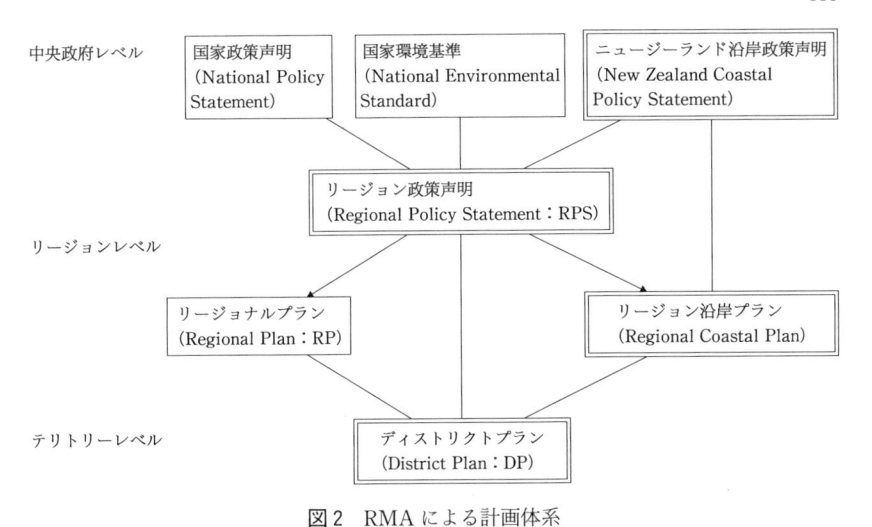

```
中央政府レベル   国家政策声明        国家環境基準           ニュージーランド沿岸政策声明
              (National Policy   (National Environmental  (New Zealand Coastal
              Statement)         Standard)               Policy Statement)

                              リージョン政策声明
                              (Regional Policy Statement：RPS)
リージョンレベル

         リージョナルプラン                      リージョン沿岸プラン
         (Regional Plan：RP)                   (Regional Coastal Plan)

テリトリーレベル        ディストリクトプラン
                    (District Plan：DP)
```

図2　RMAによる計画体系

注：二重線で囲ってあるものは必須計画，その他は策定の義務は課せられていない。また矢印で示したものは明確な上位計画・下位計画の関係にあるが，それ以外は双方の協議によって計画策定が行われており，上位計画が下位計画を縛るという性格は薄い

あるが，沿岸域の管理に関しては直接的に責任を負うものとし，全国レベルの沿岸政策声明(New Zealand Coastal Policy Statement)を策定することを義務づけた。また，国全体の資源基本政策に関わる国家政策声明(National Policy Statement)および国家環境基準(National Environmental Standard)を策定できるとしたが，いずれも任意計画である。

資源管理に関わって，政策・計画策定およびその実行に関わる権限のほとんどは地方自治体に付与している。まず，リージョンの機能は以下のように規定されている(30条(1))。

① 自然的・物理的資源の総合的管理を行うための目標・政策・手法の確立・実行・評価
② リージョンレベルの重要性をもつ土地利用・開発・保護の影響に関わる政策の形成
③ 土壌保全，湖沼・河川の水質保全・改善，水量の保全，水圏生態系の保全，自然災害の防止，有害物質の貯蔵・廃棄・輸送による悪影響の回避のための土地利用のコントロール

④ 沿岸域に関連して，土地および関連する自然的・物理的資源の管理，前汀・海底の管理，水の利用等の管理，汚染物質の排出管理，廃棄物投棄の管理等
⑤ 河川・湖沼等からの取水・水利用・ダム建設および水量・水質の管理
⑥ 汚染物質の排出管理
⑦ 土壌保全・水質改善・自然災害の予防のための河川・湖沼域への植生導入管理
⑧ 自生種の生物多様性を維持するための目標・政策・手法の確立・実行・評価

そして以上の機能を果たすため，リージョン内の資源管理の課題と自然的・物理的資源の総合的管理のための政策と手法を示したリージョン政策声明(Regional Policy Statement：RPS)を作成することを義務づけられている(60条・61条)。また，具体的なリージョナルプラン(Regional Plan：RP)も策定することができるとされた。

一方，テリトリーの機能は以下のように規定されている(31条)。
① 土地および関連する自然的・物理的資源の利用・開発・保護による影響を総合的に管理するための目標・政策・手法の確立・実行・評価
② 土地の利用・開発・保護による影響の管理
③ 騒音の抑制
④ 湖沼・河川の水面に影響を与える行為の管理

以上の機能を果たすためにディストリクトプラン(District Plan：DP)を策定することが義務づけられた(72条・73条)。なお，以下の叙述においてはこれら RPS, RP, DP をまとめて計画と称することとする。

計画策定の手続であるが，関係省庁や利害関係者の意見を聴取して計画案を策定・提案し，住民からの意見を公募し，必要な修正を行った後，計画として確定すると規定されている。ただし，多くの自治体では住民参加による計画策定を重視しているため，計画案の策定にあたっても広範な住民参加を導入しており，いったん草案を作成してからこれを住民参加のもとで議論した後に正式な計画案とする自治体も多い。

自治体による資源管理に関わって，RMA が認めている中央省庁による介

入は次の2点となっている。第1に，RMAを実行するうえで環境大臣が必要と考える機能を果たしていない自治体がある場合，これに代わって資源管理を行うものを環境大臣が任命できるとしたこと(25条)，第2には，環境大臣は「国家的な重要性をもつ事項」に関わるコンセント(後述)に関して，自ら判断を下すことができるとしたことである(140条)。

以上のように中央政府の役割は，沿岸管理方針の策定を除いてはモニタリングやガイドラインの策定など地方政府に対する側面的支援に限られており，計画の策定や実行に直接的な介入が行える場合も限定されている。資源管理は自治体が主体となって展開することとされているのである。

(2) 資源管理の手法

資源を管理する方法としては資源利用承認制度(Resource Consent)(以下コンセントという)という仕組みが設けられている。これは資源に影響を与える行為について許容・管理・裁量・非適合・禁止の5つの種類に区分し，許容以外の行為を行う者は自治体に申請を行い，自治体が種類に応じて行為を管理するものである。自治体は計画においてどのような行為がそれぞれのカテゴリーに区分されるのかを規則として決定することとしている。コンセントの内容を簡単にみると，

① 許容(Permitted)行為：自治体の同意なしに実行可能
② 管理(Controlled)行為：自治体は許可しなければならないが，計画の規定の範囲内で条件を付することができる
③ 制限付き裁量(Restricted discretionary)行為：自治体が許可するか否か，許可する場合に条件を付するか否かについて裁量権をもつが，計画の規定に沿って行う必要がある
④ 裁量(Discretionary)行為：自治体が許可するか否か，許可する場合に条件を付するか否かについて裁量権をもつ
⑤ 非適合(Non-complying)行為：申請者が，当該行為の環境への影響が軽微であるか計画に違反していないことを証明する必要がある行為
⑥ 禁止(Prohibited)行為：資源への悪影響が大きいと考えられる行為で，いかなる場合でも許可されない

となっている(77条B)。

図3 コンセントの処理手続

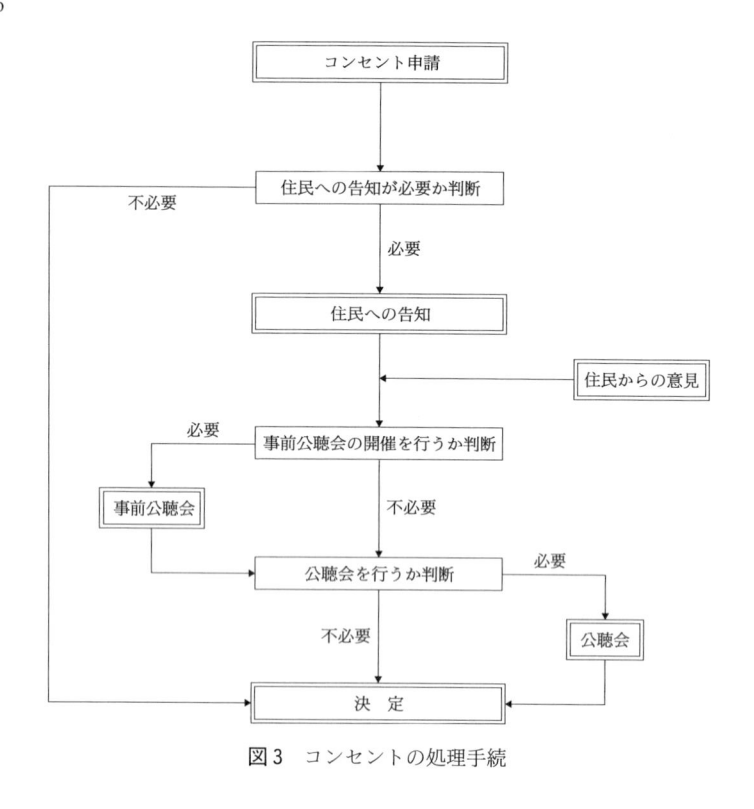

またコンセントには土地の利用に関わる土地利用コンセント(Land Use Consent)，土地の分筆に関わる土地分筆コンセント(Subdivision Consent)，沿岸域の利用に関わる沿岸域利用許可(Coastal Permit)，取水・水利用・ダム建設などに関わる水利用許可(Water Permit)，汚染物質の排出に関わる排出許可(Discharge Permit)の5つの種類がある(87条)。

コンセントを処理するプロセスは図3に示したとおりである。地方自治体は，受理した申請のうち，告知(notify)が必要であると判断した場合には，これを公開して審査することができ(93条)，公開で審査すると決めた場合，住民からの意見(submission)を募集するほか，公聴会(hearing)を実施することができる(100条)。また，公聴会を行う以前に事前公聴会(pre-hearing meeting)を行うこともできる。これは申請者や意見を述べた人が公的な公

聴会を行う前に，議論する場を設けて解決の道を探ろうとするものである (99条)。

またRMAは，自治体に対して当該地域内の環境の状況，RMAのもとで策定された計画の有効性，コンセントの実行状況などについてモニタリングを行い，定期的に公表することを義務づけている(35条)。これはアダプティブマネジメントの考え方を導入したものと考えられ，資源管理の仕組みを改善するための基礎的な作業を積み重ねることを義務づけている点で注目すべき規定といえる。

資源管理の手法に関わって，RMAの大きな特徴は新自由主義的な改革路線を反映した原則を設定していることである[17]。第1には影響原則の導入である。これは，規則によって人々の行為それ自体を規制するのではなく，当該行為の結果として生じる影響(effect)を問題とすべきであり，許容すべき範囲内の影響であればその行為の内容自体は問わないとするものである。環境に対して影響のある行為については，それが大規模なダム開発であろうと，土地の分筆であろうと，その行為の特性によって別々の審査基準・過程を設けるべきではなく，環境に対する影響というただその一点を判断基準として同じように審査すべきであるとしたのである。第2には手続を明確化・効率化したコンセント制度の導入で許認可に関わる時間とコストを低減させようとした。また，第3には土地利用に関わって，計画において制限されない限りは基本的には開発自由と規定して所有者の権利を保護しようとしている。

環境省が発行する地方自治体議員向けのRMAの説明パンフレットでも，資源管理は影響を判断基準として進めることを基本とし，資源利用は基本的に所有者の意思と市場に委ねるべきであり，自治体による直接的介入は限定されるべきであることを繰り返し述べている[18]。

このように新自由主義的な原則が重視されたのは，RMAの検討過程において財務省が私有財産権の行使や経済活動に対する規制に対して強い抵抗を示したことが大きく影響しているが，資源配分は市場に任せるべきであるという主張は最終的には完全には受け入れられなかった[19]。このため，RMA自体は環境保護と経済の関係についてどちらを優先させるかを規定していない。新自由主義的な原則に立ちつつも，規制的手法を明確に排除しているわ

けではなく，環境保護サイドと開発サイドの妥協の産物としてあいまいな性格をもっている。また，上述のように資源管理に関わる基本的な権限を自治体に付与し，RMA は自治体の行動を束縛するような規定をほとんどおいていないため，資源管理をどう進めるのかは自治体の意向に委ねられることとなった。RMA はあいまいな性格をもちつつ，その実行作業は地方自治体に委ねられたのであり，このことは RMA の実施をめぐって環境保護サイドと開発サイドが自治体レベルの計画策定・実行をめぐって深刻な対立を引き起こすひとつの要因となった。

6.2.2. 地方自治体の概況と RMA 実行の状況

RMA の実行の中心的な役割を担っているのは地方自治体であり，RMA 実行状況を把握するうえで地方自治体の仕組みと現状を理解しておくことが欠かせない。そこで本項では地方自治体の機能・組織構造・財政構造について検討することとしたい。

6.2.2.1. 地方自治体の機能

上述のように地方自治体は基本的にはリージョンとテリトリーの2段階構成になっている。リージョンはいくつかのテリトリーを包括する広域自治体であるが，両者は上下の関係にあるわけではなく，機能的に区分された同格の主体である。また，いくつかの地域ではこの両者の機能を同時に果たすユニタリーオーソリティーが設置されている[20]。テリトリーのうち人口5万人以上のものは市(City)，それ未満のものをディストリクト(District)と称している。

RMA における各レベルの自治体の機能については上述したが，ここでは全体的な機能について概要を述べることとする。表2は各レベルの自治体の主たる機能分担を示したものである。基本的にリージョンが主として広域的な資源管理を扱うこととされているのに対して，テリトリーは住民に密着したサービスを提供するという機能分担になっていることがわかる。またもうひとつの特徴はリージョンの機能の多くは法律によって行うことが義務づけられているものであるが，一方でテリトリーに関してはサービス提供機能が主体ということもあってその多くが「することができる」ものである。逆に

表2 地方自治体の機能区分

機　　能	リージョン	テリトリー
計画・許認可		
環境	○	
土地利用ゾーニング		○
港湾・海岸	○	
交通	○	
建築		○
河川	○	
保健・福祉		○
公害・廃棄物		
公害規制	○	○
ゴミ		○
病虫害・有害動植物	○	
その他		
経済開発		○
住　宅		△
公共交通		△
公園・道路		○

資料：G. Bush, *Local government and politics of New Zealand* (Auckland University Press, 1995)

いえば，テリトリーが提供するサービス機能の内容は，それぞれのテリトリーの方針と財政的な豊かさによって大きく異なってくる。いずれにせよ，両者の間では機能分担があり，日本の都道府県と市町村のように同一の行政分野を「上下」関係で分担するという形にはなっていない。

さて，それでは地方自治体と中央自治体の関係はどうなっているのであろうか。かつてニュージーランドは中央集権的な統治構造をもつといわれていたが，行財政改革による分権化によって地方政府に対する中央政府のコントロールは大幅に削減された。補助金などが基本的に廃止され，地方が財政的に中央政府から独立していることから，中央政府としても財政配分を梃子にした地方のコントロールは不可能となっている。個別分野における中央省庁の地方自治体に対する接触も，一般的には協議や助言などによる場合が多い。内閣には地方自治大臣がおり，内務省の地方政府部・地方政府委員会がこれを補佐しているが，その職務は主として地方自治制度のあり方など全体的な枠組み，および緊急事態への対応やスポーツ関係に関わることに限られてい

る。地方自治体が重大な違反を行った場合には，地方自治大臣が当該自治体に対して監査を行うとともに是正方針を提示することができるが，一般的に地方自治体の活動を監督するという性格はもっていない。

このほかに議会に属するオンブズマン，環境コミッショナー，会計検査官が地方自治体の活動が適正に行われているのかについて，それぞれの分野において調査を行い，是正を勧告する権限をもっている。

財政的に自立しているということもあって，基本的に地方分権が貫かれているが，中央政府によって枠組みが決められた中での分権であり，新自由主義的な原則を貫くという前提に立っての分権であることに注意する必要がある。市場経済重視という原則のもとで政府や自治体の果たす役割を限定したうえで，サービス機能と規制機能の発揮については地域の要求や財政事情に対応してそれぞれの自治体が独自に行うということであり，その枠を踏み越えて自治体が私的経済活動を妨げる規制措置をとる権限は与えられていないのである。

6.2.2.2. 地方自治体の組織・財政構造

リージョンとテリトリーの組織構造は基本的に同様なので，まとめて述べることとする。地方自治体においては選挙民によって選出された議員（Councilor）によって構成される議会（Council）が地方自治の中心的な役割を果たす。議員はほとんどの場合，別に本職をもっていて兼業としてその任にあたる。なお，リージョンの場合は議員の互選によって議長を選んでこれが議会運営の中心となるが，テリトリーの場合は市長（Mayor）が直接選挙によって選ばれこれが議会運営の中心となる。ただし，市長といっても日本の首長と違って行政を束ねる代表ではなく，議会の代表として選出されるということに気をつける必要がある。市長は直接に行政を指揮できるわけではなく，議会の議長的な役割を果たすにすぎないのである。ただし議員がパートタイムであるのに対して，市長は一般に常勤であるため，そのメリットを生かしてリーダーとしての役割を果たすことは可能である。たとえばワイタケレ市では市長と何人かの議員によって「エコシティ」をテーマとしたまちづくりを進める主導権を握っていた。議会には委員会が設置され，課題ごとに詳細な検討を行う。議会が委員会に決定権を授権する場合も多く，この場合

委員会の決定がそのまま最終決定となる。

　議会と行政組織との関係についてであるが，議会は行政組織の責任者となる最高行政官(Chief Executive：CE)を任命することを通して，行政を議会のコントロールのもとにおいていることが大きな特徴となっている。議会は行政組織が行うべき仕事の内容についてCEと契約を行い，CEはこの契約に従って議会の決定を実行に移すために活動し，職員の雇用もすべてCEが責任をもって行う。このように議会がCEをコントロールのもとにおきつつ，日常的な行政の執行についてはCEに権限を委任するという形態になっているのである。

　次に財政構造についてみていこう。リージョンとテリトリーを合わせた地方自治体の収入構造をみたのが表3である。地方自治体の収入源は固定資産税が最大の比率を占めており，これに地方自治体が提供するさまざまな公共交通・水道などのサービス提供による収入や，林産物販売など生産・商業行為による収入が続いている。一方，国庫からの資金配分は全体の収入の1割強程度であり，収入源としては重要な地位を占めてはいない。この内訳は，国有地に対して固定資産税が課税されないのでその代替措置としての補助金のほか，道路の維持・建設，有害植物・病虫害駆除などの補助金からなる。地方自治体の財政は固定資産税や利用料金など，当該自治体内で徴収された収入によってそのほとんどをまかなっており，財政の独立性は高い。

　このように財政的な独立性が高いことは，中央政府の介入なしにそれぞれの自治体に適した政策を展開できるということとともに，一方で財政力の弱い自治体は行政の実行に大きな困難をかかえていることを意味する。たとえ

表3　地方自治体の収入構造　　　　　　(単位：百万NZドル)

	サービス提供料金など	固定資産税・許認可収入・罰金など	国からの補助金・助成金	利子収入など	収入合計
1999年度	687.5	2,176.0	390.6	372.3	3,626.4
2000年度	712.4	2,304.3	398.7	334.3	3,749.7
2001年度	730.5	2,416.7	398.6	293.2	3,838.9
2002年度	769.7	2,518.2	440.0	419.9	4,147.8
2003年度	812.1	2,646.1	471.4	300.5	4,230.0

資料：Statistics New Zealand

ば職員数をみると，テリトリーに関していえばウエリントン市が1600名雇用しているのに対して，カイコウラ・ディストリクトはわずか20名を雇用しているにすぎない。人口規模が異なれば職員数が異なるのは当たり前であるが，いくら小さな自治体でもある程度の職員数がなければ最低限果たすべき業務もこなせず，とくに小規模自治体においては本来果たすべき機能が十分果たせないという事態も生じている。

このことは固定資産税の税率にも影響してきている。人口が少なく，また人口密度が低くて行政効率の悪い自治体では固定資産税の課税率を高くしなければ行政を遂行できないのであり，こうした自治体では税金が高く，しかも行政サービスが十分提供されないということに対する不満が高いことが指摘されている。

地方自治改革は短期間で行われたということもあって，組織改革は行われたが，地方財政改革についてはほとんど手がつけられなかった。環境に関する情報を最も集めやすく，計画を適切に行うインセンティブが最も働きやすいのは地方自治体であるという効率性の観点から資源管理の分権化が進められる一方で，地方自治体がRMAをはじめとする環境保全・資源管理機能を果たすために必要な財政基盤はどうあるべきかという議論はほとんど行われなかった。資源管理システムの分権化は行われたが，分権化したシステムを動かすための財政措置は行われなかったのである。

6.2.2.3. 地方自治体におけるRMA業務の位置

以上のような性格をもった自治体においてRMA関連業務はどの程度の位置を占めているのかについて，ここでまとめておこう。

リージョンはすでに表2にみたように，広域的な資源管理を主たる任務としていることから，その業務の中でRMA関係の仕事が中心的な位置にある。事例として，タラナキ・リージョンの組織構成および財政支出構成を図4・表4に掲げたが，これをみてもRMAのもとでの資源管理に関与している部分の比率が大きいことがわかる。計画策定，コンセントの審査，土地利用管理・保全や河川・洪水管理，自然資源調査・モニタリング等の業務のほとんどはRMAに基づく資源管理業務であり，リージョンにおける業務のほとんどがRMAに関連する業務であるということができる。

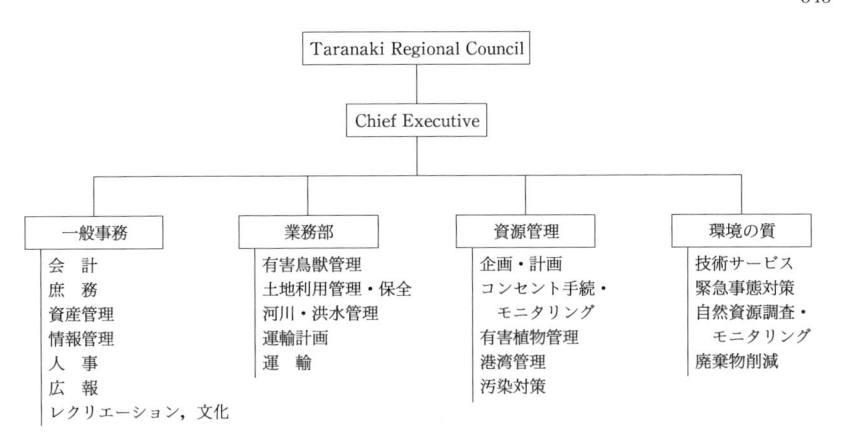

```
                    Taranaki Regional Council
                              │
                       Chief Executive
          ┌───────────────┬───────────────┬───────────────┐
       一般事務          業務部          資源管理         環境の質
       会　計         有害鳥獣管理      企画・計画      技術サービス
       庶　務         土地利用管理・保全  コンセント手続・  緊急事態対策
       資産管理        河川・洪水管理     モニタリング     自然資源調査・
       情報管理        運輸計画         有害植物管理      モニタリング
       人　事         運　輸          港湾管理        廃棄物削減
       広　報                        汚染対策
       レクリエーション，文化
```

図4　タラナキ・リージョンの組織構造

表4　タラナキ・リージョンの財政構造(2002年度)　　(単位：NZドル)

収　　入		支　　出	
固定資産税	4,239,710	計画策定	784,568
手数料	2,173,354	緊急事態対策	452,408
政府補助金	322,924	コンセント	2,478,795
配当収入	2,500,000	土地利用管理・保全	1,314,129
投資収入	1,434,125	河川・洪水管理	231,224
その他	167,858	輸送・港湾管理	603,108
		自然資源調査・モニタリング	1,094,364
		害獣管理	1,469,081
		有害植物駆除	346,589
		投　資	907
		レクリエーション	301,925
		その他	595,658
合　計	10,837,971	合　計	9,672,756

資料：Taranaki Regional Council, 2002/2003 Annual Report (2003)
注：タラナキ・リージョンは港湾を経営しており，配当収入は港湾経営から配当される収入である

　一方，テリトリーについてはその機能の中心がサービスの提供であるということもあって，一般にRMA関連業務の比率はあまり高くない。事例としてワイタケレ市の組織構造と財政支出構造を図5・表5に示したが，支出のほとんどは公共投資やサービス提供に向けられているほか，組織構成も公

共施設の維持管理やサービス提供に関わるものが多くなっている。RMAに直接関連するものとしてはDPの策定やこれに関わるコンセント業務があり，財政に占める比率は1割以下となっている。ただし，このことはテリトリーにおけるRMA関連業務の重要性が低いということを必ずしも意味しない。そもそもDPはその地域における土地利用のあり方，さらには地域づくりに関する基本計画であり，公共投資も基本的にはDPに基づいて行われている。また，DPは土地利用という住民の生活・経済活動にきわめて密接な関係をもつ分野を取り扱っているため，テリトリーの扱うコンセント数は自治体が扱う全コンセント数の約76％を占めており，多くの住民にとってテリトリーはRMAを扱う自治体としてはリージョンより身近な存在なのである。リージョンと異なって住民サービスの提供が機能の中心となっていることから，「見かけ」としてRMA関連の比率が低くなっているが，DPの策定とその実行はテリトリーの基幹をなしているといえる。

6.2.2.4. 自治体によるRMA実行状況

表6は，2003年末現在の計画策定状況を示したものである。まずリージョンについてみると，すべてのRPSが最終的に確定されており，策定時期も相対的に早いことがわかる。またRPSに基づいて策定されるRPについても，すでに43の計画が確定している。これに対してDPは，確定に至った計画が45ある一方で，環境裁判所（Environmental Court）で係争中の計画が30件あるほか，まだ最終案に到達していない計画も6件ある。RPSの策定と比較して作業にかなりの時間を要しており，策定において問題をかかえていることが推察される。

RMAはモニタリングの実行を重視しており，中央政府に対しては全国的な実行状況の調査を義務づけており，環境省はその結果をまとめた年次報告を発行している。最新の年次報告に基づいて，計画策定の状況についてみてみよう[21]。

まず自治体が受理したコンセント申請の種類をみると，件数で多いのは土地利用コンセント，続いて土地分筆コンセントとなっており，両者で全件数の8割を超えている（表7）。土地利用計画はテリトリーの管轄であることから，前者のほとんど，後者のすべてをテリトリーが扱っており，全コンセン

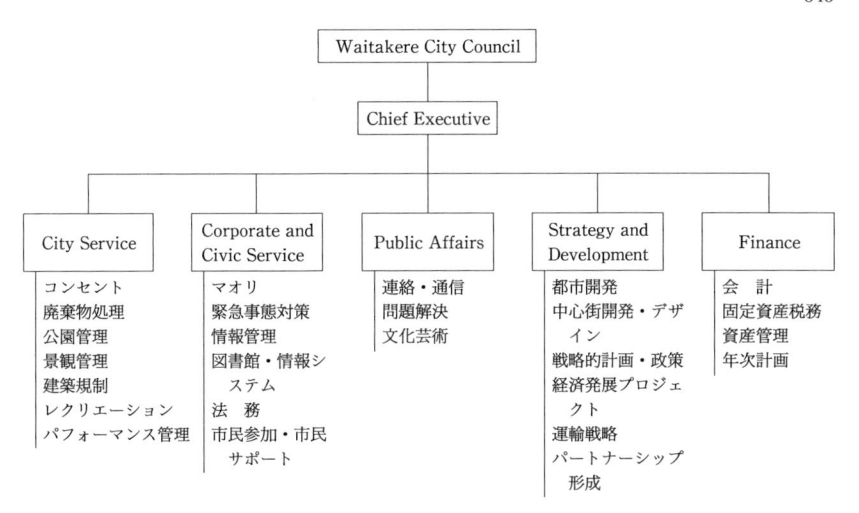

```
                    Waitakere City Council
                            │
                    Chief Executive
                            │
  ┌──────────┬──────────────┬──────────────┬──────────────┬──────────┐
City Service  Corporate and  Public Affairs  Strategy and    Finance
              Civic Service                  Development
コンセント    マオリ         連絡・通信     都市開発       会　計
廃棄物処理    緊急事態対策   問題解決       中心街開発・デザ 固定資産税務
公園管理      情報管理       文化芸術       イン           資産管理
景観管理      図書館・情報シ                戦略的計画・政策 年次計画
建築規制      ステム                        経済発展プロジェ
レクリエーション 法　務                     クト
パフォーマンス管理 市民参加・市民           運輸戦略
              サポート                      パートナーシップ
                                            形成
```

図5　ワイタケレ市の組織構造

注：各部局の内部組織は業務内容が判断できるような名称になっていないため，主たる業務を列挙した

表5　ワイタケレ市の財政構造(2002年度)　　(単位：千NZドル)

収　　入		支　　出	
固定資産税	83,729	経済発展	4,832
その他収入	121,528	環境(コンセントなど)	13,260
開発業者からインフラ整備のために市に提供された財産	12,825	レクリエーション・文化・公園管理など	27,514
		コミュニティ対策	6,072
		道路・運輸	19,482
		廃棄物	12,953
		上下水道	45,524
		計画・企画	9,576
		その他	7,932
合　計	218,082	合　計	147,154

資料：Waitakere City Council, Annual Report 2002/2003 (2003)

トの7割前後をテリトリーが扱っている(表8)。また，2002年度の1自治体当たりのコンセント数をみるとリージョンが896，テリトリーが454，ユニタリーオーソリティーが842となっている。ただし，自治体によってコンセ

表6 2003年末時点でのRMAのもとでの計画策定状況

	発効	うち1995年までに策定	96-99年策定	2000年以降策定	計画策定は終了したが環境裁判所で係争中	うち1995年までに策定	96-99年策定	2000年以降策定
RPS	16	4	8	4				
RP	43	7	19	17	12	2	2	8
DP	45		24	21	30	4	12	14

	草案に対する公聴会開催中	草案策定
RPS		
RP	1	1
DP	4	2

注:RPの数がリージョンの数を大きく超えているのは,ひとつのリージョンが,たとえば大気保全計画・土壌計画など資源の分野ごとに計画を策定している場合が多いからである

表7 コンセントの内容別比率　　　　　　　　　　　(単位:%)

	土地分筆	土地利用	沿岸域利用	水利用	排出
2000年度	20	62	5	6	6
2001年度	26	61	3	4	5

資料:Ministry for the Environment, Resource Management Act: Annual Survey of Local Authorities 2001/2002 (2003)

表8 自治体の種類別コンセント処理数

	2000年度	2001年度
リージョン	8,037	11,643
テリトリー	36,000	33,159
ユニタリーオーソリティー	4,008	4,210
合　計	48,045	49,012

資料:Ministry for the Environment, Resource Management Act: Annual Survey of Local Authorities 2001/2002 (2003)

ント受理数は大きく異なり,たとえばオークランド市が5649件のコンセント申請を受理したのに対して,カウェラウ・ディストリクトではわずか8件にすぎなかった。

　次にコンセントの処理状況をみると,住民に告知されたものの比率は表9

表9　住民に告知されたコンセントの比率(自治体別)

(単位：%)

	2000年度	2001年度
リージョン	11	10
テリトリー	9	17
ユニタリーオーソリティー	3	3

資料：Ministry for the Environment, Resource Management Act: Annual Survey of Local Authorities 2001/2002 (2003)

表10　住民に告知されたコンセントの比率(コンセントの内容別)　(単位：%)

	土地分筆	土地利用	沿岸域利用	水利用	排　出	平　均
2000年度	4	3	17	15	17	5
2001年度	5	3	21	15	18	6

資料：Ministry for the Environment, Resource Management Act: Annual Survey of Local Authorities 2001/2002 (2003)

表11　住民に告知されたコンセントのうち事前公聴会が行われたものの比率

(単位：%)

	2000年度	2001年度
リージョン	33	35
テリトリー	12	11
ユニタリーオーソリティー	3	3

資料：Ministry for the Environment, Resource Management Act: Annual Survey of Local Authorities 2001/2002 (2003)

のようである。表10はコンセントの内容別に告知されたものの比率を示したものであるが，土地分筆・土地利用などに比べて水利用・排出など公共への影響が大きいもので告知の比率が高くなっていることがわかる。告知するかどうかの基準は各自治体によって異なっているため，告知比率は自治体によって大きく異なっており，また同じ自治体でも年度により大きな変動がある。

　コンセントの処理手続において事前公聴会の重要性が指摘されているが，実際にはどの程度利用されているのだろうか。表11は告知されたコンセント申請のうち事前公聴会が行われた比率を示したものであるが，リージョンで30％台半ば，テリトリーで1割強となっている。ただし，非公式にヒア

リングが行われるケースも多く，実際にはさらに多くのコンセントで何らかの事前解決の試みが行われていると考えられる[22]。

RMA ではコンセント処理の期限を定めているが，この期限内に処理できなかったコンセントの比率は全体で 18% となっており，内容別では水利用・排出許可について期限内に処理できないものの比率が多い。これは取水・水利用や汚染物質の排出は広く住民に影響を及ぼすため，環境への影響の評価や合意形成に時間がかかるためと考えられる。

次に RMA によって自治体に要求されているモニタリングの状況についてみたのが表 12 である。まずコンセントの処理状況およびコンセントへの苦情申し立てについてはリージョン，テリトリーともにほとんどがモニタリングを行っている。一方，環境の状態についてモニタリングしている比率はリージョンで 100% であるものの，テリトリーでは 48% にとどまっている。また，策定された計画・政策のモニタリングを行っているものもそれぞれ 75%，61% にとどまっている。RMA では資源管理の質的内容を確保するためにモニタリングを重視している。しかし日常業務として処理するコンセントについては大多数の自治体でモニタリングを行っているが，環境の状態や計画自体の実行状況に関するモニタリングの実行率は低いのが実態である。環境の状態の把握は資源計画の策定や実施の基本であり，また，計画・政策の実行状況のモニタリングは，計画・政策がどれだけ達成されているのかを評価するために必要であるだけではなく，計画・政策に問題がなかったのかを検討し，今後とるべき方策を作成するために不可欠の作業である。これを行っていない自治体が多数存在すること，とくにテリトリーにおける実行率が低いことは資源管理上大きな問題であると考えられる。

表12 RMA のもとでのモニタリングの実行状況

(単位：%)

	環境の状態	計画・政策の実行状況	コンセントの処理状況	コンセントへの苦情申し立て状況
リージョン	100	75	100	100
テリトリー	48	61	97	88
ユニタリーオーソリティー	80	60	80	80

資料：Ministry for the Environment, Resource Management Act: Annual Survey of Local Authorities 2001/2002 (2003)

6.3. ディストリクトプランにみる生物多様性と農業景観の保全

　前節で述べたように，ニュージーランドの RMA は分権性・総合性・影響原則の導入を大きな特徴としているが，それを体現する計画のひとつがディストリクトプラン(DP)である。DP は，その前身である旧都市農村計画法に基づく都市農村計画(Town and Countryside Plan：TCP)とは，計画内容や計画実現手段が大きく異なり，とりわけ影響原則の導入は，従来の土地利用規制・誘導の方法に大きな変化をもたらすものだった。

　また，農業地域における生物多様性と農業景観の保全についていえば，旧都市農村計画法に基づく TCP が市街地での建築行為の規制を主眼とした計画であったのに対して，RMA に基づく DP では農業地域を含む自治体全域が計画範囲となったため，農業者が行う営農・植林行為をも計画対象に加えられることになった点が大きな特徴である。先進諸国の土地利用計画において，農林業に関わる活動を本格的に対象としたのは，おそらくニュージーランドが初めてであり，ここにも RMA のユニークさがある。

　さらにいえば，EU の農業環境政策に典型的にみられるように，他の先進諸国では，農業者との契約に基づいて補助金によって営農や植林を環境保全的に誘導する手法が主流になっているのに対し，ニュージーランドでは補助金が一切なく，計画に基づく規制的手法が大きな役割を果たしているのである。

　本節では，筆者らが行った事例調査をもとに，DP の策定過程と計画内容および運用の実態を，とくに，影響原則の導入がどこまで実現できているかに注目しながら詳しく検討するとともに，生物多様性と景観保全のために営農行為や植林行為がどのように影響を受けるのかを，明らかにする。

　なお，ここで対象とするのは農業が主として営まれている農業地域であり，林業を主体とした森林地域や自然保護・レクリエーションを目的とした保護地域，すなわち保全局の管理地は扱わない。また，本節で扱う植林行為は，農業者が自分の所有地または借入地で行う小規模な植林だけであって，林業会社による大規模な植林は対象外とする。

ところで，DP の策定は基礎自治体であるテリトリーの裁量に大幅に委ねられており，策定当初は中央政府によるガイドラインや指導もほとんどなかった。このため，DP の策定過程や実際に策定された DP の質はテリトリーによって大きな差が生じている。

そこで本節では，筆者らが現地調査を行ったテリトリーのうち，策定手続の丁寧さや内容の充実の点で最も優れたもののひとつと考えられるワイマカリリ・ディストリクトとワイタケレ市を中心に，実態をみていくことにする。

6.3.1. 農業地域における生物多様性と農業景観

ニュージーランドの農業地域[23]における卓越した土地利用は牧場的利用である。農業地域全体に占める牧場面積の割合は 77% に達し，これは国土面積の約 50% にあたる。ちなみに牧場以外の農業的利用は穀物，飼料作物，果樹・蔬菜の栽培だが，これらを合わせても農業地域の 2.4% にすぎない。むしろ面積的に多いのは農場内での植林であり，全体の 7.5% を占める。牧場的利用には，改良された永年牧草地，飼料用ルーサンの栽培地，およびタサックと呼ばれる原生植生を利用する粗放的放牧地が含まれる。この中では永年牧草地とタサック放牧地の 2 つが中心で，それぞれ農業地域の 54%，23% を占めている[24]。

ニュージーランドで牧場的利用が卓越しているのは，19 世紀以降イギリス人を中心とした入植が行われてきたという歴史的事情によるものである。イギリス人入植者たちは母国の主産業であった畜産業をニュージーランドに導入し，母国と同じような牧場景観をこの地につくり上げてきたのである。イギリス人を主体とするヨーロッパ人の入植以前のニュージーランドは，その 3 分の 2 がカウリ，トタラ，リムー，マヌカ等の常緑樹林を主体とする森林に覆われていた。これらの在来種は用材として大量に伐採されたほか，入植者の開拓によって激減した。残る 3 分の 1 は，高山の露岩地や乾燥地域のタサック草地であった。タサックは羊が食べる野草であったために，永久牧草地への転換が進んだものの，現在でもなお羊の粗放的放牧地として広範に存在している。

さて，ニュージーランドの生物多様性と農業景観の保全をめぐる課題につ

いて，既往研究を踏まえつつ整理すると次のとおりである[25]。

① 人間が入植する以前のニュージーランド（AD 500年頃とされる）は自生林に覆われる一大森林地域だったが，その後のマオリらポリネシア系の住民により徐々に森林開発が進み，19世紀にヨーロッパ人の移住が始まってからは加速度的に森林の伐採が進んだ。その結果，自生林は南島の西岸や北島の中央山岳地帯にわずかに残るのみとなった。自生林は現在では国立公園や保護地域の指定により保護されている。

② ヨーロッパ人の森林伐採の目的は牧草地の開墾であり，平野部から丘陵地帯にかけて広大な牧草地景観が形成されることになった。これが現在のニュージーランド国民の原風景となっており，景観保護の主要な対象である。植林はこうした牧草地景観を損なう行為として批判の対象とされている。

③ 国内に大型の捕食性哺乳類が生息しなかったため，モア，キウイ，カカポ，タカヘ，ペンギンなど，飛ぶことのできない固有の鳥類が進化した。これらはすでに絶滅していたり，絶滅の危機に瀕しており，最重要な保護対象となっている。

④ 動植物の移入に寛容だった歴史をもち，かつ移入種の生息・生育に適した環境があったため，種によっては爆発的に個体数が増加し，生態系の攪乱や農林業への被害をもたらした。このため移入種の駆除や自生種の保護が農林業地域の生物多様性と景観保全の大きな課題となっている。動物で最も甚大な被害を与えてきたのは，牛や羊と食物が競合するウサギ（Rabbit）と，同じく牧草や穀物・園芸作物・果樹，あるいは植林した苗を食べ，かつ牛結核の感染源であるポッサム（Brushtail possum）である。いずれも19世紀に毛皮生産を主目的に導入された移入種である。植物では，牧場の生垣用に持ち込まれたゴース（gorse：ハリエニシダ）と観賞用に輸入されたアザミ（thistle）の被害がとくに大きい。なお，ポッサム等の害獣駆除のために使用される毒物の空中散布が他の動物へも悪影響を及ぼすとして問題にもなっている[26]。

⑤ 農業の近代化・集約化に伴う農地の拡大や排水改良等によって野生動植物の生息生育地が減少し，とくに農場内に残るわずかな自生種の保護

が重要になっている。この問題は，後述するように，実際のDPの策定に際して，自治体と農業者との間の大きな争点ともなっている。

⑥　植林の代表樹種であるラジアータパイン(radiata pine)の種子の飛散（ワイルディングと呼ばれる）が牧草地や放牧地の維持管理にとって問題となっている。

こうした状況に対してRMAでは，RPやDPの中で保全対象とすべき生物種や生息・生育地，および景観を定め，それらに影響を及ぼすと考えられる行為をコンセントの対象とすることによって生物多様性と農業景観の保全を図ろうとしている。

6.3.2. 旧都市農村計画との違い

DPの実際をみる前に，ここではDPと旧都市農村計画法に基づく都市農村計画(TCP)との違いを整理しておく。

第1は，計画の対象地域である。TCPでは市街地とその郊外のみが対象であったのに対し，DPでは行政区域全域が対象となり，農村地域も計画対象地域に含まれるようになった。このことがDPに農業者を広く巻き込むことになった基本的な背景である。

第2は，計画の対象行為である。TCPでは主として都市的開発行為が対象であったのに対し，DPでは営農や植林など農林業に関わる行為，その他環境に影響を及ぼす行為全般が対象となった。このことも農業者がDPに深く関わらざるをえなくなった大きな要因である。

第3は，開発規制の方法である。旧法では計画対象区域をゾーニングし，各ゾーンごとに規制の対象となる(あるいは許容される)開発行為(activity)を事前に特定するという方法をとっていたのに対し，RMAでは，原則として，どこでもどのような開発行為でも可能とする代わりに，当該開発行為の環境への影響を審査し，その結果に基づいて承認／非承認を決めるという方法に変わった。

第4は，計画の実現方法である。旧法では主としてコンセントによる規制的手法によっていたが，RMAでは誘導的手法を含む多様な手法の組み合わせによって計画の実現を図ることとされた。

第5は，計画策定の手続，とくに住民参加である。住民参加の規定自体は旧法から存在し，RMA になっても大きな違いはないが，上述のように，計画によって影響を被る主体が非常に広範囲に及ぶことになったこともあり，より丁寧な住民参加をとらざるをえない状況が生まれているのである[27]。

6.3.3. ワイマカリリ・ディストリクトにおける DP 策定の実際
6.3.3.1. 概　説

ワイマカリリ・ディストリクトは，ニュージーランド南島最大の都市であるクライストチャーチ市の北西に位置する郊外農村地域である。人口は約3万人で，隣接するクライストチャーチ市からの都市化の影響を受けて，近年の人口増加が著しい。ワイマカリリにとっての最大の課題はこうした都市化の影響をどのように受け止めるかということであり，同町では，地元の商業地の独立性維持や既存コミュニティの維持，無秩序な宅地化の制限などが具体的な政策課題となっている。もっとも町の土地利用の大半は農耕地であり，ニュージーランド最大のカンタベリー平野の一角を担う農業地帯でもある。

ワイマカリリの特徴は RMA の理念と手法に忠実に DP の策定を進めてきたことである。それは計画策定プロセスを重視し，住民参加に力を注いだことや，計画実現手法として従来からの規制的手法のほかに各種の誘導的手法を採用した点に現れている。また，開発予定地を事前に指定するゾーニング制を廃止し，原則としてどこでも開発が可能としたうえで，開発案件を環境への影響に基づいて個々に審査する方法に切り替えている。RMA の評価を行うのにふさわしい事例のひとつといえるだろう。

6.3.3.2. DP の策定経過[28]

前節でも述べたように，ディストリクトの作成した計画案は告知され，住民や関係諸団体との事前公聴会や個別の意見書の受け付けを経て，必要な修正を行ったうえで異議申し立て手続に入る。異議が出た場合は環境裁判所に持ち込まれ，決定が下される。

ワイマカリリにおける DP の策定過程の特徴は，法定手続に入る前の非公式な住民参加を重視している点である。具体的には，①地域コミュニティ単位の説明会や討論会，アンケート調査，②各種利害代表（農業者，林業者，

環境保護グループ，デベロッパー，商工業者など）による集団討論，③土地所有者への計画案の個別説明と意見聴取，④新聞・雑誌・テレビ・ラジオ・パンフレット等による情報提供など，計画案作成のための情報収集や計画案の周知徹底および計画案への意見聴取のために，きめ細かな住民対応を行っている。

　もっとも，すべてのテリトリーで非公式の住民参加をこのように丁寧に行っているわけではなく，後述するバンクスペニンスラのように，非常に規制色の強い計画案を一方的に作成し，利害関係者の意見を聴く機会を設けずに法手続に入ったために，膨大な反対意見書が提出されて，計画案の作り直しを余儀なくされたテリトリーもある。DP の策定方法や計画内容はテリトリーの裁量に委ねられているため，テリトリーごとの違いが大きいのである。

　さて，ワイマカリリでは RMA 制定の翌年の 1992 年から DP 作成の準備を開始した。まず計画担当者自身が RMA の内容を理解するところから始め，次に地域の現状を知るために，アンケート調査等を通じて住民の考え方を把握するとともに，地域の環境や資源の調査を行った。自然的資源に関わるものとしては，景観，洪水災害，水辺保護，自然植生，海岸災害，都市運河など，社会的資源に関わるものとしては，人口，住宅，建築許可などである。調査結果はそのつど公表し，議員や住民との情報の共有に努めたという。

　住民参加については，農業者やデベロッパー等の利害関係者によるグループ討論会（Focus Group Meeting）を開いて地域課題の整理を行ったり，町内の地区ごとに計画担当者同席の地区懇談会（Community Meeting）を開催したり[29]，また利害グループごとの説明会を開いたりしている。このほか，各種の住民アンケートや新聞・雑誌・テレビ・ラジオ等マスコミを使った情報提供なども随時行われた。さらに，計画によって直接影響を受ける土地所有者に対しては個別の事前説明や協議を行っている。たとえば，重要な自然植生の保護に関しては約 100 名の土地所有者（対象箇所は約 110 地点）と個別協議を行い，植生の専門家による現地調査も行っている。1996 年 1 月には，町の長期構想である「ビジョン 2020（Vision 2020）」（目標年次 2020 年）が決定されているが，その策定にあたっては各利害グループから代表者を選んで策定委員会を組織し，この策定委員会に構想案の検討を委ねている。

計画担当者によれば，こうしたプロセスを通じて，昔からのコミュニティは変化をあまり望んでいないことや人々は意見を聴いてもらいたがっていること，基盤整備(道路，照明，歩道)の重要性，建築規制や土地利用規制への反発，などを知ることができたという。

　他方，こういった住民参加を進める一方で，具体的な計画作成にあたっては，RMAに関する環境裁判所の判決や他地区の事例(とくに計画技術や各種の誘導的手法)を研究し，参考にしたとのことである。

　以上の手順を踏まえたうえで計画書の原案作成に入った。RMAは内容や手続が複雑でカバーする領域も広く，またそれ以前の法律とは考え方が全く異なるので，計画担当者だけでは対応しきれず，関係部局のスタッフや議員と協働しながら計画策定に取り組んだという。ちなみにワイマカリリ・ディストリクトの計画担当者は4名で，他の同規模の自治体に比べて少ないというが，こうした協働によって人数の不足をカバーすることができたという。計画策定過程における議員との関係も良好だったようで，議員側からの聞き取りでも計画担当者のことを高く評価していた。なお本ディストリクトでも計画作成にあたって民間のコンサルタントを起用しているが，時間の節約等のために一部の作業を任せただけで，計画作成はあくまでもディストリクトの計画担当者主導で行われたとのことである。当該担当者は「計画作成はあくまでも自分たちでやるべきで，コンサルタント任せにすべきではない」ということを強調していた。

　1996年12月，DPの最初の素案(First Draft)が完成し，翌年3月に公表案(Public Draft)を発表して，意見書の提出を求めるとともに，直接意見を聴くために住民や関係団体と会合を開いた。そして意見書の要約をまとめて公表する一方，意見書をもとに計画案を修正し，1998年3月には最終計画案(Proposed Plan)を公表した。これに対して改めて意見書を受け付け，計画の修正を行っているところである(1999年現在)。

　以上のように，ワイマカリリはDPの策定にあたり丁寧な住民参加を進めてきたが，こうした対応がとられたのは計画担当者の考え方や姿勢によるところが大きい。同町の住民参加について計画担当者は次のように述べている[30]。

　「計画策定に際しては，努めて住民および利害関係者の意見を聴き，それ

を計画内容に反映させるようにした。資源管理の選択肢は人々の将来に対する価値観と信念によって決まるからである。ワイマカリリはもともとは住民全員が親戚同士といえるほど小さな社会だったが、この5年で16％の人口増加があり、新住民が急増し、お互いを知らない住民が増えた。だからこそ関係者の対話が必要だった。

住民との関係で大切なことは、第1に情報の共有、第2に意外性がないこと（計画を初めて聞くというようなことがないこと）、第3に住民のための計画であることを理解してもらうための継続的な対話である。

植生保護に対しては農業者の反発も強い。とくに、以前から自分たちで保護してきた人には、自分たちでやってきた自負があるため規制を嫌う。また、なかには全く理解しない人もいて「出ていけ」の一言で終わる場合もある。ただし、ワイマカリリの場合、他の自治体に比べるとディストリクトの対応が丁寧だったため、安心・満足している農民が多いと思う」

他方、筆者らが行った住民へのグループインタビューの席で、ある農家は次のように述べている[31]。

「最初にRMAを知ったのは、他の地区でRMAが始まったことをたまたま知ったときであり、直接に関わるようになったのはグループ討論会（1995年4月）に参加してからである。この討論会は非常に有益だった。自分と同じ考えをもっている人がいることを知ることができて力づけられただけでなく、違う意見をもっている人と話し合えたこともよかった。その後、管内の農民連合（Federated Farmers）の4つの支部でそれぞれ支部会議を開き、RMAの説明をした。その際にはディストリクトから受け取った資料も紹介し、希望者にはコピーを渡した。会議の場にはディストリクトの計画担当者も同席し説明してもらった。計画案への意見書は、農民連合としても提出したし、個々の農家もできるだけ多く提出するように奨励した。

ワイマカリリの場合、こちらの意見を聴いてくれたことが非常によかった。重要なのは　助言・指導でなく、意見を聴くことだと思う（この発言に対しては、グループインタビューの参加者全員が大きくうなずいていた）。これまでのやり方だと、分厚い計画書をポンと渡して、それで終わ

りという感じだった。ワイマカリリの今回のやり方はそれとは全然違った」

この発言からも，ワイマカリリのやり方が住民にもよく理解され，評価されているのがよくわかる。

以上，ワイマカリリにおける DP の策定経過の特徴を一言で述べれば，法手続以前のインフォーマルな住民参加手続を重視し，とくに関係者の意見を聴くという姿勢が住民や利害グループのディストリクトへの信頼を高めたということである。その結果，大きな対立を起こすこともなく，意見書も少なく，計画の策定は総じてスムーズだった。実際，ワイマカリリの DP は他の自治体や研究者から高い評価を受けている[32]。

6.3.3.3. DP の構成と内容

表13に，ワイマカリリ・ディストリクトにおける DP の計画書の見出し項目を示す。DP の構成はテリトリーによって異なるが，見出し項目は共通する部分が多い。

DP の計画書はプラン編，ルール編，マップ編の3つからなる。プラン編は，当該テリトリーにおける土地および自然資源の管理上の課題とその対策を記述したものである。土地，水，景観といった項目ごとに，課題(issue)，目標(objective)，政策(policy)，手段(method)が体系的に整理されており，これを読めば当該テリトリーがどのような課題をかかえ，それに対してどのように対処していこうとしているかを知ることができる。ワイマカリリの場合，プラン編の項目数は18であり，このうち②水，③土地，④特筆すべき景観，⑤在来植生と動物およびその生息地，⑥海岸環境，⑦自然災害，⑧史跡・文化財，⑨重要植物，⑩社会資本と交通，⑪環境の質の項目には，これに対応するルール編の規定がある。

ルール編は，コンセントの運用基準を定めたものであり，承認が必要な開発行為とコンセントの種類が記述されている。項目数は17あり，このうちの②から⑪は，上述のように，プラン編と対応している。

マップ編は，プラン編とルール編を補完するもので，ディストリクトを小域に分割した図面に，ゾーン区分や保全すべき景観・植生・文化財の位置などが記載されている。

表13　ワイマカリリのDPの構成

プラン編	ルール編
①マオリ	①一般原則
②水	②水
③土地	③土地
④特筆すべき景観	④特筆すべき景観
⑤在来植生と動物およびその生息地	⑤在来植生と動物およびその生息地
⑥海岸環境	⑥海岸環境
⑦自然災害	⑦自然災害
⑧史跡・文化財	⑧史跡・文化財
⑨重要植物	⑨重要植物
⑩社会資本と交通	⑩社会資本と交通
⑪環境の質	⑪環境の質
⑫資源管理の枠組み	⑫土地分割(分筆)
⑬農村区域	⑬歩道 Esplanades
⑭都市環境	⑭財政支援
⑮ビジネス区域	⑮指定
⑯住居区域	⑯資源利用承認
⑰開発と筆地分割の制限	⑰監視と見直し
⑱境界問題	

出所：Waimakariri DC, District Plan (Proposed Plan) (1998)

　ワイマカリリのDPの中から生物多様性や農業景観の保全に関わるものを抜き出し，そこに記載されている問題行為の例を示すと次の通りである．
　たとえば，プラン編で「④特筆すべき景観」としてあげられているのは，町西部の丘陵・山岳地帯の景観であり，ワイマカリリ川の渓谷，平野部から遠望したスカイライン，丘陵地の牧草地景観，丘陵から平野の眺望などが「保全すべき景観」として記載されている．そして，それらを脅かす行為としてあげられているのが，人為的な植林，ラジアータパインの飛散(ワイルディング)，帰化植物(とくにゴース)の繁茂などである．
　また，プラン編の「⑤在来植生と動物およびその生息地」では，農地や草地に自生する在来植生の保護をあげ，これらの生育地の破壊につながるような営農行為(たとえば区画の拡大，灌漑や排水改良など)を禁止するとともに，生育地を守るための自主的な措置(たとえば家畜に食べられないように柵で囲い込みをするなど)を求めている．とくに重要な植生のある場所としては，①山岳地帯(high land)，②丘陵地帯(hill area)，そして③ワイマカリリ川

の沿岸が明記されており，貴重な植生の例として，①ホモディウス(マツの木の下に生育する植物)や，②カイケティア(ブッシュ)があげられている。

　さらに，プラン編の「⑪環境の質」の項では，集約的酪農業は環境の質を悪化させる原因者として明記されており，灌漑用井戸の設置も同じく環境の質を悪化させる原因行為として記載されている。

　DPの前身である都市農村計画では，以上のような農林業に関わる行為が直接的に規制の対象になることはなかった。それに対して今回のDPでは以上に述べたようなさまざまな行為が規制の対象になりうることがわかり，農林業者の不満や反発を生むことになったわけである。もっともワイマカリリの場合は，上述のように，住民参加の丁寧な手順を踏んだために，このような規制的内容を含む計画案でも最終的には農林業者の理解を得て策定が行われた。他方，先にも述べたように，利害関係者の意見を十分に聴かずにDPを策定したテリトリーでは大きな反発を招くことになった。

6.3.3.4. 計画実現手法

　RMAの特徴は，コンセントのような規制的手法のほかに，土地所有者や土地利用者への情報提供や啓発，指導，奨励などを通じて，開発や土地利用を環境に負荷をかけないものに誘導しようとする点である。以下にワイマカリリのDPの計画書に記載されている手法をあげる。

① 規制的手法

　規制的手法の中心はコンセントであり，上述のとおり，その具体的内容はDPの中で規定される。その他の規制措置としては，建築法(Building Act, 1956)や保健法(Health Act, 1991)等，他の法律に基づくものや，文化財保護指令(Heritage Orders)によるものがある。

② 自主規制

　業界団体等が定めるガイドライン(Guidelines)，非法的協定(Non-Statutory Agreement)，道路・自家水道・下水施設についてディストリクトが定めた技術基準(Engineering Code of Practice)がある。

③ 自主的活動の助言・奨励・支援

　情報提供，助言(Consultation)，契約(Covenants)，主導(Advocacy)，資源管理事業(Resource Management Program)があがっている。

資源管理事業というのは，地域コミュニティの自発的な管理活動の促進や援助のための事業である。ワイマカリリでは，山間地のリーバレー地区で，景観保護のために土地所有者やランドケアグループ[33]の活動をディストリクトが支援している例がある。

④ 登録・認定

貴重な植生などの登録簿への登録(Council Register)，保護すべき植生・文化財等の同定(リストアップ)，それらのDPマップ編への記載等がある。

⑤ 連携・協同

カンタベリー・リージョン，保全局，土地所有者，デベロッパー等との連携(Liaison)や，主にカンタベリー・リージョンとの協同(Coordination)があげられている。

⑥ 調査・情報収集

調査研究(Research)，情報収集(Information Collection)，実態調査(Survey)等である。

⑦ 公共サービス供給

ディストリクトの責任で提供すべき公共サービスとして，ディストリクト開発方針(District Development Strategy)には，ガス，電気，上下水道，農業用水，ゴミ処理，コミュニティ施設，道路・鉄道，舟運，防災，気象観測，自転車道，歩道，街灯，ヘリポートが記載されており，これらサービスの提供の予定がない地区では，実質的に宅地開発ができないようになっている。公共サービスの提供を通じた開発誘導である。

それ以外では，案内板や表示板の設置，施設管理計画(Asset Management Plans)に基づく排水の水質基準の管理などが公共サービスとして掲げられている。

⑧ 財政支援(Financial Contributions)

いわゆる補助金であるが，実際に支援できるかどうかはディストリクトの財政状況に大きく依存しており，現実にはあまり行われていないという。

以上のように，規制的手法以外に多様な手法が採用されているが，これらはあくまで計画書に記載されているというだけであり，実際にどれだけが実施され，どのような効果があがっているかは現時点では判断できない。これ

に対して規制的手法のひとつであるコンセントは，旧都市農村計画時代からの長い実績があり，RMA になって仕組みや運用が大きく変更されたとはいえ，制度そのものは継続しており，実際に運用されている。土地開発や土地利用のコントロールの手段としては依然として最も重要な手法といっていいだろう。

6.3.3.5. ゾーニング

どのテリトリーでも各種の規制・誘導手法の適用の前提として計画地区内のゾーン区分が行われている。すなわち，テリトリー内を異なるゾーンに区分し，各ゾーンの目標とする土地利用を実現するように各種の手法を適用しようという方法がとられている。

ワイマカリリ・ディストリクトでは表14に示すゾーンが設けられている。すなわち，計画区域(行政区域)を大きく都市区域(Urban)と農村区域(Rural)に分け，都市区域をさらに5種類の住居区域(Residential)と3種類の業務区域(Business)とに分けている(全部でゾーンは9種類)。

このゾーン区分は，旧計画のもとでのゾーニングとは機能が異なる。従来のゾーニングでは開発予定区域をあらかじめ設定し，そこに開発を誘導する(それ以外の区域では原則として開発禁止)というやり方をとっていたが，今回の DP では，ゾーン区分はあくまでも現況の土地利用に沿った区分であって開発予定区域という性格づけはなされていない。現況と異なる土地利用を行おうとする場合，たとえば，農村区域(Rural)で住宅開発を行う場合は，

表14 ワイマカリリの DP におけるゾーン区分

大分類	小分類	
農村区域(Rural)	なし(1種類のみ)	
都市区域(Urban)	①住居区域1(Residential 1)	タウンセンターを含む高密度市街地
	②住居区域2(Residential 2)	一般住宅中心の低密度市街地
	③住居区域3(Residential 3)	海岸集落と農村小市街地
	④住居区域4A(Residential 4A)	農村部の独立住宅
	⑤住居区域4B(Residential 4B)	同上(ライフスタイル型住宅)
	⑥業務区域1(Business 1)	タウンセンター(町内4大市街地)
	⑦業務区域2(Business 2)	既存の商業・工業地区
	⑧業務区域3(Business 3)	カーターホルトハーベイの MDF 工場

出所：Waimakariri DC, District Plan (Proposed Plan) (1998)

具体的な開発申請が出た段階でこれを審査し，あらかじめDPで規定したコンセントの条件を満たせば開発を認めるというやり方をとる。そして，これにあわせてゾーン区分が変更される。つまり，従来のやり方では，現況が農村である場所に住居区域（Residential）を設定し，そこに開発を誘導する方法をとっていたが，DPでは，現況土地利用に応じてゾーンを設定しておき，農村区域で開発申請が出された場合は，環境への影響を審査したうえで，問題がない場合は農村区域から住居区域へ変更するわけである。この変更はDPの計画変更（Plan change）である。

このように，従来の都市農村計画ではゾーンごとにあらかじめ定められた開発・土地利用行為自体を規制する（行為ベースの規制）という方法をとっていたのに対し，RMAに基づくDPでは原則としてどのゾーンでも開発を可能とし，その行為による環境への影響に基づいて行為を規制する（影響ベースの規制）というやり方に変わっているわけである。

ただし，ワイマカリリの場合でも，公共サービスの供給計画によって実質的に開発をコントロールしており，上述のディストリクト開発方針において上下水道や電気ガスなどの供給予定のない区域では実際上開発は困難である。その意味では，RMAが目標とした「影響ベースの規制（effect-based approach）」は，RMAの理念に忠実なワイマカリリでさえ，必ずしも実現されていないといえよう。

以下に，宅地開発のために計画変更（ゾーニングの変更）を申請した開発業者が，周辺の養豚農家の反対にあって開発を断念した事例を示す。

【事例】計画変更をめぐる畜産農家と開発業者との対立事例[34]

都市化が進むワイマカリリでは，宅地開発と既存の農業経営との軋轢が大きな問題となっている。とくに臭いの問題がある養豚は，新規転入者との対立を引き起こしやすい。

本事例は，幹線道路沿いの46.2 haの農地を分筆して，農場付き宅地，約40区画を生み出そうとした宅地開発の事例である。対象地は，旧都市農村計画法のもとでの移行計画（Transitional Plan）においてRural 2にゾーニングされていたため，土地を取得していたデベロッパーは，これを宅地開発が可能なRural-Residential 1に計画変更すべく，1992年にディストリクト

に申請を出した。この申請を翌 1993 年に告知したところ，隣接する農地で養豚を営んでいた複数の農家から反対意見書(submission)が出された。これを受けて，ディストリクトの判定委員会が開かれ，1997 年に計画変更却下の決定が下された。これを不服とする申請者は，直ちに環境裁判所に異議申し立て(appeal)したが，1998 年 8 月の決定はやはり却下となった。

論点は宅地開発による養豚経営への影響であった。農家側の主張は，宅地を購入して入居してくる住民の苦情によって養豚経営が続けられなくなるという点にあった。デベロッパー側は緩衝帯によって臭いは緩和できるとしたが，認められなかった。その背景には，これまでも養豚に伴う臭いをめぐって，新住民と養豚農家との軋轢がたびたび起きていたという事実がある。

この周辺では，養豚以外でも農薬散布や農業機械の騒音などをめぐって農家と新住民との対立があるという。本事例の養豚農家は，「ここ数年，農村部で宅地が非常に増えた」，「農地として条件の良い土地にも住宅がどんどん入り込んでいるが，これは RMA が掲げる持続的利用(sustainable use)と矛盾しているのではないか」，「大きな区画は何にでも使えるが，区画を細分化すると使い道が狭められるので，将来のことを考えるとなるべく細分化(分筆)しない方がいい」と述べていた。

6.3.3.6. コンセント

6.2.1.6. で述べたように，コンセントとは，土地や水などの資源を利用しようとする者に対して事前にリージョンやテリトリーの承認を義務づける制度である。コンセントの運用基準は，上述のように，DP のルール編で定められる。これは各自治体が独自に作成するものであり，わが国でいえば開発許可基準を市町村自身が作成するようなものである。政府が法令や通達で基準を細かく定めている日本に比べると非常に地方分権的である。

承認が必要な行為は，許容・管理・裁量・非適合・禁止の 5 つのカテゴリーのどれかに分類される。どのような行為がどのカテゴリーに該当するかは DP の中で明記される。このカテゴリー分類は，当該行為による環境への影響の内容や程度に基づいて行われ，特定の行為が特定のカテゴリーに機械的に分類されることはない。また，コンセントにあたっては条件が付与される場合がほとんどである。条件が厳しい場合には，申請者が申請を取り下げ

表15 計画事項別コンセントカテゴリー(ワイマカリリの場合)

計画事項 (DPのルール編のタイトル)	コンセントカテゴリー				
	許容	管理	制限付き裁量	裁量	非適合
②水			○		
③土　地	○		○		
④特筆すべき景観	○	○	○	○	
⑤在来植生と動物およびその生息地	○		○		
⑥海岸環境	○			○	
⑦自然災害	○		○		
⑧史跡・文化財	○		○		
⑨重要植物	○		○		
⑩社会資本と交通	○		○		○
⑪環境の質	○	○	○	○	○
⑫土地分割(分筆)	○		○	○	○
⑬歩道 Esplanades	○	○		○	

注1：計画事項は表13のルール編に対応
注2：表中の○は当該コンセントカテゴリーに該当する行為があることを示す

ることも少なくないという。

　実際に，どのような行為がどのカテゴリーに位置づけられているのかをワイマカリリのDPによってみてみよう。表15は，同DPの計画書から抜き出したコンセントカテゴリーを示したものである。ほとんどの項目において許容と裁量が中心で，管理や非適合は少ない。禁止は1つもない。

　承認の際に付与される条件は，DPで定めるゾーン区分ごとに異なる。たとえば，農村区域では，宅地開発に一定の歯止めをかけるために分筆の最低規模を設けるなどして，承認条件を厳しくしているのが普通である。繰り返し述べているように，RMAでは，原則としてどのゾーンでもどのような土地利用も可能ということになっているが，実際には承認に条件をつけることによって，ゾーンごとに許容される土地利用の範囲はある程度決まってくるのである。

　コンセントに際しては，まず申請者がディストリクトに申請を行い，ディストリクトが告知するかどうかを決定する。この決定は申請案件の環境への影響に基づいて判断される。告知が決まった申請案件に対しては意見書を受け付け，ディストリクトに設置された審査委員会(Hearing Committee)の

ヒアリングにかけられる[35]。ヒアリングでは，通常，ディストリクトの担当職員が事案の説明とともに，申請の諾否についての答申を述べる。たいていの場合は承認条件が付与される。なお，ヒアリングに際しては，事前に答申案を申請者に見せて必要な修正を行っておくのが一般的という。審査委員会の決定に対し不服がある場合は，申請者は環境裁判所に訴えることができる。

申請者は，コンセントの取得に際し，自己負担で環境影響評価を行い，重大な影響のないことを証明し，もし影響が予想される場合には，それを回避(avoid)，救済(remedy)，軽減(mitigate)する対策を講じなければならない。このため，旧法に比べて承認の取得には時間と費用が多くかかるようになっており，後述するように，そのことへの不満も大きい。申請者によっては，情報公開や非公式のミーティングを積極的に行って，申請案への意見書の提出や裁判所への異議申し立てを減らそうとする者もおり，RMA もそれを奨励している。

なお，旧都市農村計画法では，コンセントの対象外であった農業者の営農行為，たとえば，畜産廃棄物の処理，農業用井戸の掘削，農薬・化学肥料の散布や農場内の植生の撤去なども，RMA では承認が必要となったため，一般的に農業者の反発は相当に強い。

最後に，ワイマカリリにおけるコンセントの事例を4つ紹介しておく。はじめの3つは生物多様性と農業景観に関わるもの，最後の1つは審査委員会のヒアリングの事例である。

【事例1】セカイヤメスギの保全[36]

ワイマカリリ川から取水する農業用水路の拡幅にあたって，水路右岸のセカイヤメスギ(Redwood)に悪影響が予想されたため，左岸側を拡幅することに変更した事例である。当初の拡幅予定だった右岸側は平坦だが，左岸側は斜面であるため工事費が高くなるが，樹木の保全が優先された。

このセカイヤメスギは1926年に植林されたもので，現在ワイマカリリ・ディストリクトの所有地(保護地)になっている。コンセントの審議に先立つ1996年には，ディストリクトの委員会が現地の調査を行っており，セカイヤメスギ林をフェンスで囲うことと，登記簿に所有権の制限事項を登記することを提案している。

【事例2】カヌカの保全[37]

　カヌカ(Kanuka)はニュージーランド固有の低木であり，以前はこの地域でも多く自生していたが，開発によって現在では自生地が残り少なくなっている。

　この事例は，カヌカ自生地を含む25.55 haの土地を，4.0 ha(区画1)と21.55 ha(区画2)に分筆し，区画2に花卉栽培のための井戸を設置しようという計画である。DPでは現況のカヌカ群落は保全することになっている。

　1998年4月23日にコンセントの申請が出され，6月20日に告知，9月21日にヒアリングが行われている。必要なコンセントは，土地分筆と土地利用の2つであり，申請案件は裁量行為に該当する。当該地の隣に植林地を所有するカーターホルトハーベイ社から意見書が1件提出されている(承認にあたり条件をつけることを求めた意見書)。この申請は次のような条件付きで承認されている。

- 区画1と2に関するカヌカ管理計画をつくること。
- 区画1と2の所有者は，この管理計画に基づいてカヌカ群落の保護，維持管理および改良を保証すること，および，この承認条件は両区画の登記証明書に記録されるべきこと。
- 区画1と2の所有者は，ディストリクトと連携して，カヌカ群落の生態系の健全性・多様性・生態学的完全性を記録・監視するための追跡調査計画を準備すること。

【事例3】カーターホルトハーベイのMDF工場[38]

　本工場は，世界的木材企業であるカーターホルトハーベイが経営する木質強化ボード(MDF)の生産工場である。製品は住宅の建材や家具などに広く使われ，日本にも輸出されている。

　本事例は，工場の生産ラインの拡張に伴って，供給電力の増強のために送電線の増設および排水処理池の拡張が必要となり，それに対して周辺の土地所有者等から反対の意見書が出された例である。

　送電線については，景観への影響がとくに問題とされた。その一部に河川敷を通過する区間があり，よくレクリエーションで利用される場所であったため，景観への特別な配慮が必要とされたのである。具体的にどのような配

慮がされたのか詳細は不明であるが，工場側の対応の結果，最終的に増設が認められている。

　排水処理池については，処理水の水質とともに周囲の土地への臭いが問題となった。意見書の提出者は，周囲の土地所有者(農家)と環境保護運動家(個人)であったが，会社側が個別に説明を行うなどして(これはインフォーマルな手続である)，こちらも最終的には承認が得られている。

　会社側の担当者によれば，RMA になって，環境への重大な影響がないことを証明しなければならなくなり，以前よりも手間と費用がかかるようになったという。

【事例4】コンセントヒアリングの事例[39]

　最後に紹介するのは，ある宅地開発のコンセントの申請に対して周辺農家から意見書が提出されたことを受けて開催されたヒアリングの様子である。

　案件は，農場付き宅地区画(ライフスタイル・ブロック[40])の土地分筆に関するコンセントの申請に対して，隣接農家から意見書が出された事例である。

　申請者は町内に農地を所有する女性で，11 ha の農地1区画を4区画に分筆し，各区画に園芸用の井戸を設置しようというものである。この行為は移行計画(Transitional District Plan)における Rural 1 ゾーンでの裁量行為に該当する。本申請は1998年3月14日に告知され，それに対して3件の意見書が提出されている。

　区画の分筆後は園芸用地として分譲されることになるが，実際には，ライフスタイル居住を希望する人が購入し，農場付き住宅用地として利用される可能性が高い。申請者はそのつもりで土地分割を申請しており，隣接農家も，そうした新住民の転入によって営農に支障をきたすことを恐れて，意見書を提出しているのである。

　聴聞会の出席者は，①議会メンバーとして3名の議員(全員女性)，②ディストリクトのコンセント担当職員，③申請者側では，申請者の代理人(法律家)と農業コンサルタント(申請者本人は欠席)，④意見書提出者側では，1名の意見書提出者(農家)とその父親，その他，記録係などである。

　議事進行はひとりの議員が行う。はじめにディストリクトのコンセント担当職員が案件の概要説明を行い，次に申請者の代理人が申請理由とその正当

性を述べる。続いて，申請者に雇われた農業コンサルタントが，分筆した4つの区画での園芸経営の採算性を説明する。その後，意見書提出者(農家)が反対意見を述べる。

いずれの説明も，あらかじめ作成された文書を忠実に読み上げるだけである。その場では，申請者と反対意見者との議論は行わず，両者の言い分を聴いた判定委員(議員)が追って決定を下す。全体として淡々と議事が進み，両者の主張が終わったところで閉会である。決定結果は両者に通知され，それに不服がある場合は，環境裁判所に異議申し立てすることになる。

両者とも，主張の根拠となるDPおよびRMAの該当箇所を明示しながら論理を展開し，初めて聴く者にも理解しやすい。申請者側に農業コンサルタントがつき，園芸経営の採算性の試算結果を示すのは，農村区域でのコンセントの承認要件に土地分割後の区画でも園芸経営が可能であることが規定されているためである。一方，意見書提出者(農家)側の主張は，新住民の転入による既存農業経営への悪影響が中心である。

6.3.3.7. 利害関係者への影響[41]

① 農業者

RMAによって農業者は自分の経営農地での営農行為や植林等が環境保全の観点から制約を受けるようになった。しかも，規制に対する補償がなく，また自主的な保全活動を求められるようにもなり，一方的な負担増となっている。

上述のように，在来植生の保護に対しては農業者の反発はかなり強い。とくに従来から自分たちで保護してきた農業者はその自負もあるため規制を嫌う傾向がある。また，地区外の人，とくに環境保全を主張するグループへの反発も強い。彼らは保護の必要は説くが，自分で金も手間も出さないというのである。ワイマカリリでのグループインタビューの席でも，「負担は農家ばかりなのだから，保護せよというなら補償が必要だと思う」という声が聞かれた。農業者にとって悪い事例としてあげられたのが，ワイマカリリの隣のフルヌイ・ディストリクトと後述のバンクスペニンスラ・ディストリクトである。フルヌイでは，環境保護団体が強い規制を要求し，実際に適用されることになったため，農業者は困っているとのことであり，また，バンクス

ペニンスラでは，農業者の意見を聴かずに一方的に計画をつくってしまったため，大きな反発を招いて，計画のつくり直しを余儀なくされたという。北島のファーノース・ディストリクトでも計画案への農業者の強い反発によってDPの計画案の白紙撤回に追い込まれている。

② 農家林業者

　ニュージーランドでは植林樹種であるラジアータパインの生育が非常に早く約25年で伐採が可能なため，植林は農家にとって牧草との比較において選択肢のひとつになっている。近年(1990年代後半)の木材価格の上昇により，植林は有利な事業となってきており，多くの農家が自分の農地に植林を行うようになっている。ところが植林は景観や生物多様性との関係で問題視される面があり，DPの中でもこれを制限する規定がみられる[42]。

　第1は，植林が景観を損なうことである。丘陵地において四角い形の植林は景観的にみて不自然とされ，景観を壊すものとして批判されている。一般に植林は地形に沿った自然な形で行わなければコンセントが得られないのである。また，植林によって眺望が損なわれることも問題とされる。実際，ワイマカリリの隣のフルヌイ・ディストリクトでは，道路沿いのある場所において，建物の建築はいいが，植林は眺望を妨げるという理由でコンセントが認められなかった事例があるという。

　第2は，植林の水文流出への影響である。植林は水文流出を減少させるというのである(全山植林すると流出が30%減るという観測データがあるという)。ただし，ワイマカリリでは，農家が大面積の植林を望まないので問題とはなっていない。

　第3は，外来種の飛散である。上述のように，植林樹種であるラジアータパインの種子が風によって丘陵の草地に飛散・発芽・生長し，草地景観を損なうことが問題とされる。一般にニュージーランド人は木が一本もない草地景観を好み，マツによって覆われた暗い森林景観を好まない。平地でこれがほとんど問題にならないのは，家畜がマツの芽を食べてしまうからである。むろん丘陵地にも家畜はいるが，密度が低いのでマツの生育を抑えきれない。丘陵地でも肥培管理をきちんと行い，良い草をつくれば，家畜もたくさん集まるので，マツの抑制に効果があるが，多くの農家は肥料をやるだけの経済

的余裕がない。

RMAになってコンセントの費用がかさむようになったことが農家林業者にとって大きな関心事となっている。この対策として，関係団体では農家林業者向けのガイドラインをつくって，承認が受けられるような(景観を悪化させない)植林方法を自分で行えるようにすることが提案されている。

③ デベロッパー

固定的なゾーニング制が廃止され，どこでも開発可能となったことはメリットだが，その反面，開発に伴う環境影響評価や周辺地権者等との事前協議を以前より丁寧に行う必要が生じ，時間と費用がかかるようになっている。筆者らが訪れたワイマカリリのある住宅団地造成の例では，1つの地盤掘削工事に対して6つの承認が必要とされていた。

④ 環境保護グループ

従来は計画的裏づけのなかった土地(主として非市街地)にまで環境保全の計画対象となった点は大きなメリットである。また，環境保護グループ自身にとっては計画策定過程に深くコミットできるようになった点も大きい。さらに，その過程で土地所有者(とくに農業者)との対話の機会をもてること，これによって無用な感情的対立を避けられることや，環境保全に対する共同行動をとるきっかけとなりうることもプラスに評価されている。

他方，補償措置が伴わない一方的規制には土地所有者の反発が多く，規制が骨抜きになるおそれがあることや，自発的な保全活動に頼る部分が多いため，本当に環境保全につながるかどうか不安な要素がある。さらにいえば，関わらなければならない案件が増えすぎて手が回らなくなることを心配する声もある。

⑤ 林業会社

工場の新設や拡張に伴って環境影響評価や周辺地権者等との事前協議を以前より丁寧に行う必要が生じ，時間と費用がかかるようになったというのが一般的な評価である。

ただし，ワイマカリリに工場をもつ大規模林業会社(カーターホルトハーベイ社)での聞き取りによれば，同社では会社の方針として以前から環境保全への配慮を重視してきたため，RMAへの移行に伴う大きな変化はないと

もいっている[43]。

⑥ 共通の課題

　ワイマカリリのDPの策定に関わった利害関係者が指摘するRMAの共通的な問題点のひとつは，コンセントを得るために時間と費用がかかるようになったことである。これは，ひとつの開発案件に対して，その地域と直接関係がない人も含めて誰でも意見が言えるようになったことや，環境への影響評価をより綿密に行わなければならなくなったこと，それに関連して必要なコンセントの数が増えたこと，リージョンとテリトリーという2つの組織が関与するようになったこと，これらの結果としてコンサルタントや法律家に支払う費用が増えたことなどが原因である[44]。

　問題点の第2は，国がガイドラインなど何も準備のないまま，計画策定のすべてをリージョンとテリトリーに任せたため，実際にDPを策定する現場で大きな混乱が起きているということである。RMAの理念はよいがやり方がまずいというのが，多くの関係者が等しく指摘する点である。

6.3.3.8. 移行計画

　1998年時点ではRMAに基づくDPの策定が完了したディストリクトはまだ少なく，旧都市農村計画法のもとで策定された計画が移行計画（Transitional Plan）と呼ばれて効力をもっていた。ただし，新法に基づくDPがまだ策定途上にあっても，計画案の告知が終わっているなど，一定の民意が反映された段階に至っていれば，DPは実質的に効力をもった計画として扱われてもいる。また，コンセントも旧計画とともに新計画にも依拠して運用されている。そして承認の決定にあたって両計画の規定が異なる場合は，よりRMAの規定に近い新計画（DP）が採用されることが多い。

6.3.4. ワイタケレ市におけるDPの実際

6.3.4.1. 概　　説[45]

　ワイタケレ市はニュージーランド最大の都市オークランド市の北西に位置し，人口は15万5000人（1996年現在）である。本市はオークランド大都市圏にあって急速な人口増加とそれに伴う環境への影響が問題となっている。

　1992年の地方選挙において，環境保全推進を掲げる市長と5名の議員が

当選し,「エコシティ」をキャッチフレーズにして環境保全を重視した市政を展開し始めた。「エコシティ」は，廃棄物や汚染の減少，自然環境の保全，公共交通利用への転換，地域循環型経済の創出といった目標を社会的・経済的・生態的に調和がとれるように実現することとされ，この実現に向けて政策展開が行われてきた。まず，1993年には持続的な発展を基礎に据えた総合戦略計画である「市の未来――戦略的計画」を策定，さらに1998年には戦略計画を具体化するための「グリーンプリント」を策定した。DPはこうした一連の政策の一部，すなわち「エコシティ」を実現するための土地利用のあり方を定めるものと位置づけられており，RMAによって義務づけられた計画策定をいわば自治体の立場から積極的に意味づけをしなおしている点が特徴である。

6.3.4.2. DPの策定[46]

　DPの策定は1993年から開始された。基本的には地域ごとの集会をもとに課題を絞り込んだうえで，住民代表を含めた作業部会を課題別につくって計画内容の検討を行っていったが，必要に応じて検討内容に関する広報活動を行うとともに，住民の意見を把握するためのアンケートなども行った。このように策定されたDPの計画案は1995年10月に住民に対して提案され，意見（submission）が公募された。これに対して寄せられた意見は約6000件，指摘事項は延べ1万3000を超えた。市ではこれら意見を整理したうえで，さらにこれに対する意見が再公募され，2000件が寄せられた。これらすべての意見を検討したうえで500課題に集約し，市議会の特別委員会で意見提出者に対するヒアリングを行いながらひとつひとつの課題に対して議論を行い，最終決定を下していった。これら委員会は18カ月間にわたって120回開かれ，すべての決定が下された1998年6月に，意見提出者全員に対して決定の告知が行われた。これに対する異議申し立ては150件に上り，すべてを解決して計画が確定するまでかなりの長期を要するとみられている。

　上述のように，ワイタケレ市では比較的丁寧な住民参加に基づいて計画策定を行ったものの，計画案に対して膨大な意見が寄せられたほか，議会での議論では意見の対立を解決できず，計画案に対する不満をかかえる多数の住民・利害関係者が異議申し立てを行うに至った。その原因は参加手法の問題

というよりは，計画内容に起因するところが大きい．オークランド大都市圏に位置し開発志向の強い地域にあって，以下に述べるように，かなり厳しい土地利用規制を採用しているからである．

　第1に，オークランド大都市圏ではオークランド・リージョンによって大都市圏制限区域(Metropolitan Urban Limits Line：MULL)が指定されているが，ワイタケレ市のDPではMULL外での開発を原則的に禁止としている．具体的には，MULL外での土地分筆をコンセントカテゴリーの裁量行為とし，4 ha未満の開発は不承認としている．これはちょうど日本の市街化区域と市街化調整区域の線引きのような制度であり，市街化調整区域においてかなり厳しい土地利用規制が敷かれている状態と理解できる．このようなゾーニングの結果，MULLの内外で地価に10倍程度の大きな格差が生じており，MULL外の土地所有者の大きな不満の種となっているという[47]．

　第2に，MULL外で開発を行う場合に，日本の地区計画に相当する構造計画(Structure Plan)の策定を義務づけ，良好な市街地形成と自然環境保全を図ろうとしている．構造計画の内容は主に，許容人口密度の規制(土地分割の制限)と各種環境保全区域(樹林保護区域，再植生区域，水辺区域など)の指定である．開発の前提として策定が義務づけられているため，土地所有者は構造計画の策定をひたすら待っている状態であるという．

　第3に，MULL外においてグリーンネットワーク(Green Network)と呼ばれる緑地保全計画が定められており，市街地の水辺の保全，緑地ネットワークの形成，スカイラインの保全などのために，開発規制が盛り込まれている．具体的には，市街部においては河川や現存する小規模緑地・湿地などをつないで良好な住環境を形成するとともに，レクリエーション利用の提供，野生生物の生息地の保全・修復を図ろうというものである．この実現のために重要な緑地に対して保護の網をかぶせるとともに，河畔域やコリドーとなる土地において，植生の開発や建物の新築・改築について規制をかけることとされている．

　以上まとめれば，「エコシティ」を標榜するワイタケレ市では，MULLの外側の区域を原則として開発を抑制する区域として位置づけ，そこで開発を行う場合には構造計画を義務づけることで環境保全に配慮した開発となるよ

うに誘導し，さらにグリーンネットワークの導入によってとくに重要な緑地・水辺環境等を保全しようとしたわけである。これら3つの土地利用規制はいずれもDPのマップ編に示されている。DPの計画図書には，ワイマカリリ等と同じように，プラン編，ルール編，マップ編の3つがあるが，マップ編にはカラー刷の詳しいゾーニングマップが掲載されており，MULL，構造計画，グリーンネットワークを含む各種の情報が表示されている[48]。

さて，上述のように，RMAでは「行為ベースの規制」から「影響ベースの規制」へと規制の考え方を改めているが，ワイタケレ市がDPで採用している以上の方法は従来からの「行為ベースの規制」によるものである。そしてDPの計画案に対する意見の多くは，こうした土地利用規制への反対を表明したものである。ではワイタケレ市はなぜ規制的な手法を採用したのだろうか，あるいは採用せざるをえなかったのだろうか。その基本的な理由は，オークランド市の郊外に立地する同市の開発圧力の強さに求めることができると思う。一般に開発行為の件数が多くなればなるほど，個々の開発行為について，その環境への影響を考慮しながら開発の是非を審査することは時間的・労力的に著しく難しくなる。そこで，開発を許容する区域と抑制する区域を設け，いわば機械的に開発行為を規制するようにすれば，個別審査の手間が大幅に省ける。すなわちゾーニング制度の採用である。日本の市街化区域と市街化調整区域の線引きはまさにそういう制度であった。オークランド市に隣接するワイタケレ市の近年の人口増は著しく，スプロールが現実の問題として生じていた。「エコシティ」の理念を掲げる同市にとって，目標とする環境の保全を限られたスタッフで達成するには，規制的なゾーニング制度の採用はやむをえなかったのである。

ともあれ，このような規制的な手法の採用は，土地所有者やデベロッパーなど開発利益を求める立場からの強い反発を生んだ。規制的手法に反対する異議申し立ての内容をみてみると，郊外における土地利用規制に関するものが49件と多数を占めており，このうち構造計画に関するものが12件，稜線景観保全に関するものが11件，そのほか分筆に関するものなどが26件となっている。またグリーンネットワークに関わるものは21件であり，このうち河畔域保全に関わるものが6件を占めていた。

このような DP の方向性をめぐる対立の中で，開発推進派と環境保全派との対立は政治的対立へと発展し，1998 年に行われた市長・市議会選挙では開発推進派が初めて対立候補を立てた。その結果，市長は当選させられなかったものの，市議会では環境保全派を上回った。このため，DP の異議申し立てへの対応や今後の「エコシティ」実現への歩みに大きな影響が出てくることも予想される。

6.3.4.3. リソースコンセントの実績

ワイタケレ市の場合，年間約 1800 件の申請があり，うち 2-3% が告知され，そのうちの約 65% が承認，約 35% が不承認である。ただし承認されても申請者が承認条件を拒否して取り下げとなったケースが全体の 50% ぐらいあるという。つまり，告知された申請案件の半数以上は実質的に取り止めとなっているわけである。他方，告知されない申請案件については，大半が承認となり，不承認となるのは非常に例外的であるとのことである。不承認になるような事案ははじめから受け付けないか，あるいは内容を修正させるためである。

ヒアリングを行うのはヒアリング特別委員会(Hearing Special)という部門である。7 名の議員と 1 名の市理事会(Community Board)メンバーが担当する。申請案件のヒアリングの場では，市のプランナーが事案の説明とその処理についての提案(recommendation)を行う。案件の約 80% は提案をそのまま受け入れて決定されるとのことである。ただし，承認条件の修正は非常に多いという。また，ヒアリングの前にプランナーのドラフトを申請者に見せて必要な修正を行っているという。これは一種のインフォーマルな調整手続である。

なお，筆者らの調査時点(1998 年 10 月 1 日)では，コンセントの諾否の決定は，旧法に基づく移行計画と新法(RMA)に基づく(提案段階の)計画(Proposed Plan)の両方に依拠しながら，規制の厳しい方を採用することとされていた。ただし，新計画はすでに意見書を受けて修正を行っているので，実際には新計画による場合が多いとのことであった。

6.3.5. その他の事例

6.3.5.1. バンクスペニンスラ・ディストリクト[49]

バンクスペニンスラ・ディストリクトはクライストチャーチ市の南東に位置する海岸沿いの小規模な自治体である。人口は約8000人で，クライストチャーチ市に隣接しているものの，丘陵で隔てられており，都市化の影響は小さい。本地域の特徴は，平野が大半を占めるカンタベリー地方にあって，火山性の半島を有している点にあり，その独特の草地景観が多くの観光レクリエーション客を引きつけている。

DPの策定にあたっても，こうした半島景観の保全が重要な課題となり，当初の計画案では現状の景観維持のために厳しい土地利用規制が盛り込まれた。すなわち，半島の広い範囲に景観保護区域(Landscape Protection Area)を設定し，植林行為の規制を行おうとしたのである。ところが，上述のワイマカリリ・ディストリクトのような住民参加の手続を一切踏まずに，一方的に計画案を提示したため，農業者を中心として強い反発を引き起こしてしまった。1997年1月に計画案を公表し，3カ月間の意見書の受け付けをしたところ，1100件，7000カ所のコメントが提出されたが，その多くは土地利用規制に対するもので，規制範囲が広すぎること，および規制が厳しすぎることへの苦情が多かったという。このため，改めて利害関係者による円卓会議を開くなどして，当初案の修正を行うこととなった。計画担当者によれば，苦情の多かった景観保護区域についてはおそらく大幅な変更になるだろうということだった[50]。

6.3.5.2. マッケンジー・ディストリクト[51]

マッケンジー・ディストリクトは南島のほぼ中央部に位置し，ニュージーランド最高峰のマウントクックを有する観光地としても有名である。地形的にはマッケンジー川の氾濫原と山岳部とからなり，土地利用の大半は粗放的な羊の放牧地で，樹木がほとんどない草地景観が続いている。人口4000人に対し，年間の観光客は75万人を数える。

本地域の資源利用上の課題は，植林と景観保護の調整，在来植生の保護，ならびに山岳国立公園におけるヘリコプターの遊覧飛行をめぐる対立の3つである[52]。

第1の植林については，すでに繰り返し述べているように，開放的な草地景観を損なうことと，眺望を遮ることの2つが問題とされる。とくに本地域ではマウントクックを含む山岳景観が大きな売り物になっているだけに，これを損ねかねない植林が大きな問題となるのである。林業会社が行う大規模な森林伐採と植林を除くと，道路からの山岳景観の眺望を遮る道路沿いの植林がとりわけ問題視されている。植林に対して強い規制を求めているのは主に自然保護グループであるが，一方の農業者はこうした植林規制に対しては反対の立場をとっている。ワイマカリリの事例でも述べたように，近年植林が経済的に引き合う事業となっているため，農業者の植林への関心が高いためである。DP をまとめるにあたって，ディストリクトは両者の間に入って苦労したという。

　第2に，在来植生の保護であるが，農業者は一般的に関心が薄く，ディストリクトでは啓発的な集会を 20 回程度開いたという。本地域で保護の対象となっているのは，草地に介在するタサックである。タサックは羊の放牧が続けられている限りは生育できるが，そうでないと灌木や樹木が生えてきて存在が脅かされるとのことである。

　第3に，ヘリコプターの遊覧飛行であるが，静かなトレッキングを望むハイカーにはすこぶる評判が悪く，また自然保護グループも騒音や自然環境への悪影響を問題にしている。他方，観光業者にとっては重要な収入源であるだけに直ちに廃止ということにはいかないとのことである。こうしたこともあって観光業者は当初 RMA には批判的な姿勢であったが，美しい景観と環境を保つことが持続的な観光にとって必要であることを理解してからは，擁護的に変わってきているという。

　マッケンジーでは，DP の策定に関わる計画担当者は専任が1名，兼任が1名の2名しかおらず，計画案の作成にはコンサルタントを入れている。上述のワイマカリリのような綿密な住民参加は行っていないが，利害関係者との協議を繰り返し行いながら計画案を詰めていっており，計画の策定に際してはとくに大きな混乱はなかったという。

6.3.6. 小　　括

　以上，DPの策定過程と運用の実態を踏まえて，RMAの成果と課題をまとめると次のとおりである。

　第1に，DPは計画対象地域が行政区域全体に広がり，かつ営農や植林など農林業に関わる行為までもが計画の対象となったことによって，農林業者を中心に直接の利害関係者が大きく広がった。このことはそれぞれの地域で否応なく資源管理に関わる議論を呼び起こしたという点では成果があったが，その一方で自治体の対応の如何によって大きな混乱も生じた。とくに従来計画規制の対象外だった農業者がDPにはまともに関わらざるをえなくなったため，大きな戸惑いと反発を生むことになった。

　第2に，DPの策定は自治体の裁量に任せられ，中央政府は財政的支援や技術的支援(計画作成技術や環境情報の提供等)をほとんど行ってこなかった。このため自治体によってDPの内容や策定プロセスの充実度に大きな格差が生じ，無用な混乱を引き起こしてもいる。中央政府の責任として，もう少し関与すべきであったと考える。少なくとも計画策定のガイドラインのようなものは必要であっただろう。

　第3に，計画書をみる限り多様な計画実現手法が採用されているようにみえるが，実際に行われているのはコンセントによる規制的手法が中心である。各種の非規制的手法の効果についてはまだ最終判断できる段階ではないが，非規制的手法の実施には自治体側にかなりの手間が必要であり，それだけの人材を投入できるほどの財政的余裕がないことを考えると，その点だけでも実効性に不安が残る。仮にそうした点をクリアできたとしても，補助金なしの誘導的手法，啓発や情報提供による行為者の自発的対応に依存するやり方の実効性には疑問が残る。

　第4に，影響原則の適用は，環境に影響を与える行為をめぐって関係者の合意形成を図る機会を生み出しており，環境保全の観点からは望ましい効果もあげている。しかし，その一方でコンセントの時間と費用の増大を招いており，どの利害関係者にとっても負担感を与えている。また，ワイタケレ市のように都市化圧力が強いところでは開発行為の件数が多いため影響原則の適用が難しく，従来のゾーニング制による行為ベースの規制が依然として重

視されている。

6.4. RMA のもとでの資源管理の評価

6.4.1. 地方自治体による計画策定

　労働党政権のトップダウンによって行われた地方制度改革の結果として，分権的な体制のもとで資源管理が行われるようになった。複雑な構造をもっていた自治組織を，政策機能をもつリージョンとサービス機能をもつテリトリーという2つの種類の自治体に再編統合するとともに，リージョンの境界を流域と一致させて流域管理や土壌保全を行いやすくした。また，公共事業省の廃止，農業補助金の基本的な廃止など中央政府の行財政改革は地方自治体の自立的な資源管理を支援する形となった。こうした点で資源管理の分権化が実質的に進んだことは高く評価できよう。

　相対的に規模の大きな自治体を中心として，RMA の分権的な特徴を十分に生かした取り組みを行っているところが多く存在している。第3節で触れたワイマカリリ・ディストリクト，ワイタケレ市はその代表的な例といえる。ここで第1に指摘できるのは，RMA のもとで義務づけられたから計画策定・実行に取り組むのではなく，地域づくりの明確なビジョンを打ち出し，その中に計画策定を位置づけているという点である。第2に，計画策定にあたって資源状況や地域住民の意識などに関わる調査活動を活発に行い，計画に反映させているということも指摘できる。RMA における資源管理システムが分権的で，資源管理の政策決定権が基本的に自治体に付与されているがゆえ，自治体の基本政策策定と資源管理計画づくりを有機的に連携させることを可能とさせているといえよう。

　一方，小規模自治体は財政的に脆弱であるため，資源管理を担うスタッフを確保し，資源管理政策を策定・実行することが困難となっている。たとえば南島北東部にあるカイコウラ・ディストリクトは人口約3500人と全国でも最も規模の小さい自治体のひとつであるが，資源管理専任の職員をおくことができない。このため，計画策定に十分な経験のない職員が他の職務と兼務で，コンサルタントを利用しながら DP の策定を行わざるをえず，計画策

定に多大な時間を要し，2004年初頭においても公聴会を終了できていなかった。また，専門知識をもった職員を雇用することができず，地域の状況を把握していないコンサルタントに過度に依存したために，住民の意向を読み誤って住民との関係をこじらせたり，住民の意向とは全く異なる計画案を策定して大きな反発を受けた自治体もあった。

　このように適切なスタッフを確保できない要因としては，トップダウンで自治体の改革が行われたことも指摘できる。改革過程で自治体の統合・再編がきわめてドラスティックに行われたため，新たに誕生した自治体の多くは組織体制整備・職員の雇用にほとんどゼロから取り組まざるをえなかった。このため，適切なスタッフの雇用や組織体制の整備に困難が生じたのである。

　以上のように，小規模自治体においてはRMAに基づいて義務づけられた計画策定を行うこと自体に多大な困難をかかえており，計画過程や内容に関わって紛争を引き起こすことがみられた。失敗から学びつつ，計画資源管理への取り組みのあり方を改善していることは確かであるが，財政や，専門知識に関わる支援システムの構築を行わない限り，資源管理のレベルを発展させることには限界がある。RMAのもとでの計画策定の問題は人的・財政的資源が劣弱な小規模自治体に集中して現れており，相対的にこれら資源が豊かで優れた企画能力をもった自治体は分権制を生かした展開をしているといえる。

　最後に指摘しておかなければならないのは，こうした分権的資源管理体制は自治体の要求によるものではなく，中央政府によるトップダウンで形成されたということである。中央政府のトップダウンによる改革が分権的な資源管理を可能とさせたという皮肉な事態が生じているのである。

6.4.2. 資源管理の手法

　新自由主義的な改革の中で策定されたRMAは，影響原則の導入にみられるように，従来のような一律の規制中心の環境行政を転換させようとした。しかし，第3節で示したように，自治体が地域の環境保全に積極的に取り組もうとした場合，実質的に規制的な性格をもつ計画をつくり，それが従来規制の及ばなかった営農行為などに及ぶといったことが生じてきた。影響原則

といっても，たとえば在来植生の保護を行おうとすれば在来植生に影響を及ぼす行為を禁止せざるをえず，これは実質的には保護区設定による直接規制と変わりがなくなる。このため，農業者などはRMA施行によって自らの営農行為が新たに規制を受けることになり，コンセント取得が必要な場合にはその費用が必要になるなど，農業経営の新たな制約要因がつくられたと受け止めたのである。農業者の反発をさらに大きくさせているのは，規制による損失の補償や，補助金などによる誘導施策がほとんどないということである。市場を「歪める」補助金などの経済政策は基本的に廃止されており，また自治体は独自の補助金を給付したり，税制面での優遇措置を講じるような財政的な余裕をほとんどもっていない。このため，RMAの規制的な性格が強く「実感」されるという事態が生じているのである。ただし，ワイマカリリ・ディストリクトの事例にみたように，自治体が住民参加を積極的に導入することによって紛争を回避することも可能であった。

　以上のような政策手法に関わる問題は，大都市圏のように開発圧力の高いところでとくに強く現れる。開発圧力が高いところで良好な自然環境を保全しようとすると，規制的な手法をとらざるをえず，開発サイドや土地所有者と大きな対立を引き起こすこととなるのである。たとえばワイタケレ市は良好な都市郊外の自然環境を保全することを目標とし，環境保全上重要な地域において土地分筆を地域全体でコントロールする構造計画など土地利用のあり方に強い規制をかける手法を採用している。この結果，グリーンネットワークや構造計画など先進的な内容をもつ計画案を策定することが可能となった。しかし，土地利用規制を嫌う土地所有者や開発業者の強い抵抗に直面し，徹底的な住民参加の手法の導入によっても紛争は処理できなかった。

　上述のような紛争はRMA，さらには資源管理のあり方をめぐる全国的な議論へと発展し，個人の所有権を侵害する手法への批判や，ワイタケレ市のような計画はニュージーランドの基本方針である所有権の保護，自由な経済活動の保障に対する挑戦であるという主張がされるに至った。

　一方で，RMAの「本旨」を尊重してできるだけ規制的手法に依存せずに資源管理にあたっている自治体も多い。事例の中では触れなかったが，リージョンでは普及指導を中心に農家への働きかけを行って成果を生み出してい

るところがある。その代表が北島南東部に位置するタラナキ・リージョンである。

　タラナキ・リージョンでは無秩序な草地拡大による土壌浸食や水質汚染が大きな課題となっており，これへの対策がRPSの最も重要な課題のひとつとなっている。RPSでは土壌保全政策に関する実行の手法を記載しているが，土壌計画(Soil Conservation Plan)の策定を通して規則(rule)を定めると書かれているほかは，提唱する(advocate)，助言を与える(provide advice)，促進する(promote)という言葉をキーワードとして使っており，リージョンが保全の方向性を提唱し，これを教育・助言の提供という手段を通じて実現することを基本としている[53]。また土壌計画で定められている規則は，植生を5 ha以上攪乱する行為でその一部に28度以上の傾斜地を含むものに対して，もし攪乱後植生回復措置をとるなど一定の条件を満たせば許容行為，条件を満たさないものについては浸食・土砂流失管理計画の提出を義務づける管理行為とすると規定するのみで，これ以外の行為にはコンセントを要求していない[54]。

　タラナキ・リージョンが計画実行において最も力を入れているのは農家への個別的普及指導である。普及指導員が個々の農家に対して，環境保全に配慮した土地利用・営農計画策定を支援し，急傾斜にある草地を森林に転換させるなどの土壌保全策を個々の農家経営に組み入れてきている。保全的土地利用に向けた補助金や税制面での優遇措置などはほとんどないが，人工林林業経営によって高い収益をあげられるため，限界農地の林地への転換が比較的スムーズに行われ，普及指導による土壌保全がとりあえずはうまく機能しているといえる。しかし，現在でも人工林にしても収益性があがらないような急傾斜地や土地生産性の低いところ，林業収益に結びつかない河畔域に対する植林は市場原理のもとでは進まないことが指摘されているほか，将来的に林業が安定した投資先であり続けることは保証の限りではなく，窮迫的な販売が行われたり，伐採跡地が放棄されるなどの事態が生じる可能性も否定できない。林業や農業の輸出依存度が高いだけに国際的な経済状況に土地利用が翻弄されるおそれがあるのであり，これに対抗する手段を地方自治体はもっていないのである[55]。実際，近年上記のような自発性に依拠したアプ

ローチの有効性が批判される事例が生じてきている。たとえばワイカト・リージョンでは，RPS においてタラナキと同様に農民の自発性に依拠した酪農経営からの河川汚染の抑制を行おうとし，農民への普及啓発活動を行ってきた。しかし，水質検査の結果，多くの農家が RPS で定める環境基準を遵守できていない結果が明らかとなり，自発性に依拠する手法に対して厳しい批判がされているのである[56]。

　ワイタケレのような大都市近郊において開発圧力をコントロールしようとすれば，土地所有者の自発的な協力を期待することは困難であり，規制的な手法に頼らざるをえず，また規制的手法を担保・誘導するための手法を組み合わせないと規制の社会的受容と実質性を確保することは困難である。自発性に依拠する手法は限られた条件のもとで有効なのであり，その条件が変化した場合や開発圧力が高い場合，さらには積極的な環境保全の目標を立てて実行しようとした場合，規制的手法，補助金や融資の提供といった誘導的手法が必要とされるのである。そもそも，個々の開発行為が環境にどのような影響を与えるのかはっきりしない場合も多いし，さまざまな行為が複合して環境に影響を与えることもしばしば指摘されており，影響原則に忠実に従った計画策定はきわめて困難である。こうした中で，環境への影響を最小限に抑えようとするならば，影響原則に忠実に従うよりは，ワイタケレ市の DP でとられたような行為を直接的に規制する従来型の計画手法の方が有効であろう。以上の点で，RMA を中心としたニュージーランドの資源管理手法には問題があると考えられる。

6.4.3. 中央政府の活動

　本項では中央政府の活動についてみていくが，最初に述べておかなければならないのは，1990 年から 2002 年まで政権の座にあった国民党は，労働党に比べて環境への関心が低く，RMA のもとでの施策展開には冷淡であったことである。このため，国民党政権時代においては中央省庁の RMA に関わる取り組みはさまざまな問題があった。こうした問題は，RMA を所管する環境省における取り組みに最も明確に現れている。環境省が RMA に関わって行ったことは，自治体による計画策定やコンセントの処理等のモニタ

リングに限られ，国家政策声明や国家環境基準の策定についてほとんど手をつけなかった。また，上述のように各自治体は計画策定に関わってさまざまな問題をかかえていたが，RMA を担当する職員数が限られていることから地方自治体を支援することもできなかった。各自治体は環境省からの支援なしに RMA のもとでの計画策定とその実行に取り組まざるをえなかったのであり，RMA のもとでの資源政策の展開という点に関して，環境省はほとんど役割を果たすことができなかったといってもよいだろう。こうした中で，環境省が最も熱心に取り組んできたのは RMA の見直しであり，ワイタケレ市などでとられた直接的規制政策の導入への批判に応える形で法改正に向けた議論を積み重ねてきた。ただし，2002 年に労働党政権に代わり，改正作業の方向は大きく転換した。改正作業については 6.4.5. において詳述する。

　保全局は地方自治体の計画策定や実行にあたって，データや専門知識の提供という形で助言・支援を行ってきている。地方自治体の多くは自然環境に関わる基本的データや専門家が不足しており，保全局によるデータや助言の提供は重要な役割を果たしている。また，自治体の計画策定やコンセント処理に際して，保全局は環境保全の立場から意見書を提出し，環境保全への配慮を促すという点でも大きな役割を果たしている。ただし，地方自治体への聞き取り調査では，以下の 2 点が課題として指摘されていた。第 1 は保全局が十分な調査を定期的に行うことができず，データが最新の状況を反映するように更新されていない場合があることである[57]。第 2 の問題は，保全局は地域社会との関係性が薄いため，「よそ者」としての保全局の意見が反発をもって受け止められる場合が多いことである。保全局が専門的な知識をもっていることは事実であるが，地元とは必ずしも密接な関係をもっていないために地域社会の実情を踏まえない発言になりやすく，また保全局は補助金など誘導的な方策をほとんどもっていない。保全局が責任をもって発言を行い，さらにその履行にどれだけ協力できるのかが問われている。

　次に環境コミッショナー(PCE)であるが，1991 年に RMA が制定されて以降，資源管理や地方自治体に関わる調査件数が急増してきており，RMA の実行に関する監視・調査活動を積極的に行っていることがうかがわれる。勧告を受けたものは改善義務を負うわけではないが，PCE が勧告を行った

ことは議会に報告しており，また勧告の実行状況に関してもモニタリングが行われるため，何らかの改善措置をとらざるをえないのが一般的であるといわれている。勧告が受け入れられ，何らかの措置がとられた比率は地方自治体では約8割，中央政府機関では約7割に達しており，PCEの勧告が環境保全のうえで大きな役割を果たしていることがみてとれる。

このようにPCEは活発な活動を行っているが，活動のネックとなっているのは財政とスタッフの不足である。財政は発足以来年間約100万NZドルの水準でほとんど変化していないほか，スタッフもわずか12名で，調査専門のスタッフは4-5名に限られている。環境政策が大きく転換し，RMAの実施に伴って各地域においてその実行上の問題が噴出している中で，PCEの役割はますます高まっている。しかし，そのスタッフ・資金は不足しており，求められている調査や監査要求に十分応えられていないのである。

PCEをめぐるもうひとつの問題は議会との関係である。PCEは議会に直属することによって，中央政府組織に対して独立して政策勧告を行う地位を獲得することができた。しかし一方で議会がPCEを政治的駆け引きの道具に使ったり，PCEの活動に介入するといったケースが生じているとされる。これまでのところ基本的にはコミッショナーの政治的なバランス感覚と政治力によってこうした事態を乗り切っており，PCEがどこまで独立して機能を果たしうるかはコミッショナーの個人的力量によるところが大きい。

以上述べてきたように，分権的な資源管理体制を整備してきたものの，この体制に実効性をもたせ，円滑に資源管理政策を進めるために中央省庁が果たした役割はきわめて限定されたものであった。全く新しい資源管理体制のもとで，知識と経験を欠如した自治体がゼロから資源管理に取り組まざるをえなかったのである。中央省庁による不当な介入は避けられるべきであるが，自治体の人的・財政的資源整備とともに，分権化を支える中央省庁の支援体制整備が重要であることが指摘できる。

6.4.4. 資源管理の総合性確保

RMAは総合的な資源管理を目標としており，自治体にその権限を付与している。それでは実際に総合性は確保されているのだろうか。

まず指摘できるのは，ワイマカリリ・ディストリクトやワイタケレ市の事例に示したように，多くの自治体が地域づくりの総合的な計画・政策を策定しており，RMA のもとでの計画もこうした枠組みの中に位置づけられていることである。これら自治体では，地域づくりと資源管理が有機的に結びつけられており，資源管理の総合性を確保するうえで大きな役割を果たしている。

　さらに，RMA のもとでの計画にさまざまな総合化の試みを組み込んでいる。たとえば，個別分野ごとに政策，管理方針を叙述しつつ，他の資源管理との関わりについて書き込み，相互関連をはっきりとさせている。またタラナキ・リージョンの RPS にみられるように，地域における資源管理上の課題をはっきりさせ，その課題解決のための方策を総合的に記載していくといった手法をとる場合もある。DP についても，ワイタケレ市にみられるように生物多様性保全をにらんだグリーンネットワークや，地域景観保全のための構造計画など，総合性を確保するためのさまざまな手法が提示されている。

　ただし，計画が策定されてから日が浅いため，総合化に向けた方針を打ち出していても，それが実際にどこまで機能しているのかについては今後の検討を待たなければならない。

　現時点で指摘できるのは，リージョンとテリトリーの機能区分が，総合化を阻害する可能性があることである。たとえばリージョンが RPS および RP において土壌保全や水保全の基本政策・計画を策定しているが，これはテリトリーが行う土地利用計画と密接に関係するものであり，機能分化によって両者が別々の組織で扱われることは総合的な資源管理を行ううえで障害となるおそれがある[58]。テリトリーはリージョンと計画内容のすり合わせは行っているものの，基本的に独立して計画策定を行っているため，有機的に計画を連携させることは困難である。また，リージョンにおいて RPS を策定する場合も，土壌や大気など個別分野ごとに策定される場合が多く，具体的な資源管理の現場で総合性が確保できるのか疑問とするところも多い。

　このように，計画文書上では総合化への取り組みを確認することができるが，その実効性については検証できず，今後，制度的・組織的な障害も顕在

化する可能性があるといえる。

6.4.5. RMA 改正作業の動向

これまで繰り返し述べてきているように，ニュージーランドにおける環境政策改革は基本的に新自由主義的な考え方を基本として行われているが，ワイタケレ市のように開発圧力が強い地域において，スプロール化を防止したり，自然環境の保全・修復を図ろうとした場合，土地所有者の自発性に依存していてはその目標を達成することができず，直接規制的な計画手法を導入せざるをえない。しかし，新自由主義改革のもとで規制的手法が忌避されるようになり，またニュージーランドではとくに農業者を中心として個人の所有権保護の意識が強いため，直接規制的な計画手法の導入は紛争を引き起こすこととなった。

1998 年から RMA の見直し作業が始められたが，その基礎となったレポート[59]では，ワイタケレ市の規制的手法を強く批判しており，またその他地域において導入されていた土地利用の規制的手法についても，RMA の基本理念と相容れないとして，規制的手法を回避することをより明確に規定することを求めていた。こうした意見を反映させる形で 1998 年 11 月には RMA の改正案が策定され，市民の意見が募集された[60]。一般市民から寄せられた意見は，さらなる規制緩和に反対する意見が圧倒的に多く，このためこうした側面のトーンを弱めて，1999 年に RMA 改正案が議会に上程された。

この改正案の主要な内容は次のとおりであった。

① RMA における「環境」および「アメニティ」の定義を限定的なものとする。RMA ではこの 2 つの言葉に幅広い意味を与えていたが，これを制限することによって法律の適用範囲を限定しようとした。

② 地方自治体の権限を整理する。リージョンとディストリクトの権限の重複を整理し，RPS の策定を義務ではなくオプショナルなものとする。

③ コンセントの手続を合理化する。先にも述べたように，コンセントの手続に時間がかかるほか，この手続をめぐって行政と申請者の間，あるいは申請者とその影響を受ける者の間で紛争が頻発していた。このため，

手続の簡素化を図ろうとした。
④　土地分筆に対する規制を若干緩和する。
⑤　歴史的遺跡の保護に関する法律を RMA に統合する。

この法案は議会の地方自治・環境特別委員会によって，住民からの意見などを聴取しつつ検討されたが，この過程で数多くの問題が指摘された。2001年5月に特別委員会は議会に対してこの法案の処理に関わる提案を行ったが，それは，上記①については現行のままにすべき，②についてもリージョンの総合的資源管理の機能を現状のまま維持し RPS もオプションとしない，などさまざまな点で再検討を要求するものであった。また，2002 年には環境保全を重視する労働党が政権につき，RMA の改正も規制緩和の徹底ではなく，資源管理の有効性を確保し，国がより積極的な役割を果たす方向性を打ち出した。

このため環境省は RMA の改正について改めて検討することとし，2004年から本格的な改正作業を開始した。上述の特別委員会の意見に従って，環境・アメニティの定義およびリージョンの機能の変更を見送るなどいくつかの改正を断念する一方で，新たに改正案に盛り込まれたものとして，国の機能の強化があげられる。国家政策声明が他の計画の上位に位置づけられる計画であることを明確にするとともに，国家環境基準が土地利用，河川，水などさまざまな分野において策定できることを明確にした。リージョン，テリトリーレベルの計画策定については，RPS が上位計画にあることを明確化したほか，これまで計画策定に長期を要していたことから，計画内容を簡素化することを可能とさせた。また，コンセント処理に要する時間と費用を削減するために，公聴会手続を効率化する規定などを盛り込んだ。この法案は議会において若干の修正のうえ，2005 年 8 月 1 日に可決された。

上記改正作業にあわせて，環境省は大気およびゴミ廃棄場から排出されるガスに関する国家環境基準の策定作業に着手し，2004 年 7 月に発効させている。また，生物多様性を中心とした国家政策声明の作成や，水道水源保護や汚泥の農業利用に関する国家環境基準の策定作業を進めている。これは地方自治体に完全に地域資源管理を委ねるというこれまでの方針を大きく転換することを意味しており，中央政府が最低限の環境基準について設定し，資

源管理を強化することが可能になると考えられる。一方で，どこまで有効な計画を国が策定できるのかということが未知数であるほか，これを実行するための財政などの資源や政策手段の検討が課題となっている。

1) 本章は文部省科学研究費補助(国際学術研究)「ニュージーランドにおける環境保全に配慮した自然資源管理政策と市民参加に関する調査研究」(研究代表者 土屋俊幸(岩手大学)，1997-1998年度)によって行った現地調査に多くを負っている。現地調査は1997年9月に予備調査，1997年12月および1998年9月に本調査を行い，調査先は以下のとおりである。政府機関：環境省，農水省，保全局，環境裁判所(ウェリントン，オークランド，クライストチャーチ)，リージョン：クライストチャーチ，タラナキ，ワイカト，ホークスベイ，テリトリー：ワイマカリリ，バンクスペニンスラ，マッケンジー，ワイタケレ，サウスタラナキ，ストラットフォード，ニュープリマス，ファーノース，ユニタリーオーソリティー：ギスボーン，関係団体：農民連合(Federated Farmers)，森林所有者協会(Forest Owners Association)，ニュージーランド・ランドケア・トラスト(New Zealand Land Care Trust)。なお自治体のうちタラナキ，ワイタケレ，ワイマカリリ，ファーノース，ギスボーンの各自治体については集約的な調査を行い，地方自治体職員のほかに利害関係者・住民などへの聞き取り調査を行った。

　なお，これ以降も継続的に情報収集を行ってきたが，2005年にRMAが改正され，またRMA実行をめぐる状況が近年変化しつつあり，この動向については十分述べることができなかった。これについては改めて分析を加えたい。
2) ただし，総合化に関わっては議論の基礎となる十分な素材がまだ存在していないため，前2者に叙述・分析の焦点をあてる。
3) OECD, Environmental Performance Review (1996). およびLeHeron Richard and Eric Pawson eds., *Changing Places New Zealand in the Nineties* (Longman Paul, 1996).
4) 平松紘『ニュージーランドの環境保護』(信山社，1999年)67-80頁。
5) 地引嘉博『現代ニュージーランド』(サイマル出版会，1991年)275-280頁。
6) OECD, supra note 3.
7) Ali Memon, *Keeping New Zealand Green* (University of Otago Press, 1993) p. 56.
8) Id., pp. 57-58.
9) Ton Buhrs and Robert Bartlett, *Environmental Policy in New Zealand* (Oxford University Press, 1993).
10) Memon, supra note 7, p. 63.
11) 保全局は，環境法ではなく1987年に制定された保全法(Conservation Act)を根拠法として設立されている。
12) Graham Bush, *Local government and politics of New Zealand* (Auckland

University Press, 1995) pp. 92-100. ただし，リージョンとテリトリーの間の機能分化は必ずしも明確ではないとの批判もある。
13) Memon, supra note 7, p. 78.
14) Bush, supra note 12, p. 192.
15) Geoffrey Palmer, *Environmental Politics: A Greenprint for New Zealand* (John McIndoe, 1990).
16) RMA において持続的管理は以下のように定義されている(5条)。「自然・物理資源の利用・開発・保護を，人々・コミュニティに対して社会的・経済的・文化的な福祉を提供できるように，また人々・コミュニティの健康と安全のために管理すること。この際，将来世代の要求を満たせるように自然・物理資源を維持し，大気・水・土壌および生態系の生命維持能力を守りつつ，環境に悪影響を与える行為を回避・修復・緩和させる」。
17) Buhrs and Bartlett, supra note 9, pp. 129-130.
18) Ministry for the Environment, Implementing the Resource Management Act: Key Messages for the Councilors (1995).
19) 労働党政権の2期目においては1期目ほど新自由主義的な原則が強く主張されなかったということがその原因として指摘されている。Memon, supra note 7, p. 105.
20) ユニタリーオーソリティーはテリトリーレベルの自治体がリージョンの機能も同時に担うというものであるが，地方自治制度が改革された当初は北島東部のギスボーン1カ所のみであった。ギスボーンはひとつの大きな流域をなしているが，人口が希薄な地帯なのでそのもとにテリトリーを形成することができないという，技術的・自然的条件が原因でユニタリーオーソリティーとして組織されたのである。一方1992年にはネルソン・マールボロ・リージョンが廃止され，タスマンおよびマールボロ・ディストリクト，ネルソン市がユニタリーオーソリティーとなったが，これは政治的な要因による。地方自治改革においてリージョンとテリトリーの2段階制にしたことに対して，両者の機能分担が必ずしも明確ではなく，またテリトリーの上に規制機能をもつリージョンが存在するということに反発する勢力があり，リージョンを廃止すべきであるという動きが国民党政権になってから強くなった。結局リージョン廃止は行われなかったが，リージョン廃止の要求が強かったネルソン・マールボロ地域においてはユニタリーオーソリティーが誕生することとなった。ただし，これ以降新たなユニタリーオーソリティーは設立されていない。
21) Ministry for the Environment, Resource Management Act: Annual Survey of Local Authorities 2001/2002 (2003).
22) 事前公聴会で解決された件数の比率は約37%となっている。ただし，事前公聴会で解決していても正式な公聴会を行うケースもあり，実際には事前公聴会による解決比率はより高いものとなると考えられる。
23) ここで農業地域と呼ぶのは，ニュージーランドの統計にいう農場面積に相当する範囲である。この農場面積には，日本とは違って，農用地のほかに宅地，山林，荒地，池沼，道路等，ひとつの農場に含まれるすべての土地利用が含まれる。そこで本節で

は，この農場面積をもって農業地域の面積と近似することとしたものである。なお，農場面積の概念については Ministry for the Environment, supra note 21, p. 16 を参照。
24) 由比濱省吾「ニュージーランドの自然と土地利用」1985・1988・1991 年度文部省科学研究費(国際学術研究)調査総括報告書『ニュージーランド畜産業の構造』(ニュージーランド畜産業研究調査班(研究代表者 由比濱省吾)，1993 年)1-20 頁。
25) 田中伸彦「ニュージーランド資源管理法(RMA)下における野生生物・景観の保全」1998 年度科学研究費補助金報告書『ニュージーランドにおける環境保全に配慮した自然資源管理政策と市民参加に関する研究』(1998 年)。
26) 野口英「ニュージーランド畜産業における害獣の実態」1985・1988・1991 年度文部省科学研究費(国際学術研究)調査総括報告書・前掲(注 24)201-208 頁。
27) 筆者の調査に同行された磯崎博司教授(当時岩手大学)のご教示による。
28) DP の策定経過については，ワイマカリリ・ディストリクトの計画担当者である Richard Johnson 氏(District Planner)と Kathy Perreau 氏(Planning Officer)からの聞き取りによる(1997 年 12 月 4 日，同ディストリクトにて)。
29) たとえばワイククビーチ地区には 6 つの集落(local community)があり，450 名の住民がいるが，各集落から 2 名ずつ代表が出て，12 名の住民代表によるワークショップを 2 回開催したという。また計画案への意見書は全部で 3 回提出したとのことである。
30) 前掲注 28 の Richard Johnson 氏。
31) 1997 年 12 月 4 日にワイマカリリ・ディストリクトの庁舎で行ったもので，聞き手は筆者(広田)と土屋俊幸(当時岩手大学)，参加者は次の 5 氏である。Robyn Bristow (地域住民)，Murray Taggart(農家，農民連合所属)，Robert Cooke(デベロッパー)，Miles Giller(農家林業者)，Brian Peat(北カンタベリー農民連合事務主任)。この発言は Murray Taggart 氏によるものである。
32) たとえば，リンカーン大学の Ken Hughey 教授はワイマカリリについて，政治的に安定しており，優秀なスタッフが時間をかけて丁寧な住民参加を行いながら計画を策定したよい事例と評している(1997 年 12 月 5 日，リンカーン大学にて)。
33) ランドケア(Land Care)とはオーストラリアで始まった環境改善運動で，ランドケアトラストが関係者をコーディネートしながら地域の身近な環境改善を進めるところに特徴がある。
34) 1998 年 9 月 24 日にワイマカリリ・ディストリクトのカイアポイ地区において，養豚農家であるブラウン夫妻から聞き取り調査および現地調査を行った。
35) 審査委員会はディストリクトの議員で構成される。外部から委員を起用する場合もある。わが国でいうと，開発許可の審査を市町村会議員が行っているようなものだが，その審査は客観的・中立的で利益誘導などは考えられないという。
36) 1998 年 9 月 22 日現地調査。Frank Rapley 氏(Corporate Project Officer)より聞き取り。
37) 1998 年 9 月 22 日現地調査。前掲注 36 の Frank Rapley 氏および前掲注 28 の

Kathy Perreau 氏より聞き取り。
38) 1998年9月24日，ワイマカリリ・ディストリクトのセフトン地区の同社工場を訪問。Noel Stewart 氏 (Manager) より聞き取り。
39) 1998年9月21日，ワイマカリリ・ディストリクト・カウンシルにて開催された審査委員会のヒアリングを傍聴した。
40) 農村的な生活を好んで都心部から農村地区に移住してくる人々を「ライフスタイル」と通称している。
41) 前掲注31のグループインタビューでの参加者の発言をもとに整理した。
42) 以下は，Nick Ledgard 氏 (森林研究所，北カンタベリー農家林業家協会 (North Canterbury Farm Forestry Association)) のご教示を受けた (1998年9月22日，ワイマカリリ・カウンシル・サービスセンターにて)。
43) 前掲注38の Noel Stewart 氏からの聞き取りによる。
44) たとえば，ワイマカリリ川からの農業用水を取水する事業では，総事業費の約1割がコンセント取得のための費用だったという。
45) 柿澤宏昭「ワイタケレ市の事例」1998年度科学研究費補助金報告書・前掲 (注25)。
46) ワイタケレの副市長であるドロシー・ウィルソン氏，振興開発課長のアン・マギー氏，および環境政策戦略担当チームのリーダーであるジェニー・マクドナルド氏からの聞き取りによる (1997年12月12日，ワイタケレ市庁舎にて)。
47) ワイタケレの計画担当者である Philip Brown 氏 (Principal Planner) によれば，典型的な住宅地の場合，MULL 内の市街地で約100万 NZ ドル/ha，郊外で10万 NZ ドル/ha 程度であるという。
48) ゾーニングマップは次の2種類の図面から構成されている。第1は，Natural Areas というタイトルのマップであり，各種保護区域，海岸区域，管理区域，グリーンネットワーク，岸辺，景観保全区域，水域などが表示されている。第2は，Human Environments というタイトルのマップで，住居区域 (3種)，コミュニティ区域，業務区域，ブッシュ丘陵，ワイタケレ山地，海岸集落，農村集落，郊外，オープンスペース，史跡・文化財，社会インフラなどが表示されている。市内をメッシュに区切り，1つのメッシュにつき以上2種類のゾーニングマップが用意されているわけである。
49) バンクスペニンスラ・ディストリクトの計画担当者である John Christensen 氏からの聞き取りによる (1997年12月2日，同ディストリクトにて)。
50) 景観保護区域を含む当初計画案を作成したのはオークランド市のコンサルタントである。リンカーン大学の Ken Hughey 教授 (前掲注32) によれば，コンサルタントに丸投げしたところに本ディストリクトの問題があったという。
51) マッケンジー・ディストリクトの計画担当者である John Makenzie 氏からの聞き取りによる (1997年12月3日，同ディストリクトにて)。
52) このほかに軍用基地の拡張という大きな政治問題があるが，ここでは省略する。
53) Taranaki Regional Council, Regional Policy Statement (1994).
54) Taranaki Regional Council, Regional Soil Plan for Taranaki (2001).

55) 柿澤宏昭「ニュージーランドにおける資源管理制度の現状と課題——新自由主義改革と資源管理」日本林学会誌 83 巻 1 号(2001 年)5-13 頁。
56) Group slams EW over farm pollutions, Waikato Times, 2005/4/19.
57) たとえば，保全局が更新されていない自生種植生分布のデータを提供し，自治体がこれをそのまま使用して DP の中で自生種保護域を設定しようとしたために，すでに自生地を開発して農地化したところに保護域が設定されるといった事態が生じ，紛争を引き起こしたケースが生じている。
58) ただし，2005 年の RMA 改正で RPS が上位計画であることが明記されたので，状況は改善されるものと思われる。
59) Owen McShane, Land Use Control under the Resource Management Act (Ministry for the Environment, 1998).
60) この改正案では，たとえば土地の分筆に関して，土地利用の影響を管理するために有効な手段としながらも，自治体が安易な土地利用規制の手段として分筆規制を行っているとして，これを最小限とするような提案が行われた。さらに，これまで DP において土地利用に関わって規制的手段が多用されてきたことから，影響原則を貫徹することが重要な課題とされた。現行規定では，テリトリーは「DP にコンセントの必要性が言及されていない行動についても，規則によってコンセントを要求することができる」とされている。改定案説明書ではこの規定を「規制を羅列することを好むテリトリーにとって魅力的な規定」であると指摘し，影響原則という法律の本来の趣旨に立脚したテリトリーレベルでの資源管理を進めるために，この規定の削除を提案したのである。

7. ま と め

　本章では，各章の内容を要約しつつ，先進諸国における新しい自然資源管理政策の理念，政策枠組み，実行状況と今後の課題について述べることにしたい。

近代的自然資源管理政策の限界
　第1章で述べたように，先進諸国は19世紀末から20世紀における自然環境の悪化に対してさまざまな対応を行ってきたが，今日，その理念，手法，意思決定手続などをめぐり多くの問題が指摘されるようになってきた。
　近代的自然資源管理制度の特徴を要約しつつその限界についてみると，第1に，地理的・場所的な分割管理が指摘できる。河川・農地・森林など，資源分野ごとに，また個別所有者・管理者の枠の中で管理がされてきた。また，これと表裏一体をなす問題として，管理行政機関が専門化・細分化され，縦割りの行政が確立する中で行政機関相互間の連携がほとんどとられていないこと，またこうした縦割り行政の中で行政の顧客が分断されているほか，学問分野も縦割りに組織されており，異なる学問分野の相互交流がほとんどなかったという問題もあった。さらに，観光的価値のある自然景観や貴重な動植物については，国立公園制度や天然記念物制度などによって一定の保護が図られてきたが，それ以外の自然——たとえば里地里山などの身近な自然——の保全はほとんど顧慮されてこなかった。
　第2に，近代的自然資源管理の手法についてもさまざまな問題が指摘されている。汚染源の規制が中心となる公害対策などでは直接的で規制的な手法が大きな成果をあげてきたが，規制的手法に対しては，その執行に大きなコ

ストがかかる，地域性・相手方などを考慮した柔軟な対応ができない，利害関係者による協議の余地がない，個人の財産権に規制を加えるためにその適用には強い制約があるなどの問題が指摘されている．

　第3に，生態学の発展によって，生態系の複雑なつながりや，生態系は定常に安定するのではなく，絶えず変化しているなどの特徴が明らかにされた．その結果，これまでの縦割りの資源管理のあり方が問題となり，自然攪乱の存在を前提とした，総合的な自然資源管理が求められるようになってきた．また，人間を生態系の一員として捉え，健全な生態系の維持と人間活動のバランスを考えることも求められるようになってきた．

エコシステムマネジメントの登場

　こうした中でアメリカ合衆国においては1980年代半ば頃から新しい資源管理のあり方を探る試みが始まり，エコシステムマネジメントという考え方として結実した．エコシステムマネジメントはさまざまの内容を含むが，その代表的なものと考えられるアメリカ生態学会報告書は，長期的な持続性を基礎とし，明確で実行可能な目標をもって行うべきであること，生態系が複雑で相互に関連し，常に変化していることや，空間・時間スケールが多層的であることを認識すること，人間が生態系の構成要素であることを認識し持続性の達成に向けて努力することなどを，その要素として掲げる．また，管理目標と戦略を新しい情報によって絶えず更新し，発展させるというアダプティブマネジメントの考え方を導入することを求めている．

　連邦政府におけるエコシステムマネジメントの導入は1990年代はじめから本格化した．1993年には太平洋岸北西部国有林における原生林保護紛争の抜本的解決をめざしてFEMATのレポートが作成され，さらに翌1994年にはエコシステムマネジメントの本格的開始となる北西部森林計画が実行に移された．また内務省土地管理局，国立公園局，魚類野生生物局なども1990年代半ばまでにエコシステムマネジメントを基本的な方針として採用し，土地管理や生物多様性保護に関わって大きな転換を試みた．また全国4カ所でパイロット事業を行うこととした．

　一方，エコシステムマネジメントに対しては，単なるスローガンにすぎず，

体系的な理論がない，それを実行に移すために必要なデータが不足しており，データを収集・分析する人的資源も欠如しているといった批判が行われている。また，エコシステムマネジメントを実行するうえでの課題として，行政システムが相変わらず縦割りで，直接に成果が目に見える取り組みしかせず，住民との協働を形成する能力も欠如していることが指摘されているほか，現世代の者が将来世代の選好を考慮して現在の資源管理を行えるのかという問題がある。

エコシステムマネジメントは政治的なバックラッシュにあったほか，環境保護団体からも隠れ蓑と批判され，また官庁の既得権限を侵すものと考えられたため，連邦政府の政策指針からは消えていった。しかし，その原理原則は連邦や州の政策の中にさまざまの形で取り入れられており，地域社会を基礎とした協働による自然資源管理の取り組みも合衆国全土で進んでいる。エコシステムマネジメントの掲げた諸要素は，連邦・州行政機関の政策・計画，さらには NPO や住民の取り組みの中に着実に浸透しているといえる。

上記のような自然環境保全政策の根本的転換に向けた模索はアメリカ合衆国以外の国でも進行している。その方向性は第1章で整理したが，①自然環境保全の対象の大幅な拡大，②多様な生態系を保護するための広域的・総合的な取り組み，③縦割りを越えた連携や総合的な政策の立案・実行，④問題設定が広域的・総合的となったことによる利害対象者の広がりと，それに対応した新たな合意形成・協働の模索，⑤直接的規制による問題への対処の限界が認識されたことによる政策手法の多様化の模索，⑥国内的な取り組みを越える国際的な取り組みの開始，⑦学問領域・学界を越えた連携などである。ここでは以上に指摘した事項が，各国でどのように実現されつつあるのかを，第2章以降の叙述から抽出し，要約してみよう。

総合的な資源管理

まず，総合的・広域的な省庁間の縦割りの壁を越えた自然資源管理の進行状況に注目しよう。

第2章で述べたように，アメリカ合衆国ワシントン州・オレゴン州では，州内のサケ科魚類が連邦法である絶滅のおそれのある種の法の絶滅危惧種に

登録され，州に対する連邦の関与が強まることへの対抗策(回避策)としてサケ再生の取り組みが行われている。その特徴は，単にサケの捕獲規制や産卵場の確保にとどまらず，土地利用も含めた流域全体の健全性の回復を目標としているところにある。この目標を達成するためには環境保全部局や野生生物管理部局だけではなく，流域の土地利用や河川水質・水量の維持に影響を与えるすべての部局が協力することが不可欠であり，縦割りを越えた実行体制を組織する必要がある。両州ともに州知事のリーダーシップのもと，州政府の政策全体を環境保全・流域保全型へと大きく転換するとともに，包括的な流域保全計画を策定し，省庁横断的な実行体制をつくり上げている。また，いずれの州もこの体制を動かすための中枢的な機能を果たす組織を，知事直属の機関として設置していることが特徴となっている。

　一方，スウェーデンにおいては，個別に制定された環境法の体系化が進んでいる。すでに1987年には自然保全法や環境保護法などの傘法として自然資源管理法が制定されており，さらに1999年には，旧来の環境関係法律を統合した環境法典が施行された。各法は，環境政策の基本的な方向を明確に定めており，たとえば自然資源管理法は土地利用に関わる種々の理念を規定するとともに持続的な社会を形成するための法的基盤を示し，環境法典は予防的原則を明示している。

　さらにスウェーデンの自然環境保全においては，資源管理と土地利用が基礎概念となっている。たとえば1987年自然資源管理法は土地・水保全を基本的な管理概念としており，同法と同時に制定された計画・建築法は自然資源管理法に示された資源利用の価値秩序に従って土地利用構想を立てるべきことを規定している。このように自然環境保全が資源管理という包括的な政策の中に位置づけられ，土地利用政策に具体的に結びつけられているのである。なお，土地利用規制については1972年に大きな転換があった。すなわち，これまでの自己所有地においては自然の自由な利用が許されると観念されていたが，自己所有地にあっても，自然の価値を損なわない利用が基本とされるようになった。具体的には，沿岸保護区域は原則としてすべて保護すべき旨の法改正が行われ，また利用規制に伴う損失補償請求権は大きく制限されることとなった。

分権的な資源管理

　ニュージーランドに目を転じると，同国では，1980年代に新自由主義に基づく改革が断行され，その過程で環境政策も根本的に転換した。1991年に自然資源全般を包摂し，管理原則や管理手続を定める資源管理法が制定され，土地・水・大気といった自然資源を総合的に地方自治体が管理する仕組みが導入された。農林業も資源管理の一部に位置づけられ，持続的展開の確保の観点から同法の適用を受けることとなった。資源管理法は，多種の自然資源を総合的に管理するとともに，その権限を分権化するという画期的な試みといえる。

　資源管理法体系の改革にあわせて地方自治制度も根本的に改正され，従来の多数の自治体に代わって，広域自治体としてのリージョンと基礎自治体としてのテリトリーが設置された。資源管理に関して，前者(流域を基礎に組織される)は，土地・水・大気に関わる政策立案・実行を担当し，後者は土地利用を担当することとなった。中央政府は沿岸域管理政策の策定と資源管理法の実行状況のモニタリング・監督が義務づけられているが，さらに環境の質に関するガイドラインは任意に策定できるものとされており，自治体の政策立案・実行を縛るような仕組みにはなっていない。

　なお，ここで注意すべきは，資源管理体制の地方分権化は地方の要求が実現したものではなく，中央政府の「都合」によって，トップダウンで決定され，それを受けて自治体に大きな権限が付与されたということである。さらにその過程で，中央政府が，改革前には地域の資源管理に強大な影響力をもっていた公共事業省を廃止したこと，農地開発や造林地の拡大を促す原因となっていた政府補助金を基本的に廃止したことが重要である。このことによって地方自治体は中央政府の介入なしに自立的な資源政策を展開できる基礎を獲得したといえる。

　しかし，自治体への権限移譲や補助金の廃止を断行する一方で，地方財政再分配のための仕組みを導入しなかったため，小規模自治体を中心に財政が不足し，資源管理政策を実行するうえで大きな制約となっている。また，中央政府は行政改革によって人員・財源を大幅に減らしたために，自治体に対して資源管理法執行のための有効な助言・支援をほとんどなしえなかった。

このため，小規模自治体では，政策策定の過程で専門家や専門的知見を十分に確保することができず，大きな問題を引き起こした。また立案された計画の中には，内容において問題の多い例もみられた。分権化の推進には中央政府の強力なリーダーシップや支援体制が必要な面があり，権限を移譲し放任すればよいというものではない。

ボトムアップを重視している点は，アメリカ合衆国の流域保全も同様である。上述のようにワシントン州やオレゴン州では，州政府として取り組む体制をつくる一方で，各流域が自ら流域保全に取り組めるよう，住民組織の立ち上げ，計画策定，具体的な事業展開などに関し，専門的・技術的支援体制を準備するとともに，生態系修復事業などに関わるさまざまな補助制度を用意した。サケ再生プログラムの基本は各流域における自発的な活動におかれているのである。州政府は各流域の取り組みに介入はしないことを原則としており，ボトムアップをつくり出すために政策的イニシアティブを発揮することを，その役割としているといえる。

ただし，オレゴン州とワシントン州では流域レベルの取り組みの枠組みが異なっている。ワシントン州では，州政府が流域の地理的境界を設定し，計画策定・事業実施主体を流域内の自治体に固定し，流域計画の内容にも一定の縛りをかけている。一方でオレゴン州では，流域の境界設定や流域組織の組織者には基本的に制限を設けず，各流域の自主性に任せている。そのためオレゴン州の流域保全活動は，自発性がより強いものの，活動組織の分布や活動内容にムラが大きい。ワシントン州では全州にわたり法的要件を最低限満たした流域組織・計画が立ち上がってはいるものの，計画の必須項目である水量などについて合意が形成できず，問題をかかえているところが多い（マサチューセッツ州については後述）。

結局，いずれの州においても，地域の問題について堅固な議論をできる組織・基盤を地域の中にすでに形成しているところが流域保全についても活発な活動を繰り広げている。州政府が率先し，さまざまな政策メニューを提供しても，地域の受け皿となる活動主体が育たなければ，流域保全活動は成功しないといえる。

国境の枠を越えた取り組み

　多くの動物が国境を越えて移動し，規模の大きな生態系が国境を越えて広がっていることを考えると，生物多様性保護の取り組みにおいては，人為的に形成された国境の枠を越えた保護区ネットワークの形成が不可欠である。EUにおいてはこうした観点からナチュラ2000と呼ばれる取り組みが進んでいるが，これは1992年の生態域保護指令および1979年の野鳥保護指令に基づいて保護区ネットワークの形成をめざしたものである。前者に基づく保護区はEU域内に存在するさまざまな自然生態域類型を内包するという点に着目して指定され，保存特別区（ZSCまたはSAC）と称する。

　ナチュラ2000構築の流れをみると，まず加盟各国が定められた基準に従って，候補地リストをEU委員会に提出する。EU委員会は加盟各国との合意を得て候補地リスト確定案を作成し，加盟各国は確定したリストに従って保存特別区に指定する。候補地選定のプロセスをフランスについてみてみると，契約的手法の重視・自発的参加の重視・透明性の確保・討議の場と近接の確保を原則として保護区の指定・管理を行うこととしており，指定手続における参加・公開の確保が重視されている。各レジョンに利害関係者からなる協議会が設置され，レジョン学術委員会は策定した候補地目録を協議会に示したうえで，国に提案を行い，国はリスト案を決定し，これをレジョンに示す。レジョン知事は，このリスト案をもとに地域の意見を集約したうえで国に提案を行い，国は関係省庁との協議を経たうえでEUに提案を行う。

　EUが基準を定めつつも，候補地選定のイニシアティブは基本的には加盟各国に委ねられており，さらに加盟国内においても参加・公開が重視されている。EU全体としてその保存の責任を負うべきであるとされる優先保護区域の選定についても，加盟国がイニシアティブをもつことになっている。ただし，加盟各国が提出したリストの中に，優先性を有する自然生態域や優先性を有する動植物の生存にとって不可欠な地域が欠落していると判断されたときには，双方向的な協議手続を介在させつつも，最終的にはEU評議会の全会一致による決定によってEUの政策判断を優先させることになっている。

　加盟各国は保存特別区指定区域について管理計画等を策定し，規制的手法や契約的手法を用いることにより，必要な保存措置を講じなければならない。

フランスにおいてはZSCのうち既存の保護制度によって規制的手法が確保されているのは一部にとどまり，それ以外の地域は，契約的手法による保護措置でカバーする必要がある。

ナチュラ2000の推進においては，自然保護政策以外のEU政策との関わりが重要になっており，とくに農業分野において生態系保全を進めることが重要となっている。フランスにおいてはEU農業環境政策と並行して，農家との契約を締結して補助金支給と引き替えに粗放農業を義務づけるといった手法が導入されている。

ただし，加盟各国のZSC候補地選定作業は大幅に遅延するとともに，各国間の進捗作業にも大きな隔たりが生じ，当初EUが定めたタイムスケジュールと比して指定作業は大幅に遅れている。EU―国―地域―保護区という多層的な段階での合意を形成しつつ広域的な保護区ネットワークを形成することの難しさが現れているといえよう。

協働関係の構築

先進諸国の最近の環境政策を大きく特徴づけているのが，協働関係の構築の重視である。たとえばアメリカ合衆国太平洋岸北西部における流域保全活動は，各流域におけるボトムアップの取り組みを基本におくが，そこでは流域における多様な利害関係者の協働が重視されている。複雑な流域生態系には多様な利害関係者が関与しており，流域保全においては，これらの利害関係者の協働が不可欠である。このため，たとえば生態系修復などに関わる補助金の支給にあたり，パートナーシップの形成を要件とするなど，流域保全事業の中に協働関係の構築を組み込もうとしている。

ただし，こうした協働関係は容易に形成できるものではなく，流域組織の多くが活発な活動を繰り広げているとはいいがたい。流域保全活動が活発な流域の多くは，それ以前より地域活性化や地域環境保全などの活動が盛んで，その活動の中で地域内の協働関係を形成してきたと指摘されている。州政府による誘導措置が働けば協働が自ずと形成されるというものではなく，地域がもつ自治の能力が問われているのである。

以上のことは東部の事例をみるとより明確である。たとえばマサチュー

セッツ州における流域保全活動は，小規模のコミュニティとランドトラストが連携しつつも，民間団体が主要なイニシアティブを握る草の根的なボトムアップの仕組みがつくられていることがきわめて重要である。

なお，合衆国太平洋岸北西部では，流域保全に関連し，流域保全・サケ再生に貢献する農業経営・森林経営のあり方を幅広い関係者が議論し，実践に取り組んでいるが，これらも協働による自然資源管理の事例として重要である。

ニュージーランドにおいても，自治体が分権化の流れを積極的に受け止め，住民参加手続を導入し，協働で計画を策定し，実行している例がみられる。これらの地域では，流域管理やグリーンネットワーク形成など総合性をもつ計画を，利害関係者の合意をもとに達成しようとしている。地域の自然資源を総合的に管理するためには，初期の計画策定から最終的な執行の段階まで，すべての過程を自治体と多様な行政外関係者が協働し担うことによって，よりよい計画の策定とその実行が可能となる。とりわけ，後述する非規制的な手法の導入にあたっては，住民・利害関係者の徹底的な参加を求め，十分な議論を尽くすことによって，初めて参加者の自発的な協力や実効性の確保が可能となるのである。

新しい資源管理──啓発的手法，自発的アプローチ

新しい自然資源管理の手法として最も注目されるのは，新自由主義改革の一環として制定されたニュージーランドの資源管理法である。その最大の特徴は，政府による一律の直接的規制は煩雑な規制手続や行政の肥大化をもたらし，効率的な資源配分を歪めるとの視点から，行為の内容を規制するのではなく，環境に対する影響のみを基準に開発行為等の当否を判断するという影響原則を基本に据えたことである。

ただし，新自由主義的な原則を導入したとはいえ，資源管理法の性格自体にあいまいな点を残しており，さらにこれまで資源管理の対象となっていなかった営農行為なども計画の対象に組み入れた。また影響原則を基本にするとはいいながら，土地利用などに関しては結果的・実質的に土地利用規制政策という形をとることが多く，とくに開発圧力が高い都市近郊の自治体など

では，自ずと規制的手法が中心とならざるをえない。そのため土地所有者・開発サイドから大きな反発を受けている。

　一方，資源管理法の原則に忠実に，規則的手法を回避し，普及・指導・啓発などを通して，計画の策定，さらには計画目標の達成を図る自治体も多い。これまでのところ，こうした手法について大きな問題は指摘されていないが，将来の社会経済状況の変化に左右されることなく自発的な協力を常に確保できるかは疑問とするところが大きい。

　ニュージーランドでは農林業や環境保全に関わる補助金が基本的に廃止されており，自治体も財政資源が限られているため，補助金等による誘導的手法を講じることができない。そのため，自治体がとりうる政策手段は，規制的手法，教育・啓発などの手法に限られることから，上記のような問題が生じているともいえる。

　それに対して，北欧諸国においては農業に関しては補助金による誘導，森林に関しては森林認証制度による環境対応が効果をあげている。フィンランドおよびスウェーデンの農林業政策にまず特徴的なのは，その手法や動機はそれぞれ異なるが，ともに，農業・林業活動が環境に無視できない負荷を与えているとの認識のうえに，環境調和型・環境保全型農林業をめざし本格的な環境政策を展開していることである。

　スウェーデンの農業環境政策では，政府補助金による誘導と優れた普及指導技術と，それを受容する農民の意識の高さとが相まって，優れた成果が得られている。上記のようなスウェーデン農業環境政策への取り組みは，1986年に開始され，EU加盟とともにEU委員会の規則に基づく農業環境プログラムに置き換えられたが，さらに2000年の共通農業政策改革にあわせ，新たな農業環境プログラムが実行されている。これらのプログラムでは，農薬・肥料等による水質汚染の防止，生物多様性や景観の保全が主要な課題とされているが，金額的には後者のウエートが高い。

　一方，スウェーデンの森林環境政策に目を転じると，そこでは補助金による誘導的手法がほとんど用いられておらず，環境保全対策への取り組みは，もっぱら森林所有者や木材生産会社の自主性・自発性に委ねられている。木材輸出がスウェーデンの重要産業であること，輸出先であるイギリスなどか

ら厳しい環境保全対策を迫られたこと，同時に国内の環境保護運動が高まったことなどを受け，産業界が率先して環境保全対策に取り組む必要が生じたのである．政府は森林所有者に対する普及指導を積極的に行い，森林所有者は自発的に環境保全型の経営や森林認証取得をめざすという役割分担が明確である．

　フィンランドの森林管理では，行政部門や森林組合が中心的な役割を担い，政策改革とトップダウンによる認証制度の導入によって環境保全型林業をめざしていることが特徴である．1990 年代に，フィンランドでは森林関連の法体系を環境保全型へと大きく転換させ，施業規制を強化したが，こうした法制度を生かすような形で地域森林認証制度を導入し，現在，ほぼすべての私有林が地域森林認証に包摂されている．

　では，スウェーデンとフィンランドでは，森林に関わる環境対応にどのような違いがあるのか．両国の環境対応の類似点は，いずれも木材輸出国であり，海外市場からの要求に対応する重要性が高いため，森林認証に力点をおいていることである．また両国ともに，高い専門性と強固な組織力をもった森林行政組織と森林組合の存在が環境対応を可能としている．相違点としては，フィンランドにおいては，小規模森林所有者が圧倒的に多く，森林認証も政府が主導し，地域全体を認証でカバーする仕組みをとっているのに対し，スウェーデンでは相対的に規模の大きな農家林家が多く，森林所有者の主体性・自発性を基盤に認証を拡大している点があげられる．フィンランド方式では，森林所有者が本来自発的に取り組むべき森林認証を政府がトップダウンで実現し，小規模所有林を認証することができたが，その結果，認証基準をいかに遵守させるのかという大きな問題をかかえ込むことになった．

　アメリカ合衆国の流域保全においては，森林施業の規制，生態系修復への助成，流域保全組織形成への資金的・技術的な支援，教育活動など，多様な手法が複合的に組み合わされ，用いられているが，政策枠組みの形成プロセスに着目すると，トップダウンによってボトムアップをつくり出しているのが特徴である．流域保全は各流域ごとに住民の自発的な活動がなければ実効性を期待できないが，一方ですべての流域にこうした自発的活動を期待することはできない．そこで州政府が大きな政策枠組みをつくり，その中で「自

発的な」保全活動が各地域でなされるようにさまざまな支援活動を行っているのである。

　EUのナチュラ2000による保護区ネットワーク形成，ニュージーランドの資源管理法による分権的資源管理，フィンランドの森林認証制度など，本書で取り上げた事例の多くが，トップダウンで政策枠組みを形成しつつ，その実施にあたっては住民組織や住民活動のボトムアップを図っている。旧来の自然資源管理を根本的に変革し，新たな制度を展開するためにはトップダウン型の政策転換が必要とされる一方で，新しい自然資源管理は自治体・住民・利害関係者に基礎をおいた分権的なものでなければならない。このパラドックスは，トップダウンとボトムアップという本来相対立する意思決定方法にも反映されている。本書が取り上げた各種の事例においても，随所にその矛盾が姿を現しているのである。

科学的な管理――アダプティブマネジメント

　多様な生物の複雑なつながりからなる自然資源の総合的な管理のためには，科学的な知見に基づく管理，アダプティブマネジメントの仕組みの導入が不可欠である。本書が取り上げたいずれの事例も，これらの仕組みを取り入れている。

　アメリカ合衆国太平洋岸北西部の流域保全では，アダプティブマネジメントの考え方を基本に，モニタリングを重視し，州政府の各部局を横断してモニタリングを総括する組織も設置されている。こうしたモニタリングを可能にしているのが，州政府が雇用する多数の専門家・科学者であり，それを支える十分な人的・財政的資源である。また，独立科学委員会が設置され，モニタリング結果の分析，独自の調査による計画全体のレビューなどを行っている。

　スウェーデンの自然保護でとくに強調されるべきことは，制度設計，制度の運用にあたり，専門的知識を広く吸収し，統合していることである。各行政機関の担当者は高い専門性をもち，さらに専門知識を有する組織に意見を求めている。ここでは行政組織間，自治体相互間の縦割り構造を越えたネットワークが形成されている。また，専門性の確保という点で大きな役割を果

たしているのが財団である。多くの財団はコミューンの支援を受けているが，実際の保護地区の指定・管理にあたり専門的な知見を生かし大きな役割を果たしており，自然環境保全における中間組織の役割の重要性を示している。

さて，アダプティブマネジメントの手法は首肯できても，その実行にはさまざまの障害がある。アメリカ合衆国太平洋岸北西部の流域保全においても，計画の立案や実施のための人的・財政的資源に制約があり，現場の行政機関が，成果の見えないモニタリングよりも実際の事業を優先しがちなために，十分なモニタリングができない状況にある。とくに各流域協議会レベルになると，人材や資金も不足し，モニタリング体制を整えること自体が困難である。

ニュージーランドにおいてもモニタリングを重視しているものの，ディストリクトではモニタリングができないところが多数あるのみならず，そもそも環境の現状分析さえ実施していない自治体が散見される。

モニタリングの実施自体に多大な労力を必要とするが，アダプティブマネジメントにおいては，さらにモニタリングで収集したデータの分析，計画達成状況の評価，必要な軌道修正などの作業を実施する必要がある。アダプティブマネジメントの重要性は繰り返し強調されているが，それを実際に機能させるうえで克服すべき課題は多い。

分権化の態様と資源管理システム

最後に分権化の方向性と資源管理システムの関係について簡単に検討しておこう。天川は中央政府と地方政府の関係について，単なる集権と分権の一元的な関係軸で論じるのではなく，中央の決定を中央の出先機関で実施するのか地方に分担させるのかという事務配分に関わって前者を分離，後者を融合とするもうひとつの関係軸を設定することを提唱した[1]。自然資源管理における分権化についても，中央と地方の管轄領域は重なるものの地方が強い権限をもつ場合（分権・融合型）と，中央と地方政府の管轄領域が異なり，その中で分権化が進められる場合（分権・分離型）があり[2]，この2つのアプローチを比較対照させてみたい。

本書で取り上げた事例では分権・融合型にあたるのがニュージーランド，

分権・分離型にあたるのがフィンランドと考えられる。ニュージーランドは資源管理法のもとで総合的な資源管理を国と自治体が役割分担しながら実行している。一方フィンランドでは，国が環境・森林に関わる政策に責任をもち，自治体は土地利用に関わる責任をもつという形で自然資源管理に関わる役割分担を行っている。この両システムが，資源管理の総合性の確保，専門性の確保，協働の確保という点で有する長所・短所をみてみよう。

まず専門性の確保という点では，中央省庁が責任をもつフィンランドが，専門家集団を育成確保するという観点からメリットがあり，ニュージーランドでは小規模自治体を中心として専門的職員の確保に大きな困難をかかえている。これは財政的資源の動員力の規模にも規定されてきており，国家財政による保証があるシステムの優位性が現れている。フィンランドにおいて独自の認証制度を展開できたのは，このようなシステムによるところが大きい。

これに対して政策の総合化という観点からは，地方自治体が資源管理に責任をもつニュージーランドでは総合性の確保が容易であり，フィンランドでは縦割り行政組織間，中央政府・自治体間の複雑な調整作用が必要となり，総合性の確保に困難をきたした。また参加という観点からは，ニュージーランドでは身近な自治体が自然資源を総合的に管理することで，住民参加がより実質的に行われ，フィンランドでは，中央省庁の縦割り行政，中央・地方間の役割分担が住民の参加を複雑化させ，とくに個人森林所有者の参加を難しくしている。ただし，ニュージーランドにおいても小規模自治体では人的資源の欠如から参加を失敗させてしまう実例が生まれている。

このように，資源管理の専門性の確保，資源管理の総合化，有効な住民参加の確保という課題の同時追求は困難である。とりわけ融合型の分権化が徹底すると，自治体においては専門的知識を有する職員の確保，あるいは自然資源管理を実質的に実現するための人的・物的・財政的資源の確保に困難が生じる場合がある。したがって，分権化にあたっても，これらの事項につき，中央政府の支援等が必要とされるだろう。

自治体が住民参加に基づき自然資源を総合的に管理するという観点から，ニュージーランド型モデルに学ぶべき点は大きいが，中央政府が主導し，専門性の確保，認証制度の普及などの政策に取り組むというフィンランド型モ

デルの有効性も否定できない。両モデルの長所を生かしつつ，日本の状況に配慮し，両者をどのように接合するのかを検討すべきである[3]。

　以上，新しい自然資源管理の方向性を要約してきたが，いずれの国の取り組みも開始されて間がなく，しかも大きな目標を掲げているだけに，多くの課題に直面している。冒頭に述べたように，新しい資源管理は，旧来の近代的自然資源管理システムの根本的な転換を志向するものであり，したがって短期間にその成果を得るようなものではない。今後も，さまざまの視点から諸外国の動きをみる必要がある。

1) 天川晃「変革の構想――道州制論の文脈」大森彌・佐藤誠三郎『日本の地方政府』(東京大学出版会，1986年)123-164頁。
2) 秋月謙吾『社会科学の理論とモデル　行政・地方自治』(東京大学出版会，2001年) 109-115頁。
3) なおこの議論について詳しくは，H. Kakizawa, Comparative Study on Administrative Organizations for Forest Policy (With Finland and New Zealand as Case Study), *Journal of Forest Research*, Vol. 9 (2004) pp. 147-155.

索　引

＊[　]内の国名等の略号は次の通り。
　Aust：オーストラリア，EU：ヨーロッパ連合，Fin：フィンランド，Fr：フランス，Ger：ドイツ
　NZ：ニュージーランド，Swed：スウェーデン，UK：イギリス，USA：アメリカ合衆国
＊太字の数字は略号の原綴りが掲載されている頁を示す。

ア　行

ISO　　270
ISO 14001　　268
IMST　　→独立総合科学チーム[USA]
アクセス　　161, 199
アジェンダ 2000　　227
アセスメント　　79, 148
アダプティブマネジメント　　47, 51-52, 63, 74,
　　84, 91, 96-97, 99, 101, 337, 396, 406-407
新しい資源管理　　403
新しい（自然）資源管理制度　　21
アッシ=ドーメン[Swed]　　269
アップルゲート[USA]　　92
アップルゲート・パートナーシップ[USA]
　　94
アップルゲート流域協議会[USA]　　92-93
アドバイザリー委員会[Swed]　　240
アドボカシー　　109
アメリカ生態学会　　29
アメリカ生態学会報告書（1995 年）　　42, 44-45,
　　48, 53, 396
新たな環境プログラム[Swed]　　226
RMA　　→資源管理法[NZ]
RMA 改正　　387
RP　　→リージョナルプラン[NZ]
RPS　　→リージョン政策声明[NZ]
アレマンスレット[Swed]　　160, 192, 196,
　　199-200
アンプクア流域協議会[USA]　　99
ESA　　→絶滅のおそれのある種の法[USA]
イェーンシェーピング[Swed]　　249
意見書[NZ]　　353, 364
移行計画[NZ]　　362, 367, 371
一般的配慮規定[Swed]　　180, 206

遺伝子資源　　177-178
遺伝子操作　　175, 177
遺伝多様性　　78
移入種[NZ]　　351
EU　　288, 301, 401
EU 委員会　　134, 136, 140, 146, 149-151
EU 加盟[Swed]　　227
EU 裁判所　　134, 140, 150-152
EU にとって関心のある自然生態域類型　　135
EU にとって関心のある動植物種　　135
EU にとって重要な自然生態域および動植物生
　　息域　　141
EU にとって重要な生態域リスト案　　142-143
EU 農業環境政策　　402
EU 評議会　　140, 143, 146
ヴェステルルンド，S.[Swed]　　172
ウェストフィールド川[USA]　　113, 115-116
ウェストフィールド川流域協会[USA]　　113
ウサギ[NZ]　　351
ウップランド財団[Swed]　　187, 194
影響原則[NZ]　　337, 349, 378, 380, 383, 403
影響ベースの規制　　362
ACEC　　→特別環境重点地域[USA]
HELCOM　　→バルト海洋環境保護委員会
営農行為　　380
エコシステム　　134, 144
エコシステムの定義　　50
エコシステムマネジメント　　34, 37, 103-104,
　　118, 121, 396
エコシステムマネジメントに関する省庁間タス
　　クフォース[USA]　　39, 42, 46, 48, 51-52
エコシステムマネジメントに対する批判　　50
エコシステムマネジメントの実施状況　　55
エコシステムマネジメントの諸原則　　45
エコシステムマネジメントの定義　　40

SRFB　　→サケ再生基金理事会[USA]
SVT　　→サドベリー谷信託委員会[USA]
SAC　　→保存特別区[EU]
SNF　　→スウェーデン自然保護協会
SPA　　→特別保護区[EU]
NIPF[USA]　　**103**
FEMAT[USA]　　**37**, 396
FSC　　→森林管理協議会
FSC森林認証　　288, 305, 311
MOC　　→モニタリング統括委員会[USA]
MWI　　→マサチューセッツ流域イニシアティブ[USA]
MULL　　→大都市圏制限区域[NZ]
エーリック，P. and A. [USA]　　20
LE　　→指導委員会[USA]
沿岸域[Swed]　　185, 198
沿岸域利用許可[NZ]　　336
沿岸政策声明[NZ]　　333
沿岸法[Swed]　　165, 169, 183, 198
沿岸保護[Swed]　　166, 202
沿岸保護区域[Swed]　　198, 204
沿岸林業センター[Fin]　　299
OWEB　　→オレゴン流域理事会[USA]
王立学術会議(KVA)[Swed]　　**164**, 167, 193
大手林産企業グループ[Swed]　　268
オークランド大都市圏[NZ]　　373
オープンスペース　　107-109
オレゴン州[USA]　　80, 397
オレゴンにおける健全な流域づくりの戦略[USA]　　86
オレゴンプラン　　→サケと流域のためのオレゴンプラン[USA]
オレゴン流域理事会(OWEB)[USA]　　**83**-84, 86, 92
オンブズマン　　197

カ　行

カイコウラ・ディストリクト[NZ]　　379
開発圧力[NZ]　　381, 387
開発許可[NZ]　　363
開発権の取得[Fin]　　293
開発誘導[NZ]　　360
開放的景観[Swed]　　236
開放的農業景観[Swed]　　232
外来種　　175, 177, 369
外来生物法[日本]　　13
カウンティ[USA]　　61, 64, 70, 85, 102

科学主義　　162, 168, 189
化学物質　　180
学問的な境界　　23
河口域[USA]　　77
河川　　12
河川域[USA]　　89
河川管理　　13
河川の再蛇行化[USA]　　93
カーソン，R. L. [USA]　　18
カヌカ[NZ]　　366
河畔林[USA]　　58
紙パルプ[Fin]　　283
灌漑　　74-75
灌漑組合[USA]　　76-77
環境アセスメント　　300, 330
環境影響記載[Swed]　　172
環境影響評価　　14, 365
環境オンブズマン[NZ]　　325
環境局[USA]　　62
環境研究センター[Fin]　　300
環境コミッショナー[NZ]　　326-327, 384
環境裁判所[Swed]　　181
環境裁判所[NZ]　　344, 353
環境裁判所の専門委員[Swed]　　181
環境・自然資源省[Swed]　　182
環境諮問委員会(CEQ)[USA]　　**39**
環境省[NZ]　　326, 331, 344, 383, 388
環境省[Fin]　　286, 300
環境上級裁判所[Swed]　　181
環境上級裁判所の環境参事[Swed]　　181
環境農業政策　　156
環境農業措置実施契約[EU]　　153-154
環境・農村振興計画[Swed]　　178, 228-229, 239, 248
環境・農村振興計画の中間評価[Swed]　　240
環境の状態[NZ]　　348
環境評議会[NZ]　　324-325
環境プログラム調査委員会[Swed]　　228
環境法[NZ]　　326, 330
環境法典[Swed]　　161, 174, 179, 195, 398
環境法典[Fr]　　10
環境保護運動　　284
環境保護団体　　290, 292, 297, 305, 309, 311, 325, 331, 397
環境保護評議会[Fin]　　286
環境保護法[Swed]　　170, 179
環境補償[Swed]　　229, 242

索　引　413

環境保全委員会[USA]　109
カンバ[Fin]　278
管理機関の専門化・細分化　12
管理協定[Swed]　254
管理行為[NZ]　335, 363
キウイ[NZ]　351
議会(Council)[NZ]　340
希少種[Fin]　309, 312
希少種の生息地保護[Fin]　312
規制強化　100
規制(的)手法　7, 15, 147, 337, 381, 383, 387,
　　395, 401, 404
規制的手法の限界　15
規制のコスト　16
規制の社会的受容　383
基礎自治体[Fin]　302
キッツハーバー知事[USA]　82
キーパーソン　111, 118
基本計画[Swed]　173
協議　156
行政委員[USA]　106
共通農業政策(CAP)[EU]　153, **221**, 224
協働　49-50, 79, 88, 100, 123, 397
協働関係の構築　402
協同組合[Swed]　223
協働的アプローチ　47
業務区域[NZ]　361
許容行為[NZ]　335, 363
キング・カウンティ[USA]　78, 80
キング・カウンティの総合計画[USA]　80
ギンザケ[USA]　81
禁止行為[NZ]　335, 363
禁止の解除[Swed]　199, 202
近代的自然　4
近代的自然資源管理制度の転換　15
近代的自然資源管理制度の特徴　11, 395
近代的自然資源管理の限界　395
近代的自然資源管理の手法　395
クリントン大統領[USA]　37, 54
グリーンネットワーク[NZ]　373-374
グループ(森林)認証[Swed]　271
クロス・コンプライアンス　227, 254
グロトン[USA]　110
KVA　→王立学術会議[Swed]
計画・建築法[Swed]　173, 179-180
計画実現手法[NZ]　359
計画担当者[NZ]　355

計画変更[NZ]　362
景観保護区域[NZ]　376
景観要素[Swed]　245
経済的手法　22
契約[Fin]　293
契約(的)手法　22, 147, 154, 156, 197, 401-402
渓流修復プロジェクト[USA]　99
県域執行機関[Swed]　173, 178, 183, 194, 225
限界農地[NZ]　382
原始・景観河川[USA]　113, 115
原始・景観河川会議[USA]　115
原生的森林の保護[Fin]　288
健全な森林　174
健全な流域とサケのためのワシントン州総合的
　　モニタリング戦略[USA]　96
広域自治体　101, 338
行為の規制　196, 374
行為ベースの規制　362, 378
公開　97
公害対策　15, 395
公共事業省[NZ]　324, 328, 331
考古局[Swed]　228
交渉・協議による合意形成　155
構造計画[NZ]　373-374
耕地の景観要素[Swed]　236
公聴会　336, 388
公的セクター主導　275
顧客　13
国営企業法[NZ]　326
国営林業公社[NZ]　327
国際的協働　168
国際的取り組み　22
告知[NZ]　347, 353, 364
国民党[NZ]　383
国有企業化[Fin]　288
国有林　35, 280
国有林管理法[USA]　35
国立公園　7-8, 27-28, 34, 163-164, 191-192,
　　327
国立公園およびカントリーサイドアクセス法
　　[UK]　8
国立公園局[USA]　41, 119, 396
国立公園局設置法[USA]　34
国立公園法[Swed]　164
国立自然史博物館[Fr]　141-142
国連環境開発会議　286
ゴース[NZ]　351, 358

国家環境基準[NZ]　　333, 384, 388
国家環境戦略[Swed]　　277
国家環境保護プログラム[Swed]　　225
国家鉱物法[NZ]　　332
国家森林プログラム[Fin]　　298
国家政策声明[NZ]　　333, 384, 388
国家的な重要性をもつ事項[NZ]　　332, 335
固定資産税　　341
コーディネーター　　89
コミュニティ[USA]　　403
コミュニティ協議会[USA]　　116
コミューン[Swed]　　185
コミューンの拒否権[Swed]　　181
コモナー，B. [USA]　　18
古齢林　　36
コンサルティング　　261
コンセント(資源利用承認制度)[NZ]　　335-336, 344, 359, 363, 367, 378, 382
コンセント処理の期限[NZ]　　348
コンセントの審査委員会[NZ]　　364

サ　行

最高行政官[NZ]　　341
財産権の保障　　16
財政支援[NZ]　　360
財政の独立性[NZ]　　341
採草地[Swed]　　166, 177-178, 189, 265　→「手刈り採草地」も見よ
財団　　186, 407
在来植生の保護[NZ]　　377, 381
在来動物遺伝子研究所[Swed]　　246
裁量行為[NZ]　　335, 363
サウスロウ流域協議会[USA]　　92
サケ科魚類[USA]　　56, 83
サケ再生　　398
サケ再生基金理事会(SRFB)[USA]　　**61**, 64, 98
サケ再生事務局[USA]　　61
サケ再生のための全州的な戦略[USA]　　62
サケ再生法[USA]　　61
サケ生息域の修復事業[USA]　　89, 94
サケ生息域保全[USA]　　59
サケ生息域保全・修復　　64
サケ生息域保全・修復プロジェクト[USA]　　64, 98
サケと流域のためのオレゴンプラン[USA]　　82, 91
サケと流域のためのオレゴンプランのためのモニタリング戦略[USA]　　97
サドベリー川[USA]　　111
サドベリー谷信託委員会(SVT)[USA]　　**111**-112
山間放牧地[Swed]　　244
傘法　　171
CEQ　　→環境諮問委員会[USA]
CEQ 年次報告書(1993 年)　　39, 41
CAP　　→共通農業政策[EU]
CAP 改革　　228
事業の許容性の審査[Swed]　　180
資源育成政策[Fin]　　286
資源管理　　1
資源管理制度の確立　　4
資源管理の分権化　　379
資源管理法(RMA)[NZ]　　**321**, 331, 349, 399, 403
資源利用承認制度　　→コンセント[NZ]
自然(nature)　　2
自然・文化遺産[Swed]　　236, 245
自然(的)攪乱　　20, 43, 396
自然環境　　2
自然環境保全　　304
自然環境保全法[Fin]　　287, 301, 309
自然公園　　10
事前公聴会[NZ]　　336, 347
自然資源(natural resource)　　4
自然資源管理　　1, 103
自然資源管理機関[USA]　　33
自然資源管理法[Swed]　　171, 179, 200, 398
自然資源特別内閣[USA]　　62
自然生態域類型[EU]　　136, 138, 144
自然調査[Swed]　　188
自然分布域適合性基準[EU]　　139
自然保護区　　10
自然保護グループ[Swed]　　269
自然保護団体[Fr]　　151
自然保護地域[Swed]　　173, 184, 188, 191, 194, 204, 259
自然保護法[Swed]　　165, 169, 183, 198
自然保護連盟[Fin]　　287
自然保全　　165, 182
自然保全区域[Swed]　　195
自然保全庁[Swed]　　179, 182

索　引　415

自然保全法[Swed]　　161, 166, 169, 172, 179, 195, 198, 204
持続可能な発展　　153, 155, 173, 179
持続的慣行農業[Swed]　　234, 238
持続的管理　　332
持続的林業に対する資金支援法[Fin]　　287, 290
自治体の統合・再編[NZ]　　380
湿地[Swed]　　169
湿地保護[Swed]　　199
指導委員会(LE)[USA]　　**61**, 64, 77
自発性に依拠する手法　　383
自発的結社　　106
自発的な活動　　73
自発的な取り組み　　100
市民参加　　→住民参加
社会経済アセスメント　　94
住居区域[NZ]　　361
私有財産権　　337
私有財産の尊重　　47
住民参加　　44, 49, 80, 290, 334, 381, 403, 408
州民投票[USA]　　82
私有林[Fin]　　280, 282
私有林法[Fin]　　285
樹種構成[Fin]　　278
種の絶滅　　19
小規模家族経営[Fin]　　281
小規模自治体[NZ]　　342, 379-380, 399, 408
条件不利地域[Fin]　　222, 242
詳細計画[Swed]　　173
省庁横断的な実行体制　　398
証明負担原則　　180
植林[NZ]　　369, 377
所有権　　198, 202
指令[EU]　　140
人工造林[Fin]　　282
人工林[NZ]　　324
新自由主義　　321, 337, 399, 403
新森林政策[Swed]　　261-262
慎重原則　　180
人民主権　　106
森林官[Fin]　　298
森林管理協議会(FSC)　　**266**-267, 269-271, 276
森林管理組合[Fin]　　295, 300, 308, 311, 313
森林管理組合地域連合[Fin]　　296, 305
森林管理組合法[Fin]　　295

森林管理計画[USA]　　35
森林管理料金[Fin]　　280, 295
森林キーハビタット　　265
森林局[USA]　　35-36, 49
森林局[Swed]　　262, 265, 268
森林局[NZ]　　324
森林組合　　267, 270, 272, 405
森林組合グループ[Swed]　　268, 270, 272
森林クラスター　　291
森林経営計画[Fin]　　296, 299
森林・公園局[Fin]　　288
森林更新　　282
森林資源の劣化[Fin]　　285
森林省[NZ]　　326
森林所有者　　91, 292, 295, 311, 313
森林所有者協会[Swed]　　270, 272
森林生産力[Fin]　　285
森林生態系[Swed]　　174
森林施業規制[USA]　　59
森林施業規則[USA]　　73
森林施業に対する公的助成[Fin]　　285
森林担当区[Swed]　　261-262
森林蓄積[Fin]　　278
「森林と魚類に関するレポート」(1999年)[USA]　　73
森林2000[Fin]　　290
森林認証　　265
森林認証運動　　267
森林認証制度　　264-265, 268, 404
森林の保育[Fin]　　292
森林の齢級構成[Fin]　　279
森林法[Fin]　　260, 286, 288, 309
森林放牧地[Swed]　　244
森林保護　　5
スアスコ流域[USA]　　111, 116
スアスコ流域コミュニティ協議会[USA]　　112
水土保全事務所[USA]　　85
水土保全地区[USA]　　83
水辺域の保全[Fin]　　313
水利権　　75-76, 101
スウェーデン自然保護協会(SNF)　　**167**, 193, 230, 269, 271
スウェーデン農業　　222
スウェーデン農業委員会　　178
スウェーデン農業者連盟　　230, 270
スウェーデン農業者連盟森林部　　271

スウェーデン農業大学　230, 246
スウェーデンの環境目標　173-174
スウェーデンの農業環境政策　220, 225
数値目標[Fin]　298
スカナシットプロジェクト[USA]　110-111, 118
スカングループ[Swed]　224
ストックダブ[Swed]　271
ストックダブプロジェクト[Swed]　269
ストップ規定　180, 206
スノホーミッシュ指導委員会[USA]　66
スプルース[Fin]　278
スプロール　105
スポットチェック[Swed]　250, 256
製材[Fin]　283
政策勧告　385
政策手法の多様化　397
政策的イニシアティブ　400
政策の総合性　100
政治的・行政的境界　23
政治的なアプローチ　104
生息規模・密度基準[EU]　139
生態域保護指令[EU]　133, 135-136, 140, 144, 151-152, 201
生態域保護指令違反　152
生態学　10, 18, 169, 195, 396
生態学的・生物学的多様性　152
生態学的知見　18
生態学的要求　147
生態系　173, 176, 204
生態系保護　151, 171, 194
生物多様性　20, 34, 37, 133-134, 156, 168, 175, 177, 194, 358
生物多様性国家戦略　26
生物多様性保全　259, 264, 276, 288
生物多様性保全キャンペーン[Swed]　276
生物地理学的地域圏[EU]　134, 143
生物の多様性に関する条約　20
世界自然保護基金(WWF)　188, 230
施業規制　91, 290, 294, 298, 310, 405
ZSC　→保存特別区[EU]
ZSC候補地　136-137
ZSC候補地選定基準　151
ZSC候補地選定手続　140
ZSC候補地選定リスト　149
ZSC候補地リスト　151-152
ZSCの指定　149

ZPS　→特別保護区[EU]
ZPSの指定　150
説明責任　97
絶滅危惧種　175, 177
絶滅のおそれのある種の法(ESA)[USA]　19, **36**-37, 56-57, 82, 397
絶滅の危機にある在来種[Swed]　246
全国森林調査[Swed]　265
先住民族[USA]　59, 64, 70, 76
先祖伝来の農法[Fr]　154
専門家集団[Fin]　311, 408
専門職員集団[Fin]　299
専門性の確保　407
専門知識の供与[Fin]　295
戦略的水管理グループ[USA]　81
草原生態系[Swed]　178, 190, 197
総合性　304
総合性の確保　408
総合的な資源管理　385, 397
総合的な流域管理[USA]　95
総体的評価基準[EU]　138-139
双方向的な協議手続[EU]　146
ソドラ[Swed]　267, 272-274
ゾーニング　264, 273, 302, 361, 374, 378
ゾーニング型公園　10
粗放農業　154-155
粗放牧畜　153
損失補償[Swed]　181, 203
損失補償請求権[Swed]　166, 204, 206

タ　行

大規模公共事業[NZ]　322, 325
体系的なモニタリング　96
代償措置　148
大都市圏制限区域(MULL)[NZ]　**373**
太平洋岸北西部[USA]　36, 396, 406
太平洋サケ再生基金[USA]　66, 86
第4次労働党政権[NZ]　322
タウン(town)[USA]　106
タウンシップ制[USA]　106
ダグラス, R. [NZ]　322
タサック[NZ]　351
多島海財団[Swed]　191
縦割り行政　100, 395
WRIA　→水資源調査地域[USA]
WRIA 8 運営委員会　78
WWF　→世界自然保護基金

索　引　417

WWF スウェーデン　269, 271
タラナキ・リージョン[NZ]　342
ダンジネス川管理チーム[USA]　76
地域環境センター[Fin]　293, 300-301, 304
地域漁業改善グループ[USA]　60
地域漁業改善プログラム[USA]　60
地域(森林)認証[Fin]　270-271, 304, 405
地域森林認証委員会[Fin]　308
地域づくり[NZ]　379, 386
地域的営農契約[Fr]　154-155
地域パイロット委員会[Fr]　154
地域林業発展プログラム[Fin]　294, 297
地区懇談会[NZ]　354
地区詳細計画[Fin]　302
地区マスタープラン[Fin]　302
窒素浸透[Swed]　232, 235
地方行政制度[NZ]　328
地方財政改革[NZ]　342
地方自治体　85, 303, 330, 388
地方自治体委員会[NZ]　328
地方自治大臣[NZ]　339
地方自治法[NZ]　329
地方森林局[Swed]　262
地方制度改革[NZ]　328, 379
地方分権　53, 340
地方分権化　23, 399
チームリーダー　107-109, 113-115
中央自然保護評議会[Fr]　142
中央集権[NZ]　328, 339
中央省庁[NZ]　385
中央政府　303, 388
町会[USA]　106
重複(森林)認証[Swed]　267, 272
直接規制　381
直接支払い[Swed]　257
地理的境界　23
TAPIO　→林業発展センター[Fin]
TFW 協定　→木材・魚類・野生生物協定[USA]
TCP　→都市農村計画[NZ]
ディストリクト(森林担当区)[Swed]　261-263
ディストリクト(地方自治体)[NZ]　338
ディストリクト開発方針[NZ]　360
ディストリクトプラン(DP)[NZ]　**334**, 344, 349, 352, 371, 378, 380
泥炭地[Fin]　278

DP　→ディストリクトプラン[NZ]
DP 計画書のプラン編・ルール編・マップ編　357
DP の構成　357
DP の策定経過　353
デカップリング　254
手刈り採草地[Swed]　225, 232, 236, 242　→「採草地」も見よ
テュレスタの森財団[Swed]　191
テリトリー[NZ]　329, 334, 338, 343, 386
典型性基準[EU]　138
伝統的採草地[Swed]　265
伝統的自然資源管理とエコシステムマネジメントの違い　42
伝統的な土地管理方法[Swed]　257
天然記念物　163, 195, 200
天然記念物制度　9
天然更新[Fin]　282
天然林[Fin]　324
統合的な自然保護　153
動植物保護区域[Swed]　201
動物愛護運動[Swed]　162
動物虐待防止運動　7
動物保護運動　7
特筆すべき景観[NZ]　358
特別環境重点地域(ACEC)[USA]　**110**
特別保護区(ZPS, SPA)[EU]　**133**, 135, 147
特別保護区域[Swed]　201
特別保全区域[Swed]　201
独立科学委員会[USA]　63, 406
独立総合科学チーム(IMST)[USA]　**84**, 92
都市区域[NZ]　361
都市農村計画(TCP)[NZ]　324, 328, **349**, 352
都市農村計画法[NZ]　352
土壌計画[NZ]　382
土地所有権[Swed]　166, 204
土地所有者[Fin]　301, 312
土地の水抜き[Swed]　169, 172
土地分筆コンセント[NZ]　336, 344
土地利用　398
土地利用計画[NZ]　330
土地利用計画法[Fin]　302
土地利用コンセント[NZ]　336, 344
土地利用政策[USA]　80
トックヴィル，A. de [Fr]　106
トップダウン　17, 48, 100, 102, 104, 330, 379, 399, 405

トナカイ農業法[Swed]　235
トナカイ放牧地域[Swed]　234, 247
トーマス, J. W. [USA]　36-37, 41, 54

ナ　行

内陸部コロンビア流域エコシステムマネジメント事業[USA]　55
ナシュア川[USA]　108-109, 116
ナシュア川流域協会[USA]　108
ナショナルミニマム　314
ナチュラ2000[EU]　133, 190, 201, 302, 401
ナチュラ2000協議会[Fr]　141-142
ナチュラ2000ネットワーク[EU]　133, 144, 146-147, 152
「ナチュラ2000目標文書策定のための手引書」(1998年)[Fr]　154
ニシヨコジマフクロウ[USA]　36
ニスクオーリー川[USA]　60, 75
ニューイングランド[USA]　104-105
ニューイングランド森林基金[USA]　110
任意的・契約的手法　22
人間の役割　19, 46
農家林家[Swed]　250
農業活動[USA]　58
農業環境政策　25, 220, 242, 255-256, 404
農業環境プログラム[Swed]　227, 232
農業局[Swed]　225, 228
農業・魚類・水プロセス[USA]　74
農業景観　168, 176, 358
農業者　75, 281
農業者・森林所有者中央連合[Fin]　296
農業省[Swed]　225, 229
農業地域[NZ]　350
農業の多面的機能　239
農業部門[Swed]　276-277
農業補助金[NZ]　323
農政改革[Swed]　226
農村区域[NZ]　361
農村振興政策[Swed]　228
農民連合[NZ]　356
農林省[Fin]　286, 294-295
ノルデンショルド, A. E. [Swed]　163

ハ　行

バイオテクノロジー生物　180
排出許可[NZ]　336
排水事業[Swed]　260-261
播種[Fin]　282
パスモア, J. [Aust]　3
伐採[Fin]　281
伐採規制[Fin]　285
パートナーシップ　81, 86, 92, 402
バビット, B. [USA]　38, 54
パフォーマンスベース(行為ベース)　312
バルト海洋環境保護委員会(HELCOM)　168
バンクスペニンスラ・ディストリクト[NZ]　376
半自然放牧地[Swed]　225, 232, 236, 242
汎ヨーロッパ森林認証協議会(PEFC)　265, **266**, 267, 269-271, 276, 305
ヒアリング[NZ]　365, 367, 375
PEFC　→汎ヨーロッパ森林認証協議会
PEFCスウェーデン基準　274
PEFC南スウェーデン基準　274-275
ビオトープ　170, 289, 293, 298, 309, 313
ビオトープ保護区域[Swed]　200, 204
ビオトープリザーブ[Swed]　265-266
東海岸[USA]　103
非規制的(非権力的)手法　22, 403
非適合行為[NZ]　335, 363
比例原則　203
ピンショー, G. [USA]　3
ファーノース・ディストリクト[NZ]　369
フィンランド国家森林プログラム2010　291
フィンランド認証協議会　305
フィンランドの森林資源　278
フィンランドの(森林)認証基準　306-308, 312
フィンランドの(森林)認証審査機関　308
フィンランドの(森林)認証審査費用　308
風力発電[Swed]　200
フォーレスト　6
普及事業[Swed]　256, 261
普及指導　91, 381, 404-405
負担明細書[Fr]　155
物質選択原則　180
フランス自然保護区連合　154
プレミアム　275
プロイセンモデルの導入[Swed]　163-164
文化的環境　177
文化保護地域[Swed]　196
分権化　407
分権性　303
分権的な資源管理　399
分権・分離型　407-408

分権・融合型　407-408
ベースラインデータ　79,99
ヘリコプターの遊覧飛行[NZ]　377
ヘルシンキプロセス　270
包括的な資源管理　332
放牧地[Swed]　177-178
法律による強制力　310
牧場的利用[NZ]　350
北西部インディアン漁業委員会[USA]　60
北西部森林計画[USA]　38,55,122,396
牧草地景観[NZ]　351
保護協定(森林の)[Swed]　265-266
保護区[Fin]　301,304
保護区設定[Fin]　300
保護区ネットワーク　401
保護地域　266,327
「保護地域カテゴリー区分のためのガイドライン」(1994年, IUCN)　28
保護動植物種[EU]　144
保護林　264-266,289
補償　290,301
補助金　168,178,188,192,260-261,290,292,299,404
保全(conservation)　3-4,26,165
保全局[NZ]　327,384
保全生物学　20,36,51
保全地区[USA]　67
保存(preservation)　4,26,165
保存状況・修復可能性基準[EU]　138-139
保存特別区(ZSC, SAC)[EU]　**133**,135-136,139,142,145-147,401
ポッサム[NZ]　351
ボトムアップ　100,102,400,402,405
ボトムアップ的アプローチ　104

マ 行

マオリ[NZ]　332,351
マサチューセッツ州　105,107,402
マサチューセッツ流域イニシアティブ(MWI)[USA]　**107**,113-114
マックルシュート部族[USA]　71,78
マッケンジー・ディストリクト[NZ]　376
マルドーン内閣[NZ]　322
水資源調査地域(WRIA)[USA]　**61**,70
水資源利用　71
水利用許可[NZ]　336
緑の森林経営計画[Swed]　263,273-275

『緑の森へ』[Swed]　263
「緑の森へ」キャンペーン[Swed]　266
民営化[NZ]　323
面源汚染　60
面積基準[EU]　138
木材・魚類・野生生物協定(TFW協定)[USA]　59,73
木材生産[Fin]　281,285
木材販売[Fin]　296-297
木材輸出　405
木材輸出国　284
木質バイオマス利用　291
目標文書[Fr]　154
モニタリング　59,63,84,88,91,96,98-99,101,240,308,313,337,344,348,385,406-407
モニタリング統括委員会(MOC)[USA]　**63**,97-98

ヤ 行

野外生活[Swed]　160,165,187,191
野外生活の楽しみ[Swed]　169,175,188,194,199-200
屋久島　13
野生動物保護　6
野鳥保護指令[EU]　133,135,147,150-151,201,401
優越的な公益の要請　148
有機農業[Swed]　234,238
優先的価値を有する自然生態域類型[EU]　143
優先的価値を有する動植物種[EU]　143
優先的保護区域[EU]　146
優先保護候補地[EU]　143,145
優先保護自然生態域類型[EU]　145
優先保護的ZSC[EU]　148-149
優先保護動植物種[EU]　145
誘導的手法　404
UNCED(国連環境開発会議)　286
輸出型の林業・林産業構造[Fin]　284
『豊かな森へ』[Swed]　262
「豊かな森へ」キャンペーン[Swed]　262
ユニタリーオーソリティー[NZ]　338
予防原則　179-180
ヨーロッパアカマツ[Fin]　278

ラ 行

ライフスタイル[NZ]　367

ラジアータパイン[NZ]　　352, 358, 369
ラナキ・リージョン[NZ]　　382
ランドケア[NZ]　　360
ランドトラスト[USA]　　76-77, 109-112, 114, 403
ランドトラスト運動[USA]　　107
利害関係者　　13, 17, 22, 44, 49
リージョナルプラン(RP)[NZ]　　**334**, 344
リージョン[NZ]　　329, 338, 342, 386
リージョン政策声明(RPS)[NZ]　　**334**, 344, 382, 388
リソースコンセント[NZ]　　375
リーダーシップ　　77, 100, 398
立地選択原則　　171
流域アセスメント[USA]　　93-94
流域環境教育[USA]　　93
流域管理　　55, 103, 116, 328
流域管理プロジェクト[USA]　　107, 113
流域協会[USA]　　107, 109, 112, 116
流域協議会[USA]　　81, 83, 85, 87, 89, 94-95, 99, 102
流域計画[USA]　　70
流域計画組織[USA]　　67, 70, 77
流域計画法[USA]　　61, 71-72
流域チーム[USA]　　107, 109, 113-116
流域保全　　56, 58, 100, 398, 400, 406
流域保全運動[USA]　　107
流域保全理事会[USA]　　81
流量[USA]　　70, 75
林学の発達　　5
林間放牧地[Swed]　　252
林業委員会[USA]　　86, 91
林業センター[Fin]　　293-294, 296-297, 304-305, 310, 313
林業センターおよび林業発展センターに関する法律[Fin]　　287, 294
林業のための環境プログラム[Fin]　　287

林業発展センター(TAPIO)[Fin]　　294-295, 299, 311
林産企業[Swed]　　267
林産業[Fin]　　283, 291
林地転用[Fin]　　302
リンネ，C. von [Swed]　　162
レクリエーション　　291
レジョン環境局[Fr]　　141
レミス[Swed]　　210
連邦海洋漁業局[USA]　　82
連邦魚類野生生物局[USA]　　36, 41, 61-62, 396
連邦国立公園局[USA]　　41
連邦自然資源保全局[USA]　　74
連邦自然保護法[Ger]　　9
連邦審議会法[USA]　　52
連邦政府[USA]　　83
連邦土地管理局[USA]　　38, 41, 396
ローグ川[USA]　　94
ローグ流域再生技術委員会[USA]　　93, 95
ローグ流域調整委員会[USA]　　95
ロマン主義　　162
ロンギ，D. [NZ]　　322

ワ 行

ワイカト・リージョン[NZ]　　383
ワイタケレ市[NZ]　　340, 343, 372, 381
ワイマカリリ・ディストリクト[NZ]　　353
ワイルディング(種子の飛散)[NZ]　　352
ワシントン湖[USA]　　78
ワシントン州環境局[USA]　　60, 70
ワシントン州保全委員会[USA]　　74
ワシントン条約　　19, 22

Ecosystem Health　　103
interest groups　　109, 116
Proposed Plan [NZ]　　355

執筆者紹介

＊は編著者，執筆順，氏名の後の〈 〉は執筆箇所

＊畠 山 武 道(はたけやま たけみち) 〈序, 1, 2-1, 7〉
   1944 年生まれ
   現在　上智大学大学院地球環境学研究科教授
   著書　『アメリカの環境訴訟』(北海道大学出版会，2008 年)，『自然保護法講義』[第 2 版](北海道大学図書刊行会，2004 年)，『アメリカの環境保護法』(北海道大学図書刊行会，1992 年)ほか

＊柿 澤 宏 昭(かきざわ ひろあき) 〈2-2, 5-3, 6-1, 6-2, 6-4, 7〉
   1959 年生まれ
   現在　北海道大学大学院農学研究院教授
   著書　『ロシア──森林大国の内実』〈編著〉(日本林業調査会，2003 年)，『講座環境社会学』[第 3 巻]「自然環境と環境文化」〈分担執筆〉(有斐閣，2001 年)，『エコシステムマネジメント』(築地書館，2000 年)ほか

土 屋 俊 幸(つちや としゆき) 〈2-3, 5-2〉
   1955 年生まれ
   現在　東京農工大学大学院共生科学技術研究院教授
   著書　『森林ボランティア論』〈共著〉(日本林業調査会，2003 年)，『アジアにおける森林の消失と保全』〈共著〉(中央法規出版，2003 年)，『山村の開発と環境保全』〈共著〉(南窓社，1997 年)

亘 理 　 格(わたり ただす) 〈3〉
   1953 年生まれ
   現在　北海道大学大学院法学研究科教授
   著書　『現代行政法入門』〈共著〉(有斐閣，2007 年)，『公益と行政裁量──行政訴訟の日仏比較』(弘文堂，2002 年)，『司法制度の現在と未来』〈共編著〉(信山社，2000 年)

交 告 尚 史(こうけつ ひさし) 〈4〉
   1955 年生まれ
   現在　東京大学大学院法学政治学研究科教授
   著書　『環境法入門』〈共著〉(有斐閣，2005 年)，『処分理由と取消訴訟』(勁草書房，2000 年)

広 田 純 一(ひろた じゅんいち) 〈5-1, 6-3〉
   1954 年生まれ
   現在　岩手大学農学部教授
   著書　農業土木学会編『農村計画学』(農業土木学会，1992 年(2004 年改訂版))，山崎耕宇ほか監修『新編農学大事典』〈分担執筆〉(養賢堂，2004 年)，木村礎ほか編『日本村落史講座第 3 巻』「景観 II　近世・近現代」〈分担執筆〉(雄山閣，1991 年)ほか

生物多様性保全と環境政策——先進国の政策と事例に学ぶ
2006年3月31日　第1刷発行
2008年6月25日　第2刷発行

　　　　　編著者　　畠　山　武　道
　　　　　　　　　　柿　澤　宏　昭
　　　　　発行者　　吉　田　克　己

　　　　発行所　北海道大学出版会
　　札幌市北区北9条西8丁目 北海道大学構内(〒060-0809)
　　Tel. 011(747)2308・Fax. 011(736)8605・http://www.hup.gr.jp

アイワード／石田製本　　　　　Ⓒ 2006　畠山武道・柿澤宏昭
ISBN978-4-8329-6631-4

自然保護法講義［第2版］	畠山武道 著	A5判・352頁　定価2800円
アメリカの環境保護法	畠山武道 著	A5判・498頁　定価5800円
アメリカ環境政策の形成過程　―大統領環境諮問委員会の機能―	及川敬貴 著	A5判・368頁　定価5600円
環境の価値と評価手法　―CVMによる経済評価―	栗山浩一 著	A5判・288頁　定価4700円
サハリン大陸棚石油・ガス開発と環境保全	村上 隆 編著	B5判・448頁　定価16000円
水鳥のための油汚染救護マニュアル	E.ウォルラベン 著　黒沢信道・優子 訳	B5判・144頁　定価1800円
北の自然を守る　―知床，千歳川そして幌延―	八木健三 著	四六判・264頁　定価2000円
森からのおくりもの　―林産物の脇役たち―	川瀬 清 著	四六判・224頁　定価1600円
野生動物の交通事故対策　―エコロード事始め―	大泰司・井部・増田 編著	B5判・210頁　定価6000円
知床の動物　―原生的自然環境下の脊椎動物群集とその保護―	大泰司紀之・中川 元 編著	B5判・420頁　定価12000円
中国山岳地帯の森林環境と伝統社会	出村克彦・但野利秋 編著	A5判・460頁　定価10000円
どんぐりの雨　―ウスリータイガの自然を守る―	M.ディメノーク 著　橋本・菊間 訳	四六判・246頁　定価1800円

〈定価は消費税含まず〉

―――― 北海道大学出版会 ――――